基于R应用的统计学丛书

多元统计分析

基于R

第 3 版

MULTIVARIATE
STATISTICAL ANALYSIS WITH R

费宇鲁筠——主编

中国人民大学出版社
·北京·

前　言

我们所处的时代是一个大数据时代, 数据无处不在, 而统计学正是研究数据的科学, 在数据分析中扮演着非常重要的角色。多元统计分析是统计学应用最广泛的一个分支, 在自然科学、社会科学、经济科学和管理科学等领域应用广泛。

本书的编写有以下特点: (1) 言简意赅, 为了节省篇幅, 省略了一些烦琐的理论证明和公式推导; (2) 强调应用, 采用具体生动的例子来讲解多元统计分析方法, 便于读者学习; (3) 与 R 密切结合, 采用 R 来实现多元统计的计算和分析, 并解读 R 的分析结果; (4) 使用方便, 本书所有例题、案例和习题的数据文件以及相应的 R 程序代码都可以从中国人民大学出版社的网站获取。

本书 (2014 年第 1 版, 2020 年第 2 版) 自出版以来, 承蒙读者的厚爱, 许多高校都选用作教材。同时, 许多教师和学生给予了我们热情的鼓励, 并对书中有些内容提出了中肯的建议, 在此我们表示衷心的感谢。

本书第 3 版主要做了如下修改:

(1) 增加了三章内容, 分别是: 第 2 章 "多元数据描述与展示", 第 3 章 "多元正态分布", 第 4 章 "多元正态总体均值向量和协方差矩阵的假设检验"。

(2) 更新了第 5~13 章部分习题数据。

云南财经大学费宇负责修订第 1 章、第 5 章和第 6 章, 云南财经大学鲁筬负责编写第 2 章、第 3 章和第 4 章, 云南师范大学郭民之负责修订第 7 章、第 8 章、第 9 章和第 13 章, 云南财经大学陈贻娟负责修订第 10 章、第 11 章和第 12 章, 最后由费宇负责全书的统稿。本书可作为经济学和管理学专业的本科生和硕士研究生教材, 也可以作为统计工作者的参考书。

本书是云南财经大学 "云彩学者" 首席教授费宇的学科和专业建设成果之一, 写作中参阅了许多国内外教材和资料, 并引用了部分例题和习题, 在此向有关作者表示衷心的感谢。本书得到了云南财经大学 "云彩学者" 首席教授工作经费、国家自然科学基金

项目 "高维纵向数据动态聚类分析研究" (项目批准号: 11971421) 和云南省 "兴滇英才支持计划" 项目 "云岭学者" 专项经费 (项目号: YNWR-YLXZ-2018-020) 的支持, 特此感谢。

　　由于作者水平有限, 书中不妥和谬误之处难免, 恳请同行专家及广大读者提出宝贵意见和建议。

费　宇

2024 年 6 月 26 日

于云南财经大学

目 录

C 第 1 章
Chapter 1

多元统计分析与 R 简介

在实际生活中, 我们研究的对象往往受多个变量的作用和影响, 如果这些变量是相互独立的, 就可以把多个变量分开来进行研究, 一次分析一个变量, 即采用一元统计分析方法进行研究; 但如果变量之间是相关的 (比如人的身高、坐高、体重和肺活量这四个变量就是相关的), 采用一元统计分析方法就会丢失很多信息, 因为这种分析方法忽略了多个变量间的相关性。**多元统计分析** (multivariate statistical analysis) 就是把多个变量结合在一起进行研究的统计学方法, 在自然科学、经济学、管理学和社会科学等领域有着广泛的应用。

R 是一个自由和开源的软件平台, 是一款有强大的统计分析功能的免费软件。本书将结合 R 来介绍多元统计分析的主要理论和方法, 并利用 R 的程序包和函数来实现具体的数据计算和分析, 下面先对多元统计分析和 R 软件做一个简要介绍。

1.1 多元统计分析简介

1.1.1 多元统计分析的含义

多元统计分析是研究多个 (随机) 变量之间相互关系和规律的统计学分支。通俗地讲, 多元统计分析就是多变量统计分析。我们知道, 一元正态分布是一元统计分析的基础, 类似地, 多元正态分布就是多元统计分析的基础, 相应的参数估计、均值的假设检验和协方差矩阵的假设检验等分析都是在多元正态分布基础上建立起来的。受篇幅限制, 本书主要讨论多元正态分布的参数估计、均值和协方差矩阵的假设检验、多元回归分析、聚类分析、判别分析、主成分分析、因子分析、对应分析、典型相关分析和多维标度分析, 这些多元统计分析方法的应用非常广泛, 而且可以利用 R 软件轻松实现对具体数据的计算和分析。

1.1.2 多元统计分析的用途

多元统计分析是 20 世纪初发展起来的统计分析方法。它是通过对多个随机变量观测数据的分析来研究多个随机变量之间的相互关系并揭示变量内在规律的分析方法, 可以用于经济、管理、生物、医学、教育学、心理学、工业、农业等众多领域, 是一种常用的多变量数据分析方法。

在实际的多变量数据分析中, 应用多元统计分析方法通常解决以下四个方面的问题。

1. 相关性分析

分析多个变量之间的相关性。简单相关分析、偏相关分析和复相关分析是分析多个变量之间相关性的常用方法, 而典型相关分析可以分析两组变量的相依关系。

2. 推断和预测分析

通过已知变量的数值来推断和预测未知变量的数值, 这种分析方法一般通过建立多元回归模型进行多元回归分析来完成。

3. 分类和组合分析

根据研究对象 (个体) 的多个指标, 将个体按照相似程度进行分类和组合, 或者根据考察的个体的多个指标测量值, 将该个体合理地划分到已知的某个类别, 这样的分类和组合问题可以通过聚类分析和判别分析来完成。

4. 降维和数据简化

将多个变量的主要信息用很少的几个变量来表示, 从而达到降低变量的维度、简化数据的目的。主成分分析和因子分析就是两种常用的降维和数据简化方法。

多元统计分析的理论和方法不难理解和掌握, 而且现在统计软件的功能越来越强, 操作也很方便, 比如使用 R 软件进行多元统计分析就非常方便。

本书将介绍多元回归分析、聚类分析、判别分析、主成分分析、因子分析、对应分析、典型相关分析和多维标度分析等 8 种经典的多元统计分析方法, 我们主要从应用角度结合实例和 R 程序进行讲解, 相关的理论推导和数学证明可以参阅《多元统计分析引论》(张尧庭, 方开泰. 科学出版社, 1982) 和《多元统计分析》(王静龙. 科学出版社, 2008)。

1.1.3 多元统计分析的内容

多元统计分析主要包括如下介绍的 8 种经典的多元统计分析方法。

1. 多元回归分析

多元回归分析主要研究一个因变量 (随机变量) 随多个自变量 (通常假定为非随机变量) 的变化而变化的情况, 通过建立多元回归模型 (普通线性模型、广义线性模型或非线性模型等) 来分析二者之间的依赖关系。普通线性模型适用于因变量是连续型变量的情况, 如果因变量是离散型变量, 则要采用广义线性模型进行处理。第 5 章将介绍多元线性模型, 第 6 章将介绍广义线性模型。

2. 聚类分析

聚类分析是根据聚类对象 (若干个体的集合) 的多个变量 (指标) 的测量值, 按照某个标准把这些个体分成若干类。它是研究如何做到 "物以类聚" 的一种多元统计分析方法。聚类方法分为系统聚类法和分解聚类法两种, 系统聚类法是将类由多变少的聚类方法, 而分解聚类法是将类由少变多的聚类方法。第 7 章将介绍三种常用的聚类方法: 系统聚类法、k-均值聚类法和 EM 聚类法。

3. 判别分析

判别分析方法很多。按照判别的总体数来分, 判别分析可分为两总体判别分析和多总体判别分析; 按照判别所使用的数学模型来分, 可分为线性判别分析和非线性判别分析。第 8 章将介绍四种常用的判别方法: 距离判别、Fisher 判别、Bayes 判别和二次判别。

4. 主成分分析

主成分分析是一种降维和数据简化分析方法, 即将 n 个存在相关关系的变量化为少数 $p\,(p < n)$ 个互不相关的综合变量 (即主成分) 的多元统计分析方法。每个主成分都是 n 个原始变量的线性组合, 这些互不相关的主成分保留了原始变量的大部分信息, 从而可以简化数据, 揭示变量之间的内在联系。第 9 章将介绍主成分分析方法。

5. 因子分析

因子分析最早源于 Karl Pearson 和 Charles Spearman 等人关于智力的定义和测量工作。因子分析用少数 m 个随机变量 (称为因子) 描述 $n\,(m < n)$ 个随机变量之间的协方差关系, 因此因子分析也是一种降维分析方法。它与主成分分析有相似之处, 但因子分析中的因子是不可观测的, 也不必是相互正交的变量。因子分析可以视为主成分分析的一种推广, 它的基本思想是: 根据相关性大小把变量分组, 使得组内变量的相关性较强, 不同组的变量的相关性较弱, 则每组变量可以代表一个基本结构, 称为因子, 它可以反映已经观测到的相关性。第 10 章将介绍因子分析方法。

6. 对应分析

对应分析是在因子分析的基础上发展起来的。因子分析分为针对变量的 R 型因子分析和针对样品的 Q 型因子分析, 对应分析把 R 型因子分析和 Q 型因子分析有机结合起来, 同时把变量和样品反映到有相同坐标轴 (因子轴) 的一张图上来说明变量与样品之间的对应关系。第 11 章将介绍对应分析方法。

7. 典型相关分析

典型相关分析是一般相关分析的推广, 是用于研究两组随机变量之间的相关关系的一种多元统计分析方法。它利用主成分分析的思想来讨论两组变量的相关性问题, 把两组变量的相关性研究转化为少数几对变量之间的相关性研究, 而这少数几对变量之间是不相关的, 这样能比较清楚地反映两组变量之间的相关关系。第 12 章将介绍典型相关分析方法。

8. 多维标度分析

多维标度分析是以空间分布的形式表现对象之间的相似性或亲疏关系的一种多元统计分析方法。给定 n 个个体, 它们是由多个变量反映的个体, 我们知道这 n 个个体之间的某种距离 (比如欧氏距离) 或某种相似性, 从这种距离或相似性出发, 在低维欧氏空间中把 n 个个体的图形绘制出来以反映这些个体之间的结构关系, 就是多维标度分析。第 13 章将介绍多维标度分析方法。

本书介绍的多元统计分析方法都是经典的多元统计分析方法。事实上, 现在流行的机器学习方法 (比如决策树、随机森林、支持向量机和人工神经网络等) 也可以用来处理多变量问题, 感兴趣的读者可以参阅《复杂数据统计方法——基于 R 的应用》(第 3 版) (吴喜之. 中国人民大学出版社, 2015)。

需要注意的是, 在进行多元统计分析时, 机器学习方法和经典多元统计分析方法各有优势, 实际分析中建议采用两种方法处理, 并比较分析的结果, 再做出合理的解释。

1.2 R 简介

1.2.1 为什么用 R

R 是一款数据处理和统计分析软件, 它是美国贝尔实验室开发的 S 语言的一种实现或形式。它与商业统计软件 S-PLUS 有很多相似之处, 二者都是基于 S 语言的软件, 但 R 是一款免费的开源软件, 同时也是一种编程语言, 最先由新西兰奥克兰大学的 Robert Gentleman 和 Ross Ihaka 共同创立, 现在由 R 开发核心小组 (R Development Core Team) 维护。R 是许多聪明、勤奋的人集体工作的成果, 截至本书写作之时, CRAN (Comprehensive R Archive Network) 社区 (cran.r-project.org) 上有 6 000 多个程序包可供下载, 涉及统计、经济、生物、医学、心理学、社会学等多个领域, 每天都有成千上万的人用它进行日常的统计分析。很多大公司都使用它进行数据分析, 比如谷歌、辉瑞、默克、美国银行和壳牌, 国内外越来越多的大学把 R 作为标准的数据分析软件来使用。所以 R 是一款在学术界和企业界都广泛应用的统计分析软件, 是目前最流行的数据分析软件之一。

作为一款优秀的统计分析软件, R 具有如下特点。

(1) 免费和开放。R 是一款由志愿者维护的完全免费的统计分析软件, 它的安装文件和程序包都可以从 CRAN 社区下载, 也很容易从用户社区获得帮助。R 作为统计教学软件, 使用非常方便, 而且 R 的源代码是公开的, 方便使用者了解 R 程序的编写方法, 也可以对程序进行修改和扩展处理。

(2) 统计分析功能完善。R 是统计学家开发的软件, 内嵌了许多统计分析函数, 可以直接调用。R 的部分统计功能整合在 R 语言的底层, 但大多数功能是以各种程序包的形式提供的。大约有 25 个标准程序包和 R 同时发布, 更多程序包可以从 CRAN 社区下载并安装, 用户 (其中很多都是优秀的统计学家) 贡献了大量的新程序包和新函数, 而且程序包的更新比商业软件更及时, 使用非常方便。

(3) 作图功能强大。R 内嵌的作图函数能在图形窗口输出漂亮美观的图形, 这些图形可以保存为各种形式的文件 (比如 jpg, bmp, ps, pdf, emf, png, pictex, xfig 等), 方便使用。

(4) 可移植性强。R 是一门通用编程语言, 可以用它做自动分析、创建新的函数来拓展语言的现有功能, R 程序可以很容易地移植到商业统计软件 S-PLUS 中。反之, S-PLUS 的程序也可以方便地移植到 R 中使用。R 可以读入很多分析软件 (比如 SAS, SPSS, Excel, Stata 等) 的数据文件, 而 R 的数据文件也可以保存为文本格式供其他统计软件使用, 这样 R 与其他统计软件就建立了良好的联系机制。

(5) 使用灵活。R 可以在 Unix, Linux, Windows 和 macOS 等操作系统上运行, R 的分析结果都存放在一个对象里, 用户可以有选择地显示感兴趣的结果, 而且这些结果可以直接用于进一步的分析。

1.2.2　R 的安装与运行

1. R 的安装

Windows 用户可以从 R 的主页下载 R 软件, 具体操作如下[①]:

(1) 打开网址 http://www.r-project.org/。
(2) 点击 "CRAN" 获得一系列按照国家名称排序的镜像网站。
(3) 选择与你所在地相近的网站。
(4) 点击 "Download and Install R" 下的 "Download R for Windows"。
(5) 点击 "base"。
(6) 点击链接下载最新版本的 R 软件 (比如点击 "Download R-3.3.2 for Windows")。

下载完成后, 双击程序文件 (.exe 文件) 进行安装, 通常默认的安装目录为 "C:\Program Files\R\R-x.x.x"。

2. R 的运行

安装完成后, 点击桌面上的 "R x.x.x" 图标就可以启动 R 软件了, 在 RGui 的命令行窗口 (R Console) 的命令提示符 ">" 后输入命令可以完成相应的操作。如果要退出 R

---

① macOS, Linux 和 Unix 用户的 R 安装操作与 Windows 用户的类似, 这里不做具体介绍。

系统, 可以在命令行输入 "q()", 也可以点击 RGui 右上角的 "×"。退出时可以保存工作空间, 比如将工作空间保存在 "C:\Work\" 目录下, 名称为 "W.RData"。保存后可以通过命令 "load("C:\\Work\\W.RData")" 来加载这个工作空间, 或者通过菜单 "文件" 下的 "加载工作空间" 加载。

3. R 程序包的安装

CRAN 社区中有 6 000 多个 R 的程序包可供下载, 一些统计分析需要下载并安装相应的程序包才能完成, 比如必须下载并安装 MASS 程序包才能做判别分析。

R 程序包的安装有以下三种方式:

(1) 菜单方式: 在联网情况下, 按照 "程序包" → "安装程序包 ···" → "选择 CRAN 镜像服务器" → "选择要安装的程序包" 的步骤进行在线安装。

(2) 命令方式: 比如要安装程序包 MASS, 在联网情况下, 在命令提示符后输入以下命令即可。[①]

```
> install.packages("MASS")
```

(3) 本地安装: 要安装本机上的程序包, 可以按照 "程序包" → "从本地 zip 文件安装程序包" 的步骤选择本机上的程序包进行安装。

4. R 程序包的载入

新安装的程序包 (除了 R 的标准程序包, 比如 base) 必须先载入才能使用, 可以采用如下方式载入:

(1) 菜单方式: 按照 "程序包" → "加载程序包" → "选择要加载的程序包" 的步骤进行加载。

(2) 命令方式: 比如要载入程序包 MASS, 在命令提示符后输入以下命令即可。

```
> library(MASS)
```

此外, 我们还可以通过 "程序包" → "更新程序包 ···" 的步骤对程序包进行实时更新。[②]

作为一款免费的统计分析软件, R 不但在国外发展很快, 在中国的发展也非常迅速。2008 年 12 月中国人民大学应用统计科学研究中心和中国人民大学统计学院共同发起并主办了第一届中国 R 语言会议, 迄今为止, 已经成功举办了 16 届, 在全国范围内产生了很大影响。会议具体情况可以访问统计之都的网站 (http://cos.name/) 查看, 也可以扫描下面统计之都的微信号二维码查看。

---

① 如果不加参数执行命令 "install.packages()", 将显示一个 CRAN 的镜像列表, 选择一个镜像站点之后, 将看到所有可用程序包的列表, 选择其中一个程序包 (比如 MASS) 即可进行下载和安装。

② 命令 "update.packages()" 可以更新已经安装的程序包; 而 "installed.packages()" 命令可以列出已经安装的程序包以及它们的版本号等信息。

微信号　CapStat

1.2.3　如何获取 R 的帮助

　　R 是一种编程语言, 它的语法简单直观, 统计分析和绘制图形主要通过 R 中的各种函数来实现。R 中的程序包由大量的统计分析函数组成, 要编写程序进行统计计算和分析, 就必须理解各种统计分析函数的含义, 熟悉它们的使用方法, 初学者可以通过 R 的帮助系统获得相应的帮助。

　　比如, 要获得 R 的基本知识, 可以启动 R 软件, 在 RGui 的窗口中选择 "帮助" 菜单中的 "R FAQ" (R 的常见问题) 获得 R 的特点、安装、使用、界面和编程规则等基本知识, 也可以选择 "帮助" 菜单中的 "手册 (PDF 文件)" 提供的 8 本帮助手册——*An Introduction to R, R Reference, R Data Import/Export, R Language Definition, Writing R Extensions, R Internals, R Installation and Administration, Sweave User*, 其中 *An Introduction to R* 是最基本的手册。通过命令 "help.start()" 也可以获得类似的帮助。

　　下面简单列举一些常用的帮助函数来说明如何获取帮助。

1. help 函数

```
> help.start()          # 打开帮助文档首页
> help("seq")           # 获得 seq 函数的信息
> help(seq)             # seq 可以不加引号, 此命令与上面的命令效果一样
> ?seq                  # ?是 help 的快捷方式, 此命令与上面的命令效果一样
> ?"seq"                # 此命令与上面的命令效果一样
```

　　需要注意的是, 在使用 help 函数时, 特殊字符和一些保留字必须用引号括起来, 比如, 要获取 "<" 运算符的帮助信息, 必须键入下面的命令:

```
> ?"<"                  # 获得 "<" 运算符的帮助信息
```

　　又比如, 想要查看 for 循环的帮助信息, 可以键入:

```
> ?"for"                # 获得 for 循环的帮助信息
```

　　help 函数还可以用来查询已安装的程序包的相关信息, 比如查询 MASS 包的相关信息的命令如下:

```
> help(package="MASS")     # MASS 也可以不加引号
```

2. example 函数

每个帮助条目都有一个示例, example 函数会运行示例代码。

```
> example(mean)                # 运行 mean 函数的示例代码
```

输出结果如下:

```
mean> x<-c(0:10,50)
mean> xm<-mean(x)
mean> c(xm,mean(x,trim=0.10))
[1] 8.75    5.50
```

注意: R 的标准赋值运算符是 "<-", 也可以用等号 "=", 但我们并不建议使用 "=", 因为在有些特殊情况下它会失灵。

3. help.search 函数

如果不太清楚要查找什么, 可以使用 help.search 函数进行搜索。比如, 如果需要一个生成多元正态分布随机变量的函数, 那么可以使用下面的命令:

```
> help.search("multivariate normal")
```

或者使用如下等价命令:

```
> ??"multivariate normal"       # ??是help.search 的快捷方式
```

可以得到一条包含下面摘要的信息:

```
MASS::mvrnorm          Simulate from a Multivariate Normal Distribution
```

此信息告诉你 MASS 包中的 mvrnorm 函数可以完成这个任务。

此外, 互联网上也有很多 R 的资源可供查询使用, 以下是一些重要资源:

(1) R 的主页 (www.r-project.org) 上提供了 R 项目手册, 点击 "Manuals" 即可浏览。

(2) R 的主页上的选项 "Search" 可以按类别来搜索 R 的相关资源。

(3) R 的主页上的选项 "Getting Help" 可以帮助获得 R 的相关帮助信息。

1.2.4　R 的基本原理

R 是一种解释型语言, 它的语法非常简单, 比如求变量 x 的均值的命令为 "mean(x)", 求变量 x 的方差的命令为 "var(x)", 而命令 "lm($y \sim x$)" 表示以 y 为因变量、x 为自变量拟合一个线性回归模型。

需要注意的是, 首先必须给变量赋值才能进行相应的计算, 最常见的变量是向量和矩阵, 而统计分析中一个完整的数据集是由若干个变量的若干个观测值组成的, 在 R 中称为数据框 (data frame)。下面介绍数值型向量、矩阵和数据框的建立方法, 最后以回归分析的一个实例来说明 R 的工作原理。为了便于读者理解每个命令的含义, 每行命令 (代码) 都给出一个注释语句, "#" 表示注释的开始, 即 "#" 后面的是注释语句。

1. 数值型向量的建立

```
> x1<-seq(2,6,by=1)          # 生成序列 x1=(2,3,4,5,6), "<-" 是赋值运算符
> x2<-c(1,3,5,8,10)          # 生成一个 5 维向量 x2=(1,3,5,8,10)
> x3<-rep(2:4,2)             # 生成序列 x3=(2,3,4,2,3,4)
> x4<-c(x1,x2)               # 生成一个 10 维向量 x4=(2,3,4,5,6,1,3,5,8,10)
> cbind(x1,x2)               # 将 x1 和 x2 按列合并得到如下数据:
        x1    x2
 [1,]    2     1
 [2,]    3     3
 [3,]    4     5
 [4,]    5     8
 [5,]    6    10

> rbind(x1,x2)               # 将 x1 和 x2 按行合并得到如下数据:
      [,1]    [,2]    [,3]    [,4]    [,5]
x1     2       3       4       5       6
x2     1       3       5       8       10
```

2. 矩阵的建立

```
> A<-matrix(1,nr=2,nc=2)     # 生成一个所有元素都为 1 的 2 阶方阵
> B<-diag(3)                 # 生成一个 3 阶单位矩阵
> D<-diag(c(2,3,4))          # 生成一个对角线元素是 (2,3,4) 的 3 阶方阵
> X<-matrix(0,nr=2,nc=3)     # 生成一个所有元素都为 0 的 2×3 阶矩阵
> x1<-c(2,3,4)
> x2<-c(1,2,5)
> X<-rbind(x1,x2)            # 生成一个第 1 行为 x1, 第 2 行为 x2 的矩阵 X
> X                          # 显示矩阵 X
      [,1]    [,2]    [,3]
x1     2       3       4
x2     1       2       5
```

3. 数据框的建立

数据框是一个二维对象, 这一点与矩阵类似, 但数据框的行与列的意义是不同的: 列表示变量, 行表示观测值。我们可以通过直接和间接两种方式建立数据框。

(1) 直接方式。

```
> x1<-seq(2,6,by=1)        # 生成序列 x1=(2,3,4,5,6)
> x2<-c(1,3,5,8,10)        # 生成一个 5 维向量 x2=(1,3,5,8,10)
> z.df<-data.frame(x1,x2)  # 生成数据框
> z.df                     # 显示数据框 z.df
    x1    x2
1   2     1
2   3     3
3   4     5
4   5     8
5   6     10
```

(2) 间接方式。

可以通过读取数据文件 (文本文件、Excel 文件或其他格式的文件) 建立数据框, 比如读取数据文件 "c:\data\exam1.1.txt" 中的观测值 (即表 1-1 中 x 和 y 的值)。

```
> setwd("c:/data")         # 设定工作路径, R 中路径的斜线符号为 "/", 与 Windows 中的
                             相应符号 "\" 不一样
> dat<-read.table("exam1.1.txt",header=T)   # 从 exam1.1.txt 中读入数据, header=T 或
    TURE 表示将 exam1.1.txt 文件的第 1 行作为表头行, 而 header=F 或 FALSE 则表示
    文件的第 1 行不作为表头行
```

4. 一个回归分析的例子

建立数据框之后, 就可以进行数据分析了, 下面以一个简单的例子来说明 R 的工作原理。

例 1.1 (数据文件为 exam1.1) 表 1-1 给出了我国 2015 年 31 个省、自治区、直辖市 (不含港澳台) 城镇居民年人均可支配收入和年人均消费性支出数据。该数据文件是 txt 格式的文件, 请将数据读入 R, 生成相应的 R 数据框, 并建立年人均消费性支出 y 关于年人均可支配收入 x 的线性回归模型。

解: 假定数据文件 exam1.1.txt 保存在 "c:\data" 子目录下, 我们先读入数据, 然后计算 x 与 y 的相关系数并绘制散点图, 具体程序及运行结果如下:

```
> setwd("c:/data")                          # 设定工作路径
> dat<-read.table("exam1.1.txt",header=T)   # 读入数据
> cor(dat)                                   # 计算 x 和 y 的相关系数

          x           y
x   1.0000000   0.9736406
y   0.9736406   1.0000000
> plot(y~x,data=dat)                         # 绘制 x 和 y 的散点图
```

表 1-1　城镇居民年人均可支配收入和年人均消费性支出数据　　　　　单位: 元

地区	年人均可支配收入 (x)	年人均消费性支出 (y)	地区	年人均可支配收入 (x)	年人均消费性支出 (y)
北京	52 859.17	36 642.00	湖北	27 051.47	18 192.28
天津	34 101.35	26 229.52	湖南	28 838.07	19 501.37
河北	26 152.16	17 586.62	广东	34 757.16	25 673.08
山西	25 827.72	15 818.61	广西	26 415.87	16 321.16
内蒙古	30 594.10	21 876.47	海南	26 356.42	18 448.35
辽宁	31 125.73	21 556.72	重庆	27 238.84	19 742.29
吉林	24 900.86	17 972.62	四川	26 205.25	19 276.85
黑龙江	24 202.62	17 152.07	贵州	24 579.64	16 914.20
上海	52 961.86	36 946.12	云南	26 373.23	17 674.99
江苏	37 173.48	24 966.04	西藏	25 456.63	17 022.01
浙江	43 714.48	28 661.27	陕西	26 420.21	18 463.87
安徽	26 935.76	17 233.53	甘肃	23 767.08	17 450.86
福建	33 275.34	23 520.19	青海	24 542.35	19 200.65
江西	26 500.12	16 731.81	宁夏	25 186.01	18 983.88
山东	31 545.27	19 853.77	新疆	26 274.66	19 414.74
河南	25 575.61	17 154.30			

在图形窗口可以得到 x 和 y 的散点图, 如图 1-1 所示。从图中可以看出, 年人均消费性支出 y 与年人均可支配收入 x 之间的线性关系非常明显, 二者的相关系数为 0.973 6, 因此, 可以建立年人均消费性支出 y 关于年人均可支配收入 x 的线性回归模型, 具体程序如下 [①]:

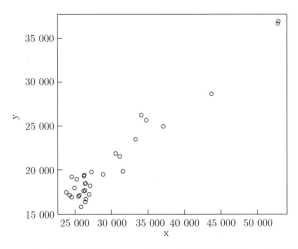

图 1-1　年人均可支配收入 x 和年人均消费性支出 y 的散点图

[①] 通常我们先建立一个脚本文件, 把程序 (代码) 写在脚本文件里, 这样方便修改和运行。当然, 下载 R-Studio (https://posit.co) 管理 R 文件也是一个不错的选择, 读者可以自己试一试。

```
lm.reg<-lm(y~x,data=dat)        # 建立 y 关于 x 的线性回归模型
summary(lm.reg)                 # 显示 lm.reg 的内容, 即输出回归分析结果
```

输出结果如下:

```
Call:
lm(formula=y~x,data=dat)

Residuals:
    Min       1Q     Median      3Q        Max
 -2099.8   -629.8     138.5    772.7     2628.6
Coefficients:
                 Estimate    Std. Error    t value     Pr(>|t|)
 (Intercept)    179.43046    920.59493      0.195        0.847
          x       0.68682      0.02988     22.988       <2e-16    ***
---
Signif. codes:  0 '***'   0.001 '**'   0.01 '*'   0.05 '.'   0.1 ' '   1

Residual standard error: 1238 on 29 degrees of freedom
Multiple R-squared:  0.948,      Adjusted R-squared:  0.9462
F-statistic: 528.4 on 1 and 29 DF,    p-value: < 2.2e-16
```

1.2.5 本书相关的 R 程序包和函数

下面结合各章节内容简要介绍本书要用到的主要程序包和函数。

1. 多元回归分析

第 5 章多元线性模型主要用到以下几个函数。

(1) lm 函数: 求解线性回归方程。

```
lm.reg<-lm(y~x,data=dat)        # 用 dat 中的数据建立 y 关于 x 的线性回归模型
```

(2) summary 函数: 给出模型的计算结果。

```
summary(lm.reg)                 # 显示 lm.reg 的内容, 即输出回归分析结果
```

(3) confint 函数: 求参数的置信区间。

```
confint(lm.reg,level=0.95)      # 求 lm.reg 回归参数的 95% 的置信区间
```

(4) predict 函数: 求预测值和预测区间。

```
x0<-data.frame(x=30000)         # 给定 x0=x=30000
```

```
predict(lm.reg,x0,interval="prediction",level=0.95) # 求 x=30000 时 y 的置信度为 95%
                                                      的预测区间
```

(5) step 函数: 完成逐步回归。

```
lm.sal<-lm(y~x1+x2+x3+x4,data=d2.1)        # 建立全变量回归方程
lm.step<-step(lm.sal,direction="both")     # 用 "一切子集回归法" 进行逐步回归
```

第 6 章广义线性模型主要用到 glm 函数:

```
g.logit<-glm(y~x,family=binomial,data=d3.1)
        # 建立 y 关于 x 的 Logistic 模型, 数据为 d3.1
g.ln<-glm(y~x1+x2+x3,family=poisson(link=log),data=d3.2)
        # 建立 y 关于 x1, x2, x3 的泊松对数线性模型, 数据为 d3.2
```

第 6 章还会用到 multinorm, zeroinfl 和 loglm 3 个函数, 分别建立多项 Logit 模型、零膨胀计数模型和多项分布对数线性模型。

注意: 多元回归分析中用到的 lm, glm, step, confint 和 predict 等函数都是程序包 stats 中的函数; 而 summary 函数是程序包 base 中的函数。程序包 stats 和 base 是安装时的基本程序包, 可以直接使用, 不必进行加载。

2. 聚类分析

第 7 章聚类分析介绍的聚类方法中有两种常用的, 即系统聚类法和 k-均值聚类法。系统聚类法可以用 dist 函数计算距离, 然后用 hclust 函数实现。

```
d<-dist(d4.1,method="euclidean",diag=T,upper=F,p=2)  # 采用欧氏距离计算相似矩阵 d
HC<-hclust(d,method="single")          # 采用最小距离法 (single) 聚类
plot(HC)                               # 绘制聚类树状图
```

k-均值聚类法可以用 kmeans 函数实现。

```
KM<-kmeans(d4.2,4,nstart=20,algorithm="Hartigan-Wong")
              # 聚类的个数为 4, 随机集合的个数为 20, 算法为 "Hartigan-Wong"
```

注意: 聚类分析中用到的 dist 和 hclust 函数都是程序包 stats 中的函数, 可以直接使用, 而判别分析中用到的 lda 函数是程序包 MASS 中的函数, 程序包 MASS 不是安装时的基本程序包, 需要先从 R 镜像网站中下载并加载。

3. 判别分析

判别分析中介绍的 Fisher 判别法和 Bayes 判别法将用程序包 MASS 中的 lda 函数进行判别分析, 具体见第 8 章。

4. 主成分分析

主成分分析将用程序包 stats 中的 princomp 函数进行分析, 具体见第 9 章。

5. 因子分析

因子分析将用程序包 mvstats 中的 factpc 函数进行分析, 具体见第 10 章。

6. 对应分析

对应分析将用程序包 MASS 中的 corresp 函数进行分析, 具体见第 11 章。

7. 典型相关分析

典型相关分析将用程序包 CCA 中的 cc 函数进行分析, 具体见第 12 章。

8. 多维标度分析

多维标度分析将用程序包 stats 中的 cmdscale 函数和程序包 MASS 中的 isoMDS 函数进行分析, 具体见第 13 章。

习　题

1.1　R 与一般统计软件有何区别? R 的主要特点是什么?

1.2　到 R 的主页 (www.r-project.org) 下载并安装最新版的 R 软件, 并运行 1.2.4 节有关数值型向量、矩阵和数据框的建立语句以及例 1.1 的程序。

1.3　登录 CRAN 社区 (cran.r-project.org), 并进入左侧 Software 下的 "Packages", 浏览并感受 R 所提供的程序包, 选择其中感兴趣的程序包进行安装与试用。

1.4　多元统计分析的主要用途有哪些?

1.5　常用的多元统计分析方法有哪些?

1.6　举两个多元统计分析的实例, 并说明可能采用哪种多元统计分析方法进行分析。

参考文献

[1]　张尧庭, 方开泰. 多元统计分析引论. 北京: 科学出版社, 1982.

[2]　王静龙. 多元统计分析. 北京: 科学出版社, 2008.

[3]　薛毅, 陈立萍. 统计建模与 R 软件. 北京: 清华大学出版社, 2007.

第 2 章
多元数据描述与展示

众所周知, 图形是直观了解和认识数据的重要工具。如果能将所研究的数据绘制在一个平面上, 便可以从图形中直观地观察数据的分布情况以及各变量之间的相关关系。当只有 1 个或 2 个变量时, 可以使用直角坐标系在平面上作图, 直方图、条形图、饼图、散点图等就是常用的二维平面图示方法。当有 3 个变量时, 虽然也可以用三维图形来表示, 但观察三维数据的特征不是很方便。显然, 当变量个数大于 3 时, 就不能用通常的方法来作图了。

20 世纪 70 年代以来, 统计学家研究发现了大量多元数据的图表示法。从研究成果来看, 这些方法主要分为两类。一类是将高维空间的点与平面上的某种图形相对应, 进而利用平面上的这种图形反映高维数据的特征或数据间的关系。另一类是在尽可能保留原始数据信息的原则下, 对数据进行降维或者转换, 把高维数据投影到二维空间 (平面), 就可以使用通常的方法在平面上画出原高维数据的图形。后者可用本书后续将要介绍的主成分分析、因子分析等方法解决。本章将在 R 环境下针对第一类方法, 介绍几种实用且有效的多元数据的图表示法。更多作图方法, 感兴趣的读者可以参阅《应用多元统计分析》(第四版) (朱建平. 科学出版社, 2021) 或《实用多元统计分析》(第 6 版) (理查德·A. 约翰逊, 迪安·W. 威克恩. 清华大学出版社, 2008)。

设变量个数为 p, 观测次数为 n, 第 k 次观测值记为

$$\boldsymbol{X}_{(k)} = (x_{k1}, x_{k2}, \cdots, x_{kp})^{\mathrm{T}}, \quad k = 1, 2, \cdots, n$$

则 n 次观测数据组成的矩阵记为 $\boldsymbol{X} = (x_{ij})_{n \times p}$。

2.1 箱线图

箱线图也称为箱形图、箱须图或盒式图等, 因形状如箱子而得名, 由美国著名统计学家约翰·图基 (John Tukey) 于 1977 年发明, 是一种用于显示一组数据分布情况的统计图。箱线图主要由一个矩形箱 (box) 和两条须线 (whisker) 构成。添加了手工标注的箱线图如图 2-1 所示, 图中五条线的具体含义如下。

(1) 矩形箱的上下边界分别是上四 (75%) 分位数和下四 (25%) 分位数, 箱子的上下边界的差值为四分位间距。

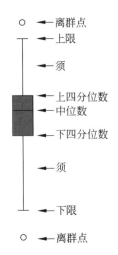

图 2-1　手工标注的箱线图

(2) 箱子中间的水平线是中位数。若箱子中间的水平线没有在箱子的中央, 则说明数据有偏。

(3) 箱子的顶部和底部向上或向下各延伸一条须线, 每条须线都延伸至 1.5 倍的四分位间距范围内的最远数据点的位置。须线延伸端之外的数据点在图中用 "○" 标出, 这些称为离群点。在进行数据分析时, 这些离群点提示人们数据中可能存在异常点。如果没有离群点, 须线的两端分别延伸至最大值点和最小值点。

图 2-1 中, 下四分位数、中位数和上四分位数将整个数据等量地分成四部分, 各占 25% 的数据, 矩形箱包含位于中心位置的 50% 的数据。因此, 我们从箱线图上大致能够看出数据整体的分布状态或分散状态, 比如数据集中在什么范围, 数据分布是否对称, 如果不对称又是怎么偏斜的, 等等。事实上, 箱线图在分析比较多组数据时尤为有用。如果每组数据作一个箱线图, 比较不同组的箱子中间水平线的差异以及箱子的大小, 就可以发现不同组数据分布的差别。

例 2.1 (数据文件为 exam2.1)　表 2-1 给出了 2021 年全国 31 个省、自治区、直辖市 (不含港澳台) 居民人均消费支出的 8 项主要指标数据。这 8 项指标分别是食品烟酒、衣着、居住、生活用品及服务、交通通信、教育文化娱乐、医疗保健和其他用品及服务。

表 2-1　2021 年全国 31 个省、自治区、直辖市居民人均消费支出数据　　单位: 元

地区	食品烟酒	衣着	居住	生活用品及服务	交通通信	教育文化娱乐	医疗保健	其他用品及服务
北京	9 306.6	2 104.4	16 846.7	2 559.7	4 226.8	3 348.0	4 285.7	962.5
天津	9 138.4	1 872.0	7 519.5	1 940.6	4 390.4	3 372.5	3 747.6	1 207.5
河北	5 646.0	1 371.8	4 520.9	1 216.9	2 755.1	2 007.3	1 983.9	451.8
山西	4 622.4	1 277.4	3 850.8	1 029.0	1 988.0	2 059.1	1 935.2	429.3
内蒙古	6 298.8	1 641.0	4 532.6	1 214.7	3 488.4	2 543.7	2 354.7	584.5

续表

地区	食品烟酒	衣着	居住	生活用品及服务	交通通信	教育文化娱乐	医疗保健	其他用品及服务
辽宁	6 915.6	1 627.9	4 913.6	1 307.5	3 033.7	2 809.4	2 485.1	738.0
吉林	5 499.4	1 346.3	3 707.0	1 025.8	2 655.8	2 413.1	2 360.7	596.4
黑龙江	6 281.9	1 466.3	3 842.6	1 040.7	2 761.2	2 254.1	2 475.2	513.9
上海	12 604.5	2 086.9	16 136.8	2 248.1	5 626.2	4 709.9	3 877.9	1 589.1
江苏	8 660.6	1 783.9	8 433.6	1 911.7	4 335.7	2 984.7	2 463.4	877.9
浙江	10 160.3	2 051.3	9 943.0	2 072.9	5 196.5	3 768.7	2 498.9	976.6
安徽	7 142.6	1 430.8	4 664.7	1 343.0	2 479.5	2 584.8	1 783.6	482.0
福建	9 167.5	1 431.9	8 300.8	1 472.5	3 121.1	2 572.2	1 768.5	605.5
江西	6 518.5	1 079.7	4 721.2	1 141.9	2 342.5	2 381.8	1 693.8	410.6
山东	6 196.1	1 530.3	4 682.7	1 716.4	3 495.6	2 728.4	2 015.5	455.6
河南	5 231.5	1 405.2	4 027.0	1 228.9	2 103.6	2 209.2	1 786.8	399.0
湖北	7 276.1	1 464.5	4 991.8	1 327.2	3 186.4	2 863.3	2 238.7	498.0
湖南	6 736.5	1 329.3	4 811.5	1 411.2	2 891.0	3 061.0	2 122.2	435.0
广东	10 484.6	1 278.0	8 189.6	1 614.1	4 164.6	3 241.6	1 900.9	715.9
广西	5 825.2	710.2	3 697.6	1 058.7	2 473.1	2 283.9	1 752.8	286.3
海南	8 207.2	745.8	5 028.0	1 033.9	2 650.7	2 444.5	1 682.9	448.9
重庆	8 154.5	1 708.3	4 490.3	1 682.5	3 049.8	2 601.4	2 325.8	585.2
四川	7 549.0	1 315.4	4 035.5	1 387.6	2 807.4	1 891.9	2 071.9	459.3
贵州	5 553.7	1 162.2	3 461.8	1 097.7	2 678.0	2 247.7	1 368.2	387.9
云南	5 963.9	959.3	3 954.0	1 005.6	2 837.7	2 059.0	1 700.1	371.3
西藏	5 459.9	1 294.4	3 622.5	975.8	2 104.9	768.0	781.4	335.4
陕西	5 331.6	1 264.6	4 401.5	1 267.1	2 284.2	2 110.7	2 264.6	422.2
甘肃	5 217.7	1 217.3	3 706.0	1 068.0	2 215.4	1 893.8	1 761.4	376.6
青海	5 850.2	1 358.7	3 580.2	1 119.0	3 108.7	1 627.5	1 938.1	437.8
宁夏	5 446.5	1 370.1	3 693.1	1 203.1	3 378.2	2 273.2	2 126.6	532.5
新疆	5 739.3	1 320.6	3 598.3	1 149.6	2 707.7	1 664.4	1 990.7	789.9

资料来源: 国家统计局. 中国统计年鉴 (2022). 北京: 中国统计出版社, 2022.

箱线图绘制函数 boxplot 的用法如下。

```
> setwd("C:/data")              # 设定工作路径
> d2.1=read.csv("exam2.1.csv",header=T,row.names="地区")
    # 将 exam2.1.csv 数据读入 d2.1, row.names 指定行标签的参数
> boxplot(d2.1,cex.axis=0.8)     # boxplot 是箱线图绘制函数
    # cex.axis 用于设置坐标轴刻度文字缩放倍数
    # 如果图形需要水平放置, 需添加参数 "horizontal=T"
```

输出结果如图 2-2 所示。从图 2-2 中可以看出, 食品烟酒支出高于其他项目, 并且在食品烟酒支出中上海特别突出, 达到 12 604.5 元, 远高于其他地区, 形成离群点。

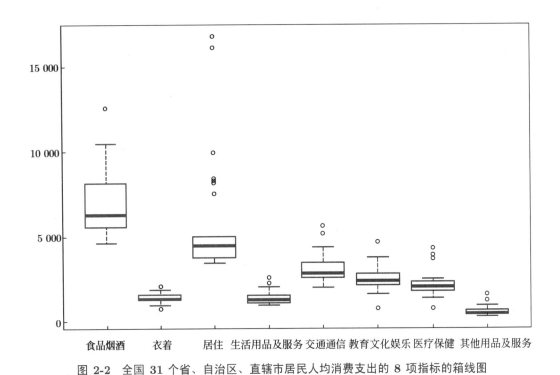

图 2-2 全国 31 个省、自治区、直辖市居民人均消费支出的 8 项指标的箱线图

2.2 散点图矩阵

散点图矩阵借助两变量散点图的作图方法, 直观给出变量之间的相关关系。它是一个大的图形方阵, 其主对角线元素是各个变量名, 非主对角线元素是对应行和对应列的变量两两配对生成的散点图。散点图矩阵可以清晰地看到所研究的多个变量中每两个变量间的相关程度。散点图矩阵因其直观、简单和容易理解的特点, 越来越受广大统计工作者的喜爱。

例 2.2 (数据文件为 exam2.1) 沿用例 2.1 中 2021 年全国 31 个省、自治区、直辖市 (不含港澳台) 居民人均消费支出的 8 项主要指标数据。散点图矩阵绘制函数 pairs 的用法如下。

```
> setwd("C:/data")              # 设定工作路径
> d2.1=read.csv("exam2.1.csv",header=T,row.names="地区")
    # 将exam2.1.csv数据读入d2.1, row.names指定行标签的参数
> pairs(d2.1,cex=1.5)           # 绘制散点图矩阵
```

受篇幅限制, 我们这里仅显示 8 项主要指标数据中衣着、生活用品及服务、交通通信与教育文化娱乐 4 项指标的散点图矩阵, 如图 2-3 所示。由散点图矩阵可以看出, 衣着与生活用品及服务、交通通信与教育文化娱乐之间有明显的线性相关关系。其他变量之间的相关关系此处不再赘述。

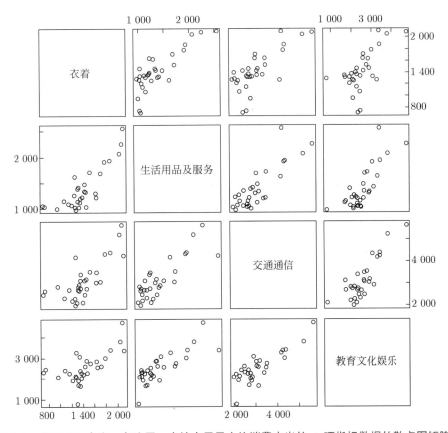

图 2-3　全国 31 个省、自治区、直辖市居民人均消费支出的 4 项指标数据的散点图矩阵

来自 GGally 包的 ggpairs 函数可以提供更加丰富的相关分析信息。下面的程序演示了此函数的使用方法,结果如图 2-4 所示。

```
> setwd("C:/data")          # 设定工作路径
> d2.1=read.csv("exam2.1.csv",header=T,row.names="地区")
    # 将 exam2.1.csv 数据读入 d2.1, row.names 指定行标签的参数
> library(GGally)           # 加载 R 程序包 GGally
> ggpairs(d2.1)
    # 默认对表中的所有 (定性/定量) 变量绘制成对比较图
    # 默认左下角 (lower) 为成对变量散点图, 对角 (diag) 为密度曲线图, 右上角 (upper)
      为相关系数和显著性标记
```

图 2-4 的下三角部分绘制的是全国 31 个省、自治区、直辖市衣着、生活用品及服务、交通通信与教育文化娱乐 4 项指标两两之间的散点图,可以看出衣着与生活用品及服务呈正相关。图 2-4 的主对角线绘制了各项指标的密度函数曲线。密度函数曲线的特征表明教育文化娱乐基本呈正态分布,生活用品及服务明显右偏。图 2-4 的上三角部分则标注了 4 项指标两两之间的相关系数值,其中生活用品及服务与交通通信的相关系数最大。

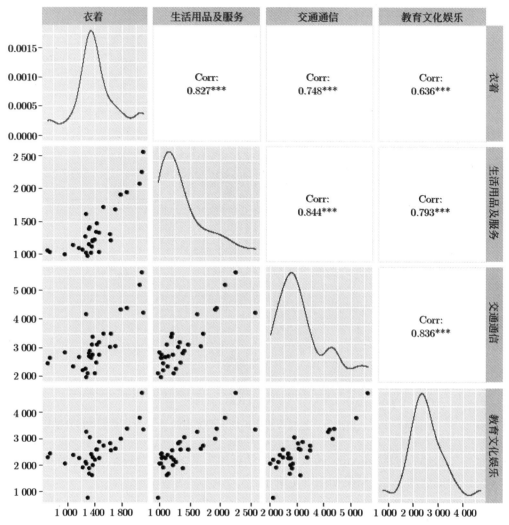

图 2-4　全国 31 个省、自治区、直辖市居民人均消费支出的 4 项指标数据的成对比较图
(ggpairs 函数绘制)

2.3　折线图

折线图是将多个样本观测数据以折线的方式表示在平面中的一种多变量可视化图形。折线图用线段的升降来表示变量的大小。折线图的作图步骤如下:

(1) 绘制平面坐标系, 横坐标取 p 个点, 以表示 p 个变量。

(2) 对于给定的一次观测值, 在 p 个点上的纵坐标 (即高度) 表示变量取值。

(3) 连接此 p 个点得到一条折线, 即为该次观测值的折线。

(4) 对于 n 次观测值, 每次都重复上述步骤 (1)~(3), 可绘制出 n 条折线, 构成 n 次观测值的折线图。

例 2.3 (数据文件为 exam2.1)　沿用例 2.1 中 2021 年全国 31 个省、自治区、直

辖市 (不含港澳台) 居民人均消费支出的 8 项主要指标数据。R 绘制折线图的方法如下。

```
> setwd("C:/data")                    # 设定工作路径
> library(DescTools)                  # 加载 R 程序包 DescTools
> d2.1=read.csv("exam2.1.csv",header=T,row.names="地区")
    # 将 exam2.1.csv 数据读入 d2.1, row.names 指定行标签的参数
> par(mai=c(0.7,0.7,0.1,0.1),cex=0.8)     # 重新设置输出图形的边界参数
> PlotLinesA(t(mat),xlab="",ylab="支出",args.legend=NA,col=rainbow(31),
            pch=21,pch.col=1,pch.bg="white",pch.cex=1)
    # 绘制折线图的函数为 PlotLinesA
> legend(x="topright",legend=rownames(d2.1),lty=1,col=rainbow(31),
        box.col="black",inset=0.01,ncol=4,cex=0.8)       # 设置图例
```

图 2-5 中的折线分别对应 2021 年全国 31 个省、自治区、直辖市 (不含港澳台) 居民人均消费支出的 8 项主要指标数据。但是, 由于考察的样本较多, 折线图中出现了很多重复的点, 以至于很难快速区分哪个观测值对应哪条折线 (双色印刷, 多色无法展示, 详见代码运行结果)。

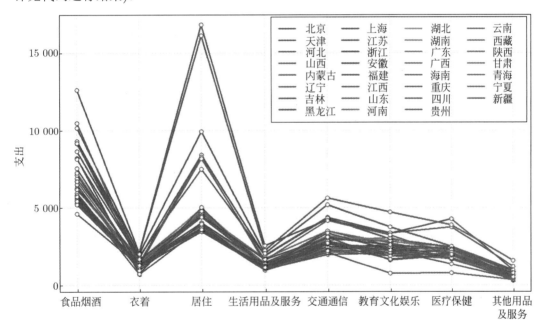

图 2-5　全国 31 个省、自治区、直辖市居民人均消费支出的 8 项指标数据的成对比较图

如果仅绘制北京、上海、贵州、云南和陕西 5 个省份居民人均消费支出的 8 项主要指标数据的折线图, 需要按照下面的步骤进行操作, 结果见图 2-6(双色印刷, 多色无法展示, 详见代码运行结果)。

```
> setwd("C:/data")              # 设定工作路径
> library(DescTools)            # 加载 R 程序包 DescTools
> d2.1=read.csv("exam2.1.csv",header=T,row.names="地区")
```

```
   # 将 exam2.1.csv 数据读入 d2.1, row.names 指定行标签的参数
> PlotLinesA(t(d2.1[c(1,9,24,25,27),]),xlab="",ylab="支出",
           args.legend=NA,col=rainbow(5),pch=c(1,4,5,8,13),pch.col=1,
           pch.bg="white",pch.cex=1)
   # d2.1[c(1,9,24,25,27),] 表示提取其中的部分数据
   # 输出北京、上海、贵州、云南和陕西5个省份居民人均消费支出的 8 项主要指标数据
     的折线图
> legend(x="topright",legend=rownames(d2.1)[c(1,9,24,25,27)],lty=1,
           col=rainbow(5),pch=c(1,4,5,8,13),box.col="black",inset=0.01,
           ncol=4,cex=0.8)
   # 设置图例
```

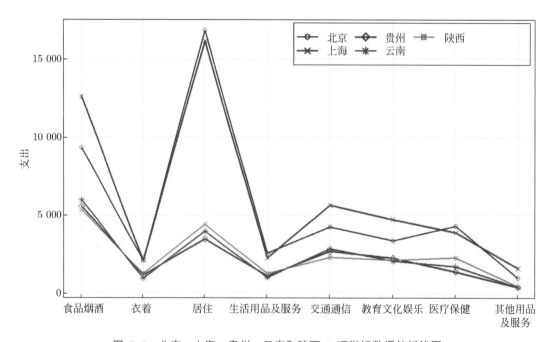

图 2-6　北京、上海、贵州、云南和陕西 8 项指标数据的折线图

　　显然, 从图 2-6 中可以迅速看出, 北京、上海、贵州、云南和陕西 5 个省份中哪几个省份消费支出相似, 哪些较高, 哪些较低; 也可以直观看出各项支出指标的分布情况等。这种图形在聚类分析中颇有帮助。

2.4　星相图

　　星相图是一种常用的多变量可视化图形。在星相图中, 每个变量都有自己的数值轴, 每个数值轴都是从中心向外辐射。由于图形既像雷达荧光屏上看到的图像, 也像一张蜘蛛网, 因此也称为雷达图或蜘蛛图。星相图的作图步骤如下:

　　(1) 画一个圆, 并将圆周分为 p 等份。

(2) 连接圆心和各分点, 形成由圆心引出的 p 条等角射线, 将其分别作为 p 个变量的 (以圆心为起始点的) 坐标轴, 并标以适当的刻度。

(3) 对给定的一次观测值, 把 p 个变量的值分别标在相应的坐标轴上, 然后依次连接 p 个点, 形成一个星相图 (p 边形)。

(4) n 次观测值可画出 n 个 p 边形。

为了便于观察星相图, 通常考虑对各个变量做标准化变换, 其方法有很多种。R 中常用 stars 函数来绘制星相图, 其缺省的标准化变换是使所有变量变换后的最大值为 1, 最小值为 0, 这样画出的星相图都在半径为 1 的圆内。

例 2.4 (数据文件为 exam2.1) 沿用例 2.1 中 2021 年全国 31 个省、自治区、直辖市 (不含港澳台) 居民人均消费支出的 8 项主要指标数据。星相图绘制函数 stars 的用法如下。

```
> setwd("C:/data")        # 设定工作路径
> d2.1=read.csv("exam2.1.csv",header=T,row.names="地区")
    # 将exam2.1.csv数据读入d2.1, row.names指定行标签的参数
> stars(d2.1,full=TRUE,radius=TRUE,key.loc=c(12,1.8))
    # full为图形形状: full=T 表示圆形(默认设置); full=F 表示半圆
    # radius表示是否画出半圆半径: radius=T 表示画出半径(默认设置)，即星相图内部
      的线条
    # key.loc用于确定半径为1的p边形图例的位置
```

图 2-7 是 2021 年全国 31 个省、自治区、直辖市居民人均消费支出的 8 项指标数据的带图例星相图。R 所作的星相图的图例中, 各半径与原变量的对应关系为: 从右边起, 水平半径对应数据集中的第一个变量, 逆时针旋转, 星相图各半径分别对应第二、第三等各个变量。根据星相图各条半径的长短, 可以很容易地判断出各地区对应变量的相对水平, 以此来分析各地区的消费水平和消费结构。因此, 星相图也可以对各地区进行归类分析。由图 2-7 可知, 北京、上海的消费水平较高, 天津、浙江、江苏、广东的消费水平次之, 河北、内蒙古、辽宁、吉林、青海和新疆的消费结构较为类似。

2.5 调和曲线图

调和曲线图是安德鲁斯 (Andrews) 于 1972 年提出的三角多项式作图法, 所以又称为三角多项式图, 其思想是把高维空间中的一个样本点对应二维平面上的一条曲线。

设 p 维数据 $\boldsymbol{X} = (x_1, x_2, \cdots, x_p)^{\mathrm{T}}$ 对应和调和曲线是

$$f_{\boldsymbol{X}}(t) = \frac{x_1}{\sqrt{2}} + x_2\mathrm{sin}t + x_3\mathrm{cos}t + x_4\mathrm{sin}2t + x_5\mathrm{cos}2t + \cdots, \quad -\pi \leqslant t \leqslant \pi$$

式中, 当 t 在区间 $[-\pi, \pi]$ 上变化时, 其轨迹是一条曲线。

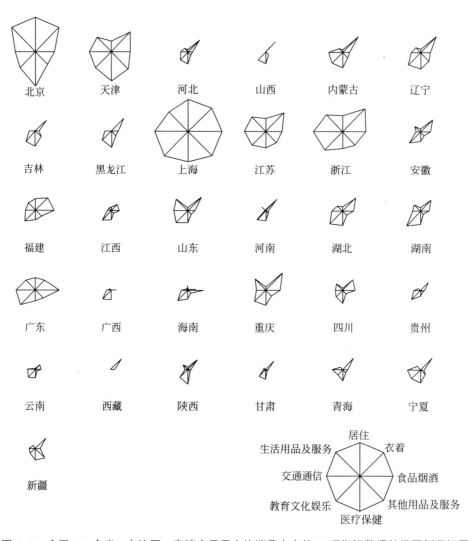

图 2-7 全国 31 个省、自治区、直辖市居民人均消费支出的 8 项指标数据的带图例星相图

对于例 2.1 的数据, 北京、上海对应的调和曲线分别为

$$f_1(t) = \frac{9\,306.6}{\sqrt{2}} + 2\,104.4\sin t + 16\,846.7\cos t + 2\,559.7\sin 2t + 4\,226.8\cos 2t$$

$$+ 3\,348.0\sin 3t + 4\,285.7\cos 3t + 962.5\sin 4t$$

$$f_2(t) = \frac{12\,604.5}{\sqrt{2}} + 2\,086.9\sin t + 16\,136.8\cos t + 2\,248.1\sin 2t + 5\,626.2\cos 2t$$

$$+ 4\,709.9\sin 3t + 3\,877.9\cos 3t + 1\,589.1\sin 4t$$

它们的图形如图 2-8 所示, 其中 $f_1(t)$ 和 $f_2(t)$ 分别为北京和上海的调和曲线。

例 2.5 (数据文件为 exam2.1) 沿用例 2.1 中 2021 年全国 31 个省、自治区、直

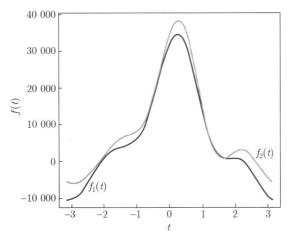

图 2-8　北京和上海居民人均消费支出的 8 项指标数据的调和曲线图

辖市 (不含港澳台) 居民人均消费支出的 8 项主要指标数据。用 R 绘制调和曲线图的方法如下。

```
> setwd("C:/data")              # 设定工作路径
> library(MSG)                  # 加载 MSG 包
> d2.1=read.csv("exam2.1.csv",header=T,row.names="地区")
    # 将exam2.1.csv数据读入d2.1，row.names指定行标签的参数
> andrews_curve(d2.1,xlab="t",ylab="f(t)")
    # 绘制调和曲线图的函数为andrews_curve
    # xlab为横坐标名称，ylab为纵坐标名称
```

显然，例 2.1 中全国 31 个省、自治区、直辖市 (不含港澳台) 居民人均消费支出的 8 项指标数据对应 31 条调和曲线，见图 2-9(a)(双色印刷，多色无法展示，详见代码运行结果)。但是 MSG 程序包里的 andrews_curve 函数没有增加样本标记，无法区分每个样本对应的调和曲线，所以我们自定义了一个调和曲线绘制函数 "plot_Andrews"。例 2.1 中的数据对应的调和曲线图见图 2-9(b)，用法参见本章附录。

调和曲线图对聚类分析的帮助很大。两个样本之间的欧氏距离越近，其调和曲线也会越近，甚至彼此纠缠在一起。因此，如果选择聚类统计量为距离，那么多元数据中同类的调和曲线会拧在一起，不同类的调和曲线则拧成不同的束。因此，调和曲线常用于反映多元样本数据的分类特征。当然，调和曲线还能反映多元数据的均值特征、变异特征等。

由调和曲线的表达式易知，调和曲线对于指标的顺序很敏感。同样的多元数据，指标变量的排列顺序不同，产生的调和曲线也不同。因此，在绘制调和曲线时，最好根据专业背景知识，将指标变量按影响力或权重进行降序排列，即将重要的变量放在前面，以增加调和曲线的灵活性。另外，在调和曲线图中，当各变量的数值悬殊时，最好先进行标准化 (例如标准差标准化、极差标准化或极差正规化等) 再作图。对调和曲线图的相关性质感兴趣的读者可以参阅《实用多元统计分析》(方开泰. 华东师范大学出版社, 1989)。

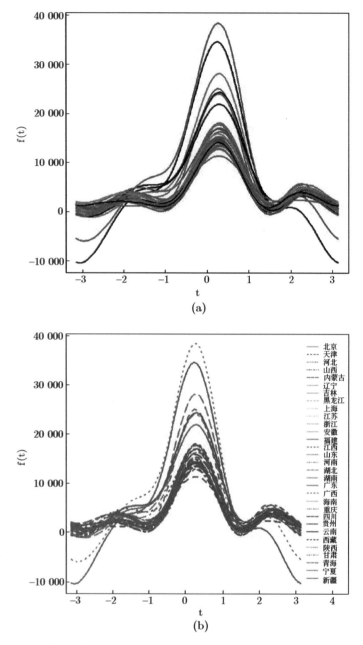

图 2-9　全国 31 个省、自治区、直辖市居民人均消费支出的 8 项指标数据的调和曲线图

2.6　脸谱图

　　脸谱图是美国统计学家赫尔曼·切尔诺夫 (Herman Chernoff) 于 1973 年提出的, 其基本思想是把多达 18 个变量的多维数据以卡通人脸显示, 用脸的要素 (如眼、耳、口和鼻等) 的形状、大小、位置和方向表示相应变量的值。脸谱图容易给人们留下深刻的印象, 通过对脸谱图的分析, 可以直观地对原始资料进行归类或比较研究。但是, 脸谱图不

能显示具体的数据值, 故它只适合观察脸的相似性或变化, 而不太适合查看各变量的具体情况。

例 2.6 (数据文件为 exam2.1)　沿用例 2.1 中 2021 年全国 31 个省、自治区、直辖市 (不含港澳台) 居民人均消费支出的 8 项主要指标数据。用 R 绘制脸谱图的方法如下。

```
> setwd("C:/data")          # 设定工作路径
> library(aplpack)          # 加载 aplpack 包
> d2.1=read.csv("exam2.1.csv",header=T,row.names="地区")
    # 将exam2.1.csv数据读入d2.1, row.names指定行标签的参数
> faces(d2.1,cex=1,fill=FALSE,ncol.plot=7,face.type=0)
    # 绘制脸谱图的函数为faces
    # ncol.plot用于设置每行放置的脸谱个数
    # face.type的取值范围为0~2, 0表示无颜色(默认设置), 1表示彩色,
      2表示彩色的圣诞老人
```

使用 faces 函数绘制完整的脸谱图共需要 15 个变量。当实际数据变量较少时, 脸部有些特征将被自动固定, 只有前 p (p 为变量个数) 个特征被更换, 此时对应的参数 "fill=TRUE"; 当 "fill=FALSE" 时 (默认设置), 部分变量将会被重复使用。以上代码得到的脸谱图如图 2-10 所示。

图 2-10　全国 31 个省、自治区、直辖市居民人均消费支出的 8 项指标数据的脸谱图

输出结果中还列出了各变量与脸谱部位的对应关系, 即 "食品烟酒": 脸庞高度; "衣着": 脸庞宽度; "居住": 脸庞轮廓; "生活用品及服务": 嘴唇高度; "交通通信": 嘴唇宽

度; "教育文化娱乐": 笑容曲线; "医疗保健": 眼睛高度; "其他用品及服务": 眼睛宽度; "食品烟酒": 头发高度; "衣着": 头发宽度; "居住": 头发造型; "生活用品及服务": 鼻子高度; "交通通信": 鼻子宽度; "教育文化娱乐": 耳朵宽度; "医疗保健": 耳朵高度。特别说明, 由于本例只有 8 个变量, 但 R 中绘制脸谱图的函数由 15 个特征构成, 所以例子中 7 项指标都由两个脸部特征表示, 如变量 "食品烟酒" 由脸庞高度和头发高度表示。

习 题

2.1 试述多变量的图表示法的思想方法和实际意义。

2.2 箱线图的组成和作用是什么?

2.3 试述脸谱图的构造原理。

2.4 调和曲线图有何特点和作用?

2.5 (数据文件为 exe2.5) 为了研究人体的心肺功能, 测量了 31 个成年男子的肺活量 (OXY, 单位为毫升), 并且记录了他们的年龄 (age) 和 体重 (weight, 单位为千克), 以及训练后的测试数据, 主要涉及跑 1.5 英里的时间 (time, 单位为分钟)、休息时的脉搏 (spulse, 单位为次/分钟)、跑步时的脉搏 (rpulse, 单位为次/分钟) 和跑步时记录的最大脉搏 (mpulse, 单位为次/分钟), 共计 7 项指标 (数据参见表 2-2)。试按本章介绍的多元图示方法对该数据进行直观分析。

表 2-2 肺活量和其他指标数据

序号	age	weight	time	spulse	rpulse	mpulse	OXY
1	57	73.37	12.63	58	174	176	39.407
2	54	79.38	11.17	62	156	165	46.080
3	52	76.32	9.63	48	164	166	45.441
4	50	70.87	8.92	48	146	155	54.625
5	51	67.25	11.08	48	172	172	45.118
6	54	91.63	12.88	44	168	172	39.203
7	51	73.71	10.47	59	186	188	45.790
8	57	59.08	9.93	49	148	155	50.545
9	49	76.32	9.40	56	186	188	48.673
10	48	61.24	11.50	52	170	176	47.920
11	52	82.78	10.50	53	170	172	47.467
12	44	73.03	10.13	45	168	168	50.541
13	45	87.66	14.03	56	186	192	37.388
14	45	66.45	11.12	51	176	176	44.754
15	47	79.15	10.60	47	162	164	47.273
16	54	83.12	10.33	50	166	170	51.855
17	49	81.42	8.95	44	180	185	49.156

续表

序号	age	weight	time	spulse	rpulse	mpulse	OXY
18	51	69.63	10.95	57	168	172	40.836
19	51	77.91	10.00	48	162	168	46.672
20	48	91.63	10.25	48	162	164	46.774
21	49	73.37	10.08	76	168	168	50.388
22	44	89.47	11.37	62	178	182	44.609
23	40	75.07	10.07	62	185	185	45.313
24	44	85.84	8.65	45	156	168	54.297
25	42	68.15	8.17	40	166	172	59.571
26	38	89.02	9.22	55	178	180	49.874
27	47	77.45	11.63	58	176	176	44.811
28	40	75.98	11.95	70	176	180	45.681
29	43	81.19	10.85	64	162	170	49.091
30	44	81.42	13.08	63	174	176	39.442
31	38	81.87	8.63	48	170	186	60.055

资料来源: 高惠璇. 应用多元统计分析. 北京: 北京大学出版社, 2005.

附　录

自定义调和曲线函数 "plot_Andrews"。

```
require(wesanderson)            # 加载 R 颜色包
plot_Andrews<-function(x){
  if (is.data.frame(x)==TRUE)  x=as.matrix(x)

  nr=nrow(x)
  nc=ncol(x)
  t=seq(-pi,pi,by=pi/40)
  f=matrix(0,nr,length(t))
  for(i in 1:nr)
  {
    f[i,]=x[i,1]/sqrt(2)
    for(j in 2:nc)
    {
      if (j%%2==0)  f[i,]=f[i,]+x[i,j]*sin((j/2)*t)
      else f[i,]=f[i,]+x[i,j]*cos((j%%2)*t)
    }
  }
```

```
col_seq=wes_palette("Zissou1",nr,type="continuous")      # 生成 nr 种连续颜色
plot(c(-3,pi+1),c(min(f),max(f)),type="n",xlab="t",ylab="f(t)")
for(i in 1:nr) lines(t,f[i,],col=col_seq[i],lty=i,lwd=1.5)
legend(pi,max(f),rownames(x),col=col_seq[1:nr],lty=1:nr,bty='n',
       cex=0.7,lwd=1)
}
```

在该程序中, 输入变量 x 表示输入数据, 其输入格式是数据框或矩阵 (样本按行输入). 该程序的使用命令为:

```
d2.1=read.csv("exam2.1.csv",header=T,row.names="地区")
   # 将 exam2.1.csv 数据读入 d2.1
plot_Andrews(d2.1)
```

参考文献

[1] 理查德·A. 约翰逊, 迪安·W. 威克恩. 实用多元统计分析: 第 6 版. 陆璇, 叶俊, 译. 北京: 清华大学出版社, 2008.

[2] 朱建平. 应用多元统计分析. 4 版. 北京: 科学出版社, 2021.

[3] 方开泰. 实用多元统计分析. 上海: 华东师范大学出版社, 1989.

[4] 高惠璇. 应用多元统计分析. 北京: 北京大学出版社, 2005.

C 第 3 章
Chapter 3
多元正态分布

多元正态分布是多元统计分析的基础, 多元统计分析中的许多重要理论和方法都直接或间接建立在多元正态分布的基础上。其原因主要有三个: 首先, 自然界中的许多随机现象 (变量) 服从或近似服从多元正态分布; 其次, 根据中心极限定理, 不论总体分布如何, 许多实际问题中出现的多元统计量渐近地服从多元正态分布; 最后, 有关多元正态分布的理论研究已经相当深入, 有一套完整的统计推断方法且在实践中已被证实是十分有效的。为了便于理解概念和性质, 本章将先论述多元随机向量的分布和数字特征等基本概念, 再介绍多元正态分布的定义和有关性质。

3.1 多元分布的基本概念

在许多随机现象中, 我们需要同时面对多个随机变量。例如, 在研究公司的运营情况时, 要考虑公司的获利能力、资金周转能力、竞争能力以及偿债能力等指标; 在体检时, 要测量的指标有身高、体重、舒张压、收缩压、脉搏、心跳等。这些指标都可以视为随机变量。显然, 多个随机变量之间往往存在着某种相互依存甚至非常密切的关系。如果仅研究某一个随机变量或将这些随机变量割裂开来分别研究, 那么很难从整体上把握研究问题的本质。因此, 我们需要将多个随机变量作为一个整体来研究。

1. 随机向量的概率分布

定义 3.1 将 p 个随机变量 $X_1, X_2, \cdots, X_p$ 组成的整体称为 p 维随机向量, 记为 $\boldsymbol{X} = (X_1, X_2, \cdots, X_p)^{\mathrm{T}}$。

在多元统计分析中, 仍然将研究对象的全体称为总体, 它是由许多 (有限和无限的) 个体构成的集合。如果构成总体的每个个体具有 p 个需要观测的指标, 就称这样的总体为 **p 维总体** (或 **p 元总体**)。如果从 p 维总体中随机抽取一个个体, 其 p 个指标观测值事先是不能精确知道的, 它依赖于被抽到的个体, 因此 p 维总体可用一个 p 维随机向量来表示。这里的 "维" (或 "元") 的概念表示随机向量中包含多少个随机变量。例如, 要研究某个班三门专业课的考试成绩, 则这个班三门专业课的考试成绩就构成一个三元总体。如果每门专业课的考试成绩分别用 X_1, X_2, X_3 表示, 则该三元总体可用 3 维随机向量 $\boldsymbol{X} = (X_1, X_2, X_3)^{\mathrm{T}}$ 表示。

定义 3.2 设 $\boldsymbol{X} = (X_1, X_2, \cdots, X_p)^{\mathrm{T}}$ 是 p 维随机向量, 它的多元分布函数定义为

$$\begin{aligned} F(\boldsymbol{x}) &\triangleq F(x_1, x_2, \cdots, x_p) \\ &= P(X_1 \leqslant x_1, X_2 \leqslant x_2, \cdots, X_p \leqslant x_p) \end{aligned} \tag{3.1}$$

记为 $X \sim F(\boldsymbol{x})$, 其中 $\boldsymbol{x} = (x_1, x_2, \cdots, x_p)^{\mathrm{T}} \in \mathbf{R}^p$, $\mathbf{R}^p$ 表示 p 维欧氏空间。

与一元统计分析类似, 多维随机向量的统计规律性可用它的分布函数来完整描述。

定义 3.3 设 $\boldsymbol{X} = (X_1, X_2, \cdots, X_p)^{\mathrm{T}}$ 是 p 维随机向量, 若存在有限个或可列个 p 维向量 $\boldsymbol{x}_1, \boldsymbol{x}_2, \cdots$, 记 $P(\boldsymbol{X} = \boldsymbol{x}_k) = p_k \ (k = 1, 2, \cdots)$ 且满足 $p_1 + p_2 + \cdots = 1$, 则称 $\boldsymbol{X}$ 为**离散型随机向量**, 称 $P(\boldsymbol{X} = \boldsymbol{x}_k) = p_k \ (k = 1, 2, \cdots)$ 为 $\boldsymbol{X}$ 的**概率分布**。

设 $\boldsymbol{X} \sim F(\boldsymbol{x}) \triangleq F(x_1, x_2, \cdots, x_p)$, 若存在一个非负函数 $f(x_1, x_2, \cdots, x_p)$, 使得对一切 $\boldsymbol{x} = (x_1, x_2, \cdots, x_p)^{\mathrm{T}} \in \mathbf{R}^p$, 有

$$F(\boldsymbol{x}) = \int_{-\infty}^{x_1} \cdots \int_{-\infty}^{x_p} f(t_1, t_2, \cdots, t_p) \mathrm{d}t_1 \mathrm{d}t_2 \cdots \mathrm{d}t_p \tag{3.2}$$

则称 $\boldsymbol{X}$ 为**连续型随机向量**, 称 $f(x_1, x_2, \cdots, x_p)$ 为**多元概率密度函数**, 简称**多元密度函数**或**密度函数**。对于给定的分布函数 $F(x_1, x_2, \cdots, x_p)$, 若 $f(x_1, x_2, \cdots, x_p)$ 在点 $(x_1, x_2, \cdots, x_p)$ 处连续, 则有

$$f(x_1, x_2, \cdots, x_p) = \frac{\partial^p}{\partial x_1 \partial x_2 \cdots \partial x_p} F(x_1, x_2, \cdots, x_p) \tag{3.3}$$

多元密度函数 $f(x_1, x_2, \cdots, x_p)$ 具有下述两个性质:

(1) $f(x_1, x_2, \cdots, x_p) \geqslant 0, \ \forall (x_1, x_2, \cdots, x_p)^{\mathrm{T}} \in \mathbf{R}^p$;

(2) $\displaystyle\int_{-\infty}^{+\infty} \cdots \int_{-\infty}^{+\infty} f(x_1, x_2, \cdots, x_p) \mathrm{d}x_1 \mathrm{d}x_2 \cdots \mathrm{d}x_p = 1$。

离散型随机向量的统计特征可由它的概率分布完全确定, 连续型随机向量的统计特征可由它的密度函数完全确定。

例 3.1 试证函数

$$f(x_1, x_2) = \begin{cases} \mathrm{e}^{-(x_1 + x_2)}, & x_1 \geqslant 0, x_2 \geqslant 0 \\ 0, & \text{其他} \end{cases}$$

为随机向量 $\boldsymbol{X} = (X_1, X_2)^{\mathrm{T}}$ 的密度函数。

证明: 只要验证满足密度函数的两个条件即可:

(1) 显然, $\forall (x_1, x_2)^{\mathrm{T}} \in \mathbf{R}^2$ 有 $f(x_1, x_2) \geqslant 0$;

(2) $\displaystyle\int_{-\infty}^{+\infty} \int_{-\infty}^{+\infty} f(x_1, x_2) \mathrm{d}x_1 \mathrm{d}x_2$

$= \displaystyle\int_{0}^{+\infty} \int_{0}^{+\infty} \mathrm{e}^{-(x_1 + x_2)} \mathrm{d}x_1 \mathrm{d}x_2$

$$= \int_0^{+\infty} \mathrm{e}^{-x_2} \left[\int_0^{+\infty} \mathrm{e}^{-x_1} \mathrm{d}x_1 \right] \mathrm{d}x_2$$

$$= \int_0^{+\infty} \mathrm{e}^{-x_2} \mathrm{d}x_2 = -\mathrm{e}^{-x_2} \Big|_0^{+\infty} = 1$$

定义 3.4 设 $\boldsymbol{X} = (X_1, X_2, \cdots, X_p)^{\mathrm{T}}$ 是 p 维随机向量, 由它的 $q\,(q < p)$ 个分量组成的向量 $\boldsymbol{X}^{(1)}$ 的分布称为 $\boldsymbol{X}$ 关于 $\boldsymbol{X}^{(1)}$ 的**边缘分布**, 相应地, 把 $\boldsymbol{X}$ 的分布称为**联合分布**。不妨设 $\boldsymbol{X}^{(1)} = (X_1, X_2, \cdots, X_q)^{\mathrm{T}}$, 则 $\boldsymbol{X}^{(1)}$ 的分布函数 (即边缘分布函数) 为

$$F_{\boldsymbol{X}^{(1)}}(x_1, x_2, \cdots, x_q)$$
$$= P(X_1 \leqslant x_1, X_2 \leqslant x_2, \cdots, X_q \leqslant x_q) \tag{3.4}$$
$$= P(X_1 \leqslant x_1, X_2 \leqslant x_2, \cdots, X_q \leqslant x_q, X_{q+1} \leqslant +\infty, \cdots, X_p \leqslant +\infty)$$
$$= F(x_1, x_2, \cdots, x_q, +\infty, \cdots, +\infty)$$

如果 $\boldsymbol{X}$ 是连续型随机向量且密度函数为 $f(x_1, x_2, \cdots, x_p)$ (亦称**联合密度函数**), 则

$$F_{\boldsymbol{X}^{(1)}}(x_1, x_2, \cdots, x_q)$$
$$= F(x_1, x_2, \cdots, x_q, +\infty, \cdots, +\infty)$$
$$= \int_{-\infty}^{x_1} \cdots \int_{-\infty}^{x_q} \int_{-\infty}^{+\infty} \cdots \int_{-\infty}^{+\infty} f(t_1, t_2, \cdots, t_p) \mathrm{d}t_1 \mathrm{d}t_2 \cdots \mathrm{d}t_p$$
$$= \int_{-\infty}^{x_1} \cdots \int_{-\infty}^{x_q} \left[\int_{-\infty}^{+\infty} \cdots \int_{-\infty}^{+\infty} f(t_1, t_2, \cdots, t_p) \mathrm{d}t_{q+1} \cdots \mathrm{d}t_p \right] \mathrm{d}t_1 \mathrm{d}t_2 \cdots \mathrm{d}t_q$$

所以 $\boldsymbol{X}^{(1)}$ 的**边缘密度函数**为

$$f_{\boldsymbol{X}^{(1)}}(x_1, x_2, \cdots, x_q) = \int_{-\infty}^{+\infty} \cdots \int_{-\infty}^{+\infty} f(x_1, x_2, \cdots, x_p) \mathrm{d}x_{q+1} \cdots \mathrm{d}x_p \tag{3.5}$$

例 3.2 对例 3.1 中的 $\boldsymbol{X} = (X_1, X_2)^{\mathrm{T}}$ 求边缘密度函数。

解: 由边缘密度函数的定义可知

$$f_{X_1}(x_1) = \int_{-\infty}^{+\infty} f(x_1, x_2) \mathrm{d}x_2$$

$$= \begin{cases} \displaystyle\int_0^{+\infty} \mathrm{e}^{-(x_1+x_2)} \mathrm{d}x_2 = \mathrm{e}^{-x_1}, & x_1 \geqslant 0 \\ 0, & \text{其他} \end{cases}$$

同理可得

$$f_{X_2}(x_2) = \begin{cases} \mathrm{e}^{-x_2}, & x_2 \geqslant 0 \\ 0, & \text{其他} \end{cases}$$

定义 3.5 设 $\boldsymbol{X}$ 和 $\boldsymbol{Y}$ 是两个随机向量, $F(\boldsymbol{x}, \boldsymbol{y})$ 为 $(\boldsymbol{X}, \boldsymbol{Y})$ 的联合分布函数, $F_{\boldsymbol{X}}(\boldsymbol{x})$ 和 $F_{\boldsymbol{Y}}(\boldsymbol{y})$ 分别为 $\boldsymbol{X}$ 和 $\boldsymbol{Y}$ 的分布函数, 若

$$F(x, y) = F_X(x)F_Y(y) \tag{3.6}$$

对一切 x, y 均成立, 则称 X 和 Y 相互独立。[①]

若 (X, Y) 是连续型的, 则 X 和 Y 相互独立当且仅当

$$f(x, y) = f_X(x)f_Y(y) \tag{3.7}$$

对一切 x, y 均成立, 其中, $f(x, y)$ 为 (X, Y) 的联合密度函数, $f_X(x)$ 和 $f_Y(y)$ 分别表示 X 和 Y 的边缘密度函数。值得注意的是, 定义 3.5 中的两个随机向量 X 和 Y 的维数可以是不同的。

独立性的概念也可以推广到 n 个随机向量的情形。设 $X_1, X_2, \cdots, X_n$ 是 n 个随机向量, 若它们的联合分布函数等于各自分布函数的乘积, 即

$$F(x_1, x_2, \cdots, x_n) = F_1(x_1)F_2(x_2) \cdots F_n(x_n)$$

对一切 $x_1, x_2, \cdots, x_n$ 均成立, 则称 n 个随机向量 $X_1, X_2, \cdots, X_n$ **相互独立**。在连续型情形下, $X_1, X_2, \cdots, X_n$ 相互独立当且仅当

$$f(x_1, x_2, \cdots, x_n) = f_1(x_1)f_2(x_2) \cdots f_n(x_n)$$

对一切 $x_1, x_2, \cdots, x_n$ 均成立。

由 $X_1, X_2, \cdots, X_n$ 相互独立可以推知任何 X_i 和 $X_j (i \neq j)$ 独立 (**两两独立**)。但是, 若已知任何 X_i 和 $X_j (i \neq j)$ 独立, 并不能推出 $X_1, X_2, \cdots, X_n$ 相互独立。在实际应用中, 如果 $X_1, X_2, \cdots, X_n$ 的取值互不影响, 就可以认为这 n 个随机向量相互独立。

例 3.3 例 3.1 中的 X_1 与 X_2 是否相互独立?

解: 由例 3.2 可知

$$f_{X_1}(x_1) = \begin{cases} e^{-x_1}, & x_1 \geqslant 0 \\ 0, & \text{其他} \end{cases}$$

$$f_{X_2}(x_2) = \begin{cases} e^{-x_2}, & x_2 \geqslant 0 \\ 0, & \text{其他} \end{cases}$$

而

$$f(x_1, x_2) = \begin{cases} e^{-(x_1+x_2)}, & x_1 \geqslant 0, x_2 \geqslant 0 \\ 0, & \text{其他} \end{cases}$$

因此 $f(x_1, x_2) = f_{X_1}(x_1)f_{X_2}(x_2)$, 故 X_1 与 X_2 相互独立。

2. 随机向量的数字特征

定义 3.6 设 $X = (X_1, X_2, \cdots, X_p)^T$ 是 p 维随机向量, 若 $E(X_i) (i = 1, 2, \cdots, p)$ 存在且有限, 则称

---

① 两个随机向量的独立性也可以由条件分布来定义, 感兴趣的读者可以参阅《应用多元统计分析》(第 6 版)(王学民. 上海财经大学出版社, 2021)。

$$E\left(\boldsymbol{X}\right)=\begin{pmatrix} E(X_1) \\ E(X_2) \\ \vdots \\ E(X_p) \end{pmatrix}=\begin{pmatrix} \mu_1 \\ \mu_2 \\ \vdots \\ \mu_p \end{pmatrix}=\boldsymbol{\mu} \qquad (3.8)$$

为 $\boldsymbol{X}$ 的均值 (向量) 或数学期望。

随机向量 $\boldsymbol{X}$ 的数学期望具有下述性质:

(1) 设 $\boldsymbol{A}$ 为常数矩阵, 则 $E(\boldsymbol{AX})=\boldsymbol{A}E(\boldsymbol{X})$;

(2) 设 $\boldsymbol{A},\boldsymbol{B}$ 为常数矩阵, 则 $E(\boldsymbol{AXB})=\boldsymbol{A}E(\boldsymbol{X})\boldsymbol{B}$;

(3) 设 $\boldsymbol{X}_1,\boldsymbol{X}_2,\cdots,\boldsymbol{X}_n$ 为 n 个同阶的随机向量, 则

$$E(\boldsymbol{X}_1+\boldsymbol{X}_2+\cdots+\boldsymbol{X}_n)=E(\boldsymbol{X}_1)+E(\boldsymbol{X}_2)+\cdots+E(\boldsymbol{X}_n)$$

定义 3.7　设 $\boldsymbol{X}=(X_1,X_2,\cdots,X_p)^{\mathrm{T}}$ 和 $\boldsymbol{Y}=(Y_1,Y_2,\cdots,Y_q)^{\mathrm{T}}$ 分别为 p 维和 q 维随机向量, $\boldsymbol{X}$ 和 $\boldsymbol{Y}$ 的协方差矩阵 (简称协差阵) 定义为

$$\begin{pmatrix} \mathrm{Cov}(X_1,Y_1) & \mathrm{Cov}(X_1,Y_2) & \cdots & \mathrm{Cov}(X_1,Y_q) \\ \mathrm{Cov}(X_2,Y_1) & \mathrm{Cov}(X_2,Y_2) & \cdots & \mathrm{Cov}(X_2,Y_q) \\ \vdots & \vdots & & \vdots \\ \mathrm{Cov}(X_p,Y_1) & \mathrm{Cov}(X_p,Y_2) & \cdots & \mathrm{Cov}(X_p,Y_q) \end{pmatrix} \qquad (3.9)$$

记作 $\mathrm{Cov}(\boldsymbol{X},\boldsymbol{Y})$, 可将其简洁地表达为

$$\mathrm{Cov}(\boldsymbol{X},\boldsymbol{Y})=E\left[\boldsymbol{X}-E\left(\boldsymbol{X}\right)\right]\left[\boldsymbol{Y}-E\left(\boldsymbol{Y}\right)\right]^{\mathrm{T}}$$

显然, $\boldsymbol{Y}$ 和 $\boldsymbol{X}$ 的协方差矩阵与 $\boldsymbol{X}$ 和 $\boldsymbol{Y}$ 的协方差矩阵互为转置关系, 即有

$$\mathrm{Cov}(\boldsymbol{Y},\boldsymbol{X})=\left[\,\mathrm{Cov}(\boldsymbol{X},\boldsymbol{Y})\right]^{\mathrm{T}}$$

若 $\mathrm{Cov}(\boldsymbol{X},\boldsymbol{Y})=\boldsymbol{0}$, 则称 $\boldsymbol{X}$ 和 $\boldsymbol{Y}$ **不相关**。不相关和独立这两个概念存在这样的关系: $\boldsymbol{X}$ 和 $\boldsymbol{Y}$ 相互独立可推知 $\mathrm{Cov}(\boldsymbol{X},\boldsymbol{Y})=\boldsymbol{0}$, 即它们不相关; 反之, 由 $\boldsymbol{X}$ 和 $\boldsymbol{Y}$ 不相关, 并不能推知它们相互独立。

当 $\boldsymbol{X}=\boldsymbol{Y}$ (自然 $p=q$) 时, $\mathrm{Cov}(\boldsymbol{X},\boldsymbol{X})$ 称为 $\boldsymbol{X}$ 的协方差矩阵, 记为 $\mathrm{Var}(\boldsymbol{X})$, 即有

$$\begin{aligned} \mathrm{Var}(\boldsymbol{X}) &= E\left[\boldsymbol{X}-E\left(\boldsymbol{X}\right)\right]\left[\boldsymbol{X}-E\left(\boldsymbol{X}\right)\right]^{\mathrm{T}} \\ &= \begin{pmatrix} \mathrm{Var}(X_1) & \mathrm{Cov}(X_1,X_2) & \cdots & \mathrm{Cov}(X_1,X_p) \\ \mathrm{Cov}(X_2,X_1) & \mathrm{Var}(X_2) & \cdots & \mathrm{Cov}(X_2,X_p) \\ \vdots & \vdots & & \vdots \\ \mathrm{Cov}(X_p,X_1) & \mathrm{Cov}(X_p,X_2) & \cdots & \mathrm{Var}(X_p) \end{pmatrix} \end{aligned} \qquad (3.10)$$

协方差矩阵 $\mathrm{Var}(\boldsymbol{X})$ 也可记作 $\boldsymbol{\Sigma}=(\sigma_{ij})_{p\times p}$, 其中 $\sigma_{ij}=\mathrm{Cov}(X_i,X_j)$, $\sigma_{ii}=\mathrm{Var}(X_i)=\sigma_i^2$。

协方差矩阵具有下述性质:

(1) 随机向量 $\boldsymbol{X}$ 的协方差矩阵 $\boldsymbol{\Sigma}$ 一定是非负定矩阵。

证明: 显然, $\boldsymbol{\Sigma}$ 是对称矩阵。设 $\boldsymbol{a}$ 为任意与 $\boldsymbol{X}$ 具有相同维数的常数向量, 则有

$$\boldsymbol{a}^{\mathrm{T}}\boldsymbol{\Sigma}\boldsymbol{a} = \boldsymbol{a}^{\mathrm{T}}\{E\left[\boldsymbol{X} - E\left(\boldsymbol{X}\right)\right]\left[\boldsymbol{X} - E\left(\boldsymbol{X}\right)\right]^{\mathrm{T}}\}\boldsymbol{a}$$

$$= E\{\boldsymbol{a}^{\mathrm{T}}\left[\boldsymbol{X} - E\left(\boldsymbol{X}\right)\right]\}^2 \geqslant 0$$

故 $\boldsymbol{\Sigma}$ (即 $\boldsymbol{X}$ 的协方差矩阵) 是非负定矩阵。

例 3.4 试证 $|\boldsymbol{\Sigma}| = 0$, 当且仅当 $\boldsymbol{X}$ 的分量之间以概率 1 存在线性关系。

证明: 显然, $\boldsymbol{\Sigma} \geqslant 0$。由正定矩阵的定义易知 $\boldsymbol{\Sigma} > 0$ 当且仅当对一切 $\boldsymbol{a} \neq \boldsymbol{0}$, 有 $\boldsymbol{a}^{\mathrm{T}}\boldsymbol{\Sigma}\boldsymbol{a} > 0$, 故

$$|\boldsymbol{\Sigma}| = 0 \Leftrightarrow \text{存在常数向量 } \boldsymbol{a} \neq \boldsymbol{0}, \text{使得 } \boldsymbol{a}^{\mathrm{T}}\boldsymbol{\Sigma}\boldsymbol{a} = 0, \text{即 } \mathrm{Var}(\boldsymbol{a}^{\mathrm{T}}\boldsymbol{X}) = 0$$

$$\Leftrightarrow \text{存在 } \boldsymbol{a} \neq \boldsymbol{0}, \text{使得 } P(\boldsymbol{a}^{\mathrm{T}}\boldsymbol{X} = \boldsymbol{a}^{\mathrm{T}}\boldsymbol{\mu}) = 1$$

$$\Leftrightarrow \boldsymbol{X} \text{的分量之间以概率 1 存在线性关系}$$

(2) 设 $\boldsymbol{A}$ 为常数矩阵, $\boldsymbol{b}$ 为常数向量, 则

$$\mathrm{Var}(\boldsymbol{A}\boldsymbol{X} + \boldsymbol{b}) = \boldsymbol{A}\mathrm{Var}(\boldsymbol{X})\boldsymbol{A}^{\mathrm{T}}$$

证明:

$$\mathrm{Var}(\boldsymbol{A}\boldsymbol{X} + \boldsymbol{b}) = E\left[(\boldsymbol{A}\boldsymbol{X} + \boldsymbol{b}) - E(\boldsymbol{A}\boldsymbol{X} + \boldsymbol{b})\right]\left[(\boldsymbol{A}\boldsymbol{X} + \boldsymbol{b}) - E(\boldsymbol{A}\boldsymbol{X} + \boldsymbol{b})\right]^{\mathrm{T}}$$

$$= E\{\boldsymbol{A}\left[\boldsymbol{X} - E\left(\boldsymbol{X}\right)\right]\left[\boldsymbol{X} - E\left(\boldsymbol{X}\right)\right]^{\mathrm{T}}\boldsymbol{A}^{\mathrm{T}}\}$$

$$= \boldsymbol{A}\{E\left[\boldsymbol{X} - E\left(\boldsymbol{X}\right)\right]\left[\boldsymbol{X} - E\left(\boldsymbol{X}\right)\right]^{\mathrm{T}}\}\boldsymbol{A}^{\mathrm{T}}$$

$$= \boldsymbol{A}\mathrm{Var}(\boldsymbol{X})\boldsymbol{A}^{\mathrm{T}}$$

(3) 设 $\boldsymbol{A}$ 和 $\boldsymbol{B}$ 为常数矩阵, 则

$$\mathrm{Cov}(\boldsymbol{A}\boldsymbol{X}, \boldsymbol{B}\boldsymbol{Y}) = \boldsymbol{A}\mathrm{Cov}(\boldsymbol{X}, \boldsymbol{Y})\boldsymbol{B}^{\mathrm{T}}$$

证明:

$$\mathrm{Cov}(\boldsymbol{A}\boldsymbol{X}, \boldsymbol{B}\boldsymbol{Y}) = E\left[\boldsymbol{A}\boldsymbol{X} - E(\boldsymbol{A}\boldsymbol{X})\right]\left[\boldsymbol{B}\boldsymbol{Y} - E(\boldsymbol{B}\boldsymbol{Y})\right]^{\mathrm{T}}$$

$$= \boldsymbol{A}\{E\left[\boldsymbol{X} - E\left(\boldsymbol{X}\right)\right]\left[\boldsymbol{Y} - E\left(\boldsymbol{Y}\right)\right]^{\mathrm{T}}\}\boldsymbol{B}^{\mathrm{T}}$$

$$= \boldsymbol{A}\mathrm{Cov}(\boldsymbol{X}, \boldsymbol{Y})\boldsymbol{B}^{\mathrm{T}}$$

(4) 设 $\boldsymbol{A}_1, \boldsymbol{A}_2, \cdots, \boldsymbol{A}_n$ 和 $\boldsymbol{B}_1, \boldsymbol{B}_2, \cdots, \boldsymbol{B}_m$ 为常数矩阵, 则

$$\mathrm{Cov}(\sum_{i=1}^{n}\boldsymbol{A}_i\boldsymbol{X}_i, \sum_{j=1}^{m}\boldsymbol{B}_j\boldsymbol{Y}_j) = \sum_{i=1}^{n}\sum_{j=1}^{m}\boldsymbol{A}_i\mathrm{Cov}(\boldsymbol{X}_i, \boldsymbol{Y}_j)\boldsymbol{B}_j^{\mathrm{T}}$$

证明:

$$\mathrm{Cov}(\sum_{i=1}^{n}\boldsymbol{A}_i\boldsymbol{X}_i, \sum_{j=1}^{m}\boldsymbol{B}_j\boldsymbol{Y}_j)$$

$$= E\left[\sum_{i=1}^{n}\boldsymbol{A}_i\boldsymbol{X}_i - E(\sum_{i=1}^{n}\boldsymbol{A}_i\boldsymbol{X}_i)\right]\left[\sum_{j=1}^{m}\boldsymbol{B}_j\boldsymbol{Y}_j - E(\sum_{j=1}^{m}\boldsymbol{B}_j\boldsymbol{Y}_j)\right]^{\mathrm{T}}$$

$$= \sum_{i=1}^{n} \sum_{j=1}^{m} E\left[\boldsymbol{A}_i \boldsymbol{X}_i - E(\boldsymbol{A}_i \boldsymbol{X}_i)\right] \left[\boldsymbol{B}_j \boldsymbol{Y}_j - E(\boldsymbol{B}_j \boldsymbol{Y}_j)\right]^{\mathrm{T}}$$

$$= \sum_{i=1}^{n} \sum_{j=1}^{m} \boldsymbol{A}_i \{E\left[\boldsymbol{X}_i - E\left(\boldsymbol{X}_i\right)\right] \left[\boldsymbol{Y}_j - E\left(\boldsymbol{Y}_j\right)\right]^{\mathrm{T}}\} \boldsymbol{B}_j^{\mathrm{T}}$$

$$= \sum_{i=1}^{n} \sum_{j=1}^{m} \boldsymbol{A}_i \mathrm{Cov}(\boldsymbol{X}_i, \boldsymbol{Y}_j) \boldsymbol{B}_j^{\mathrm{T}}$$

例 3.5 设随机向量 $\boldsymbol{X} = (X_1, X_2, X_3)^{\mathrm{T}}$ 的数学期望和协方差矩阵分别为

$$E(\boldsymbol{X}) = \begin{pmatrix} 3 \\ 1 \\ 4 \end{pmatrix}, \quad \boldsymbol{\Sigma} = \begin{pmatrix} 4 & 1 & 3 \\ 1 & 9 & -1 \\ 3 & -1 & 5 \end{pmatrix}$$

令 $Y_1 = X_1 - X_2 + X_3, Y_2 = X_2 - X_3$ 和 $Y_3 = X_1 + 3X_2 - 2X_3$, 试求 $\boldsymbol{Y} = (Y_1, Y_2, Y_3)^{\mathrm{T}}$ 的数学期望和协方差矩阵。

解: 因为

$$\boldsymbol{Y} = \begin{pmatrix} Y_1 \\ Y_2 \\ Y_3 \end{pmatrix} = \begin{pmatrix} 1 & -1 & 1 \\ 0 & 1 & -1 \\ 1 & 3 & -2 \end{pmatrix} \begin{pmatrix} X_1 \\ X_2 \\ X_3 \end{pmatrix} = \boldsymbol{A}\boldsymbol{X}$$

所以

$$E(\boldsymbol{Y}) = \boldsymbol{A}E(\boldsymbol{X}) = \begin{pmatrix} 1 & -1 & 1 \\ 0 & 1 & -1 \\ 1 & 3 & -2 \end{pmatrix} \begin{pmatrix} 3 \\ 1 \\ 4 \end{pmatrix} = \begin{pmatrix} 6 \\ -3 \\ -2 \end{pmatrix}$$

$$\mathrm{Var}(\boldsymbol{Y}) = \boldsymbol{A}\mathrm{Var}(\boldsymbol{X})\boldsymbol{A}^{\mathrm{T}}$$

$$= \begin{pmatrix} 1 & -1 & 1 \\ 0 & 1 & -1 \\ 1 & 3 & -2 \end{pmatrix} \begin{pmatrix} 4 & 1 & 3 \\ 1 & 9 & -1 \\ 3 & -1 & 5 \end{pmatrix} \begin{pmatrix} 1 & 0 & 1 \\ -1 & 1 & 3 \\ 1 & -1 & -2 \end{pmatrix}$$

$$= \begin{pmatrix} 24 & -18 & -39 \\ -18 & 16 & 40 \\ -39 & 40 & 111 \end{pmatrix}$$

定义 3.8 设 $\boldsymbol{X} = (X_1, X_2, \cdots, X_p)^{\mathrm{T}}$ 和 $\boldsymbol{Y} = (Y_1, Y_2, \cdots, Y_q)^{\mathrm{T}}$ 分别为 p 维和 q 维随机向量, $\boldsymbol{X}$ 和 $\boldsymbol{Y}$ 的相关系数矩阵定义为

$$\rho(\boldsymbol{X}, \boldsymbol{Y}) = \begin{pmatrix} \rho(X_1, Y_1) & \rho(X_1, Y_2) & \cdots & \rho(X_1, Y_q) \\ \rho(X_2, Y_1) & \rho(X_2, Y_2) & \cdots & \rho(X_2, Y_q) \\ \vdots & \vdots & & \vdots \\ \rho(X_p, Y_1) & \rho(X_p, Y_2) & \cdots & \rho(X_p, Y_q) \end{pmatrix} \quad (3.11)$$

式中, $\rho(X_i, Y_j) = \dfrac{\text{Cov}(X_i, X_j)}{\sqrt{\text{Var}(X_i)}\sqrt{\text{Var}(X_j)}}$ $(i = 1, \cdots, p,\ j = 1, \cdots, q)$ 为随机变量 X_i 和 Y_j 之间的相关系数。若 $\rho(\boldsymbol{X}, \boldsymbol{Y}) = \boldsymbol{0}$, 则表示 $\boldsymbol{X}$ 和 $\boldsymbol{Y}$ 不相关。

当 $\boldsymbol{X} = \boldsymbol{Y}$ (即 $p = q$) 时, $\rho(\boldsymbol{X}, \boldsymbol{X})$ 称为 $\boldsymbol{X}$ 的相关系数矩阵, 记作 $\boldsymbol{\rho} = (\rho_{ij})_{p \times p}$, 这里 $\rho_{ij} = \rho(X_i, X_j)$, $\rho_{ii} = 1$, 即

$$\boldsymbol{\rho} = \begin{pmatrix} 1 & \rho_{12} & \cdots & \rho_{1p} \\ \rho_{21} & 1 & \cdots & \rho_{2p} \\ \vdots & \vdots & & \vdots \\ \rho_{p1} & \rho_{p2} & \cdots & 1 \end{pmatrix} \tag{3.12}$$

随机向量 $\boldsymbol{X}$ 的相关系数矩阵 $\boldsymbol{\rho} = (\rho_{ij})_{p \times p}$ 和协方差矩阵 $\boldsymbol{\Sigma} = (\sigma_{ij})_{p \times p}$ 之间有关系式

$$\boldsymbol{\rho} = \boldsymbol{C}^{-1} \boldsymbol{\Sigma} \boldsymbol{C}^{-1} \tag{3.13}$$

式中, $\boldsymbol{C} = \text{diag}(\sqrt{\sigma_{11}}, \sqrt{\sigma_{22}}, \cdots, \sqrt{\sigma_{pp}})$, $\boldsymbol{\rho}$ 和 $\boldsymbol{\Sigma}$ 相应元素之间的关系式为

$$\rho_{ij} = \frac{\sigma_{ij}}{\sqrt{\sigma_{ii}}\sqrt{\sigma_{jj}}} \tag{3.14}$$

显然, 由 $\boldsymbol{\Sigma}$ 可得到 $\boldsymbol{\rho}$, 但是 $\boldsymbol{\rho}$ 需要和各变量的方差一起才能确定 $\boldsymbol{\Sigma}$, 且由 $\boldsymbol{\Sigma} \geqslant 0$ 可得到 $\boldsymbol{\rho} \geqslant 0$。值得注意的是, 协方差矩阵 $\boldsymbol{\Sigma}$ 中的 σ_{ij} $(i \neq j)$ 在一般情况下不可直接比较大小。而相关系数矩阵 $\boldsymbol{\rho}$ 不随各变量度量单位的改变而变化, 其元素 ρ_{ij} $(i \neq j)$ 都是纯数值 (无单位), 可以直接比较大小。

在实际应用中, 为了克服变量的量纲不同对统计分析结果的影响, 往往需要对每个变量进行标准化, 即进行如下变换:

$$X_j^* = \frac{X_j - E(X_j)}{\sqrt{\text{Var}(X_j)}}, \quad j = 1, 2, \cdots, p \tag{3.15}$$

由此构成了新的随机向量 $\boldsymbol{X}^* = (X_1^*, X_2^*, \cdots, X_p^*)^{\text{T}}$。如果用矩阵形式来表示, 则有

$$\boldsymbol{X}^* = \boldsymbol{C}^{-1}[\boldsymbol{X} - E(\boldsymbol{X})]$$

那么, 标准化后的随机向量 $\boldsymbol{X}^*$ 的均值和协方差矩阵分别为

$$E(\boldsymbol{X}^*) = E\{\boldsymbol{C}^{-1}[\boldsymbol{X} - E(\boldsymbol{X})]\} = \boldsymbol{C}^{-1}E[\boldsymbol{X} - E(\boldsymbol{X})] = \boldsymbol{0}$$

$$\text{Var}(\boldsymbol{X}^*) = \text{Var}\{\boldsymbol{C}^{-1}[\boldsymbol{X} - E(\boldsymbol{X})]\} = \boldsymbol{C}^{-1}\text{Var}[\boldsymbol{X} - E(\boldsymbol{X})](\boldsymbol{C}^{-1})^{\text{T}}$$

$$= \boldsymbol{C}^{-1}\text{Var}(\boldsymbol{X})\boldsymbol{C}^{-1} = \boldsymbol{C}^{-1}\boldsymbol{\Sigma}\boldsymbol{C}^{-1} = \boldsymbol{\rho}$$

即标准化后的协方差矩阵正好是原向量的相关系数矩阵。

3.2　多元正态分布的定义和性质

1. 多元正态分布的定义

首先回顾一元正态分布的定义。随机变量 $X \sim N(\mu, \sigma^2)$ $(-\infty < \mu < +\infty, \sigma^2 > 0)$, 那么随机变量 X 的密度函数为

$$f(x) = \frac{1}{\sqrt{2\pi}\sigma} \mathrm{e}^{-\frac{(x-\mu)^2}{2\sigma^2}}, \ \sigma > 0 \tag{3.16}$$

它的特征函数为

$$\varphi(t) = \exp\left\{\mathrm{i}t\mu - \frac{1}{2}\sigma^2 t^2\right\} \tag{3.17}$$

如果令 $Y = (X - \mu)/\sigma$, 那么 $Y \sim N(0,1)$ (即 Y 服从标准正态分布), 此时有关系式 $X = \mu + \sigma Y$ 成立.

作为一元情况的推广, 我们给出多元正态分布的定义.

定义 3.9　(p 元正态分布的古典定义) 若 p 维随机向量 $\boldsymbol{X} = (X_1, X_2, \cdots, X_p)^{\mathrm{T}}$ 具有下列密度函数

$$f(x_1, x_2, \cdots, x_p) = \frac{1}{(2\pi)^{p/2}|\boldsymbol{\Sigma}|^{1/2}} \exp\left\{-\frac{1}{2}(\boldsymbol{x} - \boldsymbol{\mu})^{\mathrm{T}} \boldsymbol{\Sigma}^{-1}(\boldsymbol{x} - \boldsymbol{\mu})\right\} \tag{3.18}$$

式中, $\boldsymbol{x} = (x_1, x_2, \cdots, x_p)^{\mathrm{T}}$, $\boldsymbol{\mu}$ 是 p 维常数向量, $\boldsymbol{\Sigma}$ 是 p 阶正定矩阵, 则称 $\boldsymbol{X}$ 服从 p 元正态分布, 也称 $\boldsymbol{X}$ 为 p 维正态随机向量, 简记为 $\boldsymbol{X} \sim N_p(\boldsymbol{\mu}, \boldsymbol{\Sigma})$. 显然当 $p = 1$ 时, 式 (3.18) 退化为一元正态分布密度函数.

可以证明, $\boldsymbol{\mu}$ 为 $\boldsymbol{X}$ 的均值 (向量), $\boldsymbol{\Sigma}$ 为 $\boldsymbol{X}$ 的协方差矩阵. 由此可见, p 元正态分布完全由它的均值向量 $\boldsymbol{\mu}$ 和协方差矩阵 $\boldsymbol{\Sigma}$ 确定. 若 $\mathrm{rank}(\boldsymbol{\Sigma}) < p$, 则 $\boldsymbol{\Sigma}^{-1}$ 不存在, 此时 $\boldsymbol{X}$ 的分布称为退化 (或奇异) 的正态分布.

事实上, 多元正态分布的定义不止一种. 更广泛地, 可以采用特征函数来定义, 也可以用多个标准正态随机变量的任意线性组合均为正态的性质来定义, 下面将给出这两种正态分布的定义, 更加详细的说明请参阅《实用多元统计分析》(方开泰. 华东师范大学出版社, 1989).

定义 3.10　若 p 维随机向量 $\boldsymbol{X} = (X_1, X_2, \cdots, X_p)^{\mathrm{T}}$ 有特征函数

$$\varphi_{\boldsymbol{X}}(\boldsymbol{t}) = \exp\left\{\mathrm{i}\boldsymbol{t}^{\mathrm{T}}\boldsymbol{\mu} - \frac{1}{2}\boldsymbol{t}^{\mathrm{T}}\boldsymbol{\Sigma}\boldsymbol{t}\right\} \tag{3.19}$$

式中, $\boldsymbol{t} = (t_1, t_2, \cdots, t_p)^{\mathrm{T}}$ 是任意 p 维实向量, $\boldsymbol{\mu}$ 是 p 维常数向量, $\boldsymbol{\Sigma}$ 是 p 阶非负定矩阵, 则称 $\boldsymbol{X}$ 服从 p 元正态分布 $\boldsymbol{X} \sim N_p(\boldsymbol{\mu}, \boldsymbol{\Sigma})$.

定义 3.11　独立标准正态随机变量 $X_1, X_2, \cdots, X_q$ 的有限线性组合

$$\boldsymbol{Y} = \begin{pmatrix} Y_1 \\ Y_2 \\ \vdots \\ Y_p \end{pmatrix} = \boldsymbol{A}_{p \times q} \begin{pmatrix} X_1 \\ X_2 \\ \vdots \\ X_q \end{pmatrix} + \boldsymbol{\mu} \tag{3.20}$$

称为 p 维正态随机向量, 记为 $\boldsymbol{Y} \sim N_p(\boldsymbol{\mu}, \boldsymbol{\Sigma})$, 其中 $\boldsymbol{\Sigma} = \boldsymbol{A}\boldsymbol{A}^{\mathrm{T}}$.

定义 3.10 只要求 $\boldsymbol{\Sigma}$ 非负定, 显然当 $\boldsymbol{\Sigma}$ 正定时, 它与定义 3.9 等价。很多理论探讨中经常使用定义 3.10, 因为它包含了非退化和退化两种情况。定义 3.11 则是用多个标准正态随机变量的任意线性组合给出多元正态随机向量的定义, 其优点在于把一个多元正态分布问题化为等价的一元正态分布问题进行讨论, 从而可以推出多元正态分布的许多性质和一元正态相同。

例 3.6 设 $\boldsymbol{X} \sim N_2(\boldsymbol{\mu}, \boldsymbol{\Sigma})$, 这里

$$\boldsymbol{X} = \begin{pmatrix} X_1 \\ X_2 \end{pmatrix}, \quad \boldsymbol{\mu} = \begin{pmatrix} \mu_1 \\ \mu_2 \end{pmatrix}, \quad \boldsymbol{\Sigma} = \begin{pmatrix} \sigma_1^2 & \sigma_1\sigma_2\rho \\ \sigma_1\sigma_2\rho & \sigma_2^2 \end{pmatrix}$$

易见, ρ 是 X_1 和 X_2 的相关系数。$|\boldsymbol{\Sigma}| = \sigma_1^2\sigma_2^2(1-\rho^2)$, 当 $|\rho| < 1$ 时, $|\boldsymbol{\Sigma}| \neq 0$, 这时有

$$\boldsymbol{\Sigma}^{-1} = \frac{1}{\sigma_1^2\sigma_2^2\sqrt{1-\rho^2}} \begin{pmatrix} \sigma_2^2 & -\sigma_1\sigma_2\rho \\ -\sigma_1\sigma_2\rho & \sigma_1^2 \end{pmatrix}$$

由式 (3.18) 可得, $\boldsymbol{X}$ 的密度函数为

$$f(x_1, x_2) = \frac{1}{2\pi\sigma_1\sigma_2\sqrt{1-\rho^2}}\exp\left\{-\frac{1}{2(1-\rho^2)}\left[\left(\frac{x_1-\mu_1}{\sigma_1}\right)^2\right.\right.$$
$$\left.\left.-2\rho\left(\frac{x_1-\mu_1}{\sigma_1}\right)\left(\frac{x_2-\mu_2}{\sigma_2}\right)+\left(\frac{x_2-\mu_2}{\sigma_2}\right)^2\right]\right\}$$

容易求得 X_1 和 X_2 的边缘密度分别是

$$f_{X_1}(x_1) = \frac{1}{\sqrt{2\pi}\sigma_1}\exp\left[-\frac{1}{2}\left(\frac{x_1-\mu_1}{\sigma_1}\right)^2\right]$$

和

$$f_{X_2}(x_2) = \frac{1}{\sqrt{2\pi}\sigma_2}\exp\left[-\frac{1}{2}\left(\frac{x_2-\mu_2}{\sigma_2}\right)^2\right]$$

当 $\rho = 0$ 时, $\boldsymbol{X}$ 的密度函数可化简为

$$f(x_1, x_2) = \frac{1}{2\pi\sigma_1\sigma_2}\exp\left\{-\frac{1}{2}\left[\left(\frac{x_1-\mu_1}{\sigma_1}\right)^2+\left(\frac{x_2-\mu_2}{\sigma_2}\right)^2\right]\right\}$$

此时有

$$f(x_1, x_2) = f_{X_1}(x_1) \cdot f_{X_2}(x_2)$$

即 X_1 和 X_2 相互独立。因此, 对于二元正态分布来说, 两个分量不相关和独立是等价的。

图 3-1 所示的是当 $\sigma_1^2 = \sigma_2^2 = 1$, $\rho = 0.75$ 时二元正态分布的钟形密度曲面图。从图 3-1 可以看出, 由于随机变量之间存在较高的相关性, 所以概率密度沿着一条直线集中, 密度函数曲面较陡峭。

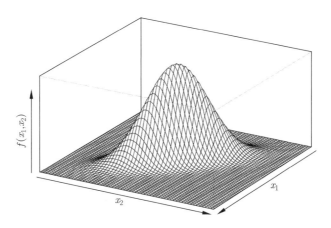

图 3-1　当 $\sigma_1^2 = \sigma_2^2 = 1, \rho = 0.75$ 时二元正态分布的钟形密度曲面图

如果用一个固定的高度去切割二元正态分布的密度函数曲线, 截口是一个椭圆, 称为概率密度等高线。其形式为

$$\left(\frac{x_1 - \mu_1}{\sigma_1}\right)^2 - 2\rho\left(\frac{x_1 - \mu_1}{\sigma_1}\right)\left(\frac{x_2 - \mu_2}{\sigma_2}\right) + \left(\frac{x_2 - \mu_2}{\sigma_2}\right)^2 = c^2$$

式中, c 为 (正) 常数。$|\rho|$ 越大, 则长轴越长, 短轴越短, 即椭圆越扁平; 反之则椭圆越圆。若 $|\rho|$ 趋于 1, 则椭圆趋向于一条线段。如果用不同的高度去截, 可得一族椭圆, 称为密度等高椭圆族。当 $\sigma_1^2 = \sigma_2^2 = 1$, $\rho = \pm0.75$ 时, 同中心的密度等高椭圆族分别如图 3-2(a) 和 (b) 所示。类似地, 在 p 元正态分布中, 概率密度的等高面是一族椭球。

(a) $\rho=-0.75$　　　　　　　　(b) $\rho=0.75$

图 3-2　当 $\sigma_1^2 = \sigma_2^2 = 1, \rho = \pm0.75$ 时, 二元正态分布的密度等高椭圆族

2. 多元正态分布的性质

后面讨论多元统计分析的理论与方法时, 将会反复应用多元正态分布的某些性质, 利用这些性质可使正态分布的处理变得容易一些。接下来, 我们将不加证明地介绍多元正态分布的一些重要性质。[①]

(1) 若 $\boldsymbol{X} = (X_1, X_2, \cdots, X_p)^{\mathrm{T}} \sim N_p(\boldsymbol{\mu}, \boldsymbol{\Sigma})$, $\boldsymbol{\Sigma}$ 是对角阵, 则 $X_1, X_2, \cdots, X_p$ 相互独立。

(2) 若 $\boldsymbol{X} \sim N_p(\boldsymbol{\mu}, \boldsymbol{\Sigma})$, $\boldsymbol{A}$ 为 $s \times p$ 阶常数矩阵, $\boldsymbol{d}$ 为 s 维常数向量, 则

$$\boldsymbol{AX} + \boldsymbol{d} \sim N_s(\boldsymbol{A\mu} + \boldsymbol{d}, \boldsymbol{A\Sigma A}^{\mathrm{T}})$$

即 (多元) 正态变量的任何线性变换仍为 (多元) 正态变量。

[①] 对于详细的证明过程, 感兴趣的读者可以参阅《应用多元统计分析》(第 6 版) (王学民. 上海财经大学出版社, 2021)。

(3) 若 $\boldsymbol{X} \sim N_p(\boldsymbol{\mu}, \boldsymbol{\Sigma})$, 将 $\boldsymbol{X}, \boldsymbol{\mu}, \boldsymbol{\Sigma}$ 做如下剖分:

$$\boldsymbol{X} = \begin{pmatrix} \boldsymbol{X}^{(1)} \\ \boldsymbol{X}^{(2)} \end{pmatrix} \begin{matrix} q \\ p-q \end{matrix} , \quad \boldsymbol{\mu} = \begin{pmatrix} \boldsymbol{\mu}^{(1)} \\ \boldsymbol{\mu}^{(2)} \end{pmatrix} \begin{matrix} q \\ p-q \end{matrix}$$

$$\boldsymbol{\Sigma} = \begin{matrix} \quad q \quad\;\; p-q \\ \begin{pmatrix} \boldsymbol{\Sigma}_{11} & \boldsymbol{\Sigma}_{12} \\ \boldsymbol{\Sigma}_{21} & \boldsymbol{\Sigma}_{22} \end{pmatrix} \begin{matrix} q \\ p-q \end{matrix} \end{matrix}$$

则 $\boldsymbol{X}^{(1)} \sim N_q(\boldsymbol{\mu}^{(1)}, \boldsymbol{\Sigma}_{11})$, $\boldsymbol{X}^{(2)} \sim N_{p-q}(\boldsymbol{\mu}^{(2)}, \boldsymbol{\Sigma}_{22})$, 且子向量 $\boldsymbol{X}^{(1)}$ 和 $\boldsymbol{X}^{(2)}$ 相互独立的条件是当且仅当 $\boldsymbol{\Sigma}_{12} = \boldsymbol{0}$。

这一性质说明多元正态分布的任何边缘分布仍为多元正态分布。但是, 反之不为真, 即一个随机向量的任何边缘分布均为正态分布, 并不表明它一定服从多元正态分布。由于 $\boldsymbol{\Sigma}_{12} = \mathrm{Cov}(\boldsymbol{X}^{(1)}, \boldsymbol{X}^{(2)})$, 故 $\boldsymbol{\Sigma}_{12} = \boldsymbol{0}$, 表示 $\boldsymbol{X}^{(1)}$ 和 $\boldsymbol{X}^{(2)}$ 不相关。因此可知, 对于多元正态变量而言, $\boldsymbol{X}^{(1)}$ 和 $\boldsymbol{X}^{(2)}$ 的不相关和独立是等价的。

(4) 设 $\boldsymbol{X}_1, \boldsymbol{X}_2, \cdots, \boldsymbol{X}_n$ 相互独立, 且 $\boldsymbol{X}_i \sim N_p(\boldsymbol{\mu}_i, \boldsymbol{\Sigma}_i)$ $(i = 1, 2, \cdots, n)$, 则对任意 n 个常数 $k_1, k_2, \cdots, k_n$, 有

$$\sum_{i=1}^n k_i \boldsymbol{X}_i \sim N_p\Big(\sum_{i=1}^n k_i \boldsymbol{\mu}_i, \sum_{i=1}^n k_i^2 \boldsymbol{\Sigma}_i\Big)$$

此性质表明, 独立的多元正态变量 (维数相同) 的任意线性组合仍为多元正态变量。

(5) 设 $\boldsymbol{X} \sim N_p(\boldsymbol{\mu}, \boldsymbol{\Sigma})$, $\boldsymbol{\Sigma} > 0$, 则

$$(\boldsymbol{X} - \boldsymbol{\mu})^{\mathrm{T}} \boldsymbol{\Sigma}^{-1} (\boldsymbol{X} - \boldsymbol{\mu}) \sim \chi^2(p) \tag{3.21}$$

例 3.7 设 $\boldsymbol{X} = (X_1, X_2, X_3)^{\mathrm{T}} \sim N_3(\boldsymbol{\mu}, \boldsymbol{\Sigma})$, 其中

$$\boldsymbol{\mu} = \begin{pmatrix} \mu_1 \\ \mu_2 \\ \mu_3 \end{pmatrix}, \quad \boldsymbol{\Sigma} = \begin{pmatrix} \sigma_{11} & \sigma_{12} & \sigma_{13} \\ \sigma_{21} & \sigma_{22} & \sigma_{23} \\ \sigma_{31} & \sigma_{32} & \sigma_{33} \end{pmatrix}$$

试求:

(1) X_1 的分布;

(2) $\begin{pmatrix} X_1 \\ X_3 \end{pmatrix}$ 的分布;

(3) $\begin{pmatrix} X_1 - X_2 \\ X_2 - X_3 \end{pmatrix}$ 的分布。

解: (1) 令 $\boldsymbol{a} = (1, 0, 0)^{\mathrm{T}}$, 则 $X_1 = \boldsymbol{a}^{\mathrm{T}} \boldsymbol{X}$。因此 $X_1 \sim N(\boldsymbol{a}^{\mathrm{T}} \boldsymbol{\mu}, \boldsymbol{a}^{\mathrm{T}} \boldsymbol{\Sigma} \boldsymbol{a})$, 其中

$$\boldsymbol{a}^{\mathrm{T}} \boldsymbol{\mu} = \begin{pmatrix} 1 & 0 & 0 \end{pmatrix} \begin{pmatrix} \mu_1 \\ \mu_2 \\ \mu_3 \end{pmatrix} = \mu_1$$

$$\boldsymbol{a}^{\mathrm{T}}\boldsymbol{\Sigma}\boldsymbol{a} = \begin{pmatrix} 1 & 0 & 0 \end{pmatrix}\begin{pmatrix} \sigma_{11} & \sigma_{12} & \sigma_{13} \\ \sigma_{21} & \sigma_{22} & \sigma_{23} \\ \sigma_{31} & \sigma_{32} & \sigma_{33} \end{pmatrix}\begin{pmatrix} 1 \\ 0 \\ 0 \end{pmatrix} = \sigma_{11}$$

更一般地, $\boldsymbol{X}$ 的任意分量 X_i 的边缘分布为 $N(\mu_i, \sigma_{ii})$, $i = 1, 2, 3$。

(2) 令 $\boldsymbol{A} = \begin{pmatrix} 1 & 0 & 0 \\ 0 & 0 & 1 \end{pmatrix}$, 则 $\begin{pmatrix} X_1 \\ X_3 \end{pmatrix} = \boldsymbol{A}\boldsymbol{X}$。因此 $\begin{pmatrix} X_1 \\ X_3 \end{pmatrix} \sim N(\boldsymbol{A}\boldsymbol{\mu}, \boldsymbol{A}\boldsymbol{\Sigma}\boldsymbol{A}^{\mathrm{T}})$, 其中

$$\boldsymbol{A}\boldsymbol{\mu} = \begin{pmatrix} 1 & 0 & 0 \\ 0 & 0 & 1 \end{pmatrix}\begin{pmatrix} \mu_1 \\ \mu_2 \\ \mu_3 \end{pmatrix} = \begin{pmatrix} \mu_1 \\ \mu_3 \end{pmatrix}$$

$$\boldsymbol{A}\boldsymbol{\Sigma}\boldsymbol{A}^{\mathrm{T}} = \begin{pmatrix} 1 & 0 & 0 \\ 0 & 0 & 1 \end{pmatrix}\begin{pmatrix} \sigma_{11} & \sigma_{12} & \sigma_{13} \\ \sigma_{21} & \sigma_{22} & \sigma_{23} \\ \sigma_{31} & \sigma_{32} & \sigma_{33} \end{pmatrix}\begin{pmatrix} 1 & 0 \\ 0 & 0 \\ 0 & 1 \end{pmatrix}$$
$$= \begin{pmatrix} \sigma_{11} & \sigma_{13} \\ \sigma_{31} & \sigma_{33} \end{pmatrix}$$

(3) 令 $\boldsymbol{B} = \begin{pmatrix} 1 & -1 & 0 \\ 0 & 1 & -1 \end{pmatrix}$, 则 $\begin{pmatrix} X_1 - X_2 \\ X_2 - X_3 \end{pmatrix} = \boldsymbol{B}\boldsymbol{X}$。因此 $\begin{pmatrix} X_1 - X_2 \\ X_2 - X_3 \end{pmatrix} \sim N(\boldsymbol{B}\boldsymbol{\mu}, \boldsymbol{B}\boldsymbol{\Sigma}\boldsymbol{B}^{\mathrm{T}})$, 其中

$$\boldsymbol{B}\boldsymbol{\mu} = \begin{pmatrix} 1 & -1 & 0 \\ 0 & 1 & -1 \end{pmatrix}\begin{pmatrix} \mu_1 \\ \mu_2 \\ \mu_3 \end{pmatrix} = \begin{pmatrix} \mu_1 - \mu_2 \\ \mu_2 - \mu_3 \end{pmatrix}$$

$$\boldsymbol{B}\boldsymbol{\Sigma}\boldsymbol{B}^{\mathrm{T}} = \begin{pmatrix} 1 & -1 & 0 \\ 0 & 1 & -1 \end{pmatrix}\begin{pmatrix} \sigma_{11} & \sigma_{12} & \sigma_{13} \\ \sigma_{21} & \sigma_{22} & \sigma_{23} \\ \sigma_{31} & \sigma_{32} & \sigma_{33} \end{pmatrix}\begin{pmatrix} 1 & 0 \\ -1 & 1 \\ 0 & -1 \end{pmatrix}$$
$$= \begin{pmatrix} \sigma_{11} - 2\sigma_{12} + \sigma_{22} & \sigma_{12} + \sigma_{23} - \sigma_{22} - \sigma_{13} \\ \sigma_{12} + \sigma_{23} - \sigma_{22} - \sigma_{13} & \sigma_{22} - 2\sigma_{23} + \sigma_{33} \end{pmatrix}$$

例 3.8 设 $\boldsymbol{X} = (X_1, X_2, X_3)^{\mathrm{T}} \sim N_3(\boldsymbol{\mu}, \boldsymbol{\Sigma})$, 其中

$$\boldsymbol{\Sigma} = \begin{pmatrix} 4 & 1 & 0 \\ 1 & 3 & 0 \\ 0 & 0 & 2 \end{pmatrix}$$

试问: X_1, X_2 是否独立? (X_1, X_2) 和 X_3 是否独立?

解: 因为 $\text{Cov}(X_1, X_2) = \sigma_{12} = 1$, 故 X_1 和 X_2 不独立。然而, 如果将 $\boldsymbol{X}$ 和 $\boldsymbol{\Sigma}$ 划分如下:

$$\boldsymbol{X} = \begin{pmatrix} X_1 \\ X_2 \\ \hline X_3 \end{pmatrix}, \quad \boldsymbol{\Sigma} = \begin{pmatrix} 4 & 1 & 0 \\ 1 & 3 & 0 \\ \hline 0 & 0 & 2 \end{pmatrix} = \begin{pmatrix} \boldsymbol{\Sigma}_{11} & \boldsymbol{\Sigma}_{12} \\ \hline \boldsymbol{\Sigma}_{21} & \boldsymbol{\Sigma}_{22} \end{pmatrix}$$

由于 $\begin{pmatrix} X_1 \\ X_2 \end{pmatrix}$ 和 X_3 的协方差矩阵 $\boldsymbol{\Sigma}_{12} = \begin{pmatrix} 0 \\ 0 \end{pmatrix}$, 易知 (X_1, X_2) 和 X_3 独立。显然 X_3 和 X_1 独立, X_3 和 X_2 也独立。

3.3　多元正态分布的最大似然估计

若 p 维随机向量 $\boldsymbol{X} \sim N_p(\boldsymbol{\mu}, \boldsymbol{\Sigma})$, 那么它的分布密度完全由它的期望向量 $\boldsymbol{\mu}$ 和协方差矩阵 $\boldsymbol{\Sigma}$ 决定。因此, 当已知某一随机向量服从多元正态分布时, 如何通过抽取的随机样本来估计它的期望向量 $\boldsymbol{\mu}$ 和协方差矩阵 $\boldsymbol{\Sigma}$ 是一个十分重要的问题。参数估计的方法很多, 本节将用最常见的最大似然估计法给出其估计量, 并借助一元统计分析中学过的估计量的性质指出这里给出的估计量也满足通常要求的性质。

1. 多元样本的数字特征

假设我们从 p 元总体中随机抽取 n 个个体, 记为 $\boldsymbol{X}_{(1)}, \boldsymbol{X}_{(2)}, \cdots, \boldsymbol{X}_{(n)}$。若 $\boldsymbol{X}_{(1)}, \boldsymbol{X}_{(2)}, \cdots, \boldsymbol{X}_{(n)}$ 相互独立且与总体同分布, 则称 $\boldsymbol{X}_{(1)}, \boldsymbol{X}_{(2)}, \cdots, \boldsymbol{X}_{(n)}$ 为该 p 元总体的**一个多元简单随机样本**, 简称**样本**。样本中的每个 $\boldsymbol{X}_{(i)} = (X_{i1}, X_{i2}, \cdots, X_{ip})^{\mathrm{T}}$ ($i = 1, 2, \cdots, n$) 称为一个样品, 其中 X_{ij} 为第 i 个样品对第 j 个指标的观测值。显然, 每个个体都是 p 维向量, 全体 n 个样品组成的样本可用一个 $n \times p$ 阶矩阵表示为

$$\boldsymbol{X} = \begin{pmatrix} X_{11} & X_{12} & \cdots & X_{1p} \\ X_{21} & X_{22} & \cdots & X_{2p} \\ \vdots & \vdots & & \vdots \\ X_{n1} & X_{n2} & \cdots & X_{np} \end{pmatrix} = (\boldsymbol{X}_1, \boldsymbol{X}_2, \cdots, \boldsymbol{X}_p) = \begin{pmatrix} \boldsymbol{X}_{(1)}^{\mathrm{T}} \\ \boldsymbol{X}_{(2)}^{\mathrm{T}} \\ \vdots \\ \boldsymbol{X}_{(n)}^{\mathrm{T}} \end{pmatrix}$$

由于每个样品 $\boldsymbol{X}_{(i)} = (X_{i1}, X_{i2}, \cdots, X_{ip})^{\mathrm{T}}$ 对 p 个指标的观测值不能事先确定, 所以可以把每个样品 $\boldsymbol{X}_{(i)}$ 看作随机向量, 因此 $\boldsymbol{X}$ 就是一个随机矩阵。$\boldsymbol{X}$ 称为观测矩阵, 一旦观测值取定就是一个数据矩阵。[①] 随机矩阵 $\boldsymbol{X}$ 的第 j 列元素 $\boldsymbol{X}_j = (X_{1j}, X_{2j}, \cdots, X_{nj})^{\mathrm{T}}$ ($j = 1, 2, \cdots, p$) 表示第 j 个变量 X_j 的 n 次观测值。

这里先给出样本均值向量、样本离差矩阵、样本协方差矩阵以及样本相关系数矩阵的定义。

---

① 我们习惯性地将数据矩阵排成 $n \times p$ 阶, 是因为我们在输入数据时, 通常一行表示一条观测值, 不同的列表示不同的变量。

定义 3.12　设 $\boldsymbol{X}_{(1)}, \boldsymbol{X}_{(2)}, \cdots, \boldsymbol{X}_{(n)}$ 是来自 p 元总体的样本, 其中样品 $\boldsymbol{X}_{(i)} = (X_{i1}, X_{i2}, \cdots, X_{ip})^{\mathrm{T}}$ $(i = 1, \cdots, n)$。

(1) 样本均值向量定义为

$$\overline{\boldsymbol{X}} = \frac{1}{n}\sum_{i=1}^{n}\boldsymbol{X}_{(i)} = (\overline{X}_1, \overline{X}_2, \cdots, \overline{X}_p)^{\mathrm{T}} \tag{3.22}$$

其中

$$\frac{1}{n}\sum_{i=1}^{n}\boldsymbol{X}_{(i)} = \frac{1}{n}\left[\begin{pmatrix} X_{11} \\ X_{12} \\ \vdots \\ X_{1p} \end{pmatrix} + \begin{pmatrix} X_{21} \\ X_{22} \\ \vdots \\ X_{2p} \end{pmatrix} + \cdots + \begin{pmatrix} X_{n1} \\ X_{n2} \\ \vdots \\ X_{np} \end{pmatrix}\right] = \begin{pmatrix} \overline{X}_1 \\ \overline{X}_2 \\ \vdots \\ \overline{X}_p \end{pmatrix}$$

(2) 样本离差矩阵定义为

$$\boldsymbol{S} = \sum_{i=1}^{n}(\boldsymbol{X}_{(i)} - \overline{\boldsymbol{X}})(\boldsymbol{X}_{(i)} - \overline{\boldsymbol{X}})^{\mathrm{T}} = (s_{jk})_{p\times p} \tag{3.23}$$

其中

$$\sum_{i=1}^{n}(\boldsymbol{X}_{(i)} - \overline{\boldsymbol{X}})(\boldsymbol{X}_{(i)} - \overline{\boldsymbol{X}})^{\mathrm{T}}$$

$$= \sum_{i=1}^{n}\left[\begin{pmatrix} X_{i1} - \overline{X}_1 \\ X_{i2} - \overline{X}_2 \\ \vdots \\ X_{ip} - \overline{X}_p \end{pmatrix} (X_{i1} - \overline{X}_1, X_{i2} - \overline{X}_2, \cdots, X_{ip} - \overline{X}_p)\right]$$

$$= \sum_{i=1}^{n}\begin{pmatrix} (X_{i1} - \overline{X}_1)^2 & (X_{i1} - \overline{X}_1)(X_{i2} - \overline{X}_2) & \cdots & (X_{i1} - \overline{X}_1)(X_{ip} - \overline{X}_p) \\ (X_{i2} - \overline{X}_2)(X_{i1} - \overline{X}_1) & (X_{i2} - \overline{X}_2)^2 & \cdots & (X_{i2} - \overline{X}_2)(X_{ip} - \overline{X}_p) \\ \vdots & \vdots & & \vdots \\ (X_{ip} - \overline{X}_p)(X_{i1} - \overline{X}_1) & (X_{ip} - \overline{X}_p)(X_{i2} - \overline{X}_2) & \cdots & (X_{ip} - \overline{X}_p)^2 \end{pmatrix}$$

$$= \begin{pmatrix} s_{11} & s_{12} & \cdots & s_{1p} \\ s_{21} & s_{22} & \cdots & s_{2p} \\ \vdots & \vdots & & \vdots \\ s_{p1} & s_{p2} & \cdots & s_{pp} \end{pmatrix} = (s_{jk})_{p\times p}$$

这里定义的样本离差矩阵是每个样本与样本均值的离差积的和形成的 n 个 $p \times p$ 阶对称矩阵。$\boldsymbol{S}$ 的对角线元素为平方和, 非对角线元素为交叉乘积之和。

(3) 样本协方差矩阵定义为

$$\boldsymbol{V}_{p\times p} = \frac{1}{n-1}\boldsymbol{S} = (v_{jk})_{p\times p} \tag{3.24}$$

样本协方差矩阵有时也定义为 $\boldsymbol{V}^* = \boldsymbol{S}/n$, 这样定义的好处是在多元正态的情形下, $\boldsymbol{V}^*$ 是 $\boldsymbol{\Sigma}$ 的最大似然估计, 其不足之处在于按照无偏性准则进行评价时, $\boldsymbol{V}^*$ 是 $\boldsymbol{\Sigma}$ 的有偏估计。但是当 n 很大时, $\boldsymbol{V}^*$ 和 $\boldsymbol{V}$ 非常接近。

(4) 样本相关系数矩阵定义为

$$\boldsymbol{R}_{p \times p} = (r_{jk})_{p \times p} \tag{3.25}$$

其中

$$r_{jk} = \frac{v_{jk}}{\sqrt{v_{jj}}\sqrt{v_{kk}}} = \frac{s_{jk}}{\sqrt{s_{jj}}\sqrt{s_{kk}}}$$

值得注意的是, 样本均值向量和样本离差矩阵也可用样本数据矩阵 $\boldsymbol{X}$ 直接表示为

$$\overline{\boldsymbol{X}}_{p \times 1} = \frac{1}{n}\boldsymbol{X}^{\mathrm{T}}\boldsymbol{1}_n, \quad \boldsymbol{1}_n = (1, 1, \cdots, 1)^{\mathrm{T}}$$

由于

$$\overline{\boldsymbol{X}}_{p \times 1} = \frac{1}{n}\boldsymbol{X}^{\mathrm{T}}\boldsymbol{1}_n$$

$$= \frac{1}{n}\begin{pmatrix} X_{11} & X_{21} & \cdots & X_{n1} \\ X_{12} & X_{22} & \cdots & X_{n2} \\ \vdots & \vdots & & \vdots \\ X_{1p} & X_{2p} & \cdots & X_{np} \end{pmatrix}\begin{pmatrix} 1 \\ 1 \\ \vdots \\ 1 \end{pmatrix}$$

$$= \frac{1}{n}\begin{pmatrix} X_{11} + X_{21} + \cdots + X_{n1} \\ X_{12} + X_{22} + \cdots + X_{n2} \\ \vdots \\ X_{1p} + X_{2p} + \cdots + X_{np} \end{pmatrix} = \begin{pmatrix} \overline{X}_1 \\ \overline{X}_2 \\ \vdots \\ \overline{X}_p \end{pmatrix}$$

所以, 样本离差矩阵可以表示为

$$\boldsymbol{S} = \sum_{i=1}^{n}(\boldsymbol{X}_{(i)} - \overline{\boldsymbol{X}})(\boldsymbol{X}_{(i)} - \overline{\boldsymbol{X}})^{\mathrm{T}} = \boldsymbol{X}^{\mathrm{T}}\boldsymbol{X} - n\overline{\boldsymbol{X}}\,\overline{\boldsymbol{X}}^{\mathrm{T}}$$

$$= \boldsymbol{X}^{\mathrm{T}}\boldsymbol{X} - \frac{1}{n}\boldsymbol{X}^{\mathrm{T}}\boldsymbol{1}_n\boldsymbol{1}_n^{\mathrm{T}}\boldsymbol{X} = \boldsymbol{X}^{\mathrm{T}}\left(\boldsymbol{I}_n - \frac{1}{n}\boldsymbol{1}_n\boldsymbol{1}_n^{\mathrm{T}}\right)\boldsymbol{X}$$

式中, $\boldsymbol{I}_n$ 是 $n \times n$ 阶单位矩阵, $\boldsymbol{1}_n$ 表示分量皆为 1 的 n 维列向量。

2. 均值向量与协方差矩阵的最大似然估计及基本性质

设 $\boldsymbol{X}_{(1)}, \boldsymbol{X}_{(2)}, \cdots, \boldsymbol{X}_{(n)}$ 是来自正态总体 $N_p(\boldsymbol{\mu}, \boldsymbol{\Sigma})$ 的样本, 则用最大似然估计法求出 $\boldsymbol{\mu}$ 和 $\boldsymbol{\Sigma}$ 的估计量分别为

$$\hat{\boldsymbol{\mu}} = \overline{\boldsymbol{X}}$$

$$\hat{\boldsymbol{\Sigma}} = \frac{1}{n}\boldsymbol{S}$$

$\boldsymbol{\mu}$ 和 $\boldsymbol{\Sigma}$ 的估计量有如下基本性质:

(1) $E(\overline{\boldsymbol{X}}) = \boldsymbol{\mu}$, 即 $\overline{\boldsymbol{X}}$ 是 $\boldsymbol{\mu}$ 的无偏估计。

$E(\hat{\boldsymbol{\Sigma}}) = \dfrac{n-1}{n}\boldsymbol{\Sigma}$, 即 $\hat{\boldsymbol{\Sigma}}$ 不是 $\boldsymbol{\Sigma}$ 的无偏估计。

但是 $E\Big(\dfrac{n}{n-1}\hat{\boldsymbol{\Sigma}}\Big) = \boldsymbol{\Sigma}$, 即 $\dfrac{1}{n-1}\boldsymbol{S}$ 是 $\boldsymbol{\Sigma}$ 的无偏估计。

(2) $\overline{\boldsymbol{X}}$ 和 $\dfrac{1}{n-1}\boldsymbol{S}$ 分别是 $\boldsymbol{\mu}$ 和 $\boldsymbol{\Sigma}$ 的有效估计。

(3) $\overline{\boldsymbol{X}}$ 和 $\dfrac{1}{n}\boldsymbol{S}$ (或 $\dfrac{1}{n-1}\boldsymbol{S}$) 分别是 $\boldsymbol{\mu}$ 和 $\boldsymbol{\Sigma}$ 的相合估计 (一致估计)。

值得注意的是, 估计量 $\overline{\boldsymbol{X}}$ 和 $\hat{\boldsymbol{\Sigma}}$ 的无偏性和相合性的结论无须假定总体服从多元正态分布, 对具体证明过程感兴趣的读者可以参阅《实用多元统计分析》(方开泰. 华东师范大学出版社, 1989)。在实际应用中, 当 n 很大时, $\hat{\boldsymbol{\Sigma}}$ 是 $\boldsymbol{\Sigma}$ 的近似无偏估计, 这时使用 $\hat{\boldsymbol{\Sigma}}$ 与 $\dfrac{1}{n-1}\boldsymbol{S}$ 的效果几乎相同。但是, 当 n 较小时, 使用无偏估计 $\dfrac{1}{n-1}\boldsymbol{S}$ 较为稳妥。

3.4 常用的抽样分布

为了解多元总体的特征, 需要通过对总体抽样得到代表总体的样本。样本中含有总体各方面的信息, 但这些信息较为分散, 有时甚至杂乱无章。为将这些分散在样本中的有关总体的信息集中起来, 以反映总体的各种特征, 需要对样本进行加工。与一元统计分析类似, 最常用的加工方式是构造样本的不包含未知参数的函数, 这样的函数称为**统计量**。不同的统计量反映总体的不同特征, 统计量的分布称为**抽样分布**。

这里需要先说明一下什么是随机矩阵分布。随机矩阵分布有不同的定义方式, 这里利用随机向量分布的定义给出随机矩阵分布的定义。设随机矩阵 $\boldsymbol{X} = (\boldsymbol{X}_1, \boldsymbol{X}_2, \cdots, \boldsymbol{X}_q) = (X_{ij})_{p \times q}$, 将 $\boldsymbol{X}$ 的列向量一个接一个地拼接成一个长向量, 记作 $\mathrm{vec}(\boldsymbol{X})$, 即

$$\mathrm{vec}(\boldsymbol{X}) = \begin{pmatrix} \boldsymbol{X}_1 \\ \boldsymbol{X}_2 \\ \vdots \\ \boldsymbol{X}_q \end{pmatrix}$$

称 "vec" 为拉直运算。当 $\boldsymbol{X}$ 是 p 阶对称矩阵时, 由于 $X_{ij} = X_{ji}$, 故只需要取其下三角部分组成一个缩减的长向量, 记作 $\mathrm{vec}(\boldsymbol{X})$, 即

$$\mathrm{vec}(\boldsymbol{X}) = (X_{11}, \cdots, X_{p1}, X_{22}, \cdots, X_{p2}, \cdots, X_{p-1,p-1}, X_{p,p-1}, X_{pp})^{\mathrm{T}}$$

随机矩阵 $\boldsymbol{X}$ 的分布是指 $\mathrm{vec}(\boldsymbol{X})$ 的分布。拉直运算将随机矩阵分布问题转化为随机向量分布的问题。

1. Wishart 分布

Wishart 分布是统计学家约翰·威沙特 (John Wishart) 为了研究多元样本离差矩阵

的分布, 于 1928 年推导出来的, 也有人将这个时间作为多元统计分析诞生的时间。Wishart 分布在多元统计分析中的作用与 χ^2 分布在一元统计分析中的作用类似。它可以由服从多元正态分布的随机向量直接得到, 也是构成其他重要分布的基础。

定义 3.13 设 $\boldsymbol{X}_{(i)} = (X_{i1}, X_{i2}, \cdots, X_{ip})^{\mathrm{T}} \sim N_p(\boldsymbol{\mu}_i, \boldsymbol{\Sigma})$, $i = 1, 2, \cdots, n$, $\boldsymbol{\Sigma} > 0$, $n \geqslant p$ 且相互独立, 则由 $\boldsymbol{X}_{(i)}$ 组成的随机矩阵

$$\boldsymbol{W} = \sum_{i=1}^{n} \boldsymbol{X}_{(i)} \boldsymbol{X}_{(i)}^{\mathrm{T}} \tag{3.26}$$

的分布称为自由度为 n、非中心参数为 $\boldsymbol{Z} = \sum_{i=1}^{n} \boldsymbol{\mu}_i \boldsymbol{\mu}_i^{\mathrm{T}}$ 的非中心 Wishart 分布, 记为 $W_p(n, \boldsymbol{\Sigma}, \boldsymbol{Z})$。当 $\boldsymbol{\mu}_i = \boldsymbol{0}$ 时 (即 $\boldsymbol{X}_{(i)} \sim N_p(\boldsymbol{0}, \boldsymbol{\Sigma})$), 称为中心 Wishart 分布, 记为 $W_p(n, \boldsymbol{\Sigma})$。

由 Wishart 分布的定义可知, 当 $p = 1$ 时, $\boldsymbol{\Sigma}$ 退化为 σ^2, 此时 $\boldsymbol{W} = \sum_{i=1}^{n} \boldsymbol{X}_{(i)} \boldsymbol{X}_{(i)}^{\mathrm{T}} = \sum_{i=1}^{n} \boldsymbol{X}_{(i)}^2$, 显然 $\sum_{i=1}^{n} \boldsymbol{X}_{(i)}^2 / \sigma^2 \sim \chi^2(n)$。因此 Wishart 分布实际上是 χ^2 分布在多维正态分布情形下的推广。

从上述定义出发, 容易推得 Wishart 分布具有如下性质:

(1) 设 $\boldsymbol{W}_i \sim W_p(n_i, \boldsymbol{\Sigma})$ $(i = 1, 2, \cdots, k)$ 且相互独立, 则

$$\boldsymbol{W}_1 + \boldsymbol{W}_2 + \cdots + \boldsymbol{W}_k \sim W_p(n_1 + n_2 + \cdots + n_k, \boldsymbol{\Sigma})$$

(2) 设 $\boldsymbol{W} \sim W_p(n, \boldsymbol{\Sigma})$, $\boldsymbol{C}$ 为 $q \times p$ 阶常数矩阵, 则

$$\boldsymbol{C} \boldsymbol{W} \boldsymbol{C}^{\mathrm{T}} \sim W_q(n, \boldsymbol{C} \boldsymbol{\Sigma} \boldsymbol{C}^{\mathrm{T}})$$

(3) 设 $\boldsymbol{W} \sim W_p(n, \boldsymbol{\Sigma})$, $\boldsymbol{a}$ 为任一 p 维常数向量, 满足 $\boldsymbol{a}^{\mathrm{T}} \boldsymbol{\Sigma} \boldsymbol{a} \neq 0$, 则 $\dfrac{\boldsymbol{a}^{\mathrm{T}} \boldsymbol{W} \boldsymbol{a}}{\boldsymbol{a}^{\mathrm{T}} \boldsymbol{\Sigma} \boldsymbol{a}} \sim \chi^2(n)$。

2. T^2 分布

T^2 分布是哈罗德·霍特林 (Harold Hotelling) 于 1931 年最早提出的, 故 T^2 分布又称为 Hotelling T^2 分布。值得指出的是, 我国著名统计学家许宝騄先生在 1938 年用不同方法也推导出了 T^2 分布的密度函数, 因表达式很复杂, 故略去。

定义 3.14 设 $\boldsymbol{W} \sim W_p(n, \boldsymbol{\Sigma})$, $\boldsymbol{X} \sim N_p(\boldsymbol{0}, \boldsymbol{\Sigma})$, 且 $\boldsymbol{W}$ 与 $\boldsymbol{X}$ 相互独立, $n \geqslant p$, 则称统计量

$$T^2 = \boldsymbol{X}^{\mathrm{T}} (\boldsymbol{W}/n)^{-1} \boldsymbol{X} = n \boldsymbol{X}^{\mathrm{T}} \boldsymbol{W}^{-1} \boldsymbol{X} \tag{3.27}$$

的分布是自由度为 n 的 T^2 分布, 记为 $T^2(p, n)$。

由于 $T^2 = n (\boldsymbol{\Sigma}^{-1/2} \boldsymbol{X})^{\mathrm{T}} (\boldsymbol{\Sigma}^{-1/2} \boldsymbol{W} \boldsymbol{\Sigma}^{-1/2})^{-1} (\boldsymbol{\Sigma}^{-1/2} \boldsymbol{X})$, 其中 $\boldsymbol{\Sigma}^{-1/2}$ 表示 $\boldsymbol{\Sigma}$ 的平方根矩阵的逆矩阵 (即 $\boldsymbol{\Sigma}^{-1} = \boldsymbol{\Sigma}^{-1/2} \boldsymbol{\Sigma}^{-1/2}$), 而 $\boldsymbol{\Sigma}^{-1/2} \boldsymbol{X} \sim N_p(\boldsymbol{0}, \boldsymbol{I})$, $\boldsymbol{\Sigma}^{-1/2} \boldsymbol{W} \boldsymbol{\Sigma}^{-1/2} \sim$

$W_p(n, \boldsymbol{I})$, 故 T^2 的分布与 $\boldsymbol{\Sigma}$ 无关。$T^2(p, n)$ 分布可转化为 $F(p, n-p+1)$ 分布, 即有

$$\frac{n-p+1}{pn} T^2(p, n) = F(p, n-p+1) \tag{3.28}①$$

设 $X \sim N(0, 1)$, $W \sim \chi^2(n)$ (即 $W_1(n, 1)$), 且 X 和 W 相互独立, 分别依据 t 分布和 T^2 分布的定义, 则有

$$T = \frac{X}{\sqrt{W/n}} \sim t(n), \quad T^2 = \frac{nX^2}{W} \sim T^2(1, n)$$

即有

$$T^2(1, n) = t^2(n) = F(1, n)$$

由此可见, T^2 分布实际上是 t 分布在多元情形下的一种推广。

下面不加证明地给出 T^2 分布的两条重要性质。

(1) 设 $\boldsymbol{X} \sim N_p(\boldsymbol{\mu}, \boldsymbol{\Sigma})$, $\boldsymbol{W} \sim W_p(n, \boldsymbol{\Sigma})$, 且 $\boldsymbol{X}$ 和 $\boldsymbol{W}$ 相互独立, 则

$$n(\boldsymbol{X} - \boldsymbol{\mu})^{\mathrm{T}} \boldsymbol{W}^{-1} (\boldsymbol{X} - \boldsymbol{\mu}) \sim T^2(p, n)$$

(2) 设 $\boldsymbol{X}_i \sim N_p(\boldsymbol{\mu}_i, \boldsymbol{\Sigma})(i = 1, 2)$, 从总体 $\boldsymbol{X}_1$, $\boldsymbol{X}_2$ 中取得容量分别为 n_1, n_2 的两个随机样本, 若 $\boldsymbol{\mu}_1 = \boldsymbol{\mu}_2$, 则

$$\frac{n_1 n_2}{n_1 + n_2} (\overline{\boldsymbol{X}}_1 - \overline{\boldsymbol{X}}_2)^{\mathrm{T}} \boldsymbol{S}_p^{-1} (\overline{\boldsymbol{X}}_1 - \overline{\boldsymbol{X}}_2) \sim T^2(p, n_1 + n_2 - 2)$$

或

$$(\overline{\boldsymbol{X}}_1 - \overline{\boldsymbol{X}}_2)^{\mathrm{T}} \boldsymbol{S}_p^{-1} (\overline{\boldsymbol{X}}_1 - \overline{\boldsymbol{X}}_2) \sim \frac{n_1 + n_2}{n_1 n_2} T^2(p, n_1 + n_2 - 2)$$

式中, $\overline{\boldsymbol{X}}_1$, $\overline{\boldsymbol{X}}_2$ 为两个样本的均值向量, $\boldsymbol{S}_p = \dfrac{\boldsymbol{S}_1 + \boldsymbol{S}_2}{n_1 + n_2 - 2}$, $\boldsymbol{S}_1$ 和 $\boldsymbol{S}_2$ 分别表示两个样本的离差矩阵。

3. Wilks Λ 分布

在一元统计分析中, 方差是刻画随机变量离散程度的一个重要特征, 而方差的概念在多变量情形下变成了协方差矩阵。广义方差就是用一个与协方差矩阵 $\boldsymbol{\Sigma}$ 有关的数量来描述多元总体的离散程度。广义方差的定义方法有很多, 有的用行列式, 有的用迹, 等等。目前使用最多的是行列式, 它是安德森 (Anderson) 于 1958 年提出的。

定义 3.15　若 $\boldsymbol{X} \sim N_p(\boldsymbol{\mu}, \boldsymbol{\Sigma})$, 则称协方差矩阵的行列式 $|\boldsymbol{\Sigma}|$ 为 $\boldsymbol{X}$ 的广义方差。

定义 3.16　设 $\boldsymbol{W}_1 \sim W_p(m, \boldsymbol{\Sigma})$, $m \geqslant p$, $\boldsymbol{W}_2 \sim W_p(n, \boldsymbol{\Sigma})$, $\boldsymbol{\Sigma} > 0$, 且 $\boldsymbol{W}_1$ 和 $\boldsymbol{W}_2$ 相互独立, 则

$$\Lambda = \frac{|\boldsymbol{W}_1|}{|\boldsymbol{W}_1 + \boldsymbol{W}_2|} \tag{3.29}$$

为 Wilks 统计量, Λ 的分布称为 Wilks Λ 分布, 简记为 $\Lambda \sim \Lambda(p, m, n)$, 其中 m 和 n 为自由度。

---

① 对证明过程感兴趣的读者可以参阅《多元统计分析》(王静龙. 科学出版社, 2008)。

由于

$$\Lambda = \frac{|\boldsymbol{\Sigma}^{-1/2}\boldsymbol{W}_1\boldsymbol{\Sigma}^{-1/2}|}{|\boldsymbol{\Sigma}^{-1/2}\boldsymbol{W}_1\boldsymbol{\Sigma}^{-1/2} + \boldsymbol{\Sigma}^{-1/2}\boldsymbol{W}_2\boldsymbol{\Sigma}^{-1/2}|}$$

而 $\boldsymbol{\Sigma}^{-1/2}\boldsymbol{W}_1\boldsymbol{\Sigma}^{-1/2} \sim W_p(m, \boldsymbol{I})$, $\boldsymbol{\Sigma}^{-1/2}\boldsymbol{W}_2\boldsymbol{\Sigma}^{-1/2} \sim W_p(n, \boldsymbol{I})$, 所以 Λ 的分布与 $\boldsymbol{\Sigma}$ 无关。

下面不加证明地给出 Wilks Λ 分布的一些基本性质。

(1) 当 $n = 1$ 时

$$\Lambda = \frac{(m - p + 1)(1 - \Lambda(p, m, 1))}{p\Lambda(p, m, 1)} \sim F(p, m - p + 1)$$

(2) 当 $n = 2$ 时

$$\Lambda = \frac{(m - p + 1)(1 - \sqrt{\Lambda(p, m, 2)})}{p\sqrt{\Lambda(p, m, 2)}} \sim F(2p, 2(m - p + 1))$$

(3) 当 $p = 1$ 时

$$\Lambda = \frac{m(1 - \Lambda(1, m, n))}{n\Lambda(1, m, n)} \sim F(n, m)$$

(4) 当 $p = 2$ 时

$$\Lambda = \frac{(m - 1)(1 - \sqrt{\Lambda(2, m, n)})}{n\sqrt{\Lambda(2, m, n)}} \sim F(2n, 2(m - 1))$$

以上几个关系式说明一些特殊的 Λ 统计量可以化为 F 统计量, 而当 $n > 2$, $p > 2$ 时, 可用 χ^2 统计量或 F 统计量来近似表示。详细内容可参阅《实用多元统计分析》(方开泰. 华东师范大学出版社, 1989)。

4. $\overline{X}$ 和 S 分布

(1) $\overline{X}$ 的抽样分布。

设 $\boldsymbol{X} \sim N_p(\boldsymbol{\mu}, \boldsymbol{\Sigma})$, $\boldsymbol{\Sigma} > 0$, $n > p$, $\boldsymbol{X}_{(1)}, \boldsymbol{X}_{(2)}, \cdots, \boldsymbol{X}_{(n)}$ 是从总体 $\boldsymbol{X}$ 中抽取的一个样本, 则容易得出样本均值 $\overline{\boldsymbol{X}}$ 的抽样分布, 即

$$\overline{\boldsymbol{X}} \sim N_p\Big(\boldsymbol{\mu}, \frac{1}{n}\boldsymbol{\Sigma}\Big) \tag{3.30}$$

在实际问题中, 更多的总体分布是不能用正态分布来近似的, 甚至我们可能对总体分布的情况一无所知。与一元统计分析的情形类似, 这种情况常需要借助多元中心极限定理来解决。

定理 3.1 (多元中心极限定理) 设 $\boldsymbol{X}_{(1)}, \boldsymbol{X}_{(2)}, \cdots, \boldsymbol{X}_{(n)}$ 是从总体 $\boldsymbol{X}$ 中抽取的一个样本, 且总体均值 $\boldsymbol{\mu}$ 和协方差矩阵 $\boldsymbol{\Sigma}$ 均存在, 则当 n 很大且 n 相对于 p 也很大时, $\sqrt{n}(\overline{\boldsymbol{X}} - \boldsymbol{\mu})$ 近似服从 $N_p(\boldsymbol{0}, \boldsymbol{\Sigma})$。

(2) $\boldsymbol{S}$ 的抽样分布。

设 $\boldsymbol{X}_{(1)}, \boldsymbol{X}_{(2)}, \cdots, \boldsymbol{X}_{(n)}$ 是取自 $N_p(\boldsymbol{\mu}, \boldsymbol{\Sigma})$ ($\boldsymbol{\Sigma} > 0$) 的一个样本, $n \geqslant p$, 则可以证明,

$\overline{X}$ 和 S 相互独立, 且有

$$S \sim W_p(n-1, \boldsymbol{\Sigma}) \tag{3.31}$$

习 题

3.1 设随机向量 $\boldsymbol{X} = (X_1, X_2, \cdots, X_p)^{\mathrm{T}}$ 服从 p 元正态分布, 已知其协方差矩阵 $\boldsymbol{\Sigma}$ 为对角阵, 证明 $\boldsymbol{X}$ 的分量是相互独立的随机变量。

3.2 设随机向量 $\boldsymbol{X} = (X_1, X_2, \cdots, X_p)^{\mathrm{T}}$ 服从 p 元正态分布, 当且仅当它的任何线性函数 $\boldsymbol{a}^{\mathrm{T}} \boldsymbol{X}$ ($\boldsymbol{a}$ 为 p 维常数向量) 均服从一元正态分布。

3.3 设 $\boldsymbol{X} \sim N_3(\boldsymbol{\mu}, \boldsymbol{\Sigma})$, 其中

$$\boldsymbol{\mu} = \begin{pmatrix} 1 \\ -2 \\ 1 \end{pmatrix}, \quad \boldsymbol{\Sigma} = \begin{pmatrix} 3 & 1 & 1 \\ 1 & 3 & -1 \\ 1 & -1 & 9 \end{pmatrix}$$

若令 $\boldsymbol{A} = \begin{pmatrix} 1/3 & -1 & 1/3 \\ -1/3 & 0 & -1/3 \end{pmatrix}$, 试求 $\boldsymbol{Y} = \boldsymbol{AX}$ 的分布。

3.4 设 $\boldsymbol{X} \sim N_3(\boldsymbol{\mu}, \boldsymbol{\Sigma})$, 其中

$$\boldsymbol{\mu} = \begin{pmatrix} 3 \\ 1 \\ 4 \end{pmatrix}, \quad \boldsymbol{\Sigma} = \begin{pmatrix} 6 & 1 & -2 \\ 1 & 13 & 4 \\ -2 & 4 & 4 \end{pmatrix}$$

试求:

(1) $Y_1 = X_1 + X_2 - 3X_3$ 和 $Y_2 = 2X_1 - X_2 + X_3$ 的联合分布;

(2) X_1 和 X_3 的联合分布;

(3) X_1 , X_3 和 $\frac{1}{2}(X_1 + X_2)$ 的联合分布。

3.5 设 $\boldsymbol{X} \sim N_2(\boldsymbol{\mu}, \boldsymbol{\Sigma})$, 其中 $\boldsymbol{\mu} = (\mu_1, \mu_2)^{\mathrm{T}}$, $\boldsymbol{\Sigma} = \sigma^2 \begin{pmatrix} 1 & \rho \\ \rho & 1 \end{pmatrix}$, 试证明 $X_1 + X_2$ 和 $X_1 - X_2$ 相互独立。

参考文献

[1] 王学民. 应用多元统计分析. 6 版. 上海: 上海财经大学出版社, 2021.

[2] 方开泰. 实用多元统计分析. 上海: 华东师范大学出版社, 1989.

[3] 王静龙. 多元统计分析. 北京: 科学出版社, 2008.

第 4 章

Chapter 4

多元正态总体均值向量和协方差矩阵的假设检验

假设检验是统计推断的基本问题之一。在一元统计分析中，已经给出了正态总体 $N(\mu, \sigma^2)$ 的均值 μ 和方差 σ^2 的各种检验。作为一元情形的推广，本章将介绍多元正态总体 $N_p(\boldsymbol{\mu}, \boldsymbol{\Sigma})$ 中 $\boldsymbol{\mu}$ 和 $\boldsymbol{\Sigma}$ 的假设检验问题。本章中很多内容是一元情形的直接推广，但由于多指标问题的复杂性，本章将只列出假设检验所用的统计量，主要详细介绍如何使用这些统计量做检验，对有关检验问题的理论推导将全部略去。为了便于本章的学习，我们首先对一元统计推断进行简单回顾。

4.1 一元情形的回顾

在假设检验问题中通常有两个统计假设 (简称**假设**)，一个是**原假设** (或称零假设)，另一个是**备择假设** (或称对立假设)，分别记为 H_0 和 H_1。假设检验的结果就是要在 H_0 和 H_1 两者之间做出决策，要么拒绝 H_0 (接受 H_1)，要么不拒绝 H_0。"拒绝 H_0" 是指样本和总体中所包含的信息提供了充分的理由否定 H_0；"不拒绝 H_0" 是指样本和总体中所包含的信息不足以拒绝 H_0，但并不意味着 H_0 正确。

4.1.1 单个正态总体均值的检验

设 $X_1, X_2, \cdots, X_n$ 是取自总体 $N(\mu, \sigma^2)$ 的一个样本，给定显著性水平 α，要检验假设[①]

$$H_0: \mu = \mu_0, \qquad H_1: \mu \neq \mu_0 \tag{4.1}$$

μ_0 通常是由历史经验确定的值。

一般来说，总体的 μ 是未知的，几乎不可能正好等于被检验值 μ_0。因此，检验假设式 (4.1) 并不是要验证 μ 是否准确地等于 μ_0，只是想知道这种偏离是否显著，即 μ 和 μ_0 之间是否存在显著差异。

(1) 当 σ^2 已知时，构造检验统计量

$$u = \frac{\overline{X} - \mu}{\sigma / \sqrt{n}} \tag{4.2}$$

---

① 因为单侧假设检验不易推广到多元情形，故这里仅回顾双侧检验。

式中, $\overline{X} = \dfrac{1}{n}\sum\limits_{i=1}^{n} X_i$ 为样本均值。当原假设 H_0 成立时, 检验统计量 $u_0 = \dfrac{\overline{X} - \mu_0}{\sigma/\sqrt{n}} \sim$ $N(0,1)$, 由此可得拒绝规则为

$$\text{若 } |u_0| \geqslant u_{\alpha/2}, \text{ 则拒绝 } H_0 \tag{4.3}$$

式中, $u_{\alpha/2}$ 是 $N(0,1)$ 的上 $\alpha/2$ 分位数。

(2) 当 σ^2 未知时, 采用检验统计量

$$t = \frac{\overline{X} - \mu}{S/\sqrt{n}} \tag{4.4}$$

式中, $S^2 = \dfrac{1}{n-1}\sum\limits_{i=1}^{n}(X_i - \overline{X})^2$ 为样本方差。当原假设 H_0 成立时, 检验统计量 $t_0 = \dfrac{\overline{X} - \mu_0}{S/\sqrt{n}}$ 服从自由度为 $n-1$ 的 t 分布, 即 $t_0 \sim t(n-1)$。拒绝规则为

$$\text{若 } |t_0| \geqslant t_{\alpha/2}(n-1), \text{ 则拒绝 } H_0 \tag{4.5}$$

式中, $t_{\alpha/2}(n-1)$ 表示 $t(n-1)$ 的上 $\alpha/2$ 分位数。

为了推广到多元统计分析, 式 (4.4) 中的统计量可以改写成如下形式:

$$t^2 = \frac{n\left(\overline{X} - \mu\right)^2}{S^2} \tag{4.6}$$

当 H_0 成立时, 检验统计量 $t_0^2 = \dfrac{n\left(\overline{X} - \mu_0\right)^2}{S^2}$ 服从自由度为 1 和 $n-1$ 的 F 分布, 即 $t_0^2 \sim F(1, n-1)$。此时, 拒绝规则为

$$\text{若 } t_0^2 \geqslant F_\alpha(1, n-1), \text{ 则拒绝 } H_0 \tag{4.7}$$

式中, $F_\alpha(1, n-1)$(即 $t_{\alpha/2}^2(n-1)$) 是 $F(1, n-1)$ 的上 α 分位数。

4.1.2　两个正态总体均值的检验

设 $X_1, X_2, \cdots, X_n$ 是取自总体 $N(\mu_1, \sigma_1^2)$ 的容量为 n 的样本, $Y_1, Y_2, \cdots, Y_m$ 是取自总体 $N(\mu_2, \sigma_2^2)$ 的容量为 m 的样本, 且两个样本相互独立, 分别记它们的样本均值为 $\overline{X} = \dfrac{1}{n}\sum\limits_{i=1}^{n} X_i$ 和 $\overline{Y} = \dfrac{1}{m}\sum\limits_{i=1}^{m} Y_i$, 样本方差为 $S_1^2 = \dfrac{1}{n-1}\sum\limits_{i=1}^{n}(X_i - \overline{X})^2$ 和 $S_2^2 = \dfrac{1}{m-1}\sum\limits_{i=1}^{m}(Y_i - \overline{Y})^2$。给定显著性水平 α, 考虑假设检验问题

$$H_0: \mu_1 = \mu_2, \qquad H_1: \mu_1 \neq \mu_2 \tag{4.8}$$

(1) 当 σ_1^2 和 σ_2^2 已知时, 构造检验统计量

$$u = \frac{\overline{X} - \overline{Y}}{\sqrt{\dfrac{\sigma_1^2}{n} + \dfrac{\sigma_2^2}{m}}} \tag{4.9}$$

当原假设 H_0 成立时, $u \sim N(0,1)$。拒绝规则为

$$\text{若 } |u| \geqslant u_{\alpha/2}, \text{则拒绝 } H_0 \tag{4.10}$$

(2) 当 σ_1^2 和 σ_2^2 未知但 $\sigma_1^2 = \sigma_2^2 = \sigma^2$ 时, 用 S_p 代替 σ, 构造检验统计量

$$t = \frac{\overline{X} - \overline{Y}}{S_p \sqrt{\dfrac{1}{n} + \dfrac{1}{m}}} \tag{4.11}$$

式中, $S_p = \dfrac{(n-1)S_1^2 + (m-1)S_2^2}{n+m-2}$。当原假设 H_0 成立时, 检验统计量式 (4.11) 服从自由度为 $n+m-2$ 的 t 分布, 即 $t \sim t(n+m-2)$。拒绝规则为

$$\text{若 } |t| \geqslant t_{\alpha/2}(n+m-2), \text{则拒绝 } H_0 \tag{4.12}$$

式中, $t_{\alpha/2}(n+m-2)$ 为 $t(n+m-2)$ 的上 $\alpha/2$ 分位数。

4.1.3 多个正态总体均值的比较检验 (方差分析)

设有 k 个总体 $\pi_1, \pi_2, \cdots, \pi_k$, 它们的分布分别是 $N(\mu_1, \sigma^2), N(\mu_2, \sigma^2), \cdots, N(\mu_k, \sigma^2)$。现从每个总体中各自独立地抽取一个样本, 取自总体 π_i 的样本记为 $X_{i1}, \cdots, X_{in_i}$, $i = 1, 2, \cdots, k$。现欲检验各总体的均值是否相同, 即检验

$$H_0: \mu_1 = \cdots = \mu_k, \qquad H_1: \mu_i \neq \mu_j, \text{至少存在一对 } i \neq j \tag{4.13}$$

令

$$\text{SST} = \sum_{i=1}^{k} \sum_{j=1}^{n_i} (X_{ij} - \overline{X})^2$$

$$\text{SSE} = \sum_{i=1}^{k} \sum_{j=1}^{n_i} (X_{ij} - \overline{X}_i)^2$$

$$\text{SSA} = \sum_{i=1}^{k} n_i (\overline{X}_i - \overline{X})^2$$

式中, $\overline{X} = \dfrac{1}{n} \sum_{i=1}^{k} \sum_{j=1}^{n_i} X_{ij}$, $n = \sum_{i=1}^{k} n_i$, $\overline{X}_i = \dfrac{1}{n_i} \sum_{j=1}^{n_i} X_{ij} \ (i = 1, 2, \cdots, k)$。容易验证

$$\text{SST} = \text{SSE} + \text{SSA} \tag{4.14}$$

SST 称为**总平方和**, 其自由度为 $n-1$, 它反映了所有 n 个数据 X_{ij} 之间的总变异程度; SSE 称为**误差 (或组内) 平方和**, 其自由度为 $n-k$, 它反映了各个总体内数据的变异程度; SSA 称为**处理 (或组间) 平方和**, 其自由度为 $k-1$, 它反映了各总体的样本均值间的变异程度。

给定显著性水平 α, 可以构造检验统计量

$$F = \frac{\text{SSA}/(k-1)}{\text{SSE}/(n-k)} \tag{4.15}$$

当原假设 H_0 为真时, 检验统计量式 (4.15) 服从自由度为 $k-1$ 和 $n-k$ 的 F 分布, 即 $F \sim F(k-1, n-k)$, 拒绝规则为

$$\text{若 } F \geqslant F_\alpha(k-1, n-k), \text{ 则拒绝 } H_0 \tag{4.16}$$

式中, $F_\alpha(k-1, n-k)$ 是 $F(k-1, n-k)$ 的上 α 分位数。

4.1.4 检验的 p 值

以上检验都是在事先给定显著性水平 α 的情况下, 通过比较检验统计量的取值与临界值的大小来判断是否拒绝 H_0。然而有时会出现这样的情况: 在一个较大的显著性水平 (比如 $\alpha = 0.05$) 下做出拒绝原假设的决策, 而在一个较小的显著性水平 (比如 $\alpha = 0.01$) 下却得到相反的结论。这种情况在理论上很容易解释: 因为显著性水平变小后会导致检验的拒绝域变小, 于是原来落在拒绝域中的观测值就可能落入接受域。但是, 这种情况会给实际应用带来一些麻烦。比如, 对于同一个假设检验, 一个人主张选择显著性水平 $\alpha = 0.05$, 另一个人选择显著性水平 $\alpha = 0.01$, 那么第一个人的结论是拒绝 H_0, 而第二个人的结论可能就是不拒绝 H_0。

为了处理这类问题, 我们可以使用另一种检验方法—— p 值检验法。一个假设检验问题中, 利用样本观测值能够做出拒绝原假设的决策的最小显著性水平称为**检验的 p 值**。

我们以拒绝规则式 (4.3) 所针对的假设检验问题为例进行说明。这里暂用 U 表示统计量 u 的随机变量形式, u 本身表示随机变量 U 的取值, 则称 $P(|U| \geqslant |u|)$ 为检验的 p 值, 记为 p。由于 $|u| \geqslant u_{\alpha/2}$, 当且仅当 $p = P(|U| \geqslant |u|) \leqslant P(|U| \geqslant u_{\alpha/2}) = \alpha$, 所以该检验问题的拒绝规则可以等价表示为

$$\text{若 } p \leqslant \alpha, \text{ 则拒绝 } H_0 \tag{4.17}$$

p 值越小, 拒绝原假设的理由就越充分。现有的统计软件关于假设检验的输出一般都会给出检验的 p 值, 因此结合给定的显著性水平 α 进行比较可以很容易判断检验的结果。

4.2 均值向量的检验

4.2.1 单个正态总体均值向量的检验

设 $\boldsymbol{X}_{(1)}, \boldsymbol{X}_{(2)}, \cdots, \boldsymbol{X}_{(n)}$ 是来自 p 维正态总体 $N_p(\boldsymbol{\mu}, \boldsymbol{\Sigma})$ 的一个样本, 这里 $\boldsymbol{\Sigma} > 0$, 且 $\overline{\boldsymbol{X}} = \dfrac{1}{n}\sum_{i=1}^{n} \boldsymbol{X}_{(i)}$, $\boldsymbol{S} = \sum_{i=1}^{n}(\boldsymbol{X}_{(i)} - \overline{\boldsymbol{X}})(\boldsymbol{X}_{(i)} - \overline{\boldsymbol{X}})^{\mathrm{T}}$。

现欲检验

$$H_0: \boldsymbol{\mu} = \boldsymbol{\mu}_0, \qquad H_1: \boldsymbol{\mu} \neq \boldsymbol{\mu}_0 \tag{4.18}$$

式中, $\boldsymbol{\mu}_0$ 为已知向量。为了便于学习和理解, 我们先讨论 $\boldsymbol{\Sigma}$ 已知的情形, 然后过渡到具有一般性的 $\boldsymbol{\Sigma}$ 未知的情形。

1. 协方差矩阵 $\boldsymbol{\Sigma}$ 已知时的检验

当 H_0 为真时, 检验统计量为

$$\chi_0^2 = n(\overline{\boldsymbol{X}} - \boldsymbol{\mu}_0)^{\mathrm{T}} \boldsymbol{\Sigma}^{-1}(\overline{\boldsymbol{X}} - \boldsymbol{\mu}_0) \sim \chi^2(p) \tag{4.19}$$

对给定的显著性水平 α, 拒绝规则为

$$\text{若} \ \chi_0^2 \geqslant \chi_\alpha^2(p), \text{则拒绝} \ H_0 \tag{4.20}$$

式中, $\chi_\alpha^2(p)$ 是自由度为 p 的 χ^2 分布的上 α 分位数。

这里要对检验统计量式 (4.19) 的分布做一些解释。由于样本均值 $\overline{\boldsymbol{X}} \sim N_p\left(\boldsymbol{\mu}, \frac{1}{n}\boldsymbol{\Sigma}\right)$, 故由式 (3.21) 可知, 当 H_0 成立时

$$\begin{aligned}\chi_0^2 &= (\overline{\boldsymbol{X}} - \boldsymbol{\mu}_0)^{\mathrm{T}}\left(\frac{1}{n}\boldsymbol{\Sigma}\right)^{-1}(\overline{\boldsymbol{X}} - \boldsymbol{\mu}_0) \\ &= n(\overline{\boldsymbol{X}} - \boldsymbol{\mu}_0)^{\mathrm{T}}\boldsymbol{\Sigma}^{-1}(\overline{\boldsymbol{X}} - \boldsymbol{\mu}_0)\end{aligned} \tag{4.21}$$

服从自由度为 p 的卡方分布。事实上, 检验统计量 χ_0^2 是样本均值 $\overline{\boldsymbol{X}}$ 到总体 $N_p\left(\boldsymbol{\mu}_0, \frac{1}{n}\boldsymbol{\Sigma}\right)$ 的平方马氏距离。此距离越小, 说明反映真值 $\boldsymbol{\mu}$ 取值的 $\overline{\boldsymbol{X}}$ 与 $\boldsymbol{\mu}_0$ 越接近, 我们越倾向于不拒绝 H_0; 反之, 则越倾向于拒绝 H_0。

2. 协方差矩阵 $\boldsymbol{\Sigma}$ 未知时的检验

当 $\boldsymbol{\Sigma}$ 未知, 自然会想到用样本协方差矩阵 $\boldsymbol{S}/(n-1)$ 来估计 $\boldsymbol{\Sigma}$。由式 (3.31) 知 $\boldsymbol{S} \sim W_p(n-1, \boldsymbol{\Sigma})$, 则

$$T^2 = (n-1)\left[\sqrt{n}(\overline{\boldsymbol{X}} - \boldsymbol{\mu})^{\mathrm{T}}\boldsymbol{S}^{-1}\sqrt{n}(\overline{\boldsymbol{X}} - \boldsymbol{\mu})\right] \tag{4.22}$$

服从自由度为 $n-1$ 的 Hotelling T^2 分布。

当原假设 $H_0: \boldsymbol{\mu} = \boldsymbol{\mu}_0$ 为真时, 检验统计量为

$$\frac{(n-1)-p+1}{(n-1)p}T_0^2 \sim F(p, n-p) \tag{4.23}$$

式中, $T_0^2 = (n-1)\left[\sqrt{n}(\overline{\boldsymbol{X}} - \boldsymbol{\mu}_0)^{\mathrm{T}}\boldsymbol{S}^{-1}\sqrt{n}(\overline{\boldsymbol{X}} - \boldsymbol{\mu}_0)\right]$。对给定的显著性水平 α, 拒绝规则为

$$\text{若} \ \frac{(n-1)-p+1}{(n-1)p}T_0^2 \geqslant F_\alpha(p, n-p), \text{则拒绝} \ H_0 \tag{4.24}$$

式中, $F_\alpha(p, n-p)$ 是自由度为 p 与 $n-p$ 的 F 分布的上 α 分位数。拒绝规则式 (4.24) 等价于

$$\text{若} \ T_0^2 \geqslant T_\alpha^2(p, n-1), \text{则拒绝} \ H_0 \tag{4.25}$$

式中, $T_\alpha^2(p, n-1) = \dfrac{(n-1)p}{n-p}F_\alpha(p, n-p)$。

例 4.1 对某地区农村的 9 名 2 周岁女婴的身高、胸围、上半臂围进行测量, 样本数据如表 4-1 所示。根据以往的资料, 该地区城市 2 周岁女婴的这 3 项指标的均

值 $\boldsymbol{\mu}_0 = (80, 58, 15)^{\mathrm{T}}$, 在多元正态性假定下检验该地区农村 2 周岁女婴的 3 项指标的均值是否与城市 2 周岁女婴相同 (显著性水平 $\alpha = 0.05$)。

表 4-1　某地区农村 2 周岁女婴的体格测量数据　　　单位: 厘米

编号	身高 (X_1)	胸围 (X_2)	上半臂围 (X_3)
1	80	58.4	14.0
2	75	59.2	15.0
3	78	60.3	15.0
4	75	57.4	13.0
5	79	59.5	14.0
6	78	58.1	14.5
7	75	58.0	12.5
8	64	55.5	11.0
9	80	59.2	12.5

资料来源: 王学民. 应用多元统计分析. 6 版. 上海: 上海财经大学出版社, 2021.

解: 这是一个假设检验问题:

$$H_0\colon \boldsymbol{\mu} = \boldsymbol{\mu}_0, \qquad H_1\colon \boldsymbol{\mu} \neq \boldsymbol{\mu}_0$$

经过计算

$$\overline{\boldsymbol{X}} = \begin{pmatrix} 76.0 \\ 58.4 \\ 13.5 \end{pmatrix}, \quad \overline{\boldsymbol{X}} - \boldsymbol{\mu}_0 = \begin{pmatrix} -4.0 \\ 0.4 \\ -1.5 \end{pmatrix}, \quad \boldsymbol{S} = \begin{pmatrix} 196.00 & 45.10 & 34.50 \\ 45.10 & 15.76 & 11.65 \\ 34.50 & 11.65 & 14.50 \end{pmatrix}$$

因此

$$T_0^2 = (n-1) \left[\sqrt{n}(\overline{\boldsymbol{X}} - \boldsymbol{\mu}_0)^{\mathrm{T}} \boldsymbol{S}^{-1} \sqrt{n}(\overline{\boldsymbol{X}} - \boldsymbol{\mu}_0) \right] = 64.928$$

查表得 $F_{0.05}(3, 6) = 4.757$, 于是

$$T_{0.05}^2(3, 8) = \frac{3 \times 8}{6} F_{0.05}(3, 6) = 19.028 < T_0^2 = 64.928$$

所以在显著性水平 $\alpha = 0.05$ 下, 拒绝原假设 H_0, 即认为该地区农村与城市的 2 周岁女婴的上述 3 个指标的均值有显著差异。

4.2.2　两个正态总体均值向量的比较检验

1. 两个独立样本的情形

设从两个总体 $N_p(\boldsymbol{\mu}_1, \boldsymbol{\Sigma})$ 和 $N_p(\boldsymbol{\mu}_2, \boldsymbol{\Sigma})$ 中各自独立地抽取样本 $\boldsymbol{X}_{(i)} = (X_{i1}, X_{i2}, \cdots, X_{ip})^{\mathrm{T}}$ $(i = 1, 2, \cdots, n)$ 和 $\boldsymbol{Y}_{(i)} = (Y_{i1}, Y_{i2}, \cdots, Y_{ip})^{\mathrm{T}}$ $(i = 1, 2, \cdots, m)$, $\boldsymbol{\Sigma} > 0$, $n > p$, $m > p$。我们希望检验

$$H_0\colon \boldsymbol{\mu}_1 = \boldsymbol{\mu}_2, \qquad H_1\colon \boldsymbol{\mu}_1 \neq \boldsymbol{\mu}_2 \tag{4.26}$$

根据上述两个样本可以得到 $\boldsymbol{\mu}_1$ 和 $\boldsymbol{\mu}_2$ 的无偏估计

$$\overline{\boldsymbol{X}} = \frac{1}{n}\sum_{i=1}^{n}\boldsymbol{X}_{(i)}, \quad \overline{\boldsymbol{Y}} = \frac{1}{m}\sum_{i=1}^{m}\boldsymbol{Y}_{(i)}$$

(1) 协方差矩阵 $\boldsymbol{\Sigma}$ 已知的情形。

当原假设 H_0 成立时, 检验统计量为

$$T^2 = \frac{nm}{n+m}(\overline{\boldsymbol{X}} - \overline{\boldsymbol{Y}})^{\mathrm{T}}\boldsymbol{\Sigma}^{-1}(\overline{\boldsymbol{X}} - \overline{\boldsymbol{Y}}) \sim \chi^2(p) \tag{4.27}$$

对给定的显著性水平 α, 拒绝规则为

$$\text{若} T^2 \geqslant \chi_\alpha^2(p), \text{则拒绝} H_0 \tag{4.28}$$

(2) 协方差矩阵 $\boldsymbol{\Sigma}$ 未知的情形。

当原假设 H_0 成立时, 检验统计量为

$$\frac{n+m-p-1}{(n+m-2)p}T^2 \sim F(p, n+m-p-1) \tag{4.29}$$

其中

$$T^2 = \frac{nm}{n+m}(\overline{\boldsymbol{X}} - \overline{\boldsymbol{Y}})^{\mathrm{T}}\hat{\boldsymbol{\Sigma}}^{-1}(\overline{\boldsymbol{X}} - \overline{\boldsymbol{Y}})$$

$$\hat{\boldsymbol{\Sigma}} = \frac{\boldsymbol{S}_1 + \boldsymbol{S}_2}{n+m-2}$$

$$\boldsymbol{S}_1 = \sum_{i=1}^{n}(\boldsymbol{X}_{(i)} - \overline{\boldsymbol{X}})(\boldsymbol{X}_{(i)} - \overline{\boldsymbol{X}})^{\mathrm{T}}$$

$$\boldsymbol{S}_2 = \sum_{i=1}^{m}(\boldsymbol{Y}_{(i)} - \overline{\boldsymbol{Y}})(\boldsymbol{Y}_{(i)} - \overline{\boldsymbol{Y}})^{\mathrm{T}}$$

式中, $\boldsymbol{S}_1$ 和 $\boldsymbol{S}_2$ 为两个样本的离差矩阵, 集中了各样本中包含的有关协方差矩阵 $\boldsymbol{\Sigma}$ 的信息, 而 $\hat{\boldsymbol{\Sigma}}$ 则将两个样本中各自所含有的 $\boldsymbol{\Sigma}$ 的信息充分地集中起来。当 $p=1$ 时, 式 (4.29) 中的 T^2 退化为式 (4.11) 的 t 的平方。

对给定的显著性水平 α, 拒绝规则为

$$\text{若} T^2 \geqslant T_\alpha^2(p, n+m-2), \text{则拒绝} H_0 \tag{4.30}$$

式中

$$T_\alpha^2(p, n+m-2) = \frac{p(n+m-2)}{n+m-p-1}F_\alpha(p, n+m-p-1)$$

式中, $F_\alpha(p, n+m-p-1)$ 是自由度为 p 与 $n+m-p-1$ 的 F 分布的上 α 分位数。

这里值得注意的是, 当两个总体的协方差矩阵未知时, 自然想到用每个总体的样本协方差矩阵 $\boldsymbol{S}_1/(n-1)$ 和 $\boldsymbol{S}_2/(m-1)$ 来代替, 而 $\boldsymbol{S}_1 \sim W_p(n-1, \boldsymbol{\Sigma})$, $\boldsymbol{S}_2 \sim W_p(m-1, \boldsymbol{\Sigma})$, 从而

$$\boldsymbol{S}_1 + \boldsymbol{S}_2 \sim W_p(n+m-2, \boldsymbol{\Sigma})$$

又由于当 H_0 为真时, $\sqrt{\dfrac{nm}{n+m}}(\overline{\boldsymbol{X}} - \overline{\boldsymbol{Y}}) \sim N_p(\boldsymbol{0}, \boldsymbol{\Sigma})$, 所以

$$T^2 = \left[\sqrt{\frac{nm}{n+m}}(\overline{\boldsymbol{X}} - \overline{\boldsymbol{Y}})\right]^{\mathrm{T}} \hat{\boldsymbol{\Sigma}}^{-1} \left[\sqrt{\frac{nm}{n+m}}(\overline{\boldsymbol{X}} - \overline{\boldsymbol{Y}})\right]$$

$$= \frac{nm}{n+m}\left(\overline{\boldsymbol{X}} - \overline{\boldsymbol{Y}}\right)^{\mathrm{T}} \hat{\boldsymbol{\Sigma}}^{-1} \left(\overline{\boldsymbol{X}} - \overline{\boldsymbol{Y}}\right) \sim T^2(p, n+m-2)$$

例 4.2 (例 4.1 续)　表 4-2 给出了对应于表 4-1 的 6 名 2 周岁男婴的数据。在多元正态性及两总体协方差矩阵相等的假定下, 检验该地区农村 2 周岁男婴与女婴的均值向量有无显著差异 (显著性水平 $\alpha = 0.05$)。

表 4-2　某地区农村 2 周岁男婴的体格测量数据　　　　　　　　　　单位: 厘米

编号	身高 (Y_1)	胸围 (Y_2)	上半臂围 (Y_3)
1	78	60.6	16.5
2	76	58.1	12.5
3	92	63.2	14.5
4	81	59.0	14.0
5	81	60.8	15.5
6	84	59.5	14.0

资料来源: 王学民. 应用多元统计分析. 6 版. 上海: 上海财经大学出版社, 2021.

解: 由例 4.1 得

$$n = 9, \ \overline{\boldsymbol{X}} = (76.0, 58.4, 13.5)^{\mathrm{T}}, \ \boldsymbol{S}_1 = \begin{pmatrix} 196.00 & 45.10 & 34.50 \\ 45.10 & 15.76 & 11.65 \\ 34.50 & 11.65 & 14.50 \end{pmatrix}$$

依据表 4-2 容易计算得到

$$m = 6, \ \overline{\boldsymbol{Y}} = (82.0, 60.2, 14.5)^{\mathrm{T}}, \ \boldsymbol{S}_2 = \begin{pmatrix} 158.00 & 40.20 & 2.50 \\ 40.20 & 15.86 & 6.55 \\ 2.50 & 6.55 & 9.50 \end{pmatrix}$$

所以

$$\overline{\boldsymbol{X}} - \overline{\boldsymbol{Y}} = (-6.0, -1.8, -1.0)^{\mathrm{T}}, \ \frac{\boldsymbol{S}_1 + \boldsymbol{S}_2}{n+m-2} = \begin{pmatrix} 27.230\ 8 & 6.561\ 5 & 2.846\ 2 \\ 6.561\ 5 & 2.432\ 3 & 1.400 \\ 2.846\ 2 & 1.400 & 1.846\ 2 \end{pmatrix}$$

$$T^2 = \frac{nm}{n+m}\left(\overline{\boldsymbol{X}} - \overline{\boldsymbol{Y}}\right)^{\mathrm{T}} \hat{\boldsymbol{\Sigma}}^{-1} \left(\overline{\boldsymbol{X}} - \overline{\boldsymbol{Y}}\right) = 5.312$$

由式 (4.30) 可知

$$T^2_{0.05}(p, n+m-2) = \frac{p(n+m-2)}{n+m-p-1} F_{0.05}(p, n+m-p-1)$$

$$= \frac{3 \times 13}{11} \times F_{0.05}(3, 11)$$

$$= \frac{3 \times 13}{11} \times 3.587 = 12.718$$

因为 $T^2 < T^2_{0.05}(3,13)$, 故不拒绝原假设 H_0, 即认为该地区农村 2 周岁男婴与女婴两个总体的均值向量无显著差异。

当两个总体的协方差矩阵不相等时, 检验统计量的形式会变得越来越复杂。为了节省篇幅, 感兴趣的读者可以参阅《实用多元统计分析》(方开泰. 华东师范大学出版社, 1989)。

2. 成对实验的 T^2 统计量

在前面的讨论中, 我们假定两个样本 $\boldsymbol{X}_{(1)}, \boldsymbol{X}_{(2)}, \cdots, \boldsymbol{X}_{(n)}$ 和 $\boldsymbol{Y}_{(1)}, \boldsymbol{Y}_{(2)}, \cdots, \boldsymbol{Y}_{(m)}$ 是相互独立的。但是, 在很多实际问题中, 两个样本可能是成对出现的。例如, 为了考察某地区精准扶贫成效, 用 $\boldsymbol{X}_{(1)}, \boldsymbol{X}_{(2)}, \cdots, \boldsymbol{X}_{(n)}$ 表示 n 个农户扶贫前的家庭年收入的指标向量, 用 $\boldsymbol{Y}_{(1)}, \boldsymbol{Y}_{(2)}, \cdots, \boldsymbol{Y}_{(n)}$ 表示同样这 n 个农户扶贫后相同的指标向量。显然, 来自扶贫前后的这两个总体的样本数据不是彼此独立的, 而是成对出现的。数据的成对出现避免了作为抽样误差来源之一的两个样本个体之间的差异, 从而减小了抽样误差, 因此会得到比独立样本方法更准确的统计推断结论。

设 $(\boldsymbol{X}_{(i)}, \boldsymbol{Y}_{(i)}), i = 1, 2, \cdots, n \ (n > p)$ 是成对实验的数据, 令

$$\boldsymbol{d}_i = \boldsymbol{X}_{(i)} - \boldsymbol{Y}_{(i)}, \quad i = 1, 2, \cdots, n$$

又设 $\boldsymbol{d}_1, \boldsymbol{d}_2, \cdots, \boldsymbol{d}_n$ 独立同分布于 $N_p(\boldsymbol{\delta}, \boldsymbol{\Sigma})$, 其中, $\boldsymbol{\Sigma} > 0$, $\boldsymbol{\delta} = \boldsymbol{\mu}_1 - \boldsymbol{\mu}_2$, $\boldsymbol{\mu}_1$ 和 $\boldsymbol{\mu}_2$ 分别表示总体 $\boldsymbol{X}$ 和总体 $\boldsymbol{Y}$ 的均值向量。我们希望检验的假设为

$$H_0: \boldsymbol{\mu}_1 = \boldsymbol{\mu}_2, \qquad H_1: \boldsymbol{\mu}_1 \neq \boldsymbol{\mu}_2$$

它等价于

$$H_0: \boldsymbol{\delta} = \boldsymbol{0}, \qquad H_1: \boldsymbol{\delta} \neq \boldsymbol{0} \tag{4.31}$$

这时, 两个总体的均值向量的比较检验问题就可以化为一个总体的情形。由式 (4.22) 可知, 检验统计量为

$$T^2 = (n-1)n\overline{\boldsymbol{d}}^{\mathrm{T}} \boldsymbol{S}_d^{-1} \overline{\boldsymbol{d}} \tag{4.32}$$

式中

$$\overline{\boldsymbol{d}} = \overline{\boldsymbol{X}} - \overline{\boldsymbol{Y}}, \quad \boldsymbol{S}_d = \sum_{i=1}^{n} (\boldsymbol{d}_i - \overline{\boldsymbol{d}})(\boldsymbol{d}_i - \overline{\boldsymbol{d}})^{\mathrm{T}}$$

当原假设 $H_0: \boldsymbol{\delta} = \boldsymbol{0}$ 为真时, 检验统计量

$$\frac{n-p}{p(n-1)} T^2 \sim F(p, n-p) \tag{4.33}$$

对给定的显著性水平 α, 拒绝规则为

$$\text{若 } T^2 \geqslant T^2_\alpha(p, n-1), \text{ 则拒绝 } H_0 \tag{4.34}$$

式中, $T^2_\alpha(p, n-1) = \dfrac{p(n-1)}{n-p} F_\alpha(p, n-p)$。

4.2.3 多个正态总体均值向量的比较检验 (多元方差分析)

设有 k 个总体 $\pi_1, \pi_2, \cdots, \pi_k$, 它们的分布分别是 $N_p(\boldsymbol{\mu}_1, \boldsymbol{\Sigma})$, $N_p(\boldsymbol{\mu}_2, \boldsymbol{\Sigma})$, $\cdots$,

$N_p(\boldsymbol{\mu}_k, \boldsymbol{\Sigma})$。现从每个总体中各自独立地抽取一个样本, 每个样本观测 p 个指标的观测数据如下。

第 1 个总体:

$$\boldsymbol{X}_{(i)}^{(1)} = \left(X_{i1}^{(1)}, X_{i2}^{(1)}, \cdots, X_{ip}^{(1)} \right)^{\mathrm{T}}, \quad i = 1, 2, \cdots, n_1$$

第 2 个总体:

$$\boldsymbol{X}_{(i)}^{(2)} = \left(X_{i1}^{(2)}, X_{i2}^{(2)}, \cdots, X_{ip}^{(2)} \right)^{\mathrm{T}}, \quad i = 1, 2, \cdots, n_2$$

第 k 个总体:

$$\boldsymbol{X}_{(i)}^{(k)} = \left(X_{i1}^{(k)}, X_{i2}^{(k)}, \cdots, X_{ip}^{(k)} \right)^{\mathrm{T}}, \quad i = 1, 2, \cdots, n_k$$

现欲检验各总体的均值是否相同, 即检验

$$H_0: \boldsymbol{\mu}_1 = \boldsymbol{\mu}_2 = \cdots = \boldsymbol{\mu}_k, \qquad H_1: \boldsymbol{\mu}_i \neq \boldsymbol{\mu}_j, \text{ 至少存在一对 } i \neq j \tag{4.35}$$

类似于一元的情形, 令

$$\mathbf{SST} = \sum_{r=1}^{k} \sum_{i=1}^{n_r} \left(\boldsymbol{X}_{(i)}^{(r)} - \overline{\boldsymbol{X}} \right) \left(\boldsymbol{X}_{(i)}^{(r)} - \overline{\boldsymbol{X}} \right)^{\mathrm{T}} \tag{4.36}$$

式中, $\overline{\boldsymbol{X}} = \dfrac{1}{n} \sum_{r=1}^{k} \sum_{i=1}^{n_r} \boldsymbol{X}_{(i)}^{(r)}$, $n = \sum_{r=1}^{k} n_r$。再令 $\overline{\boldsymbol{X}}^{(r)} = \dfrac{1}{n_r} \sum_{i=1}^{n_r} \boldsymbol{X}_{(i)}^{(r)}$, $r = 1, 2, \cdots, k$, 则

$$\begin{aligned}
\mathbf{SST} &= \sum_{r=1}^{k} \sum_{i=1}^{n_r} \left(\boldsymbol{X}_{(i)}^{(r)} - \overline{\boldsymbol{X}} \right) \left(\boldsymbol{X}_{(i)}^{(r)} - \overline{\boldsymbol{X}} \right)^{\mathrm{T}} \\
&= \sum_{r=1}^{k} \sum_{i=1}^{n_r} \left(\boldsymbol{X}_{(i)}^{(r)} - \overline{\boldsymbol{X}}^{(r)} + \overline{\boldsymbol{X}}^{(r)} - \overline{\boldsymbol{X}} \right) \left(\boldsymbol{X}_{(i)}^{(r)} - \overline{\boldsymbol{X}}^{(r)} + \overline{\boldsymbol{X}}^{(r)} - \overline{\boldsymbol{X}} \right)^{\mathrm{T}} \\
&= \sum_{r=1}^{k} \sum_{i=1}^{n_r} \left(\boldsymbol{X}_{(i)}^{(r)} - \overline{\boldsymbol{X}}^{(r)} \right) \left(\boldsymbol{X}_{(i)}^{(r)} - \overline{\boldsymbol{X}}^{(r)} \right)^{\mathrm{T}} + \sum_{r=1}^{k} n_r \left(\overline{\boldsymbol{X}}^{(r)} - \overline{\boldsymbol{X}} \right) \left(\overline{\boldsymbol{X}}^{(r)} - \overline{\boldsymbol{X}} \right)^{\mathrm{T}}
\end{aligned}$$

其中, 交叉乘积项

$$\begin{aligned}
&\sum_{r=1}^{k} \sum_{i=1}^{n_r} \left(\boldsymbol{X}_{(i)}^{(r)} - \overline{\boldsymbol{X}}^{(r)} \right) \left(\overline{\boldsymbol{X}}^{(r)} - \overline{\boldsymbol{X}} \right)^{\mathrm{T}} + \sum_{r=1}^{k} \sum_{i=1}^{n_r} \left(\overline{\boldsymbol{X}}^{(r)} - \overline{\boldsymbol{X}} \right) \left(\boldsymbol{X}_{(i)}^{(r)} - \overline{\boldsymbol{X}}^{(r)} \right)^{\mathrm{T}} \\
&= \sum_{r=1}^{k} \left(\sum_{i=1}^{n_r} \boldsymbol{X}_{(i)}^{(r)} - n_r \overline{\boldsymbol{X}}^{(r)} \right) \left(\overline{\boldsymbol{X}}^{(r)} - \overline{\boldsymbol{X}} \right)^{\mathrm{T}} + \sum_{r=1}^{k} \left(\overline{\boldsymbol{X}}^{(r)} - \overline{\boldsymbol{X}} \right) \left(\sum_{i=1}^{n_r} \boldsymbol{X}_{(i)}^{(r)} - n_r \overline{\boldsymbol{X}}^{(r)} \right)^{\mathrm{T}} \\
&= \mathbf{0} + \mathbf{0} = \mathbf{0}
\end{aligned}$$

若记

$$\mathbf{SSE} = \sum_{r=1}^{k} \sum_{i=1}^{n_r} \left(\boldsymbol{X}_{(i)}^{(r)} - \overline{\boldsymbol{X}}^{(r)} \right) \left(\boldsymbol{X}_{(i)}^{(r)} - \overline{\boldsymbol{X}}^{(r)} \right)^{\mathrm{T}} \tag{4.37}$$

$$\mathbf{SSA} = \sum_{r=1}^{k} n_r \left(\overline{\boldsymbol{X}}^{(r)} - \overline{\boldsymbol{X}} \right) \left(\overline{\boldsymbol{X}}^{(r)} - \overline{\boldsymbol{X}} \right)^{\mathrm{T}} \tag{4.38}$$

则

$$\mathbf{SST} = \mathbf{SSE} + \mathbf{SSA} \tag{4.39}$$

SST, **SSE** 和 **SSA** 分别称为**总离差矩阵**、**组内离差矩阵**以及**组间离差矩阵**, 它们的自由度分别为 $n-1$、$n-k$ 和 $k-1$, 这与一元方差分析相同。

当原假设 H_0 为真时, 采用似然比原则构造的检验统计量为

$$\Lambda = \frac{|\mathbf{SSE}|}{|\mathbf{SST}|} \sim \Lambda(p, n-k, k-1) \tag{4.40}$$

对给定的显著性水平 α, 拒绝规则为

$$\text{若 } \Lambda \leqslant \Lambda_{1-\alpha}(p, n-k, k-1), \text{ 则拒绝 } H_0 \tag{4.41}$$

式中, $\Lambda_{1-\alpha}(p, n-k, k-1)$ 是 $\Lambda(p, n-k, k-1)$ 分布的下 α 分位数, 即满足当原假设 H_0 为真时

$$P\left(\Lambda \leqslant \Lambda_{1-\alpha}(p, n-k, k-1)\right) = \alpha$$

Λ 分布的数值表 ($\alpha = 0.05, 0.01$) 可以查阅《多元统计分析引论》(张尧庭, 方开泰. 科学出版社, 1982)。但是在很多情况下, 依据 Wilks Λ 分布的基本性质, Λ 分布的分位数值可用 F 分布 (或卡方分布) 表来近似得到。这里需要说明的是, Λ 分布的下 α 分位数 $\Lambda_{1-\alpha}$ 对应 F 分布 (或卡方分布) 的上 α 分位数 F_α (或 χ^2_α), 因此 Λ 的左侧拒绝域也相应地变成 F (或 χ^2) 的右侧拒绝域。

$\boldsymbol{\mu}_1, \boldsymbol{\mu}_2, \cdots, \boldsymbol{\mu}_k$ 之间无显著差异, 并不意味着它们的分量之间也都无显著差异; 同样, $\boldsymbol{\mu}_1, \boldsymbol{\mu}_2, \cdots, \boldsymbol{\mu}_k$ 之间存在显著差异, 也并不表明它们一定存在有显著差异的分量。无论是哪种情况, 如果多元检验与一元检验不一致, 则一般使用多元检验的结论。但检验一旦拒绝 H_0: $\boldsymbol{\mu}_1 = \boldsymbol{\mu}_2 = \cdots = \boldsymbol{\mu}_k$, 我们还应继续对其分量进行一元方差分析检验, 以判断是否有分量或哪些分量对拒绝 H_0: $\boldsymbol{\mu}_1 = \boldsymbol{\mu}_2 = \cdots = \boldsymbol{\mu}_k$ 起到了较大作用。同样, 如果需要, 我们可以对 $\boldsymbol{\mu}_1, \boldsymbol{\mu}_2, \cdots, \boldsymbol{\mu}_k$ 中的每两个做相等性检验。

另外应该指出的是, 一元方差分析中通常只有一种合适的检验方法。但是在多元场合下检验方法并不唯一, 而是有很多种, 感兴趣的读者可以查阅《应用多元统计分析》(第 6 版) (王学民. 上海财经大学出版社, 2021)。

例 4.3 R 软件的内置档案中有著名的鸢尾花 (iris) 数据。该数据是对三种鸢尾花——刚毛鸢尾花 (第 I 组, setosa)、变色鸢尾花 (第 II 组, vesicolor) 和弗吉尼亚鸢尾花 (第 III 组, virginica) 各抽取一个容量为 50 的样本, 测量其花萼长 (X_1)、花萼宽 (X_2)、花瓣长 (X_3)、花瓣宽 (X_4), 部分数据列于表 4-3 中 (完整数据可以直接在 R 中读取)。

显著性水平 $\alpha = 0.05$, 检验

$$H_0: \boldsymbol{\mu}_1 = \boldsymbol{\mu}_2 = \boldsymbol{\mu}_3, \qquad H_1: \boldsymbol{\mu}_1, \boldsymbol{\mu}_2, \boldsymbol{\mu}_3 \text{ 至少有两个不相等}$$

其中, $\boldsymbol{\mu}_1, \boldsymbol{\mu}_2, \boldsymbol{\mu}_3$ 分别为三个组的总体均值向量。在进行检验时, 我们假定这三个总体均为多元正态总体, 并且它们的协方差矩阵相同。

表 4-3 鸢尾花部分数据   单位: 毫米

编号	组别	X_1	X_2	X_3	X_4	编号	组别	X_1	X_2	X_3	X_4
1	I	50	33	14	2	$\vdots$	$\vdots$	$\vdots$	$\vdots$	$\vdots$	$\vdots$
2	III	64	28	56	22	141	II	55	23	40	13
3	II	65	28	46	15	142	II	66	30	44	14
4	III	67	31	56	24	143	II	68	28	48	14
5	III	63	28	51	15	144	I	54	34	17	2
6	I	46	34	14	3	145	I	51	37	15	4
7	III	69	31	51	23	146	I	52	35	15	2
8	II	62	22	45	15	147	III	58	28	51	24
9	II	59	32	48	18	148	II	67	30	50	17
10	I	46	36	10	2	149	III	63	33	60	25
$\vdots$	$\vdots$	$\vdots$	$\vdots$	$\vdots$	$\vdots$	150	I	53	37	15	2

解: 根据题意

$$p = 4, \quad k = 3, \quad n_1 = n_2 = n_3 = 50, \quad n = n_1 + n_2 + n_3 = 150$$

经计算

$$\overline{\boldsymbol{X}}^{(1)} = \begin{pmatrix} 50.06 \\ 34.28 \\ 14.62 \\ 2.46 \end{pmatrix}, \quad \overline{\boldsymbol{X}}^{(2)} = \begin{pmatrix} 59.36 \\ 27.70 \\ 42.60 \\ 13.26 \end{pmatrix}, \quad \overline{\boldsymbol{X}}^{(3)} = \begin{pmatrix} 65.88 \\ 29.74 \\ 55.52 \\ 20.26 \end{pmatrix}$$

$$\overline{\boldsymbol{X}} = \frac{1}{n} \sum_{r=1}^{3} n_r \overline{\boldsymbol{X}}^{(r)} = \begin{pmatrix} 58.433 \\ 30.573 \\ 37.580 \\ 11.993 \end{pmatrix}$$

$$\mathbf{SSA} = \sum_{r=1}^{3} n_r \left(\overline{\boldsymbol{X}}^{(r)} - \overline{\boldsymbol{X}} \right) \left(\overline{\boldsymbol{X}}^{(r)} - \overline{\boldsymbol{X}} \right)^{\mathrm{T}}$$

$$= \begin{pmatrix} 6\,321.213 & -1\,995.267 & 16\,524.840 & 7\,127.933 \\ -1\,995.267 & 1\,134.493 & -5\,723.960 & -2\,293.267 \\ 16\,524.840 & -5\,723.960 & 43\,710.280 & 18\,677.400 \\ 7\,127.933 & -2\,293.267 & 18\,677.400 & 8\,041.333 \end{pmatrix}$$

$$\mathbf{SSE} = \sum_{r=1}^{3} \sum_{i=1}^{n_r} \left(\boldsymbol{X}_{(i)}^{(r)} - \overline{\boldsymbol{X}}^{(r)} \right) \left(\boldsymbol{X}_{(i)}^{(r)} - \overline{\boldsymbol{X}}^{(r)} \right)^{\mathrm{T}}$$

$$= \begin{pmatrix} 3\,895.620 & 1\,363.000 & 2\,462.460 & 564.500 \\ 1\,363.000 & 1\,696.200 & 812.080 & 480.840 \\ 2\,462.460 & 812.080 & 2\,722.260 & 627.180 \\ 564.500 & 480.840 & 627.180 & 615.660 \end{pmatrix}$$

$$\mathbf{SST} = \mathbf{SSE} + \mathbf{SSA}$$

$$= \begin{pmatrix} 10\,216.833 & -632.267 & 18\,987.300 & 7\,692.433 \\ -632.267 & 2\,830.693 & -4\,911.88 & -1\,812.427 \\ 18\,987.300 & -4\,911.880 & 46\,432.54 & 19\,304.580 \\ 7\,692.433 & -1\,812.427 & 19\,304.58 & 8\,656.993 \end{pmatrix}$$

于是

$$\Lambda = \frac{|\mathbf{SSE}|}{|\mathbf{SST}|} = \frac{2.209\,7 \times 10^{12}}{9.427\,5 \times 10^{13}} = 0.023\,4$$

由 Wilks Λ 分布与 F 分布的关系 (参见 3.4 节 Wilks Λ 分布的基本性质第二条), 可得

$$F = \frac{(147 - 4 + 1)(1 - \sqrt{0.023\,4})}{4 \times \sqrt{0.023\,4}} = 199.34$$

查 F 分布表可得, $F_{0.05}(8, 288) = 1.97 < 199.34$, 从而在 $\alpha = 0.05$ 的显著性水平下拒绝原假设 H_0。因此可认为三种鸢尾花的花形特征有显著差异。

为了解这三种鸢尾花的花形特征的显著差异是由哪些特征引起的, 我们对这四种特征分别用一元方差分析方法进行检验分析。由式 (4.15) 并利用 $\mathbf{SSA}$ 和 $\mathbf{SSE}$ 这两个矩阵的对角线元素, 有

$$F_1 = \frac{6\,321.213/2}{3\,895.620/147} = 119.26$$

$$F_2 = \frac{1\,134.493/2}{1\,696.200/147} = 49.16$$

$$F_3 = \frac{43\,710.280/2}{2\,722.260/147} = 1\,180.16$$

$$F_4 = \frac{8\,041.333/2}{615.660/147} = 960.01$$

由 F 分布表可得, $F_{0.05}(2, 147) = 3.06$, $F_{0.01}(2, 147) = 4.75$。由于 F_1, F_2, F_3, F_4 均大于 $F_{0.05}(2, 147)$ 和 $F_{0.01}(2, 147)$, 因此可以认为三种鸢尾花的四种花形特征均有显著差异。

4.3 协方差矩阵的检验

当我们要对两个或多个总体均值向量进行比较检验时, 常常需要先考虑各总体的协方差矩阵是否相等 (即**齐性检验**)。[①] 设有 k 个总体 $\pi_1, \pi_2, \cdots, \pi_k$, 它们的分布分别

---

① 判别分析要求各总体的协方差矩阵相等。

是 $N_p(\boldsymbol{\mu}_1, \boldsymbol{\Sigma}_1), N_p(\boldsymbol{\mu}_2, \boldsymbol{\Sigma}_2), \cdots, N_p(\boldsymbol{\mu}_k, \boldsymbol{\Sigma}_k)$。现从 k 个总体中分别取 n_i 个样本

$$\boldsymbol{X}_{(i)}^{(r)} = \left(X_{i1}^{(r)}, X_{i2}^{(r)}, \cdots, X_{ip}^{(r)}\right)^{\mathrm{T}}, \quad r = 1, 2, \cdots, k, \quad i = 1, 2, \cdots, n_i$$

欲检验

$$H_0: \boldsymbol{\Sigma}_1 = \boldsymbol{\Sigma}_2 = \cdots = \boldsymbol{\Sigma}_k, \qquad H_1: \boldsymbol{\Sigma}_i \neq \boldsymbol{\Sigma}_j, \text{ 至少存在一对 } i \neq j \tag{4.42}$$

对上述假设的一个常用检验是博克斯 M 检验 (Box's M 检验)。该检验也可用于两个总体 (即 $k = 2$) 协方差矩阵的相等性检验。

检验式 (4.42) 的一个 (修正的) 似然比统计量为

$$\Lambda = \frac{\prod\limits_{r=1}^{k} \left| \dfrac{\boldsymbol{S}_r}{n_r - 1} \right|^{(n_r - 1)/2}}{\left| \dfrac{\boldsymbol{S}_p}{n - k} \right|^{(n-k)/2}} \tag{4.43}$$

式中

$$\frac{\boldsymbol{S}_r}{n_r - 1} = \frac{1}{n_r - 1} \sum_{i=1}^{n_r} \left(\boldsymbol{X}_{(i)}^{(r)} - \overline{\boldsymbol{X}}^{(r)}\right) \left(\boldsymbol{X}_{(i)}^{(r)} - \overline{\boldsymbol{X}}^{(r)}\right)^{\mathrm{T}}$$

是第 r 个样本协方差矩阵。

$$\overline{\boldsymbol{X}}^{(r)} = \frac{1}{n_r} \sum_{i=1}^{n_r} \boldsymbol{X}_{(i)}^{(r)}, \quad r = 1, 2, \cdots, k$$

$$\frac{\boldsymbol{S}_p}{n - k} = \frac{1}{n - k} \sum_{r=1}^{n_r} \boldsymbol{S}_r = \frac{1}{n - k} \mathbf{SSE}$$

是联合 (样本) 协方差矩阵。$n = \sum\limits_{r=1}^{k} n_r$，$\mathbf{SSE}$ 是组内离差矩阵式 (见式 (4.37))。

博克斯 M 统计量为

$$M = -2\ln\Lambda = (n - k)\ln\left|\frac{\boldsymbol{S}_p}{n - k}\right| - \sum_{r=1}^{k}(n_r - 1)\ln\left|\frac{\boldsymbol{S}_r}{n_r - 1}\right| \tag{4.44}$$

当 H_0 为真时

$$u = (1 - c)M \tag{4.45}$$

近似服从自由度为 $\frac{1}{2}(k-1)p(p+1)$ 的卡方分布, 其中

$$c = \left(\sum_{r=1}^{k} \frac{1}{n_r - 1} - \frac{1}{n - k}\right) \frac{2p^2 + 3p - 1}{6(p+1)(k-1)}$$

对于给定的显著性水平 α, 拒绝规则为

$$\text{若 } u \geqslant \chi_\alpha^2\left[\frac{1}{2}(k-1)p(p+1)\right], \text{则拒绝 } H_0 \tag{4.46}$$

当 n_i 都超过 20, 且 p 和 k 都不超过 5 时, 博克斯卡方近似效果较好。

习　题

4.1　试举出两个可以运用多元正态总体均值向量检验的实际问题。

4.2　试述多元统计中的 Hotelling T^2 分布和 Wilks Λ 分布分别与一元统计中的 t 分布和 F 分布的关系。

4.3　(数据文件为 exe4.3) 人的出汗量与人体内钠和钾的含量有一定关系。现在对 20 名健康成年女性的出汗量 (X_1)、钠的含量 (X_2) 和钾的含量 (X_3) 进行统计, 样本数据如表 4-4 所示。假设 $\boldsymbol{X} = (X_1, X_2, X_3)^{\mathrm{T}}$ 服从三元正态分布。

表 4-4　20 名健康成年女性的出汗量以及体内钠和钾的含量

实验者	X_1	X_2	X_3	实验者	X_1	X_2	X_3
1	3.7	48.5	9.3	11	3.9	36.9	12.7
2	5.7	65.1	8.0	12	4.5	58.8	12.3
3	3.8	47.2	10.9	13	3.5	27.8	9.8
4	3.2	53.2	12.0	14	4.5	40.2	8.4
5	3.1	55.5	9.7	15	1.5	13.5	10.1
6	4.6	36.1	7.9	16	8.5	56.4	7.1
7	2.4	24.8	14.0	17	4.5	71.6	8.2
8	7.2	33.1	7.6	18	6.5	52.8	10.9
9	6.7	47.4	8.5	19	4.1	44.1	11.2
10	5.4	54.1	11.3	20	5.5	40.9	9.4

资料来源: 理查德·A. 约翰逊, 迪安·W. 威克恩. 实用多元统计分析: 第 6 版. 陆璇, 叶俊, 译. 北京: 清华大学出版社, 2008.

在显著性水平 $\alpha = 0.05$ 下, 试验证: H_0: $\boldsymbol{\mu} = \boldsymbol{\mu}_0 = (4, 50, 10)^{\mathrm{T}}$, H_1: $\boldsymbol{\mu} \neq \boldsymbol{\mu}_0$。

4.4　(数据文件为 exe4.4) 测量 30 名 3 周岁以下婴幼儿的身高 (X_1) 和体重 (X_2), 数据如表 4-5 所示, 其中男女各 15 名。假定这两组数据都服从正态分布且协方差矩阵相等, 试在显著性水平 $\alpha = 0.05$ 下检验男女婴幼儿的这两项指标是否有差异。

表 4-5　30 名婴幼儿指标

男						女					
编号	X_1	X_2	编号	X_1	X_2	编号	X_1	X_2	编号	X_1	X_2
1	54	3	9	80	9	1	54	3	9	74	9
2	50.5	2.25	10	76	8	2	53	2.25	10	73	7.5
3	51	2.5	11	96	13.5	3	51.5	2.5	11	91	12
4	56.5	3.5	12	97	14	4	51	3	12	91	13
5	52	3	13	99	16	5	51	3	13	94	15
6	76	9.5	14	92	11	6	77	7.5	14	92	12
7	80	9	15	94	15	7	77	10	15	91	12.5
8	74	9.5				8	77	9.5			

资料来源: 朱建平. 应用多元统计分析. 4 版. 北京: 科学出版社, 2021.

4.5　(数据文件为 exe4.5) 某监狱把犯人分为三部分: 普通犯人、疯狂犯人和其他犯人。从这三部分各抽取 20 名犯人测量他们的耳朵长度, 在协方差矩阵相同的假定下试检验三部分犯人的耳朵长度有无显著差异 ($\alpha = 0.05$)。数据如表 4-6 所示。

表 4-6　犯人耳朵长度数据　　　单位: 毫米

普通犯人			疯狂犯人			其他犯人		
测量对象	左耳	右耳	测量对象	左耳	右耳	测量对象	左耳	右耳
1	59	59	1	70	69	1	63	63
2	60	65	2	69	68	2	56	57
3	58	62	3	65	65	3	62	62
4	59	59	4	62	60	4	59	58
5	50	48	5	59	56	5	62	58
6	59	65	6	55	58	6	50	57
7	62	62	7	60	58	7	63	63
8	63	62	8	58	64	8	61	62
9	68	72	9	65	67	9	55	59
10	63	66	10	67	62	10	63	63
11	66	63	11	60	57	11	65	70
12	56	56	12	53	55	12	64	64
13	62	64	13	66	65	13	65	65
14	66	68	14	60	53	14	67	67
15	65	66	15	59	58	15	55	55
16	61	60	16	58	54	16	56	56
17	60	64	17	60	56	17	65	67
18	60	57	18	54	59	18	62	65
19	58	60	19	62	66	19	55	61
20	58	59	20	59	61	20	58	58

资料来源: 王学民. 应用多元统计分析. 6 版. 上海: 上海财经大学出版社, 2021.

附　录　R 的应用

1. 对例 4.1 做单个正态总体均值向量的检验

```
> setwd("D:/chap4")                              # 设置路径
> examp4.1=read.table("exam4.1.csv",header=TRUE,sep=",")
                                                 # 读取文本文件
```

```
> n=dim(examp4.1)[1]; p=3; mu0=c(80,58,15)
> meanx=apply(examp4.1,2,mean)                    # 计算列均值
> Tsquare=n*t(meanx-mu0)%*%solve(cov(examp4.1))%*%(meanx-mu0)
                                                  # 计算 T² 统计量
> Tsquare.value=(p*(n-1))/(n-p)*qf(0.95,p,n-p)    # 计算 T² 分位数
> Tsquare.value
```

2. 对例 4.3 做多元方差分析

```
> setwd("D:/chap4")                              # 设置路径
> examp4.3=read.table("exam4.3+iris.csv",header=TRUE,sep=",")
                                                 # 读取文本文件
> head(examp4.3,2)                               # 展示前 2 行数据
      x1    x2    x3    x4    g
  1   55    33    14    2     1
  2   64    28    56    22    3
> library(MASS)                                  # 加载程序包
> attach(examp4.3)
> g=factor(g)                                    # 转换成因子
> y=cbind(x1,x2,x3,x4)                           # 按列合并 4 个变量数据
> detach(examp4.3)
> fit=manova(y~g)                                # 多元方差分析
> summary.aov(fit)                               # 一元方差分析表
Response x1:
          Df      Sum Sq     Mean Sq     F value               Pr(>F)
  g       2       6321.2     3160.6      119.26    <2.2e-16 ***  Residuals
  147     3895.6  26.5       22
---
Signif. codes:  0 '***'  0.001 '**'   0.01  '*'  0.05 '.'   0.1   ' ' 1
(x2,x3,x4 的一元方差分析表输出略)

> summary(fit,test="Wilks")
          # 采用 Wilks 统计量, test 为统计量选项, 还包括 "Pillai"(缺省值)
            "Hotelling-Lawley""Roy"
          Df      Wilks      approx F     num Df      den Df            Pr(>F)
  g       2       0.023439   199.15       8           288     <2.2e-16 *** Residuals
  147
---
Signif. codes:  0  '***'  0.001   '**'    0.01 '*'   0.05 '.'   0.1 ' ' 1
```

参考文献

[1]　王学民. 应用多元统计分析. 6 版. 上海: 上海财经大学出版社, 2021.

[2]　方开泰. 实用多元统计分析. 上海: 华东师范大学出版社, 1989.

[3]　张尧庭, 方开泰. 多元统计分析引论. 北京: 科学出版社, 1982.

[4]　理查德·A. 约翰逊, 迪安·W. 威克恩. 实用多元统计分析: 第 6 版. 陆璇, 叶俊, 译. 北京: 清华大学出版社, 2008.

[5]　朱建平. 应用多元统计分析. 4 版. 北京: 科学出版社, 2021.

C 第 5 章

Chapter 5

多元线性模型

多元回归模型 (multivariate regression model) 通常用来研究一个因变量依赖多个自变量的变化关系, 如果二者的依赖关系可以用线性形式来刻画, 则可以建立**多元线性模型** (multiple linear model) 进行分析。本章介绍多元线性模型的定义、参数估计和检验、变量选择、回归诊断和回归预测。

5.1 多元线性模型的基本概念

5.1.1 模型定义

多元线性模型通常用来描述变量 y 与多个变量 x 之间的随机线性关系, 即

$$y = \beta_0 + \beta_1 x_1 + \cdots + \beta_p x_p + \varepsilon \tag{5.1}$$

式中, $x_1, x_2, \cdots, x_p$ 是非随机的自变量; y 是随机因变量; β_0 是常数项; $\beta_1, \beta_2, \cdots, \beta_p$ 是回归系数; ε 是随机误差项。

如果对 y 和 x 进行了 n 次观测, 得到 n 组观测值 $y_i, x_{i1}, x_{i2}, \cdots, x_{ip} \, (i = 1, 2, \cdots, n)$, 它们满足以下关系式

$$y_i = \beta_0 + \beta_1 x_{i1} + \cdots + \beta_p x_{ip} + \varepsilon_i \tag{5.2}$$

引入矩阵记号, 记

$$\boldsymbol{y} = \begin{pmatrix} y_1 \\ y_2 \\ \vdots \\ y_n \end{pmatrix}, \quad \boldsymbol{X} = \begin{pmatrix} 1 & x_{11} & \cdots & x_{1p} \\ 1 & x_{21} & \cdots & x_{2p} \\ \vdots & \vdots & & \vdots \\ 1 & x_{n1} & \cdots & x_{np} \end{pmatrix}, \quad \boldsymbol{\beta} = \begin{pmatrix} \beta_0 \\ \beta_1 \\ \vdots \\ \beta_p \end{pmatrix}, \quad \boldsymbol{\varepsilon} = \begin{pmatrix} \varepsilon_1 \\ \varepsilon_2 \\ \vdots \\ \varepsilon_n \end{pmatrix}$$

则式 (5.1) 可以写成如下形式

$$\boldsymbol{y} = \boldsymbol{X}\boldsymbol{\beta} + \boldsymbol{\varepsilon} \tag{5.3}$$

式中, $\boldsymbol{y}$ 是 n 维观测向量, $\boldsymbol{X}$ 是 $n \times (p+1)$ 阶已知的设计矩阵, $\boldsymbol{\beta}$ 是 $p+1$ 维未知参数向量, $\boldsymbol{\varepsilon}$ 是 n 维随机误差向量。

如果式 (5.3) 满足条件:

(1) $E(\boldsymbol{\varepsilon}) = \boldsymbol{0}$,

(2) $\mathrm{Var}(\varepsilon) = \sigma^2 \boldsymbol{I}$,

(3) $\boldsymbol{x}_1, \boldsymbol{x}_2, \cdots, \boldsymbol{x}_p$ 互不相关,

则称式 (5.3) 为普通线性回归模型。

进一步, 如果模型的随机误差项服从正态分布, 即 $\varepsilon \sim N(\boldsymbol{0}, \sigma^2 \boldsymbol{I})$, 则称式 (5.3) 为普通正态线性回归模型。[①]

例 5.1 (数据文件为 exam5.1)　计量经济学涉及数学、统计学和经济学的知识, 还要借助软件完成计算分析, 因此, 对于很多大学生来说, 计量经济学是一门容易挂科的课程。大学教师李教授想研究大学生的计量经济学考试成绩与其影响因素之间的关系, 根据初步分析, 他认为学生的计量经济学考试成绩 (y) 与学生的微积分成绩 (x_1)、线性代数成绩 (x_2)、统计学成绩 (x_3)、大学计算机基础成绩 (x_4) 和西方经济学成绩 (x_5) 有相关关系。他随机抽样调查了 36 名学生, 收集到如表 5-1 所示的数据, 请将李教授的分析用线性模型表示出来。

表 5-1　抽样调查得到的 36 名学生的相关成绩

y	x_1	x_2	x_3	x_4	x_5	y	x_1	x_2	x_3	x_4	x_5
85	83	86	90	90	76	45	60	65	60	86	78
90	92	88	87	92	80	76	80	81	75	80	75
78	70	76	73	85	90	88	85	82	86	85	80
80	72	81	82	90	88	82	80	81	86	87	90
86	80	90	88	73	78	83	76	79	80	80	92
92	82	93	90	88	80	75	80	74	82	89	87
77	83	84	80	90	86	90	85	90	88	88	91
69	68	75	66	85	80	65	75	73	68	82	80
75	80	78	78	86	83	74	80	72	78	80	83
50	62	76	55	85	78	80	82	71	83	76	76
60	78	83	63	80	75	84	80	78	87	80	82
95	90	87	92	90	85	65	72	68	70	82	77
83	85	86	85	91	80	72	82	77	75	76	75
82	88	85	87	87	84	70	86	85	78	84	89
66	70	74	65	88	85	79	75	67	85	75	82
81	85	81	80	86	73	86	83	80	88	80	85
92	83	85	90	85	80	62	78	65	60	85	88
78	84	82	73	90	83	87	80	83	85	78	83

解: 考虑 y 与 x_1, x_2, x_3, x_4 和 x_5 之间的关系, 可以简单地表示为

$$y_i = f(x_{i1}, x_{i2}, \cdots, x_{i5}) + \varepsilon_i, \quad i = 1, 2, \cdots, n \tag{5.4}$$

如果函数 f 是线性函数, 即 $f(x_{i1}, x_{i2}, \cdots, x_{i5}) = \beta_0 + \beta_1 x_{i1} + \cdots + \beta_5 x_{i5}$, 则式 (5.4) 就是一个五元线性模型, 如果模型的随机误差项服从正态分布且相互独立, 即 $\varepsilon_i \sim N(0, \sigma^2)$, 则式 (5.4) 是一个普通正态线性回归模型。

[①] 这里对于随机误差向量方差的假定是经典假定, 即 $\mathrm{Var}(\varepsilon) = \sigma^2 \boldsymbol{I}$, 一般的假定为 $\mathrm{Var}(\varepsilon) = \boldsymbol{\Sigma} > \boldsymbol{0}$。

5.1.2 模型的参数估计和检验

在正态假定下, 如果 $\boldsymbol{X}$ 是列满秩的, 则普通线性回归模型式 (5.3) 的参数 $\boldsymbol{\beta}$ 的最小二乘估计为

$$\widehat{\boldsymbol{\beta}} = (\boldsymbol{X}^{\mathrm{T}}\boldsymbol{X})^{-1}\boldsymbol{X}^{\mathrm{T}}\boldsymbol{y} \tag{5.5}$$

于是 $\boldsymbol{y}$ 的估计值为

$$\widehat{\boldsymbol{y}} = \boldsymbol{X}\widehat{\boldsymbol{\beta}} \tag{5.6}$$

记残差向量为 $\boldsymbol{e} = \boldsymbol{y} - \widehat{\boldsymbol{y}} = \boldsymbol{y} - \boldsymbol{X}\widehat{\boldsymbol{\beta}}$, 则随机误差的方差 σ^2 的最小二乘估计为

$$\widehat{\sigma}^2 = \frac{\boldsymbol{e}^{\mathrm{T}}\boldsymbol{e}}{n-p-1} \tag{5.7}$$

得到回归模型参数的估计值后, 需要对回归方程和回归系数进行显著性检验。

1. 回归方程的显著性检验

原假设 $H_0: \beta_1 = \beta_2 = \cdots = \beta_p = 0$, 备择假设 $H_1: \beta_1, \beta_2, \cdots, \beta_p$ 不全为 0。当原假设成立时, 检验统计量为

$$F = \frac{\mathrm{SSR}/p}{\mathrm{SSE}/(n-p-1)} \sim F(p, n-p-1) \tag{5.8}$$

式中, $\mathrm{SSR} = \sum_{i=1}^{n}(\widehat{y}_i - \bar{y})^2$ 是回归平方和, $\mathrm{SSE} = \sum_{i=1}^{n}(y_i - \widehat{y}_i)^2$ 是残差平方和。对于给定的显著性水平 α, 检验的拒绝域为 $F > F_\alpha(p, n-p-1)$。

2. 回归系数的显著性检验

原假设 $H_0: \beta_j = 0$, 备择假设 $H_1: \beta_j \neq 0$ $(j = 0, 1, \cdots, p)$。当原假设成立时, 检验统计量为

$$t_j = \frac{\widehat{\beta}_j}{\widehat{\sigma}\sqrt{c_{jj}}} \sim t(n-p-1) \tag{5.9}$$

式中, c_{jj} 是 $\boldsymbol{C} = (\boldsymbol{X}^{\mathrm{T}}\boldsymbol{X})^{-1}$ 的对角线上第 $j+1$ $(j = 0, 1, \cdots, p)$ 个元素。对于给定的显著性水平 α, 检验的拒绝域为 $|t_j| > t_{\alpha/2}(n-p-1)$。

例 5.1 (续 1) 根据表 5-1 的数据, 建立 y 关于 x_1, x_2, x_3, x_4 和 x_5 的线性回归方程, 并对回归方程和回归系数进行显著性检验。

解: 利用 R 中的回归分析函数 lm 可以完成回归系数的估计, 以及回归方程和回归系数的显著性检验。

```
# 例 5.1 回归分析: 全变量回归
setwd("C:/data")        # 设定工作路径
```

```
d5.1<-read.csv("exam5.1.csv",header=T)        # 将 exam5.1.csv 数据读入 d5.1
lm.exam<-lm(y~x1+x2+x3+x4+x5,data=d5.1)       # 建立 y 关于 x1, x2, x3, x4 和 x5 的
                                                线性回归方程, 数据为 d5.1
summary(lm.exam)               # 给出回归系数的估计和回归方程与回归系数的显著性检验等
```

运行以上程序可以得到以下结果:

```
Call:
lm(formula=y~x1+x2+x3+x4+x5,data=d5.1)

Residuals:
      Min        1Q     Median        3Q       Max
  -10.0696   -1.7983    -0.1535    2.9361    6.8726

Coefficients:
              Estimate    Std. Error    t value    Pr(>|t|)
  (Intercept) -32.73534     15.35701     -2.132      0.0413   *
  x1            0.16271      0.15031      1.082      0.2877
  x2            0.22784      0.13835      1.647      0.1100
  x3            0.88116      0.11108      7.933    7.46e-09   ***
  x4           -0.05136      0.15476     -0.332      0.7423
  x5            0.16887      0.14376      1.175      0.2494
  ---
Signif. codes: 0 '***' 0.001 '**' 0.01 '*' 0.05 '.' 0.1 ' ' 1

Residual standard error: 4.021 on 30 degrees of freedom
Multiple R-squared: 0.8945, Adjusted R-squared: 0.877
F-statistic: 50.89 on 5 and 30 DF, p-value: 9.359e-14
```

从以上输出结果可以看出, 回归方程的 F 值为 50.89, 相应的 p 值为 9.359e-14, 说明回归方程是显著的, 但 t 检验对应的 p 值则显示: 常数项和变量 x_3 是显著的, 而变量 x_1, x_2, x_4 和 x_5 不显著。

对于不显著的变量该如何处理? 如何选择变量建立一个最优回归方程? 这就是下一节要讨论的变量选择问题。

5.2 变量选择

最优模型一般要满足两个条件: (1) 模型反映了变量间的真实关系; (2) 模型包含的变量尽量少。

条件 (1) 的验证很难, 因为谁都不知道真实的模型是什么, 我们建立的模型与真实模型相差多少。因此我们退一步, 认为好的模型应该对历史数据拟合得好, 即对历史数据

拟合得好的模型才可能是最优模型——这就是模型拟合问题。

条件 (2) 要求用尽量少而精的变量建立模型, 对于回归模型来说, 就是适当选择自变量建立最优回归方程。

最优回归方程的建立有很多不同的准则, 在不同的准则下, 最优回归方程可能不同。本书所讲的 "最优" 是指从可供选择的所有自变量中选出对因变量有显著影响的变量来建立回归方程, 对因变量没有显著影响的变量不进入方程。在这个意义下, 有很多方法来获得最优回归方程。R 提供了获得最优回归方程的方法, 逐步回归法的计算函数 step 以 Akaike 信息统计量 (AIC) 为准则来选择变量, AIC 值越小, 模型越好。

例 5.1 (续 2)　　根据表 5-1 的数据, 采用逐步回归法建立 y 关于 x_1, x_2, x_3, x_4 和 x_5 的线性回归方程, 并对回归方程和回归系数进行显著性检验。

解: 利用 R 中的 step 函数可以完成逐步回归过程, R 程序及输出结果如下:

```
> # 例5.1回归分析: 逐步回归
> # 假设exam5.1.csv中的数据已经读入d5.1
> lm.exam<-lm(y~x1+x2+x3+x4+x5,data=d5.1)      # 建立全变量回归方程
> lm.step<-step(lm.exam,direction="both")       # 进行逐步回归
Start: AIC=105.63
y~x1+x2+x3+x4+x5

          Df   Sum of Sq       RSS       AIC
 -x4       1        1.78    486.83    103.76
 -x1       1       18.95    503.99    105.01
 -x5       1       22.31    507.36    105.25
 <none>                     485.05    105.63
 -x2       1       43.85    528.90    106.74
 -x3       1     1017.44   1502.49    144.33
Step: AIC=103.76


y~x1+x2+x3+x5

          Df   Sum of Sq       RSS       AIC
 -x1       1       17.91    504.73    103.06
 -x5       1       20.57    507.40    103.25
 <none>                     486.83    103.76
 -x2       1       42.99    529.81    104.80
 +x4       1        1.78    485.05    105.63
 -x3       1     1112.96   1599.79    144.59
Step: AIC=103.06
```

```
y~x2+x3+x5

          Df    Sum of Sq       RSS       AIC
 -x5      1        17.40      522.14    102.28
 <none>                       504.73    103.06
 + x1     1        17.91      486.83    103.76
 + x4     1         0.74      503.99    105.01
 - x2     1        70.76      575.50    105.78
 - x3     1      1848.49     2353.23    156.48
Step: AIC=102.28

y~x2+x3

          Df    Sum of Sq       RSS       AIC
 <none>                       522.14    102.28
 +x5      1        17.40      504.73    103.06
 +x1      1        14.74      507.40    103.25
 +x4      1         0.25      521.89    104.26
 -x2      1        66.64      588.78    104.60
 -x3      1      1953.30     2475.43    156.30
```

输出结果解读:

(1) 利用全部自变量做回归时, AIC = 105.63; 如果去掉变量 x_4, AIC 值减小为 103.76; 如果去掉变量 x_1, AIC 值减小为 105.01; 如果去掉变量 x_5, AIC 值减小为 105.25; 如果去掉变量 x_2, AIC 值增大为 106.74; 如果去掉变量 x_3, AIC 值增大为 144.33。由于去掉 x_4, AIC 值达到最小, 所以 R 软件去掉 x_4, 然后进入第二轮计算。

(2) 此时 AIC = 103.76。如果去掉变量 x_1, AIC 值减小为 103.06; 如果去掉变量 x_5, AIC 值减小为 103.25; 如果去掉其他变量 (x_2 或 x_3) 或增加变量 (x_4), AIC 值都会增大, 因此 R 软件去掉 x_1, 然后进入第三轮计算。

(3) 此时 AIC = 103.06。如果去掉变量 x_5, AIC 值减小为 102.28; 如果去掉其他变量 (x_2 或 x_3) 或增加变量 (x_1 或 x_4), AIC 值都会增大, 因此 R 软件去掉 x_5, 然后进入第四轮计算。

(4) 此时 AIC = 102.28, 无论去掉哪个变量或者增加哪个变量, AIC 值都会增大, 所以计算停止, 得到最优回归模型, 即 y 关于 x_2 和 x_3 的线性回归模型。

现在用命令 "summary(lm.step)" 来得到回归模型的汇总信息, R 程序及输出结果如下:

```
> summary(lm.step)    # 给出回归系数的估计和回归方程与回归系数的显著性检验等


Call:
lm(formula=y~x2+x3,data=d5.1)


Residuals:
```

```
      Min       1Q    Median      3Q      Max
  -10.4395  -2.5508  -0.4459   2.7367   7.2345

Coefficients:
               Estimate  Std. Error  t value   Pr(>|t|)
  (Intercept) -18.84290     7.58902   -2.483     0.0183  *
  x2            0.24923     0.12144    2.052     0.0481  *
  x3            0.96804     0.08713   11.111   1.09e-12  ***
  ---
Signif. codes: 0 '***' 0.001 '**' 0.01 '*' 0.05 '.' 0.1 ' ' 1

Residual standard error: 3.978 on 33 degrees of freedom

Multiple R-squared: 0.8865, Adjusted R-squared: 0.8796
F-statistic: 128.8 on 2 and 33 DF, p-value: 2.566e-16
```

结论: 注意到常数项、x_2 和 x_3 都是显著的, 模型也是显著的, 所以我们得到如下最优回归方程:

$$\hat{y} = -18.843 + 0.249x_2 + 0.968x_3$$

5.3 回归诊断

前面介绍了多元线性模型的建立和变量的选择问题, 但没有考虑模型的诊断问题: 模型的基本假定 (比如随机误差的独立性和正态性假定) 是否成立? 模型中是否存在异常点?[1] 如何探测模型中的异常点? 模型中是否存在强影响点?[2] 如何探测模型中的强影响点? 回答这些问题非常重要, 因为模型参数推断的合理性依赖于它在多大程度上满足模型的基本假定, 而模型中的异常点和强影响点分析对建立最优模型有重要价值。

5.3.1 残差分析和异常点探测

残差向量 $e = y - \hat{y} = y - X\hat{\beta}$ 是模型中随机误差项 ε 的估计, 残差分析可以诊断模型的基本假定是否成立。

在 R 中, 分别利用 residuals、rstandard 和 rstudent 函数来计算普通残差、标准化残差和学生化残差。

如果回归模型能够很好地描述拟合的数据, 那么残差对预测值的散点图应该像一些随机散布的点, 如果某个点的残差很大, 则说明这个点偏离数据主体较远, 一般把标准化残差的绝对值大于等于 2 的观测值认为是可疑点, 而把标准化残差的绝对值大于等于 3 的观测值认为是异常点。

---

[1] 异常点一般指偏离数据主体较远的点。

[2] 强影响点是指对模型有较大影响的点, 比如对模型参数估计有较大影响的点。

例 **5.2**　计算例 5.1 得到的逐步回归模型 lm.step 的普通残差和标准化残差, 判断可能存在的异常点, 画出相应的残差散点图, 并直观判断模型的基本假定是否成立。

解: 分别采用 residuals、rstandard 和 rstudent 函数来计算普通残差、标准化残差和学生化残差, R 程序如下:

```
# 例 5.2
# 假设由例 5.1 已经得到了逐步回归模型 lm.step
y.res<-residuals(lm.step)      # 计算 lm.step 的普通残差
y.rst<-rstandard(lm.step)      # 计算 lm.step 的标准化残差
print(y.rst)                   # 输出 lm.step 的标准化残差 y.rst
y.fit<-predict(lm.step)        # 计算 lm.step 的预测值
plot(y.res~y.fit)    # 绘制以普通残差为纵坐标、预测值为横坐标的散点图(见图5-1(a))
plot(y.rst~y.fit)    # 绘制以标准化残差为纵坐标、预测值为横坐标的散点图(见图5-1(b))
```

运行后得到的逐步回归模型 lm.step 的标准化残差 y.rst 如下:

1	2	3	4	5	6
-1.22647949	0.70123348	1.85465439	-0.18487397	-0.73157547	0.14591132
7	8	9	10	11	12
-0.65165378	1.37662024	-0.28171298	-0.96473838	-0.79862247	0.81284419
13	14	15	16	17	18
-0.48393343	-1.17668588	0.91337716	0.56438902	0.65876689	1.49006874
19	20	21	22	23	24
-2.87121739	0.52710268	0.81076269	-0.66801351	1.20184149	-1.04020189
25	26	27	28	29	30
0.32282704	-0.04616114	-0.15912001	0.21602487	-0.21306706	-0.23026109
31	32	33	34	35	36
-0.24302334	-2.03567204	-0.33183300	-0.07354893	1.80438009	0.73702932

从标准化残差可以看出, 第 19 号点的标准化残差的绝对值 (2.871) 接近 3, 因此我们认为第 19 号观测值可能是异常点。

回归模型 lm.step 的残差散点图如图 5-1 所示。从图 5-1 可以看出, 残差的分布有随预测值增大而减小的趋势, 所以同方差性的基本假定可能不成立。

如果同方差性的基本假定不成立, 有时可以通过对因变量做适当的变换来解决方差非齐问题。常见的方差稳定变换有:

(1) 对数变换: $z = \ln y$。

(2) 开方变换: $z = \sqrt{y}$。

(3) 倒数变换: $z = 1/y$。

(4) Box-Cox 变换: $z = \begin{cases} \dfrac{y^{\lambda} - 1}{\lambda}, & \lambda \neq 0 \\ \ln y, & \lambda = 0 \end{cases}$。

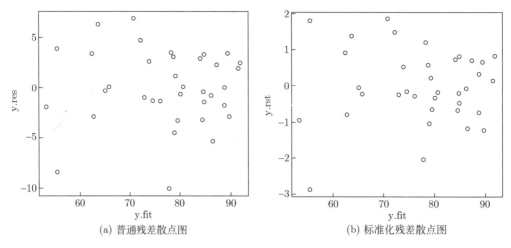

(a) 普通残差散点图   (b) 标准化残差散点图

图 5-1   例 5.2 中的普通残差散点图和标准化残差散点图

例 5.3   通过方差稳定变换来更新例 5.1 得到的逐步回归模型 lm.step, 并计算更新后的模型的标准化残差, 画出相应的标准化残差散点图, 直观判断模型的基本假定是否成立。

解: 尝试采用对数变换来解决方差非齐问题, R 程序如下:

```
# 例 5.3
# 假设由例 5.1 已经得到了逐步回归模型 lm.step
lm.step_new<-update(lm.step,log(.)~.)      # 将模型进行对数变换
y.rst<-rstandard(lm.step_new)              # 计算 lm.step_new 的标准化残差
y.fit<-predict(lm.step_new)                # 计算 lm.step_new 的预测值
plot(y.rst~y.fit)                          # 绘制以标准化残差为纵坐标, 预测值
                                             为横坐标的散点图(见图5-2)
```

比较标准化残差散点图 5-1(b) 和图 5-2 容易看出, 对模型进行对数变换后, 标准化残差散点图有所改善, 但第 19 号点仍是异常点。这里做一个简单处理, 去掉第 19 号观测值, 重复上述回归分析和残差分析过程, 可以得到新的标准化残差散点图, 见图 5-3。与图 5-2 相比, 残差的分布有了很大的改进, 它几乎全部落在 [−2, 2] 的带状区域内。

上述分析过程的 R 程序如下:

```
lm.exam<-lm(log(y)~x1+x2+x3+x4,data=d5.1[-c(19),])  # 去掉第 19 号观测值再建立
                                                       全变量回归方程
lm.step<-step(lm.exam,direction="both")     # 用一切子集回归法来进行逐步回归
y.rst<-rstandard(lm.step)       # 计算 lm.step 的标准化残差
y.fit<-predict(lm.step)         # 计算 lm.step 的预测值
plot(y.rst~y.fit)               # 绘制以标准化残差为纵坐标、预测值为横坐标的散点图
```

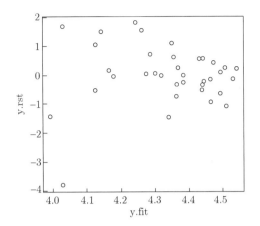

图 5-2　例 5.3 中的标准化残差散点图

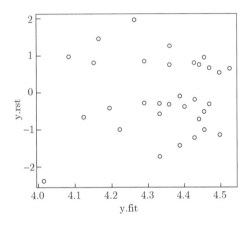

图 5-3　例 5.3 中的标准化残差散点图 (去掉第 19 号观测值)

5.3.2　回归诊断: 一般方法

上一节残差分析通过计算各个样本点对应的残差来判断模型的基本假定是否成立, 以及模型中哪些点可能是异常点, 但无法找出模型的强影响点, 即探测哪些点对模型的推断有重要影响。本节给出回归诊断的一般方法, 以诊断模型的基本假定是否成立, 哪些点是异常点, 哪些点是强影响点。

在 R 中, plot 和 influence.measures 函数可以分别用来绘制回归诊断图和计算诊断统计量, 下面介绍这两个函数输出的诊断结果。

例 5.4　对例 5.3 得到的逐步回归模型 lm.step_new 进行回归诊断分析。

解: 回归诊断的 R 程序如下:

```
# 例 5.4
# 假定由例 5.3 已经得到了逐步回归模型 lm.step_new
par(mfrow=c(2,2))                 # 在一个 2×2 网格中创建4个绘图区域
```

```
plot(lm.step_new)                    # 绘制回归诊断图
influence.measures(lm.step_new)      # 计算各个观测值的诊断统计量
```

运行上述程序可以得到回归诊断图 (见图 5-4) 和如下 36 个观测值对应的诊断统计量的值。

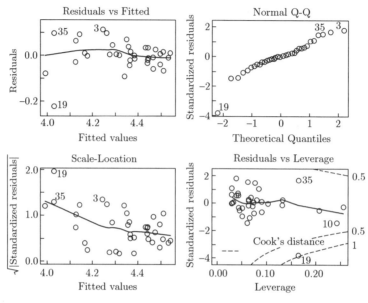

图 5-4　例 5.4 的回归诊断图

```
Influence measures of
        lm(formula=log(y)~x2+x3,data=d2.1):
       dfb.1_      dfb.x2      dfb.x3      dffit     cov.r    cook.d    hat inf
1     0.172353   -0.052013   -1.36e-01   -0.29171   1.052   2.82e-02   0.0662
2    -0.078941    0.062234    6.53e-03    0.11045   1.160   4.17e-03   0.0691
3     0.196029   -0.049262   -1.17e-01    0.37308   0.836   4.31e-02   0.0383
......
11    0.014319   -0.193460    2.46e-01   -0.27029   1.346   2.49e-02   0.2065*
12   -0.037878    0.010399    3.07e-02    0.06036   1.188   1.25e-03   0.0806
......
19   -2.023566    1.001611    7.40e-01   -2.21899   0.232   9.50e-01   0.1645*
20   -0.006664    0.071366   -8.14e-02    0.14712   1.093   7.33e-03   0.0419
......
33   -0.080807    0.140284   -1.13e-01   -0.15234   1.464   7.96e-03   0.2556*
34    0.003073    0.018428   -3.20e-02   -0.04254   1.169   6.22e-04   0.0643
35    0.694033   -0.343528   -2.54e-01    0.76106   1.008   1.82e-01   0.1645
36   -0.041692    0.012644    3.72e-02    0.10921   1.111   4.06e-03   0.0394
```

图 5-4 给出了逐步回归模型 lm.step_new 的四个回归诊断图: (1) 残差–拟合图 (Residuals vs Fitted); (2) 正态 Q-Q 图 (Normal Q-Q); (3) 大小–位置图 (Scale-Location); (4) 残差–杠杆图 (Residuals vs Leverage)。从这四个图可以看出: 除了第 19 号观测值, 残差–拟合图中的点基本上呈随机分布模式; 正态 Q-Q 图中的点基本落在直线上, 表明残差服从正态分布; 大小–位置图和残差–杠杆图中第 19 号点偏离中心位置最远, 说明第 19 号观测值可能是异常点或强影响点。

"influence.measures(lm.step_new)" 给出了诊断统计量 DFBETAS、DFFITS (dffit)、协方差比 (cov.r)、库克距离 (cook.d) 和帽子阵 (hat inf) 的值。注意到第 11、19 和 33 号观测值的右端标示了一个星号 (∗), 说明第 11、19 和 33 号观测值被诊断为强影响点。

需要注意的是, 采用这种方法可以识别有影响的观测值, 即所谓的强影响点, 但对于强影响点不能只是简单地删除它们, 如何处理需要进一步讨论。

5.4 回归预测

回归预测分为点预测和区间预测两种, 可以利用 predict 函数实现。

例 5.5 给定解释变量 x_2=80, x_3=90, 利用例 5.1 得到的逐步回归模型对 y 进行点预测和区间预测 (置信度为 95%)。

解: 点预测和区间预测的 R 程序如下:

```
# 例 5.5
# 假定由例 5.1 已经得到了逐步回归模型 lm.step
preds<-data.frame(x2=80,x3=90)  # 给定解释变量 x2 和 x3 的值
predict(lm.step,newdata=preds,interval="prediction",level=0.95)
                          # 进行点预测和区间预测
```

运行上述程序可得 y 的点预测和区间预测的输出结果如下:

	fit	lwr	upr
1	88.21907	79.79748	96.64067

程序中参数 interval="prediction" 表示要给出区间预测, 参数 level=0.95 表示置信度是 95%。计算结果 y 的点预测为 88.22, 区间预测为 [79.80, 96.64]。

习 题

5.1 (数据文件为 exe5.1) 表 5-2 给出了 27 名糖尿病患者的血清总胆固醇 (x_1)、甘油 (x_2)、空腹胰岛素 (x_3)、糖化血红蛋白 (x_4)、空腹血糖 (y) 的测量值, 建立空腹血糖与其他指标的多元线性回归方程并进行分析。

表 5-2 27 名糖尿病患者的数据

患者编号 (No.)	x_1	x_2	x_3	x_4	y
1	5.68	1.90	4.53	8.2	11.2
2	3.79	1.64	7.32	6.9	8.8
3	6.02	3.56	6.95	10.8	12.3
4	4.85	1.07	5.88	8.3	11.6
5	4.60	2.32	4.05	7.5	13.4
6	6.05	0.64	1.42	13.6	18.3
7	4.90	8.50	12.60	8.5	11.1
8	7.08	3.00	6.75	11.5	12.1
9	3.85	2.11	16.28	7.9	9.6
10	4.65	0.63	6.59	7.1	8.4
11	4.59	1.97	3.61	8.7	9.3
12	4.29	1.97	6.61	7.8	10.6
13	7.97	1.93	7.57	9.9	8.4
14	6.19	1.18	1.42	6.9	9.6
15	6.13	2.06	10.35	10.5	10.9
16	5.71	1.78	8.53	8.0	10.1
17	6.40	2.40	4.53	10.3	14.8
18	6.06	3.67	12.79	7.1	9.1
19	5.09	1.03	2.53	8.9	10.8
20	6.13	1.71	5.28	9.9	10.2
21	5.78	3.36	2.96	8.0	13.6
22	5.43	1.13	4.31	11.3	14.9
23	6.50	6.21	3.47	12.3	16.0
24	7.98	7.92	3.37	9.8	13.2
25	11.54	10.89	1.20	10.5	20.0
26	5.84	0.92	8.61	6.4	13.3
27	3.84	1.20	6.45	9.6	10.4

资料来源: 汤银才. R 语言与统计分析. 北京: 高等教育出版社, 2008.

5.2 (数据文件为 exe5.2) 表 5-3 给出了 1988—2017 年我国财政收入 y (亿元)、国内生产总值 x_1 (亿元)、税收收入 x_2 (亿元)、进出口总额 x_3 (亿元)、经济活动人口 x_4 (万人) 数据。建立财政收入与其他指标的多元线性回归方程并进行分析。

表 5-3 财政收入多因素分析数据

年份	y	x_1	x_2	x_3	x_4
1988	2 357.24	15 180.4	2 390.47	3 821.79	54 630
1989	2 664.90	17 179.7	2 727.40	4 155.92	55 707
1990	2 937.10	18 872.9	2 821.86	5 560.12	65 323
1991	3 149.48	22 005.6	2 990.17	7 225.75	66 091

续表

年份	y	x_1	x_2	x_3	x_4
1992	3 483.37	27 194.5	3 296.91	9 119.62	66 782
1993	4 348.95	35 673.2	4 255.30	11 271.02	67 468
1994	5 218.10	48 637.5	5 126.88	20 381.90	68 135
1995	6 242.20	61 339.9	6 038.04	23 499.94	68 855
1996	7 407.99	71 813.6	6 909.82	24 133.86	69 765
1997	8 651.14	79 715.0	8 234.04	26 967.24	70 800
1998	9 875.95	85 195.5	9 262.80	26 849.68	72 087
1999	11 444.08	90 564.4	10 682.58	29 896.23	72 791
2000	13 395.23	100 280.1	12 581.51	39 273.25	73 992
2001	16 386.04	110 863.1	15 301.38	42 183.62	73 884
2002	18 903.64	121 717.4	17 636.45	51 378.15	74 492
2003	21 715.25	137 422.0	20 017.31	70 483.45	74 911
2004	26 396.47	161 840.2	24 165.68	95 539.09	75 290
2005	31 649.29	187 318.9	28 778.54	116 921.77	76 120
2006	38 760.20	219 438.5	34 804.35	140 974.74	76 315
2007	51 321.78	270 092.3	45 621.97	166 924.07	76 531
2008	61 330.35	319 244.6	54 223.79	179 921.47	77 046
2009	68 518.30	348 517.7	59 521.59	150 648.06	77 510
2010	83 101.51	412 119.3	73 210.79	201 722.34	78 388
2011	103 874.43	487 940.2	89 738.39	236 401.95	78 579
2012	117 253.52	538 580.0	100 614.28	244 160.21	78 894
2013	129 209.64	592 963.2	110 530.70	258 168.89	79 300
2014	140 370.03	641 280.6	119 175.31	264 241.77	79 690
2015	152 269.23	685 992.9	124 922.20	245 502.93	80 091
2016	159 604.97	740 060.8	130 360.73	243 386.46	80 694
2017	172 592.77	820 754.3	144 369.87	278 099.24	80 686

资料来源: 国家统计局年度数据, http://data.stats.gov.cn/easyquery.htm?cn=C01.

5.3　(数据文件为 exe5.3) 为研究我国民航客运量的变化趋势及其成因, 以民航客运量为因变量 y (万人), 旅客运输量 x_1 (万人)、入境游客 x_2 (万人)、外国人入境游客 x_3 (万人)、国内居民出境人数 x_4 (万人) 和国内游客 x_5 (万人) 为主要自变量 (数据见表 5-4), 建立多元线性回归模型并进行分析。

表 5-4　民航客运量多因素分析数据

年份	y	x_1	x_2	x_3	x_4	x_5
1999	6 094.00	1 394 413.00	7 279.56	843.23	923.24	71 900
2000	6 722.00	1 478 573.00	8 344.39	1 016.04	1 047.26	74 400
2001	7 524.00	1 534 122.00	8 901.30	1 122.64	1 213.44	78 400
2002	8 594.00	1 608 150.00	9 790.80	1 343.95	1 660.23	87 800

续表

年份	y	x_1	x_2	x_3	x_4	x_5
2003	8 759.00	1 587 497.00	9 166.21	1 140.29	2 022.19	87 000
2004	12 123.00	1 767 453.00	10 903.82	1 693.25	2 885.00	110 200
2005	13 827.00	1 847 018.00	12 029.23	2 025.51	3 102.63	121 200
2006	15 968.00	2 024 158.00	12 494.21	2 221.03	3 452.36	139 400
2007	18 576.21	2 227 761.00	13 187.33	2 610.97	4 095.40	161 000
2008	19 251.16	2 867 892.14	13 002.74	2 432.53	4 584.44	171 200
2009	23 051.64	2 976 897.83	12 647.59	2 193.75	4 765.62	190 200
2010	26 769.14	3 269 508.17	13 376.22	2 612.69	5 738.65	210 300
2011	29 316.66	3 526 318.73	13 542.35	2 711.20	7 025.00	264 100
2012	31 936.05	3 804 034.90	13 240.53	2 719.16	8 318.17	295 700
2013	35 396.63	2 122 991.55	12 907.78	2 629.03	9 818.52	326 200
2014	39 194.88	2 032 218.00	12 849.83	2 636.08	11 659.32	361 100
2015	43 618.00	1 943 271.00	13 382.04	2 598.54	12 786.00	400 000
2016	48 796.05	1 900 194.34	13 844.38	2 815.12	13 513.00	444 000
2017	55 156.11	1 848 620.12	13 948.00	2 917.00	14 272.74	500 000
2018	61 173.77	1 793 820.32	14 119.83	3 054.29	16 199.00	553 900

资料来源: 国家统计局年度数据, http://data.stats.gov.cn/easyquery.htm?cn=C01.

5.4　(数据文件为 exe5.4) 为了研究美国公司的高管薪酬问题, 收集了美国 50 家公共贸易大公司的首席执行官 (CEO) 的年薪数据和其他可能与年薪有关的变量数据, 如表 5-5 所示。根据表 5-5 的数据, 用适当的方法建立多元线性回归模型, 分析 CEO 年薪与相关因素 (在目前职位的年数、前一年股票价格的变化、前一年公司销售额的变化和是否有 MBA 学位) 的关系。

表 5-5　美国 50 家公司 CEO 的年薪数据和其他相关信息

公司编号	年薪 y (千美元)	在目前职位的年数 x_1	前一年股票价格的变化 x_2 (%)	前一年公司销售额的变化 x_3 (%)	是否有 MBA 学位 x_4
1	1 530	7	48	89	1
2	1 117	6	35	19	1
3	602	3	9	24	0
4	1 170	6	37	8	1
5	1 086	6	34	28	0
6	2 536	9	81	−16	1
7	300	2	−17	−17	0
8	670	2	−15	−67	1
9	250	0	−52	49	0
10	2 413	10	109	−27	1
11	2 707	7	44	26	1
12	341	1	28	−7	0

续表

公司编号	年薪 y (千美元)	在目前职位的年数 x_1	前一年股票价格的变化 x_2 (%)	前一年公司销售额的变化 x_3 (%)	是否有MBA 学位 x_4
13	734	4	10	−7	0
14	2 368	8	16	−4	0
15	743	4	11	50	1
16	898	7	−21	−20	1
17	498	4	16	−24	0
18	250	2	−10	64	0
19	1 388	4	8	−58	1
20	898	5	28	−73	1
21	408	4	13	31	1
22	1 091	6	34	66	0
23	1 550	7	49	−4	1
24	832	5	26	55	0
25	1 462	7	46	10	1
26	1 456	7	46	−5	1
27	1 984	8	63	28	1
28	1 493	10	12	−36	0
29	2 021	7	48	72	1
30	2 871	8	7	5	1
31	245	0	−58	−16	1
32	3 217	11	102	51	1
33	1 315	7	42	−7	0
34	1 730	9	55	122	1
35	260	0	−54	−41	1
36	250	2	−17	−35	0
37	718	5	23	19	1
38	1 593	8	66	76	1
39	1 905	8	67	−48	1
40	2 283	5	21	64	1
41	2 253	7	46	104	1
42	254	0	−41	99	0
43	1 883	8	60	−12	1
44	1 501	5	10	20	1
45	386	0	−17	−18	0
46	2 181	11	37	27	1
47	1 766	6	40	41	1
48	1 897	8	−24	−41	1
49	1 157	5	21	87	1
50	246	3	1	−34	0

注: 表格最后一列是 CEO 是否有 MBA 学位的信息, "1" 表示有, "0" 表示没有.

资料来源: 迪米特里斯·伯特西马斯, 罗伯特·M. 弗罗因德. 数据、模型与决策: 管理科学基础. 北京: 中信出版社, 2004.

5.5 (数据文件为 exe5.5) 表 5-6 给出了我国 1999—2018 年财政收入 y (亿元)、第一产业增加值 x_1 (亿元)、工业增加值 x_2 (亿元)、建筑业增加值 x_3 (亿元)、年末总人口 x_4 (万人)、社会消费品零售总额 x_5 (亿元)、受灾面积 x_6 (万公顷) 数据。根据这些数据建立财政收入 y 关于其他变量的多元线性回归模型。

表 5-6 我国财政收入及相关数据

年份	y	x_1	x_2	x_3	x_4	x_5	x_6
1999	11 444.1	14 549.0	36 015.4	5 180.9	125 786	35 647.9	4 998.1
2000	13 395.2	14 717.4	40 259.7	5 534.0	126 743	39 105.7	5 468.8
2001	16 386.0	15 502.5	43 855.6	5 945.5	127 627	43 055.4	5 221.5
2002	18 903.6	16 190.2	47 776.3	6 482.1	128 453	48 135.9	4 694.6
2003	21 715.3	16 970.2	55 363.8	7 510.8	129 227	52 516.3	5 450.6
2004	26 396.5	20 904.3	65 776.8	8 720.5	129 988	59 501.0	3 710.6
2005	31 649.3	21 806.7	77 960.5	10 400.5	130 756	68 352.6	3 881.8
2006	38 760.2	23 317.0	92 238.4	12 450.1	131 448	79 145.2	4 109.1
2007	51 321.8	27 674.1	111 693.9	15 348.0	132 129	93 571.6	4 899.2
2008	61 330.4	32 464.1	131 727.6	18 807.6	132 802	114 830.1	3 999.0
2009	68 518.3	33 583.8	138 095.5	22 681.5	133 450	133 048.2	4 721.4
2010	83 101.5	38 430.8	165 126.4	27 259.3	134 091	158 008.0	3 742.6
2011	103 874.4	44 781.4	195 142.8	32 926.5	134 735	187 205.8	3 247.1
2012	117 253.5	49 084.5	208 905.6	36 896.1	135 404	214 432.7	2 496.2
2013	129 209.6	53 028.1	222 337.6	40 896.8	136 072	242 842.8	3 135.0
2014	140 370.0	55 626.3	233 856.4	44 880.5	136 782	271 896.1	2 489.1
2015	152 269.2	57 774.6	236 506.3	46 626.7	137 462	300 930.8	2 177.0
2016	159 605.0	60 139.2	247 877.7	49 702.9	138 271	332 316.3	2 622.1
2017	172 592.8	62 099.5	278 328.2	55 313.8	139 008	366 261.6	1 847.8
2018	183 351.8	64 734.0	305 160.2	61 808.0	139 538	380 986.9	2 081.4

资料来源: 国家统计局年度数据, http://data.stats.gov.cn/easyquery.htm?cn=C01.

5.6 (数据文件为 exe5.6) 表 5-7 给出了我国 1991—2018 年货物运输量 y (万吨)、第一产业增加值 x_1 (亿元)、第二产业增加值 x_2 (亿元)、第三产业增加值 x_3 (亿元)、国内生产总值指数 x_4 (1978 年为 100)、工业增加值 x_5 (亿元) 数据。试建立货物运输量与其他指标的多元线性回归方程并进行分析。

表 5-7 我国货物运输量及相关数据

年份	y	x_1	x_2	x_3	x_4	x_5
1991	985 793	5 288.8	9 129.8	7 587.0	308.1	8 138.2
1992	1 045 899	5 800.3	11 725.3	9 668.9	351.9	10 340.5
1993	1 115 902	6 887.6	16 473.1	12 312.6	400.7	14 248.8
1994	1 180 396	9 471.8	22 453.1	16 712.5	453.0	19 546.9
1995	1 234 938	12 020.5	28 677.5	20 641.9	502.6	25 023.9

续表

年份	y	x_1	x_2	x_3	x_4	x_5
1996	1 298 421	13 878.3	33 828.1	24 107.2	552.5	29 529.8
1997	1 278 218	14 265.2	37 546.0	27 903.8	603.5	33 023.5
1998	1 267 427	14 618.7	39 018.5	31 558.3	650.8	34 134.9
1999	1 293 008	14 549.0	41 080.9	34 934.5	700.7	36 015.4
2000	1 358 682	14 717.4	45 664.8	39 897.9	760.2	40 259.7
2001	1 401 786	15 502.5	49 660.7	45 700.0	823.6	43 855.6
2002	1 483 447	16 190.2	54 105.5	51 421.7	898.8	47 776.3
2003	1 564 492	16 970.2	62 697.4	57 754.4	989.0	55 363.8
2004	1 706 412	20 904.3	74 286.9	66 648.9	1 089.0	65 776.8
2005	1 862 066	21 806.7	88 084.4	77 427.8	1 213.1	77 960.5
2006	2 037 060	23 317.0	104 361.8	91 759.7	1 367.4	92 238.4
2007	2 275 822	27 674.1	126 633.6	115 784.6	1 562.0	111 693.9
2008	2 585 937	32 464.1	149 956.6	136 823.9	1 712.8	131 727.6
2009	2 825 222	33 583.8	160 171.7	154 762.2	1 873.8	138 095.5
2010	3 241 807	38 430.8	191 629.8	182 058.6	2 073.1	165 126.4
2011	3 696 961	44 781.4	227 038.8	216 120.0	2 271.1	195 142.8
2012	4 100 436	49 084.5	244 643.3	244 852.2	2 449.6	208 905.6
2013	4 098 900	53 028.1	261 956.1	277 979.1	2 639.9	222 337.6
2014	4 167 296	55 626.3	277 571.8	308 082.5	2 832.6	233 856.4
2015	4 175 886	57 774.6	282 040.3	346 178.0	3 028.2	236 506.3
2016	4 386 763	60 139.2	296 547.7	383 373.9	3 232.2	247 877.7
2017	4 804 850	62 099.5	332 742.7	425 912.1	3 450.6	278 328.2
2018	5 152 674	64 734.0	366 000.9	469 574.6	3 677.2	305 160.2

资料来源: 国家统计局年度数据, http://data.stats.gov.cn/easyquery.htm?cn=C01.

5.7　(数据文件为 exe5.7) 某公司经理想研究公司员工的年薪问题。根据初步分析，他认为员工的当前年薪 y (元) 与员工的开始年薪 x_1 (元)、在公司工作的时间 x_2 (月)、先前的工作经验 x_3 (月) 和受教育年限 x_4 (年) 有关，可能与性别 x_5 (男或女) 也有关。他随机抽样调查了 36 名员工，收集到如表 5-8 所示的数据。请将公司经理的分析用线性模型表示出来。

表 5-8　抽样调查得到的 36 名员工的年薪及相关数据

y	x_1	x_2	x_3	x_4	x_5	y	x_1	x_2	x_3	x_4	x_5
79 220	14 010	98	115	15	0	71 120	11 460	83	75	8	0
79 670	13 260	98	26	8	1	91 520	22 260	81	3	16	1
186 320	81 240	96	199	19	1	76 220	12 510	81	0	12	0
161 945	46 260	96	120	19	1	74 420	12 510	81	13	12	0
74 570	15 510	95	46	12	1	85 220	17 760	79	94	12	1

续表

y	x_1	x_2	x_3	x_4	x_5	y	x_1	x_2	x_3	x_4	x_5
86 120	15 810	93	8	16	0	98 570	22 500	74	45	16	1
91 520	20 760	92	168	17	1	77 420	12 810	74	2	12	0
82 820	20 010	90	205	12	0	110 720	35 010	74	272	12	1
75 620	16 260	90	191	15	1	69 020	11 460	72	184	8	0
82 220	16 260	88	252	12	1	87 920	19 260	71	12	16	0
78 020	14 760	88	38	12	1	75 770	13 710	69	12	12	0
76 370	14 010	87	123	16	0	76 520	20 010	68	344	8	0
78 020	14 760	86	367	12	1	81 620	17 010	68	155	8	1
120 570	43 740	85	134	20	1	86 570	14 760	67	6	15	1
83 270	16 260	85	438	8	1	72 170	14 760	67	181	12	0
77 570	16 860	85	171	8	1	137 570	46 260	66	50	18	1
68 420	11 460	85	72	12	0	121 320	23 010	65	19	16	1
75 320	14 010	85	59	15	0	77 570	17 010	64	69	12	1

注: 表格最后一列是性别信息, "1" 表示男性, "0" 表示女性。

参考文献

[1] 汤银才. R 语言与统计分析. 北京: 高等教育出版社, 2008.

[2] 王斌会. 多元统计分析及 R 语言建模. 2 版. 广州: 暨南大学出版社, 2011.

[3] 贾俊平, 何晓群, 金勇进. 统计学. 北京: 中国人民大学出版社, 2000.

[4] 迪米特里斯·伯特西马斯, 罗伯特·M. 弗罗因德. 数据、模型与决策: 管理科学基础. 北京: 中信出版社, 2004.

C 第 6 章
Chapter 6 · 广义线性模型

第 5 章讨论的多元线性模型是普通的线性模型, 可以用来处理因变量是连续型变量的情况, 如果因变量是类型变量或计数变量, 则要采用**广义线性模型** (generalized linear model) 来进行分析。广义线性模型是普通线性模型的推广: 首先, 因变量的分布由正态分布推广到指数分布族; 其次, 模型关于因变量的均值建模推广到关于因变量的均值的函数建模。本章介绍广义线性模型的定义和六种常见的广义线性模型: Logistic 模型、Probit 模型、多项 Logit 模型、泊松对数线性模型、零膨胀计数模型和多项分布对数线性模型。

6.1 广义线性模型的定义

第 5 章研究了多元线性模型, 该模型的一个重要假定是因变量是连续型变量 (通常假定服从正态分布), 但在许多情况下, 这种假定并不合理, 例如下面这几种情况。

(1) 结果变量可能是类型变量。二值分类变量 (比如: 是/否, 成功/失败, 活着/死亡等) 和多分类变量 (比如: 差/一般/良好/优秀, 非常不幸福/不幸福/一般/幸福/非常幸福, 非常不满意/不满意/一般/满意/非常满意等) 显然都不是连续型变量。

(2) 结果变量可能是计数变量 (比如: 一周交通事故的数目, 每天光临的顾客人数等)。这类变量都是非负的有限值, 而且它们的均值和方差通常是相关的 (普通线性模型假定因变量是正态变量, 而且相互独立)。

回顾第 5 章, 普通线性回归模型式 (5.3) 假定因变量 $\boldsymbol{y}$ 服从正态分布, 其均值 $\boldsymbol{\mu}$ 满足关系式 $\boldsymbol{\mu} = \boldsymbol{X}\boldsymbol{\beta}$, 这个等式表明因变量的条件均值是自变量的线性组合 (准确地说, 所谓线性是关于回归系数而言的)。

本章讨论广义线性模型, 它是普通线性模型的推广, 其定义由以下两部分组成。

(1) 随机成分: 设 $y_1, y_2, \cdots, y_n$ 是来自指数分布族的随机样本, 即 y_i 的密度函数为

$$f(y_i, \alpha_i, \phi) = \exp\left\{\frac{\alpha_i y_i - b(\alpha)}{a_i(\phi)} + c_i(y_i, \phi)\right\} \tag{6.1}$$

式中, $a_i(\cdot)$, $b(\cdot)$ 和 $c_i(\cdot)$ 是已知函数, 参数 α_i 是典则参数, ϕ 是散度参数。

(2) 连接函数: 设 y_i 的均值为 μ_i, 而函数 $g(\cdot)$ 是单调可微的连接函数, 使得

$$g(\mu_i) = \boldsymbol{x}_i^{\mathrm{T}}\boldsymbol{\beta}, \quad i = 1, 2, \cdots, n \tag{6.2}$$

式中, $\boldsymbol{x}_i^{\mathrm{T}} = (1, x_{i1}, \cdots, x_{ip})$ 是协变量, $\boldsymbol{\beta} = (\beta_0, \beta_1, \cdots, \beta_p)^{\mathrm{T}}$ 是未知参数向量。

如果连接函数取为 $\theta = g(\mu_i) = \mu_i = \boldsymbol{x}_i^{\mathrm{T}}\boldsymbol{\beta}$, 则称为典则连接函数。

广义线性模型是一类常见的模型, 第 5 章讨论的正态线性回归模型是广义线性模型的特例, 因为正态分布也属于指数分布族, 其密度函数为

$$f(y_i, \mu, \sigma^2) = \frac{1}{\sqrt{2\pi\sigma^2}} \exp\left\{-\frac{1}{2\sigma^2}(y_i - \mu)^2\right\}$$
$$= \exp\left\{\frac{\mu y_i - \mu^2/2}{\sigma^2} - \frac{1}{2}\left[\frac{y_i^2}{\sigma^2} + \ln(2\pi\sigma^2)\right]\right\} \tag{6.3}$$

与式 (6.1) 对照可知, $\alpha_i = \mu$, $\phi = \sigma^2$, $a(\phi) = \sigma^2$, $b(\alpha) = \dfrac{\mu^2}{2}$, $c_i(y_i, \phi) = -\dfrac{1}{2}\left[\dfrac{y_i^2}{\sigma^2} + \ln(2\pi\sigma^2)\right]$。只要取连接函数为 $g(\mu_i) = \mu_i = \boldsymbol{x}_i^{\mathrm{T}}\boldsymbol{\beta}$ $(i = 1, 2, \cdots, n)$, 正态线性回归模型就满足广义线性模型的定义了。

类似地, 容易验证, 二项分布和泊松分布都属于指数分布族。

下面介绍实际中广泛应用的六种广义线性模型: Logistic 模型、Probit 模型、多项 Logit 模型、泊松对数线性模型、零膨胀计数模型和多项分布对数线性模型。

6.2 Logistic 模型

设 y 服从参数为 p 的伯努利分布, 即参数为 $(1, p)$ 的二项分布, 则 $\mu = E(y) = p$, 采用逻辑连接函数, 即 $g(\mu) = \text{logit}(p) = \ln\dfrac{p}{1-p} = \boldsymbol{X}\boldsymbol{\beta}$, 这个广义线性模型称为 Logistic 模型。

例 6.1 (数据文件为 exam6.1) 表 6-1 给出了某城市 48 个家庭的调查数据, 其中 y 是分类变量 (是否购买住房, 1 表示有, 0 表示没有), x_1 是家庭年收入, x_2 是家中是否有孩子 (1 表示有, 0 表示没有)。根据该数据建立 Logistic 模型并估计家庭年收入为 20 万元、家里有孩子的家庭购买住房的可能性。

解: 利用 R 中的广义线性模型函数 glm 可以完成回归系数的估计, 以及模型回归系数的显著性检验。R 程序如下:

```
# 例 6.1 广义线性模型: Logistic 模型
setwd("C:/data")      # 设定工作路径
d6.1<-read.csv("exam6.1.csv",header=T)  # 将 exam6.1.csv 数据读入 d6.1
glm.logit<-glm(y~x1+x2,family=binomial(link=logit),data=d6.1)
                      # 建立 y 关于 x1,x2 的 Logistic 模型①, 数据为 d6.1
summary(glm.logit)    # 模型汇总
```

① 注意, 逻辑连接函数是二项分布的典则连接函数, 是默认的连接函数, 因此代码中的 "(link=logit)" 可以省略。

表 6-1　某城市 48 个家庭的调查数据

x_1	x_2	y	x_1	x_2	y	x_1	x_2	y
20	1	1	25	0	1	12	1	0
30	1	1	12	0	0	35	0	1
10	0	0	30	1	1	9	1	0
22	0	1	15	0	1	38	1	1
8	0	0	47	1	1	10	1	0
30	1	1	22	0	1	22	0	1
16	0	0	9	0	0	24	0	1
26	0	1	26	0	1	9	0	0
42	1	1	28	1	1	15	1	0
36	0	1	31	0	1	28	1	1
7	0	0	8	0	0	30	0	1
54	1	1	19	1	0	6	0	0
60	0	1	66	1	1	23	0	0
21	1	1	25	0	1	26	1	1
18	0	1	16	1	1	10	0	0
50	1	1	33	1	1	36	1	1

运行以上程序可得如下结果:

```
Call:
glm(formula=y~x1+x2,family=binomial(link=logit),data=d6.1)
Deviance Residuals:
      Min        1Q     Median        3Q        Max
 -2.30297   -0.19832   0.02283    0.20251    1.59258
Coefficients:
             Estimate   Std. Error   z value   Pr(>|z|)
 (Intercept)  -7.53115    2.56352     -2.938    0.00331**
 x1            0.43956    0.13864      3.170    0.00152**
 x2           -0.08103    1.24747     -0.065    0.94821
 ---
Signif. codes: 0 '***' 0.001 '**' 0.01 '*' 0.05 '.' 0.1 ' ' 1
(Dispersion parameter for binomial family taken to be 1)
        Null deviance: 61.105 on 47 degrees of freedom
Residual deviance: 17.643 on 45 degrees of freedom
AIC: 23.643
Number of Fisher Scoring iterations: 8
```

注意到 x_2 对应的 p 值 (0.948) 比较大, 即 x_2 不显著, 所以考虑采用逐步回归。R 程序如下:

```
glm.step<-step(glm.logit)    # 逐步回归
summary(glm.step)            # 给出模型回归系数的估计和显著性检验等
```

运行以上程序可得如下结果:

```
Start: AIC=23.64
y ~ x1 + x2

         Df  Deviance     AIC
 -x2      1    17.647   21.647
 <none>        17.643   23.643
 -x1      1    59.008   63.008

Step: AIC=21.65
y ~ x1

         Df  Deviance     AIC
 <none>        17.647   21.647
 -x1      1    61.105   63.105
> summary(glm.step)    # 给出模型回归系数的估计和显著性检验等

Call:
glm(formula=y~x1,family=binomial(link=logit),data=d6.1)

Deviance Residuals:
      Min       1Q    Median       3Q       Max
 -2.28859  -0.19703   0.02276   0.20400   1.60887
Coefficients:
             Estimate  Std. Error   z value   Pr(>|z|)
 (Intercept)  -7.5682      2.5101    -3.015    0.00257**
 x1            0.4396      0.1387     3.169    0.00153**
 ---
Signif. codes: 0 '***' 0.001 '**' 0.01 '*' 0.05 '.' 0.1 ' ' 1

(Dispersion parameter for binomial family taken to be 1)

    Null deviance: 61.105   on 47   degrees of freedom
 Residual deviance: 17.647   on 46   degrees of freedom
AIC: 21.647

Number of Fisher Scoring iterations: 8
```

注意: 回归系数对应的 p 值越小越显著, $*$ 表示在 5% 水平上显著, $**$ 表示在 1% 水平上显著, $***$ 表示在 0.1% 水平上显著。

容易看出, 回归系数在 1% 水平上显著, 于是得回归模型为 $\ln \dfrac{\widehat{p}}{1-\widehat{p}} = -7.57 + 0.44x_1$。

如果要预测家庭年收入为 20 万元 ($x_1 = 20$)、家里有孩子 ($x_2 = 1$) 的家庭购买住房的可能性, 可以采用以下命令:

```
yp<-predict(glm.step,data.frame(x1=20))
p.fit<-exp(yp)/(1+exp(yp)); p.fit    # 估计 x1=20 时 y=1 的概率①
```

运行以上程序可得如下结果:

```
        1
0.7728122
```

容易看出, 当 $x_1 = 20$, $x_2 = 1$ 时, 估计 $y = 1$ 的概率约为 0.77, 即家庭年收入为 20 万元、家里有孩子的家庭购买住房的可能性约为 77%。

6.3　Probit 模型

设 y 服从参数为 $(1, p)$ 的二项分布, 则 $\mu = E(y) = p$, 采用 Probit 连接函数, 即 $g(\mu) = \mathrm{probit}(p) = \Phi^{-1}(p) = \boldsymbol{X\beta}$, 或者 $p = \Phi(\boldsymbol{X\beta})$, 其中 Φ 是标准正态分布函数, 这个广义线性模型称为 Probit 模型。

例 6.1 (续) (数据文件为 exam6.1)　利用表 6-1 给出的数据, 建立 Probit 模型, 并估计家庭年收入为 20 万元、家里有孩子的家庭购买住房的可能性。

解: 利用 R 中的广义线性模型函数 glm 可以完成回归系数的估计, 以及模型回归系数的显著性检验。R 程序如下:

```
# 例 6.1(续) 广义线性模型: Probit 模型
setwd("C:/data")    # 设定工作路径
d6.1<-read.csv("exam6.1.csv",header=T)    # 将 exam6.1.csv 数据读入 d6.1
glm.probit<-glm(y~x1+x2,family=binomial(link=probit),data=d6.1)
                # 建立 y 关于 x1,x2 的 Probit 模型, 数据为 d6.1
summary(glm.probit)  # 模型汇总
```

运行以上程序可得如下结果:

```
Call:
glm(formula=y~x1+x2,family=binomial(link=probit),data=d6.1)

Deviance Residuals:
     Min       1Q    Median       3Q      Max
 -2.24700  -0.15143  0.00179  0.17737  1.60504

Coefficients:
```

① 也可以使用命令 "predict(glm.step,data.frame(x1=20),type="response")" 获得 $x_1 = 20$ 时 $y = 1$ 的概率。

```
                 Estimate   Std. Error   z value   Pr(>|z|)
 (Intercept)    -4.344942    1.326518    -3.275     0.00105**
 x1              0.249972    0.069616     3.591     0.00033***
 x2              0.008167    0.691290     0.012     0.99057
 ---
Signif. codes: 0 '***' 0.001 '**' 0.01 '*' 0.05 '.' 0.1 ' ' 1
(Dispersion parameter for binomial family taken to be 1)

     Null deviance: 61.105   on 47   degrees of freedom
 Residual deviance: 17.349   on 45   degrees of freedom
AIC: 23.349

Number of Fisher Scoring iterations: 9
```

注意到 x_2 对应的 p 值 (0.99) 比较大, 即 x_2 不显著, 所以考虑采用逐步回归。R 程序如下:

```
glm.step<-step(glm.probit)      # 逐步回归
summary(glm.step)               # 给出模型回归系数的估计和显著性检验等
```

运行以上程序可得如下结果:

```
Call:
glm(formula=y~x1,family=binomial(link=probit),data=d6.1)

Deviance Residuals:
     Min       1Q   Median       3Q      Max
 -2.2493  -0.1522   0.0018   0.1768   1.6024

Coefficients:
               Estimate   Std. Error   z value   Pr(>|z|)
 (Intercept)   -4.34028     1.27539    -3.403    0.000666***
 x1             0.24989     0.06944     3.599    0.000320***
 ---
Signif. codes: 0 '***' 0.001 '**' 0.01 '*' 0.05 '.' 0.1 ' ' 1
(Dispersion parameter for binomial family taken to be 1)

     Null deviance: 61.105   on 47   degrees of freedom
 Residual deviance: 17.349   on 46   degrees of freedom
AIC: 21.349

Number of Fisher Scoring iterations: 9
```

容易看出, 回归模型的回归系数在 0.1% 水平上显著, 于是得回归模型为 $\hat{p} = \Phi(-4.34 + 0.25x_1)$。

如果要预测家庭年收入为 20 万元 ($x_1 = 20$)、家里有孩子 ($x_2 = 1$) 的家庭购买住房的可能性, 可以采用以下命令:

```
> predict(glm.step,data.frame(x1=20,x2=1),type="response")
    # 估计 x1=20,x2=1 时 y=1 的概率
```

结果为:

```
        1
0.7445906
```

容易看出, 当 $x_1 = 20$, $x_2 = 1$ 时, 估计 $y = 1$ 的概率约为 0.74, 即家庭年收入为 20 万元、家里有孩子的家庭购买住房的可能性约为 74%。

从模型拟合情况来看, Probit 模型的 AIC 值是 21.349, 而 Logistic 模型的 AIC 值是 21.647, 从这个意义上说, Probit 模型的拟合效果更好。

6.4　多项 Logit 模型

前面介绍的模型的因变量为二水平分类变量, 当分类变量有两个以上的水平且这些水平为仅有的可能水平时, 可以采用多项 Logit 模型。

如果变量 Y 是 $M\,(M > 2)$ 分类变量, 记 $P(Y = i) = \pi_i\ (i = 2, \cdots, M)$, 对于 Y 的第 i 个观测, 自变量为 $\boldsymbol{x}$, 则多项 Logit 模型为

$$\ln \frac{\pi_k}{\pi_1} = \boldsymbol{x}^{\mathrm{T}} \boldsymbol{\beta}^{(k)}, \qquad k = 2, 3, \cdots, M$$

而

$$\pi_1 = 1 - \sum_{k=2}^{M} \pi_k$$

于是可得

$$\frac{\pi_k}{\pi_1} = \exp\left(\boldsymbol{x}^{\mathrm{T}} \boldsymbol{\beta}^{(k)}\right), \qquad k = 2, 3, \cdots, M$$

注意到

$$\pi_k = \pi_1 \exp\left(\boldsymbol{x}^{\mathrm{T}} \boldsymbol{\beta}^{(k)}\right), \qquad k = 2, 3, \cdots, M$$

容易得

$$\sum_{k=2}^{M} \pi_k = \pi_1 \sum_{k=2}^{M} \exp\left(\boldsymbol{x}^{\mathrm{T}} \boldsymbol{\beta}^{(k)}\right), \qquad k = 2, 3, \cdots, M$$

因此可得

$$\pi_1 = \frac{1}{1 + \displaystyle\sum_{k=2}^{M} \exp\left(\boldsymbol{x}^{\mathrm{T}} \boldsymbol{\beta}^{(k)}\right)}$$

所以

$$\pi_k = \pi_1 \exp\left(\boldsymbol{x}^{\mathrm{T}} \boldsymbol{\beta}^{(k)}\right) = \frac{\exp\left(\boldsymbol{x}^{\mathrm{T}} \boldsymbol{\beta}^{(k)}\right)}{1 + \displaystyle\sum_{k=2}^{M} \exp\left(\boldsymbol{x}^{\mathrm{T}} \boldsymbol{\beta}^{(k)}\right)}, \qquad k = 2, 3, \cdots, M$$

多项 Logit 模型是 Logistic 模型的自然推广, 当分类只有两个水平, 即 $M=2$ 时, 多项 Logit 模型退化为 Logistic 模型。

下面用一个例子来介绍模型的计算过程, 这里假定 y 的分类有且只有三种, 如果 y 的分类不止这三种, 就不能采用多项 Logit 模型。

例 6.2 (数据文件为 exam6.2)   表 6-2 给出了某城市 48 个家庭的调查数据, 其中 y 是分类变量 (1 表示没有住房且目前也不买房, 2 表示贷款买房但还在还贷款, 3 表示已经买房且无房贷), x_1 是家庭年收入 (万元), x_2 是家中是否有孩子 (1 表示有, 0 表示没有)。根据这个数据建立多项 Logit 模型并估计家庭年收入为 20 万元、家里有孩子的家庭购买住房但还在还贷款的可能性。

表 6-2   某城市 48 个家庭的调查数据

x_1	x_2	y	x_1	x_2	y	x_1	x_2	y
20	1	2	25	0	3	12	1	1
30	1	3	12	0	1	35	0	3
10	0	1	30	1	2	9	1	1
22	0	2	15	0	2	38	1	3
8	0	1	47	1	3	10	1	1
30	1	2	22	0	2	22	0	2
16	0	1	9	0	1	24	0	2
26	0	2	26	0	2	9	0	1
42	1	3	28	1	2	15	1	1
36	0	2	31	0	2	28	1	2
7	0	1	8	0	1	30	0	3
54	1	3	19	1	1	6	0	1
60	0	3	66	1	3	23	0	1
21	1	2	25	0	2	26	1	2
18	0	2	16	1	2	10	0	1
50	1	3	33	1	2	36	1	3

解: 利用 nnet 程序包中的 multinom 函数可以完成多项 Logit 模型的拟合。R 程序如下:

```
# 例 6.2 广义线性模型: 多项 Logit 模型
library(nnet)
setwd("C:/data")
d6.2<-read.csv("exam6.2.csv",header=T)
d6.2$x2<-as.factor(d6.2$x2)          # 将 x2 这一列因子化
mlog<-multinom(y~x1+x2,data=d6.2)    # 建立模型
summary(mlog)                        # 查看所拟合的模型
```

运行以上程序可得如下结果:

```
Call:
multinom(formula=y~x1+x2,data=d6.2)
Coefficients:
     (Intercept)           x1             x2
 2    -7.443892    0.4329375   -0.06789653
 3   -17.378522    0.7438569   -0.57429520
Std. Errors:
     (Intercept)           x1             x2
 2     2.570338    0.1396282    1.246013
 3     4.447730    0.1861238    1.704516
Residual Deviance: 37.79579
AIC: 49.79579
```

注意到 x_2 对应的标准误相对于 x_2 的系数比较大, 所以 x_2 可能不显著, 采用 step 函数对模型进行逐步回归。R 程序如下:

```
mlog.s<-step(mlog)      # 对 mlog 进行逐步回归
summary(mlog.s)         # 查看所拟合的模型
```

运行以上程序可得如下结果:

```
Call:
multinom(formula=y~x1,data=d6.2)

Coefficients:
     (Intercept)           x1
 2    -7.479408    0.4332443
 3   -17.293371    0.7313709

Std. Errors:
     (Intercept)           x1
 2     2.518090    0.1397530
 3     4.424114    0.1834096
Residual Deviance: 37.98674
AIC: 45.98674
```

从 AIC 值容易看出, 逐步回归得到的模型更好。下面采用逐步回归模型进行预测, 命令和结果如下:

```
> predict(mlog.s,data.frame(x1=20),type="p")    # 估计 x1=20 时 y=1,2,3 的概率
           1            2            3
 0.23032009   0.75366504   0.01601487
```

显然, 家庭年收入为 20 万元 ($x_1 = 20$)、家里有孩子 ($x_2 = 1$) 的家庭, 没有住房且目前也不买房 ($y = 1$) 的可能性为 0.230, 贷款买房但还在还贷款 ($y = 2$) 的可能性为 0.754, 已经买房且无房贷 ($y = 3$) 的可能性为 0.016, 因此这样的家庭贷款买房但还在还贷款 (即 $y = 2$) 的可能性最大。

如果要查看模型拟合值, 可以使用以下命令:

```
> mlog.s$fitted.value    # 查看拟合值 (概率)
```

得到如下结果 (为了节省篇幅, 拟合值只给出了前 5 个和最后 5 个):

	1	2	3
1	2.303201e-01	0.7536650424	1.601487e-02
2	2.821135e-03	0.7027915221	2.943873e-01
3	9.587464e-01	0.0412092007	4.442134e-05
4	1.100907e-01	0.8568569327	3.305239e-02
5	9.822395e-01	0.0177499299	1.054010e-05
...	...	...	...
44	9.924574e-01	0.0075401482	2.466484e-06
45	7.338100e-02	0.8808399928	4.577900e-02
46	1.975097e-02	0.8696981682	1.105509e-01
47	9.587464e-01	0.0412092007	4.442134e-05
48	8.508311e-05	0.2852197923	7.146951e-01

根据拟合模型我们还可以估计 48 个家庭最可能属于三类家庭中的哪一类, 具体命令和结果如下:

```
> max.col(mlog.s$fitted.value)   # 显示概率值最大的那一类
[1] 2 2 1 2 1 2 1 2 3 3 1 3 3 2 2 2 3 2 1 2 1 3 2 1 2 2 2 1 2 3 2 1 3 1 3 1 3
[37] 1 2 2 1 1 2 2 1 2 2 1 3
```

容易看出, 第一个家庭最可能属于第二类家庭, 即贷款买房但还在还贷款 ($y=2$) 的家庭。

6.5 泊松对数线性模型

设 y 服从参数为 λ 的泊松分布, 则 $\mu = E(y) = \lambda$, 采用对数连接函数, 即 $g(\mu) = \ln \lambda = \beta_0 + \beta_1 x_1 + \cdots + \beta_p x_p$, 这个广义线性模型称为泊松对数线性模型。

例 6.3 (数据文件为 exam6.3) 该数据是 robust 包中的 Breslow 癫痫数据 (Breslow, 1993)。我们讨论在治疗初期的八周内癫痫药物对癫痫发病次数的影响, 数据如表 6-3 所示, 因变量为八周内癫痫发病次数 (y), 预测变量为前八周内的基础发病次数 (x_1)、年龄 (x_2) 和治疗条件 (x_3), 其中治疗条件是二值变量, $x_3 = 0$ 表示服用安慰剂, $x_3 = 1$ 表示服用药物。根据该数据建立泊松对数线性模型并对模型的回归系数进行显著性检验。

解: 利用 R 中的广义线性模型函数 glm 来建立泊松对数线性模型, 并对模型的回归系数进行显著性检验。[①] R 程序如下:

---

① 泊松分布的默认连接函数是对数连接函数, 因此代码中的 "(link=log)" 可以省略。

表 6-3　Breslow 癫痫数据

No.	x_1	x_2	x_3	y	No.	x_1	x_2	x_3	y
1	11	31	0	14	31	19	20	1	7
2	11	30	0	14	32	10	30	1	13
3	6	25	0	11	33	19	18	1	19
4	8	36	0	13	34	24	24	1	11
5	66	22	0	55	35	31	30	1	74
6	27	29	0	22	36	14	35	1	20
7	12	31	0	12	37	11	27	1	10
8	52	42	0	95	38	67	20	1	24
9	23	37	0	22	39	41	22	1	29
10	10	28	0	33	40	7	28	1	4
11	52	36	0	66	41	22	23	1	6
12	33	24	0	30	42	13	40	1	12
13	18	23	0	16	43	46	33	1	65
14	42	36	0	42	44	36	21	1	26
15	87	26	0	59	45	38	35	1	39
16	50	26	0	16	46	7	25	1	7
17	18	28	0	6	47	36	26	1	32
18	111	31	0	123	48	11	25	1	3
19	18	32	0	15	49	151	22	1	302
20	20	21	0	16	50	22	32	1	13
21	12	29	0	14	51	41	25	1	26
22	9	21	0	14	52	32	35	1	10
23	17	32	0	13	53	56	21	1	70
24	28	25	0	30	54	24	41	1	13
25	55	30	0	143	55	16	32	1	15
26	9	40	0	6	56	22	26	1	51
27	10	19	0	10	57	25	21	1	6
28	47	22	0	53	58	13	36	1	0
29	76	18	1	42	59	12	37	1	10
30	38	32	1	28					

```
# 例 6.3 广义线性模型：泊松对数线性模型
setwd("C:/data")
d6.3<-read.csv("exam6.3.csv",header=T)    # 将 exam6.3.csv 数据读入 d6.3
glm.ln<-glm(y~x1+x2+x3,family=poisson(link=log),data=d6.3)
                        # 建立 y 关于 x1,x2,x3 的泊松对数线性模型
summary(glm.ln)      # 模型汇总，给出模型回归系数的估计和显著性检验等
```

运行以上程序可得如下结果:

```
Call:
glm(formula=y~x1+x2+x3,family=poisson(link=log),data=d3.3)

Deviance Residuals:
     Min       1Q    Median       3Q       Max
 -6.0569   -2.0433   -0.9397    0.7929   11.0061
Coefficients:
              Estimate   Std. Error   z value   Pr(>|z|)
(Intercept)  1.9488259    0.1356191    14.370   < 2e-16***
x1           0.0226517    0.0005093    44.476   < 2e-16***
x2           0.0227401    0.0040240     5.651   1.59e-08***
x3          -0.1527009    0.0478051    -3.194    0.0014**
---
Signif. codes:  0 '***' 0.001 '**' 0.01 '*' 0.05 '.' 0.1 ' ' 1

(Dispersion parameter for poisson family taken to be 1)

    Null deviance: 2122.73  on 58  degrees of freedom
Residual deviance: 559.44  on 55  degrees of freedom
AIC: 850.71

Number of Fisher Scoring iterations: 5
```

于是, 得到回归模型:

$$\ln \widehat{y} = 1.948\,8 + 0.022\,7x_1 + 0.022\,7x_2 - 0.152\,7x_3$$

从检验结果可以看出, x_1, x_2 和 x_3 的系数都显著, 说明基础发病次数 (x_1)、年龄 (x_2) 和治疗条件 (x_3) 对八周内癫痫发病次数 (y) 有重要影响。年龄 (x_2) 的回归系数为 0.022 7, 表明保持其他预测变量不变, 年龄增加 1 岁, 癫痫发病次数的对数均值将相应地增加 0.022 7。

在因变量的初始尺度 (癫痫发病次数, 而不是癫痫发病次数的对数) 上解释回归系数比较容易, 因此, 指数化系数:

```
> exp(coef(glm.ln))
 (Intercept)          x1          x2          x3
   7.0204403   1.0229102   1.0230007   0.8583864
```

可以看出, 保持其他预测变量不变, 年龄 (x_2) 增加 1 岁, 癫痫发病次数将乘以 1.023; 治疗条件 (x_3) 变化 1 个单位 (即从服用安慰剂到服用药物), 癫痫发病次数将乘以 0.858, 换言之, 保持基础发病次数和年龄不变, 服用药物组 $(x_3 = 1)$ 的癫痫发病次数相对于服用安慰剂组 $(x_3 = 0)$ 减少了 14.2%。

6.6　零膨胀计数模型

设 y 服从参数为 λ 的泊松分布, 则 $\mu = E(y) = \lambda$, 但 y 取 0 的可能性很大, 这样分布的数据称为零膨胀数据。零膨胀数据不能直接采用泊松对数线性模型来拟合, 但可以采用零膨胀计数模型来拟合。零膨胀计数模型由两个部分组成: 一部分为集中在零点的点质量 (可以用 Logistic 或 Probit 模型拟合); 另一部分为某计数分布 (通常用泊松对数线性模型拟合)。如果用 $f(y)$ 表示分布密度, π 表示在零点的点密度, $1 - \pi$ 表示在其他点的点密度, $f_c(y)$ 表示在其他点的计数分布, 则零膨胀密度为

$$f(y) = \pi I_{\{0\}}(y) + (1 - \pi)f_c(y)$$

式中, $I_{\{0\}}(y)$ 是在零点的示性函数。关于零点的点质量可以选用与参数为 π 的二项分布相关的 Logistic 模型 (也可以选用 Probit 模型):

$$\ln \frac{\pi}{1 - \pi} = \boldsymbol{x}^{\mathrm{T}}\boldsymbol{\beta}$$

而在非零的地方, 则可以选用泊松对数线性模型:

$$\ln \lambda = \boldsymbol{z}^{\mathrm{T}}\boldsymbol{\alpha}$$

整个模型的均值 μ 为

$$\mu = \pi \cdot 0 + (1 - \pi)\lambda$$

所以这个模型估计出来的参数也是两部分, 即 $\widehat{\boldsymbol{\beta}}$ 和 $\widehat{\boldsymbol{\alpha}}$。

例 6.4 (数据文件为 exam6.4)　该数据是美国国家癌症研究所资助的多中心血友病队列研究获得的。这项研究从 1978 年 1 月 1 日至 1995 年 12 月 31 日在 16 个治疗中心跟踪了超过 1 600 名血友病患者。该数据一共有 2 144 个观测值和 6 个变量, 变量情况如表 6-4 所示。

表 6-4　血友病数据变量情况

变量名	描述	性质
hiv	患者的 HIV 状况 (1 = 阴性, 2 = 阳性)	分类变量
factor	使用凝血因子制剂的 5 种剂量	分类变量
year	日历年	整数变量
age	年龄 (按 5 岁递增的组)	整数/定序变量
py	人年: 该年该组参加该研究的时间总量	数量变量
deaths	该组死亡人数	整数变量

解: 先读入数据并查看变量 deaths (死亡人数) 的分布, R 程序如下:

```
> # 例 6.4 血友病数据: 先读入数据并查看变量 deaths
> setwd("C:/data")
> d6.4<-read.csv("exam6.4.csv",header=T)   # 将 exam6.4.csv 数据读入 d6.4
```

```
> table(d6.4$deaths)          # 查看变量 deaths

    0    1    2    3    4    5    6
 1833  212   62   28    6    2    1
> barplot(table(d6.4$deaths))    # 绘制条形图
```

利用代码 "barplot(table(d6.4$deaths))" 可以得到如图 6-1 所示的条形图。

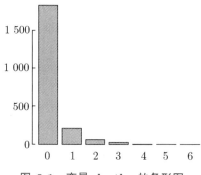

图 6-1 变量 deaths 的条形图

显然, 变量死亡人数 (deaths) 取值为零的观测值有 1 833 个, 属于零膨胀数据。如果不考虑零膨胀问题, 直接采用泊松对数线性模型来拟合数据, R 程序如下:

```
# 例 6.4 血友病数据: 直接采用泊松对数线性模型
setwd("C:/data")
d6.4<-read.csv("exam6.4.csv",header=T)    # 将 exam6.4.csv 数据读入 d6.4
hiv<-factor(d6.4$hiv)                      # 将变量 hiv 因子化
fac<-factor(d6.4$factor)                   # 将变量 factor 因子化
a1<-glm(deaths~hiv+fac+age+py,family=poisson(link=log),data=d6.4)
                   # 建立 deaths 关于 hiv, fac, age, py 的泊松对数线性模型
summary(a1)     # 模型汇总, 给出模型回归系数的估计和显著性检验等
```

运行以上程序可得如下结果:

```
Call:
glm(formula=deaths~hiv+fac+age+py,family=poisson(link=log),data=d6.4)

Deviance Residuals:
    Min       1Q    Median       3Q      Max
 -1.9151  -0.7494   -0.2083  -0.1597   3.6360
Coefficients:
              Estimate   Std. Error   z value   Pr(>|z|)
 (Intercept)  -7.516867    0.447151   -16.811    <2e-16***
 hiv           3.044923    0.206088    14.775    <2e-16***
```

```
fac2    -0.634661   0.151608   -4.186   2.84e-05***
fac3    -0.388113   0.140312   -2.766   0.00567**
fac4    -0.667857   0.141730   -4.712   2.45e-06***
fac5    -0.399791   0.145520   -2.747   0.00601**
age      0.083858   0.014790    5.670   1.43e-08***
py       0.022879   0.002544    8.992   <2e-16***
---
Signif. codes:  0 '***' 0.001 '**' 0.01 '*' 0.05 '.' 0.1 ' ' 1

(Dispersion parameter for poisson family taken to be 1)

    Null deviance: 1892.8  on 2143  degrees of freedom
 Residual deviance: 1291.7  on 2136  degrees of freedom
AIC: 2007.7

Number of Fisher Scoring iterations: 6
```

于是可得如下泊松对数线性模型:
$$\ln\lambda = -7.517 + \widehat{\alpha}_i + \widehat{\beta}_j + 0.084\text{age} + 0.023\text{py}$$
式中, $\widehat{\alpha}_i$ 代表 hiv $= i$ $(i = 1, 2)$ 对截距的影响, 估计结果为 $\widehat{\alpha}_1 = 0$ (软件默认值), $\widehat{\alpha}_2 = 3.045$; $\widehat{\beta}_j$ 代表 factor $= j$ $(j = 1, 2, \cdots, 5)$ 对截距的影响, 估计结果为 $\widehat{\beta}_1 = 0$ (软件默认值), $\widehat{\beta}_2 = -0.635$, $\widehat{\beta}_3 = -0.388$, $\widehat{\beta}_4 = -0.668$, $\widehat{\beta}_5 = -0.400$。

如果考虑零膨胀问题, 则可以采用零膨胀计数模型来处理。R 程序如下:

```
# 例 6.4 血友病数据: 采用零膨胀计数模型
library(pscl)      # 需要事先加载程序包 pscl
a2<-zeroinfl(deaths~hiv+fac+age+py|hiv+age+py,data=d6.4)
                   # 建立 deaths 关于 hiv, fac, age, py 的零膨胀计数模型
summary(a2)        # 模型汇总, 给出模型回归系数的估计和显著性检验等
```

运行以上程序可得如下结果:

```
Call:
zeroinfl(formula=deaths~hiv+fac+age+py|hiv+age+py,data=d6.4)

Pearson residuals:
     Min        1Q    Median        3Q       Max
-1.14319  -0.42659  -0.18263  -0.03452  40.55810
Count model coefficients (poisson with log link):
            Estimate  Std. Error  z value  Pr(>|z|)
(Intercept) -4.564819    0.730531   -6.249  4.14e-10***
hiv          2.143872    0.308924    6.940  3.93e-12***
fac2        -0.639623    0.157413   -4.063  4.84e-05***
```

```
fac3    -0.402608    0.146170    -2.754    0.00588**
fac4    -0.577092    0.147251    -3.919    8.89e-05***
fac5    -0.414417    0.151140    -2.742    0.00611**
age     -0.035518    0.024899    -1.426    0.15373
py       0.028751    0.003557     8.083    6.32e-16***

Zero-inflation model coefficients (binomial with logit link):
                Estimate    Std. Error    z value    Pr(>|z|)
(Intercept)      9.56098       1.80057      5.310    1.10e-07***
hiv             -3.25042       0.83818     -3.878    0.000105***
age             -0.86075       0.16164     -5.325    1.01e-07***
py               0.02750       0.01138      2.416    0.015703*

---
Signif. codes:  0 '***' 0.001 '**' 0.01 '*' 0.05 '.' 0.1 ' ' 1
Number of iterations in BFGS optimization: 41
Log-likelihood: -928.1 on 12 Df
> AIC(a2)      # 获得模型 a2 的 AIC 值
[1] 1880.295
```

从拟合的 AIC 值可以看出, 零膨胀计数模型的拟合效果显然比一般泊松对数线性模型的拟合效果好。按照输出结果, 零膨胀计数模型的 Logistic 回归部分的拟合模型是:

$$\ln \frac{\pi}{1-\pi} = 9.561 - 3.250\mathrm{hiv} - 0.861\mathrm{age} + 0.028\mathrm{py}$$

而泊松回归部分的拟合模型是:

$$\ln \lambda = -4.565 + \widehat{\alpha}_i + \widehat{\beta}_j - 0.036\mathrm{age} + 0.029\mathrm{py}$$

式中, $\widehat{\alpha}_i$ 代表 hiv $= i$ $(i = 1, 2)$ 对截距的影响, 估计结果为 $\widehat{\alpha}_1 = 0$ (软件默认值), $\widehat{\alpha}_2 = 2.144$; $\widehat{\beta}_j$ 代表 factor $= j$ $(j = 1, 2, \cdots, 5)$ 对截距的影响, 估计结果为 $\widehat{\beta}_1 = 0$ (软件默认值), $\widehat{\beta}_2 = -0.640$, $\widehat{\beta}_3 = -0.403$, $\widehat{\beta}_4 = -0.577$, $\widehat{\beta}_5 = -0.414$。这些结果和前面 (不考虑零膨胀问题) 直接采用泊松对数线性模型拟合的结果很相似, 但拟合效果更好。采用交叉验证的方法也可以说明后一种方法更好 (交叉验证的方法可以参阅《复杂数据统计方法——基于 R 的应用》(第 3 版) (吴喜之. 中国人民大学出版社, 2015))。

6.7 多项分布对数线性模型

对于计数因变量, 前面采用了 Logistic 模型、Probit 模型、多项 Logit 模型、泊松对数线性模型和零膨胀计数模型等进行拟合。在列联表分析中, 每个格子中都是各种变量组合的计数, 假定有 n 个格子, 如果落入每个格子的概率为 p_i $(i = 1, 2, \cdots, n)$, 那么可以用多项分布来描述这个问题。如果每个格子计数的均值都随一些自变量的变化而变化, 则可以考虑多项分布对数线性模型。

例 6.5 (数据文件为 exam6.5)　著名的泰坦尼克号的相关数据一共有 5 个变量 (Class, Sex, Age, Survived, Freq)、2 201 个观测值, 具体情况见表 6-5, 变量 Survived 表示是否生还, 根据给定的数据:

(1) 以生还概率为关心的变量建立合适的模型进行分析。

(2) 根据模型参数估计女乘客生还的概率比男乘客高多少。

(3) 根据模型参数估计一等舱乘客生还的概率比三等舱乘客高多少。

表 6-5　泰坦尼克号的相关数据

Class	Sex	Age	Survived	Freq	Class	Sex	Age	Survived	Freq
1st	Male	Child	No	0	1st	Male	Child	Yes	5
2nd	Male	Child	No	0	2nd	Male	Child	Yes	11
3rd	Male	Child	No	35	3rd	Male	Child	Yes	13
Crew	Male	Child	No	0	Crew	Male	Child	Yes	0
1st	Female	Child	No	0	1st	Female	Child	Yes	1
2nd	Female	Child	No	0	2nd	Female	Child	Yes	13
3rd	Female	Child	No	17	3rd	Female	Child	Yes	14
Crew	Female	Child	No	0	Crew	Female	Child	Yes	0
1st	Male	Adult	No	118	1st	Male	Adult	Yes	57
2nd	Male	Adult	No	154	2nd	Male	Adult	Yes	14
3rd	Male	Adult	No	387	3rd	Male	Adult	Yes	75
Crew	Male	Adult	No	670	Crew	Male	Adult	Yes	192
1st	Female	Adult	No	4	1st	Female	Adult	Yes	140
2nd	Female	Adult	No	13	2nd	Female	Adult	Yes	80
3rd	Female	Adult	No	89	3rd	Female	Adult	Yes	76
Crew	Female	Adult	No	3	Crew	Female	Adult	Yes	20

解: (1) 显然, 这个列联表是 $4 \times 2 \times 2 \times 2$ 维的, 一共有 32 个格子, 由于都是分类变量, 所以相应的多项分布对数线性模型为:

$$\ln \mu_{ijk} = \ln n_{ijk} + \mu + \text{Class}_i + \text{Sex}_j + \text{Age}_k, \quad i = 1, 2, 3, 4; \quad j = 1, 2; \quad k = 1, 2$$

式中, μ_{ijk} 是格子 (i, j, k) 里生还的平均人数, 而 n_{ijk} 是格子 (i, j, k) 里的总人数。因此, 若以生还概率为关心的变量, 等价地可以建立以下多项分布对数线性模型:

$$\ln \frac{\mu_{ijk}}{n_{ijk}} = \mu + \text{Class}_i + \text{Sex}_j + \text{Age}_k, \quad i = 1, 2, 3, 4; \quad j = 1, 2; \quad k = 1, 2$$

即生还概率为 $\frac{\mu_{ijk}}{n_{ijk}} = \exp\{\mu + \text{Class}_i + \text{Sex}_j + \text{Age}_k\}$。

多项分布对数线性模型可以采用程序包 MASS 中的 glm 函数完成拟合, R 程序如下:

```
# 例 6.5 泰坦尼克号数据：多项分布对数线性模型
library(MASS)
setwd("C:/data")
D<-read.csv("exam6.5.csv",header=T)      # 将 exam6.5.csv 数据读入 D
w<-D[D$Survived=="Yes",]                 # 统计生还人数

w$n<-D[1:16,5]+D[17:32,5]                # 构建包含生还人数 n 的数据 w
w<-w[w$n!=0,]                            # 去掉 n=0 的数据
w.fit<-glm(Freq~Class+Sex+Age,family=poisson,data=w,offset=log(n))
summary(w.fit)                           # 查看所拟合的模型
```

运行以上程序可得如下结果：

```
Call:
glm(formula=Freq~Class+Sex+Age,family=poisson,data=w,offset=log(n))

Deviance Residuals:
     Min       1Q    Median       3Q       Max
 -4.0906  -0.4338    0.1433   0.9919    3.0362

Coefficients:
              Estimate   Std. Error   z value   Pr(>|z|)
 (Intercept)  0.008821     0.074509     0.118   0.905757
 Class2nd    -0.376492     0.117564    -3.202   0.001363**
 Class3rd    -0.764527     0.106891    -7.152   8.53e-13***
 ClassCrew   -0.303959     0.113666    -2.674   0.007492**
 SexMale     -1.191743     0.089211   -13.359   <2e-16***
 AgeChild     0.480281     0.145603     3.299   0.000972***
 ---
Signif. codes: 0 '***' 0.001 '**' 0.01 '*' 0.05 '.' 0.1 ' ' 1


(Dispersion parameter for poisson family taken to be 1)


    Null deviance: 348.387   on 13   degrees of freedom
 Residual deviance: 38.881   on 8   degrees of freedom
AIC: 121.57
 Number of Fisher Scoring iterations: 4
```

以上结果给出了 6 个参数——$\mu, \text{Class}_i\ (i=2,3,4), \text{Sex}_j\ (j=2)$ 和 $\text{Age}_k\ (k=2)$ 的估计值，比如 $\hat{\mu}=0.008\,8, \text{Class}_2=-0.376\,5, \text{Sex}_2=-1.191\,7, \text{Age}_2=0.480\,3$。

为了查看模型的拟合效果, 我们把实际观测的生还人数和模型拟合的生还人数进行对比, R 程序如下:

```
# 例 6.5 泰坦尼克号数据: 多项分布对数线性模型
plot(w$Freq,w.fit$fitted.values,xlab="实际生还人数",ylab="模型拟合生还人数")
lines(c(0,200),c(0,200))
```

输出的图形如图 6-2 所示。

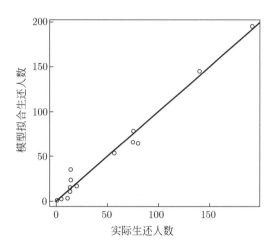

图 6-2 实际观测的生还人数和模型拟合的生还人数的对比图

图 6-2 说明模型拟合效果很好。

(2) 根据模型的意义和参数估计结果可以计算, 在其他条件相同时:

$$\frac{\text{女乘客生还的概率}}{\text{男乘客生还的概率}} = \frac{\exp\{0\}}{\exp\{-1.191\ 7\}} = 3.292\ 7$$

即在其他条件相同时, 女乘客生还的概率约为男乘客的 3.3 倍。

(3) 类似地, 根据模型的意义和参数估计结果可计算, 在其他条件相同时:

$$\frac{\text{一等舱乘客生还的概率}}{\text{三等舱乘客生还的概率}} = \frac{\exp\{0\}}{\exp\{-0.764\ 5\}} = 2.147\ 9$$

即在其他条件相同时, 一等舱乘客生还的概率约为三等舱乘客的 2.15 倍。

习 题

6.1 (数据文件为 exe6.1) 某调查机构询问了 180 个不同年龄的人对某部有争议的影片的观点 (肯定和否定分别用 1 和 0 表示), 得到的数据如表 6-6 所示。以对该影片的观点为因变量 y、年龄为自变量 x 建立回归方程, 并估计年龄为 30 岁的人对该影片持肯定观点的可能性。

表 6-6 调查得到的 180 个不同年龄的人对某部影片的观点

编号	年龄	观点	编号	年龄	观点	编号	年龄	观点	编号	年龄	观点	编号	年龄	观点	编号	年龄	观点
1	16	1	31	38	0	61	20	1	91	55	0	121	38	0	151	28	1
2	17	1	32	39	1	62	20	1	92	49	0	122	40	0	152	20	1
3	18	1	33	40	1	63	20	1	93	58	0	123	41	0	153	20	1
4	18	1	34	40	0	64	20	1	94	16	1	124	43	0	154	26	0
5	18	1	35	42	0	65	20	0	95	17	1	125	44	0	155	27	1
6	18	0	36	43	0	66	20	1	96	17	1	126	45	0	156	21	1
7	19	1	37	44	0	67	21	1	97	18	0	127	46	0	157	21	0
8	19	1	38	45	0	68	21	0	98	19	1	128	48	1	158	22	1
9	19	1	39	46	0	69	22	1	99	19	1	129	50	0	159	22	0
10	19	0	40	47	0	70	22	0	100	19	0	130	51	0	160	22	1
11	20	1	41	48	1	71	22	1	101	20	1	131	52	0	161	23	0
12	20	1	42	50	0	72	23	0	102	20	0	132	56	0	162	24	0
13	20	0	43	51	0	73	24	0	103	21	1	133	57	0	163	24	1
14	21	1	44	54	0	74	24	1	104	21	1	134	61	0	164	25	1
15	21	1	45	55	0	75	25	1	105	22	1	135	66	0	165	25	1
16	22	1	46	60	0	76	25	1	106	22	1	136	18	1	166	36	0
17	23	1	47	63	0	77	36	0	107	23	1	137	16	1	167	38	0
18	23	1	48	18	1	78	38	0	108	23	1	138	18	1	168	40	1
19	23	0	49	18	1	79	39	1	109	24	1	139	16	1	169	40	0
20	24	1	50	18	1	80	40	1	110	24	1	140	18	1	170	42	0
21	24	1	51	18	1	81	40	0	111	25	0	141	18	0	171	43	0
22	25	0	52	18	0	82	43	0	112	25	1	142	19	1	172	44	0
23	25	1	53	19	1	83	44	0	113	26	0	143	19	1	173	46	0
24	26	0	54	19	1	84	45	0	114	30	1	144	19	1	174	47	0
25	32	0	55	19	0	85	47	0	115	32	0	145	19	0	175	48	1
26	33	0	56	20	1	86	48	1	116	33	0	146	20	1	176	50	0
27	35	1	57	20	0	87	50	0	117	35	0	147	20	1	177	55	0
28	35	0	58	20	0	88	51	0	118	35	0	148	21	0	178	54	0
29	36	0	59	21	1	89	53	0	119	36	0	149	21	1	179	60	0
30	36	0	60	21	1	90	54	0	120	36	0	150	20	1	180	59	0

资料来源: 费宇, 石磊. 统计学. 2 版. 北京: 高等教育出版社, 2017.

6.2 (数据文件为 exe6.2) 表 6-7 是关于 200 个不同年龄 (age, 定量变量) 和性别 (sex, 定性变量, 用 0 和 1 代表女性和男性) 的人对某项服务产品的观点 (opinion, 二水平定性变量, 用 1 和 0 代表认可和不认可) 的数据。这里观点是因变量, 它只有两个值, 试用 Logistic 模型加以分析, 并预测一个年龄是 30 岁的女士对该项服务产品认可的可能性。

表 6-7　200 个不同年龄和性别的人对某项服务产品的观点

age	sex	opinion	age	sex	opinion	age	sex	opinion	age	sex	opinion
51	1	0	26	1	1	23	0	1	30	0	0
57	1	0	43	1	0	42	0	1	20	0	1
46	1	0	63	1	0	35	1	0	67	1	0
20	1	1	58	1	0	27	1	0	60	1	0
50	0	0	60	0	0	64	1	0	21	1	0
22	1	0	53	1	1	54	0	1	55	1	0
40	1	0	58	1	0	21	0	1	55	0	0
29	0	1	66	1	0	52	1	0	47	1	0
68	1	0	19	1	0	54	1	0	58	1	0
66	0	0	40	1	0	60	1	0	64	1	0
28	1	1	30	0	0	60	1	0	64	1	0
43	0	1	45	1	1	22	1	0	60	0	0
43	0	0	31	1	1	67	1	0	59	1	0
53	0	1	43	1	0	35	1	0	41	0	1
69	1	0	38	0	1	56	0	1	24	1	1
63	0	1	30	1	0	25	0	1	66	1	0
47	0	1	68	1	0	24	1	1	40	0	1
67	0	0	34	1	0	45	0	0	67	1	0
65	0	0	33	1	1	21	1	0	51	0	0
66	1	0	35	1	1	67	1	0	49	1	0
24	0	0	52	1	0	27	0	1	50	1	0
38	0	1	70	1	0	63	1	0	29	1	0
24	1	0	63	1	0	45	0	0	33	1	0
40	1	1	23	0	1	48	1	1	66	1	0
33	1	1	63	1	0	21	0	1	29	1	0
36	1	1	51	1	1	56	1	0	20	1	1
68	1	0	34	1	0	57	1	0	40	0	0
28	0	1	62	1	0	51	1	0	25	1	1
43	0	1	42	1	1	28	0	1	19	0	1
58	1	1	68	1	0	58	1	0	52	1	0
28	0	1	37	0	0	69	1	0	30	0	1
27	0	1	41	1	0	42	0	0	64	1	0
38	0	0	33	0	0	66	0	1	33	1	0
40	1	0	68	1	0	23	0	1	38	1	0
64	0	1	63	1	0	45	1	0	58	0	1
63	1	0	33	1	1	47	1	0	66	0	0
26	0	1	36	1	1	20	1	1	20	0	1

续表

age	sex	opinion	age	sex	opinion	age	sex	opinion	age	sex	opinion
43	0	0	41	0	1	40	1	0	38	0	1
42	1	1	49	1	0	60	1	0	51	0	1
56	1	0	51	0	1	60	1	0	51	1	0
51	1	0	20	1	0	43	0	1	34	0	1
22	0	1	30	1	0	34	1	1	32	1	0
29	0	1	37	0	1	53	1	0	33	1	0
69	1	0	35	0	1	65	1	0	55	0	0
64	0	0	51	1	0	39	1	0	39	0	0
21	1	0	51	1	0	64	0	0	61	1	0
61	0	0	25	1	0	39	0	1	42	1	0
45	1	0	18	1	1	68	1	0	25	0	1
51	0	0	66	0	0	58	1	0	46	1	0
36	1	1	33	1	0	56	1	1	55	0	0

资料来源: 吴喜之. 统计学: 从数据到结论. 北京: 中国统计出版社, 2004.

6.3 (数据文件为 exe6.3) 表 6-8 给出了 400 名研究生的录取数据, 因变量为 admit (是否录取, 1 表示录取, 0 表示不录取), 3 个自变量分别为 gre (GRE 成绩)、gpa (GPA 成绩) 和 rank (本科学校排名, 有 1, 2, 3, 4 四个取值). 根据这些数据建立 Logistic 模型, 并对模型的系数进行显著性检验.

表 6-8 400 名研究生的录取数据 (部分)

编号	admit	gre	gpa	rank
1	0	380	3.61	3
2	1	660	3.67	3
3	1	800	4.00	1
4	1	640	3.19	4
5	0	520	2.93	4
6	1	760	3.00	2
7	1	560	2.98	1
8	0	400	3.08	2
9	1	540	3.39	3
10	0	700	3.92	2
⋮	⋮	⋮	⋮	⋮
396	0	620	4.00	2
397	0	560	3.04	3
398	0	460	2.63	2
399	0	700	3.65	2
400	0	600	3.89	3

6.4　(数据文件为 exe6.4) 某机构想了解家庭一年外出旅游次数 (y) 与家庭年收入 (x_1) 和是否有私家车 (x_2) 的关系, 随机调查了 60 个家庭, 得到如表 6-9 所示的数据。根据该数据建立泊松对数线性模型并对模型的系数进行显著性检验。

表 6-9　家庭旅游数据

No.	x_1	x_2	y	No.	x_1	x_2	y	No.	x_1	x_2	y
1	10	0	2	21	11	0	3	41	20	1	7
2	11	0	2	22	10	0	1	42	11	1	4
3	9	0	1	23	10	0	2	43	18	1	6
4	11	0	1	24	11	0	3	44	10	1	5
5	12	0	3	25	12	0	2	45	11	1	6
6	8	0	1	26	10	0	2	46	15	1	6
7	10	0	2	27	9	0	1	47	27	1	8
8	11	0	3	28	12	0	3	48	20	1	6
9	12	0	3	29	11	0	4	49	11	1	5
10	10	0	1	30	13	0	4	50	28	1	4
11	9	0	1	31	15	1	3	51	23	1	6
12	12	0	3	32	20	1	5	52	10	1	4
13	13	0	4	33	13	1	3	53	13	1	5
14	13	0	4	34	21	1	6	54	21	1	6
15	14	0	3	35	18	1	5	55	26	1	9
16	10	0	3	36	16	1	7	56	9	1	4
17	11	0	2	37	15	1	6	57	12	1	6
18	8	0	1	38	21	1	5	58	25	1	5
19	9	0	3	39	22	1	6	59	22	1	6
20	11	0	2	40	24	1	7	60	12	1	4

说明: 家庭年收入 x_1 的单位是万元; 是否有私家车 x_2=0 表示没有, x_2=1 表示有。

6.5　(数据文件为 exe6.5) 高速公路交通事故的发生次数与天气和车流量有密切关系, 表 6-10 给出了某高速公路一年 365 天天气情况、车流量和交通事故发生次数的统计数据。根据表 6-10 判断该数据是否属于零膨胀数据:

(1) 建立泊松对数线性模型;

(2) 建立零膨胀计数模型, 并与模型 (1) 进行比较。

表 6-10　某高速公路一年 365 天的相关数据 (部分)

日期	天气情况 x_1	车流量 x_2	交通事故发生次数 y
1 月 1 日	1	1.2	0
1 月 2 日	1	2.2	0
1 月 3 日	1	6.2	2

续表

日期	天气情况 x_1	车流量 x_2	交通事故发生次数 y
1 月 4 日	1	2.2	0
1 月 5 日	0	2.1	1
1 月 6 日	1	3.7	1
1 月 7 日	1	3.2	0
1 月 8 日	1	4.6	0
1 月 9 日	1	2.9	0
1 月 10 日	1	4.1	0
$\vdots$	$\vdots$	$\vdots$	$\vdots$
12 月 27 日	0	2.9	0
12 月 28 日	1	1.1	0
12 月 29 日	1	4.3	3
12 月 30 日	1	3.7	0
12 月 31 日	1	6.5	6

说明: 天气情况 $x_1=1$ 表示非雨天, $x_1=0$ 表示雨天; 车流量 x_2 的单位是万辆/天; 交通事故发生次数 y 的单位是次。

6.6 (数据文件为 exe6.6) 某企业想了解顾客对其产品的满意度, 进行了一次问卷调查。顾客按年龄分为三组: 青年 (30 岁及以下), 中年 (31 ~ 50 岁), 老年 (51 岁及以上); 按居住地分为两组: 城市和农村。每组分别调查了 50 名女顾客和 50 名男顾客, 一共调查了 600 名顾客, 表 6-11 给出了调查结果。根据该数据建立多项分布对数线性模型。

表 6-11 顾客对产品的满意度数据

年龄 x_1	性别 x_2	居住地 x_3	满意人数 y
1	0	1	20
2	0	1	40
3	0	1	35
1	1	1	10
2	1	1	15
3	1	1	36
1	0	2	26
2	0	2	44
3	0	2	23
1	1	2	22
2	1	2	30
3	1	2	25

说明: 年龄 $x_1=1$ 表示青年组, $x_1=2$ 表示中年组, $x_1=3$ 表示老年组; 性别 $x_2=0$ 表示女顾客, $x_2=1$ 表示男顾客; 居住地 $x_3=1$ 表示城市, $x_3=2$ 表示农村。

参考文献

[1]　费宇, 石磊. 统计学. 2 版. 北京: 高等教育出版社, 2017.

[2]　汤银才. R 语言与统计分析. 北京: 高等教育出版社, 2008.

[3]　薛毅, 陈立萍. 统计建模与 R 软件. 北京: 清华大学出版社, 2007.

[4]　吴喜之. 统计学: 从数据到结论. 北京: 中国统计出版社, 2004.

[5]　吴喜之. 复杂数据统计方法——基于 R 的应用. 3 版. 北京: 中国人民大学出版社, 2015.

C 第 7 章

Chapter 7

聚类分析

常言道, 物以类聚, 人以群分。传统分类问题中, 人们主要依据经验和专业知识, 采用定性方法进行分类。随着科学技术的发展, 分类越来越细, 分类的要求也越来越高, 需要引入统计和数学工具, 采用定性与定量相结合的方法对研究对象进行更为科学合理的分类, 因此, 聚类分析方法应运而生。所谓**聚类分析** (cluster analysis), 就是研究如何将由多个个体组成的研究对象按照个体之间的相似性进行合理分类的一种多元统计分析方法。这里所说的相似性常常用距离、相关系数等来描述。目前聚类分析已广泛应用于经济、管理、医学、心理学、气象预报、地质勘探、生物分类等诸多领域。

在进行聚类分析时, 一个令人困惑的问题是聚类之前并不明确聚类的类别数和各类别的成员结构, 没有固定的模式和先验知识可供参考, 需要根据具体情况来分析决定。设 $X = (x_{ij})$ 是对研究对象的 n 次观测得到的 $n \times p$ 阶数据矩阵, 进行聚类时, 可以按照观测值对 n 个样品 (即数据矩阵的 n 行, 可视为 n 个 p 维点) 进行聚类, 称为 **Q 型聚类**, 即对样品的聚类; 也可以按照观测值对 p 个变量进行聚类, 称为 **R 型聚类**, 即对变量的聚类。虽然两种类型的聚类分析关心的问题不同, 但从数学处理上说, 二者并没有实质性的差别, 都是把相似程度高的个体聚为一类。

聚类的基础是聚类对象个体与个体之间、变量与变量之间的相似性。本章内容如下: 7.1 节简单讨论相似性度量; 7.2 节借助**系统聚类** (hierarchical cluster) 法阐述聚类分析的基本思想和常用的 R 程序命令; 7.3 节介绍一种快速聚类方法——**k-均值聚类** (k-means cluster) 法; 7.4 节介绍其他聚类函数, 通过一个例子来介绍其中较为常用的**期望最大化** (EM) **聚类法**。

7.1 相似性度量

Q 型聚类是对样品进行聚类, 即根据样品之间的靠近程度来进行聚类, 样品间的靠近程度通常用距离来衡量。每个样品可以看作空间 $\mathbf{R}^p$ 中的一个点, n 个样品就是 $\mathbf{R}^p$ 中的 n 个点, 需要定义这 n 个点之间的各种距离来度量它们之间的靠近程度。设 $\boldsymbol{x} = (x_1, x_2, \cdots, x_p)^{\mathrm{T}}$ 与 $\boldsymbol{y} = (y_1, y_2, \cdots, y_p)^{\mathrm{T}}$ 是 p 维向量, 度量点 $\boldsymbol{x}$ 与 $\boldsymbol{y}$ 之间的靠近程度常用的距离有以下六种。

1. 欧氏 (Euclid) 距离

$$d(\boldsymbol{x}, \boldsymbol{y}) = \sqrt{\sum_{i=1}^{p} (x_i - y_i)^2}$$

2. 绝对距离

$$d(\boldsymbol{x}, \boldsymbol{y}) = \sum_{i=1}^{p} |x_i - y_i|$$

3. 切氏 (Chebyshev) 距离

$$d(\boldsymbol{x}, \boldsymbol{y}) = \max_{i} |x_i - y_i|$$

4. 闵氏 (Minkowski) 距离

$$d(\boldsymbol{x}, \boldsymbol{y}) = \sqrt[k]{\sum_{i=1}^{p} |x_i - y_i|^k}$$

易见, 当 $k = 1, 2$ 和 ∞ 时, 可分别得到上面的绝对距离、欧氏距离和切氏距离。

5. 马氏 (Mahalanobis) 距离

$$d(\boldsymbol{x}, \boldsymbol{y}) = \sqrt{(\boldsymbol{x} - \boldsymbol{y})^{\mathrm{T}} \boldsymbol{S}^{-1} (\boldsymbol{x} - \boldsymbol{y})}$$

式中, $\boldsymbol{S}$ 是样本协方差矩阵。采用马氏距离的好处就是考虑了各个变量之间的相关性, 并且消除了变量单位不一致的影响, 不便之处是样本协方差矩阵 $\boldsymbol{S}$ 要事先确定。如果各个变量之间互不相关, 方差都是 1, 则 $\boldsymbol{S}$ 为单位矩阵, 马氏距离就退化为欧氏距离。

6. 兰氏 (Lance) 距离

$$d(\boldsymbol{x}, \boldsymbol{y}) = \sum_{i=1}^{p} \frac{|x_i - y_i|}{x_i + y_i}$$

式中, $x_i > 0$, $y_i > 0$ $(i = 1, 2, \cdots, p)$。如果不要求 $x_i > 0$, $y_i > 0$ $(i = 1, 2, \cdots, p)$, 则可得到扩展的兰氏距离

$$d(\boldsymbol{x}, \boldsymbol{y}) = \sum_{i=1}^{p} \frac{|x_i - y_i|}{|x_i + y_i|}$$

在 R 中可用 dist 函数来计算各样品点之间的距离, 使用格式见例 7.1。

R 型聚类通常用于对变量进行聚类, 即根据变量之间的相似程度进行聚类, 这时常用变量 x_i 与 x_j 间的相似系数 c_{ij} 来度量变量之间的相似程度。两个变量之间的相似系

数的绝对值越接近 1, 表明两个变量的关系越密切; 两个变量之间的相似系数的绝对值越接近 0, 表明两个变量的关系越疏远。最常用的相似系数有以下两种。

1. 相关系数

设 $\boldsymbol{X} = (x_{ij})$ 是对研究对象的 n 次观测得到的 $n \times p$ 阶数据矩阵, n 行看作 n 个样品, 每个样品有 p 个变量, 则第 i 个变量 x_i 与第 j 个变量 x_j 的相关系数为

$$r_{ij} = \frac{\sum\limits_{k=1}^{n}(x_{ki}-\bar{x}_i)(x_{kj}-\bar{x}_j)}{\sqrt{\sum\limits_{k=1}^{n}(x_{ki}-\bar{x}_i)^2\sum\limits_{k=1}^{n}(x_{kj}-\bar{x}_j)^2}}, \quad i,j=1,2,\cdots,p$$

式中, $\bar{x}_i = \dfrac{1}{n}\sum\limits_{k=1}^{n}x_{ki}, \bar{x}_j = \dfrac{1}{n}\sum\limits_{k=1}^{n}x_{kj}$ 分别表示第 i 个变量与第 j 个变量的样本均值。相关系数的绝对值越大, 表示两个变量的相似程度越高。

2. 夹角余弦

p 个变量可视为 n 维空间 $\mathbf{R}^n$ 中的 p 个 n 维向量, 向量之间的夹角余弦可以度量变量间的相似程度, 变量 x_i 与 x_j 的夹角余弦为

$$\cos\theta_{ij} = \frac{\sum\limits_{k=1}^{n}x_{ki}x_{kj}}{\sqrt{\sum\limits_{k=1}^{n}x_{ki}^2\sum\limits_{k=1}^{n}x_{kj}^2}}, \quad i,j=1,2,\cdots,p$$

变量的夹角余弦的绝对值越大, 表示两个变量的相似程度越高。

对于上述 $n \times p$ 阶数据矩阵 $\boldsymbol{X}$, 在 R 中可用 scale 函数将数据中心化 $(x_{ki}^* = x_{ki} - \bar{x}_i)$ 或标准化 $\left(x_{ki}^* = \dfrac{x_{ki}-\bar{x}_i}{s_i},\ 其中,\ s_i^2 = \dfrac{1}{n-1}\sum\limits_{k=1}^{n}(x_{ki}-\bar{x}_i)^2\right)$, 进而计算 $\boldsymbol{X}$ 的列向量间的夹角余弦; 还可用 cor 函数来计算 $\boldsymbol{X}$ 的列向量间的相关系数。计算这两个相似性指标的 R 程序如下:

```
> Y<-scale(X,center=F,scale=T)/sqrt(nrow(X)-1) # 对 X 的列向量做不减样本均值的标准化
> C<-t(Y)%*%Y   # 计算 X 的列向量间的夹角余弦
> R<-cor(X)     # 计算 X 的列向量间的相关系数矩阵
```

程序中, 参数 center 是逻辑变量, center = T (或 F) 表示对数据做 (或不做) 中心化变换; 参数 scale 也是逻辑变量, scale = T (或 F) 表示对数据做 (或不做) 标准化变换: 两个逻辑变量的默认值均为 T。

不同变量之间也可以定义距离, 变量 x_i 与 x_j 间的距离 d_{ij} 常借助相似系数 c_{ij} 来定义, 如定义 $d_{ij} = 1 - c_{ij}$. 普通距离定义 (如上述六种) 通常用于 Q 型聚类分析, 而形如 $d_{ij} = 1 - c_{ij}$ 的这种变量间的距离通常用于 R 型聚类分析.

7.2 系统聚类法

系统聚类法是一种常用的聚类方法, 本节以系统聚类法为例说明聚类分析的思想. 设有 n 个样品, 每个样品有 p 个变量. 系统聚类的基本步骤为: 先将每个个体 (样品或变量) 各自看作一类, 总共有 r 类 (如果是 Q 型聚类, 则 $r = n$; 如果是 R 型聚类, 则 $r = p$). 根据个体间的相似程度 (距离、相关系数等) 将 r 类个体中最相似的两类合并成一个新类, 得到 $r - 1$ 类, 再在这 $r - 1$ 类中找出最相似的两类合并, 得到 $r - 2$ 类, 如此下去, 直到将所有的 r 个个体合并成一个大类为止. 因此, 系统聚类法是从多到少的聚类方法. 每步合并类的关键是: 相似程度最高的两类优先合并为一类. 最后将上述合并类的过程画成一张树状图, 按一定的原则决定分成几类.

但问题是: 如何度量两个类之间的相似程度?

对于 Q 型聚类: 设 G_s 与 G_t 为两个类, 用 d_{ij} 表示 G_s 中第 i 个样品与 G_t 中第 j 个样品之间的距离, 规定不同的类与类之间的距离, 产生不同的系统聚类法. 常用的度量 G_s 与 G_t 之间距离 D_{st} 的方法有以下几种.

(1) 最小距离法: G_s 与 G_t 之间的距离 D_{st} 定义为两类最近样品之间的距离, 即

$$D_{st} = \min_{i \in G_s, j \in G_t} d_{ij}$$

(2) 最大距离法: G_s 与 G_t 之间的距离 D_{st} 定义为两类最远样品之间的距离, 即

$$D_{st} = \max_{i \in G_s, j \in G_t} d_{ij}$$

(3) 中间距离法: G_s 与 G_t 之间的距离 D_{st} 既不取两类最近样品之间的距离, 也不取两类最远样品之间的距离, 而是取介于两者之间的距离. 该方法是最小距离法和最大距离法的一个折中. 设 $G_t = \{G_p, G_q\}$, 则 G_s 与 G_t 之间的距离 D_{st} 的递推公式为

$$D_{st} = \frac{1}{2} D_{sp} + \frac{1}{2} D_{sq} - \frac{1}{4} D_{pq}$$

(4) 重心距离法: G_s 与 G_t 之间的距离 D_{st} 定义为两类重心之间的距离, 即

$$D_{st} = d(\bar{x}_s, \bar{x}_t)$$

式中, $\bar{x}_s$ 和 $\bar{x}_t$ 分别表示 G_s 和 G_t 的重心.

(5) 类平均距离法: G_s 与 G_t 之间的距离 D_{st} 定义为两类元素两两之间的距离的平均, 即

$$D_{st} = \frac{1}{n_s n_t} \sum_{i \in G_s} \sum_{j \in G_t} d_{ij}$$

式中, n_s 和 n_t 分别为类 G_s 和 G_t 中元素的个数.

(6) 离差平方和法 (Ward 法): 基于方差分析思想构建的分类方法, 如果分类正确, 则同类样品之间的离差平方和应该较小, 类与类之间的离差平方和应该较大. 设 $G_t=\{G_p,G_q\}$, 则 G_s 与 G_t 之间的距离 D_{st} 的递推公式为

$$D_{st} = \frac{n_s + n_p}{n_s + n_t}D_{sp} + \frac{n_s + n_q}{n_s + n_t}D_{sq} - \frac{n_s}{n_s + n_t}D_{pq}$$

对于 R 型聚类: 设 G_s 和 G_t 为两个类, c_{ij} 表示 G_s 中第 i 个变量与 G_t 中第 j 个变量之间的相似系数, 通常用系数

$$R_{st} = \max_{i \in G_s, j \in G_t} |c_{ij}|$$

作为 G_s 和 G_t 之间的相似系数.

注意: 对于 R 型聚类, 也可以将变量间的相似系数 c_{ij} 转化成变量间的距离 d_{ij} (例如 $d_{ij} = 1 - c_{ij}$ 或者 $d_{ij}^2 = 1 - c_{ij}^2$ 等), 再利用 d_{ij} 来构造类与类之间的各种距离 (如最小距离、最大距离、重心距离等), 仿照 Q 型聚类法的步骤进行聚类.

例 7.1 (数据文件为 exam7.1) 花岗岩样品分类问题. 从湖南邓阜仙岩体采集了 7 块花岗岩样品, 分别测得其 5 种化学成分——二氧化硅 (SiO_2)、二氧化钛 (TiO_2)、氧化亚铁 (FeO)、氧化钙 (CaO)、氧化钾 (K_2O) 数据, 如表 7-1 所示, 试用系统聚类的最小距离法和最大距离法将这 7 块花岗岩样品进行聚类.

表 7-1　随机采集的 7 块花岗岩样品的部分化学成分数据

序号	SiO_2	TiO_2	FeO	CaO	K_2O
1	75.20	0.14	1.86	0.91	5.21
2	75.15	0.16	2.11	0.74	4.93
3	72.19	0.13	1.52	0.69	4.65
4	72.35	0.13	1.37	0.83	4.87
5	72.74	0.10	1.41	0.72	4.99
6	73.29	0.033	1.07	0.17	3.15
7	73.72	0.033	0.77	0.28	2.78

解: 首先采用最小距离法进行聚类, 将 7 块花岗岩样品看作 7 个基本类, 分别记为 $\pi_1, \pi_2, \cdots, \pi_7$, 这 7 个基本类之间的距离 (R 程序见后) 如表 7-2 所示.

表 7-2　7 块花岗岩样品之间的欧氏距离

样品	1	2	3	4	5	6	7
1	0						
2	0.416	0					
3	3.088	3.032	0				
4	2.913	2.898	0.341	0			
5	2.518	2.511	0.657	0.426	0		
6	3.012	2.837	1.986	2.092	2.027	0	
7	3.113	2.948	2.565	2.630	2.540	0.651	0

容易看出, π_3 和 π_4 之间的距离最小, 为 0.341, 因此先把它们合并为一个新类, 记为 $G_1 = \{\pi_3, \pi_4\} = \{3, 4\}$, 此时聚类对象变为 6 个类, 分别为 $\pi_1, \pi_2, G_1, \pi_5, \pi_6, \pi_7$; 然后计算这 6 个类之间的距离, 发现 π_1 和 π_2 之间的距离最小, 为 0.416, 同样把它们合并为第二个新类, 记为 $G_2 = \{\pi_1, \pi_2\} = \{1, 2\}$, 此时总类数变为 5, 分别为 $G_2, G_1, \pi_5, \pi_6, \pi_7$; 接下来发现 G_1 和 π_5 之间的距离最小, 为 0.426(注意这里已经是最小距离了), 同样把它们合并为第三个新类, 记为 $G_3 = \{G_1, \pi_5\} = \{3, 4, 5\}$……如此一直进行下去, 直到把所有 7 块花岗岩样品合并为一个大类 G_6, 聚类合并的顺序及合并距离如表 7-3 所示。

表 7-3 7 块花岗岩样品按最小距离法的合并顺序及合并距离

合并顺序	合并的类	合并后的新类	最小距离法合并距离 (欧氏距离)
1	π_3, π_4	$G_1 = \{3, 4\}$	0.341
2	π_1, π_2	$G_2 = \{1, 2\}$	0.416
3	π_3, π_4, π_5	$G_3 = \{3, 4, 5\}$	0.426
4	π_6, π_7	$G_4 = \{6, 7\}$	0.651
5	G_3, G_4	$G_5 = \{3, 4, 5, 6, 7\}$	1.986
6	G_2, G_5	$G_6 = \{1, 2, 3, 4, 5, 6, 7\}$	2.511

同理, 若采用最大距离法进行聚类 (R 程序见后)。聚类结果及合并距离如表 7-4 所示。注意第 3、第 4 两步和最小距离法刚好相反。故采用不同的距离聚类时, 相应的合并顺序和聚类结果可能不相同。

表 7-4 7 块花岗岩样品按最大距离法的合并顺序及合并距离

合并顺序	合并的类	合并后的新类	最大距离法合并距离 (欧氏距离)
1	π_3, π_4	$G_1 = \{3, 4\}$	0.341
2	π_1, π_2	$G_2 = \{1, 2\}$	0.416
3	π_6, π_7	$G_3 = \{6, 7\}$	0.651
4	G_1, π_3	$G_4 = \{3, 4, 5\}$	0.657
5	G_3, G_4	$G_5 = \{3, 4, 5, 6, 7\}$	2.630
6	G_2, G_5	$G_6 = \{1, 2, 3, 4, 5, 6, 7\}$	3.113

采用最小距离法聚类的 R 程序如下:

```
# exam7.1 系统聚类
> setwd("C:/data")                          # 设定工作路径
> d7.1<-read.csv("exam7.1.csv",header=T)    # 将 exam7.1.csv 数据读入 d7.1
> d<-dist(d7.1,method="euclidean",diag=T,upper=F,p=2)
# 采用欧氏距离计算距离矩阵 d, diag 设定是否输出对角线上的值, 输出结果见表7-2
# upper 设定是否输出 d 的上三角部分的值, p 为闵氏距离参数 k
> HC<-hclust(d,method="single")             # 采用最小距离法聚类
```

```
> plot(HC,hang=-1)                    # 绘制最小距离法聚类树状图
    # 当 hang 取负值时，从底部对齐开始绘制聚类树状图
```

说明: dist 函数中的 method 为距离计算方法, 包括 "euclidean"(欧氏距离)、"manhattan"(绝对距离)、"minkowski" (闵氏距离)、"binary" (定性变量距离) 等, 读者可参看 R 帮助文件。hclust 函数中的 method 为系统聚类方法, 包括 "single" (最小距离法)、"complete" (最大距离法)、"average" (类平均距离法)、"median" (中间距离法)、"centroid" (重心距离法)、"ward" (Ward 法) 等。

这个过程绘制的聚类树状图如图 7-1 所示。

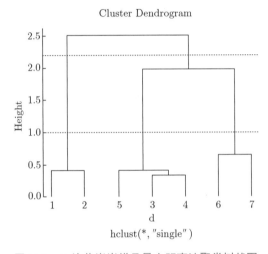

图 7-1 7 块花岗岩样品最小距离法聚类树状图

从图 7-1 和表 7-2 可知, 如果取合并距离大于 1.986, 比如取为 2.2, 则 7 块样品可以分为两类, 第一类为 {1,2}, 第二类为 {3,4,5,6,7}; 如果取合并距离大于 0.651, 比如取为 1, 则 7 块样品可以分为三类, 第一类为 {1,2}, 第二类为 {3,4,5}, 第三类为 {6,7}。

事实上, 可以通过画纵坐标 (即合并距离) 分别为 2.2 和 1 的两条水平虚线帮助准确分类, 它们与树状图的垂线分别有 2 个和 3 个交点, 各个交点下的 "枝束" 就是对应的分类。

```
> abline(h=c(2.2,1),lty=3)    # 在图 7-1 中画出合并距离为 2.2 和 1 的水平虚线
```

利用最大距离法聚类时, 样品与样品之间仍采用欧氏距离来度量。由于此时合并类的距离发生变化, 故聚类结果可能与最小距离法的聚类结果有所不同。事实上, 最大距离法聚类的第 3、第 4 两步和最小距离法刚好相反。这个聚类过程的 R 程序如下:

```
> HC1<-hclust(d,method="complete")    # 采用最大距离法聚类
> plot(HC1,hang=-1)                   # 绘制最大距离法聚类树状图
> rect.hclust(HC1,k=3,border="blue")  # 用蓝色矩形框出聚类数为 3 的分类结果
```

这个过程绘制的聚类树状图如图 7-2 所示。在 R 中, rect.hclust 函数根据树状图 (也称谱系图) 来确定最终的分类, 它可用不同颜色的矩形框出指定个数的分类结果。图 7-2 中, 它用蓝色矩形框出了 3 个 ($k = 3$) 分类的结果; 若 $k = 2$, 则可框出 2 个分类的结果, 读者可自己输入命令 "rect.hclust(HC1,k=2,border="blue")" 尝试一下。

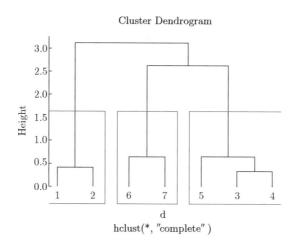

图 7-2 7 块花岗岩样品最大距离法聚类树状图

在 R 中, 和它类似的一个函数是 cutree, 它可以对 hclust 函数聚类的结果进行剪枝, 即顺序指定分类样品所属类别。例如, 对本例可使用如下 R 命令:

```
> cutree(HC1,k=3)    # 这里 HC1 是 hclust 函数生成的对象, 指定分类个数 k=3
[1] 1 1 2 2 2 3 3
```

输出结果表明 7 块样品可以分为三类, 按原来样品顺序它们的属类分别为 1, 1, 2, 2, 2, 3, 3, 即三个分类分别为 {1,2}、{3,4,5} 和 {6,7}, 与上面分类结果一致。

7.3 k-均值聚类法

系统聚类法的每一步都要计算类间距离, 计算量比较大。当样本量比较大时, 系统聚类法需要占用很大的内存空间, 计算也比较费时。为了改进这个不足, MacQueen (1967) 提出了一种动态快速聚类方法——**k-均值聚类法**。其基本思想是: 根据 n 个对象的具体情况, 先选定 k 个临时中心 (具有代表性的点, 也称为 "聚点", 它们的选择决定初始分类), 计算每个点与这 k 个临时中心的距离, 然后把该点归入距其最近的那个中心所在的类, 这样就把 n 个对象粗略地分成了 k 类。接着这 k 个类各自计算本类的中心, 得到 k 个新的临时中心。再重复上面的步骤, 按照某种最优原则 (通常表示为一个准则函数) 不断调整不合理的分类, 直到准则函数收敛为止, 就得到了一个最终的 k-均值聚类结果。

例 7.2 (数据文件为 exam7.2) 表 7-5 给出了 2014—2020 年金砖国家和七国集团总发电量数据。根据这些数据, 采用 k-均值聚类法进行聚类分析, k 分别取 4 和 5。

表 7-5 2014—2020 年金砖国家和七国集团总发电量 单位: 太瓦时 (10 亿度)

国家	2014 年	2015 年	2016 年	2017 年	2018 年	2019 年	2020 年
中国	5 794.5	5 814.6	6 133.2	6 604.4	7 166.1	7 503.4	7 779.1
俄罗斯	1 064.2	1 067.5	1 091.0	1 091.2	1 109.2	1 118.1	1 085.4
印度	1 262.2	1 317.3	1 401.7	1 471.3	1 579.2	1 603.7	1 560.9
巴西	590.5	581.2	578.9	589.3	601.4	626.3	620.1
南非	254.8	250.1	252.7	255.1	256.3	252.6	239.5
美国	4 363.3	4 348.7	4 347.9	4 302.5	4 461.6	4 411.2	4 286.6
加拿大	647.6	659.3	663.7	660.1	655.8	648.7	643.9
德国	627.8	647.6	649.7	652.9	642.9	609.4	571.9
法国	564.9	571.8	556.2	554.0	574.0	562.8	524.9
英国	338.1	338.9	339.2	338.2	332.8	324.8	312.8
意大利	279.8	283.0	289.8	295.8	289.7	293.9	282.7
日本	1 062.7	1 030.1	1 035.1	1 042.1	1 053.2	1 030.3	1 004.8

资料来源: bp. Statistical Review of World Energy 2021. https://www.bp.com/.

解: 采用 k-均值聚类法, 先设定类别个数为 4, R 程序如下:

```
# exam7.2 k-均值聚类(金砖国家和七国集团总发电量(2014—2020)聚类分析)
> setwd("C:/data")                # 设定工作路径
> exam7.2<-read.csv("exam7.2.csv",header=T)    # 将 exam7.2.csv 数据读入exam7.2
> d7.2=exam7.2[,-1]               # exam7.2 的第一列为国家名称, 不是数值, 先去掉
> rownames(d7.2)=exam7.2[,1]      # 用 exam7.2 的第一列为 d7.2 的行重新命名
> KM4<-kmeans(d7.2,4,nstart=10,algorithm="Hartigan-Wong")
      # 类别个数设定为 4, 初始随机集合的个数为 10, 算法为"Hartigan-Wong"(默认),
        其他备选算法有"Lloyd" "Forgy" "MacQueen"等
```

输出结果为:

```
> KM4
K-means clustering with 4 clusters of sizes 1, 3, 1, 7
Cluster means:
     X2014    X2015    X2016    X2017    X2018    X2019    X2020
1  5794.50  5814.60  6133.20  6604.40  7166.10  7503.40  7779.10
2  1129.70  1138.30  1175.93  1201.53  1247.20  1250.70  1217.03
3  4363.30  4348.70  4347.90  4302.50  4461.60  4411.20  4286.60
4   471.93   475.99   475.74   477.91   478.99   474.07   456.54
Clustering vector:
中国  俄罗斯  印度  巴西  南非  美国  加拿大  德国  法国  英国  意大利  日本
  1     2     2    4    4    3    4     4    4    4    4    2
... ...
(between_SS/total_SS=99.3%)
```

其中, sizes 表示各类的个数, 12 个国家被聚为大小分别为 1、3、1、7 的 4 个类; Cluster means 表示各类逐年的均值; Clustering vector 表示按地区原顺序聚类后的分类情况; between_SS/total_SS 表示类间平方和在总平方和中的占比, 这个值越大 (这里为 99.3%), 表示类与类之间的差异越明显, 聚类效果越好。

在实际问题中, 随着设定的初始随机集合个数不同、采用的算法不同以及随机性的影响, 聚类的结果可能有微小的差异。对分类结果进行排序并查看, R 程序及排序结果如下:

```
> sort(KM4$cluster)     # 对分类结果进行排序并查看分类情况
  中国  俄罗斯  印度   日本   美国   巴西   南非  加拿大  德国   法国   英国  意大利
   1      2     2      2      3      4      4      4      4      4      4      4
```

即按分类结果排序, 12 个国家若聚为 4 类, 则分别为:

第 1 类: 中国;

第 2 类: 俄罗斯, 印度, 日本;

第 3 类: 美国;

第 4 类: 巴西, 南非, 加拿大, 德国, 法国, 英国, 意大利。

如果将类别个数设定为 5, 则 R 程序及排序结果如下:

```
> KM5<-kmeans(d7.2,5,nstart=10,algorithm="Hartigan-Wong")      # 聚类个数设定为 5
> sort(KM5$cluster)     # 对分类结果进行排序并查看分类情况
  中国   美国   印度  俄罗斯  日本   南非   英国  意大利  巴西  加拿大  德国   法国
   1      1     2      3      3      4      4      4      5      5      5      5
```

即 12 个国家若聚为 5 类, 则分别为:

第 1 类: 中国, 美国;

第 2 类: 印度;

第 3 类: 俄罗斯, 日本;

第 4 类: 南非, 英国, 意大利;

第 5 类: 巴西, 加拿大, 德国, 法国。

分析比较: 两种情形下, 英国、南非和意大利都属于发电量最低的一类; 巴西、加拿大、德国和法国稍好, 属于发电量次低的一类; 中国和美国始终位列前二, 而印度、俄罗斯和日本的分类稍有变化。

实际上, 还可以借助树状图对聚类情况有一个直观的了解。R 程序及树状图如下:

```
> d<-dist(d7.2,method="euclidean",diag=T,upper=F,p=2)     # 仿照例 7.1 计算距离矩阵
> HC<-hclust(d,method="single")      # 采用最小距离法聚类
> plot(HC,hang=-1)                   # 绘制最小距离法聚类树状图, 见图 7-3
```

k-均值聚类法的一个重要问题是 k 值的选择。一个常用的选择指标是类间平方和在总平方和中的占比 (between_SS/total_SS), 记作 r_k, 该比值越大, 说明类间差异越大, 类

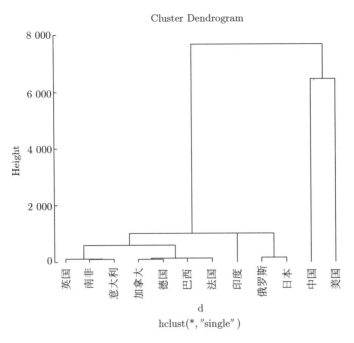

图 7-3　金砖国家和七国集团总发电量聚类树状图

内差异越小, 表示聚类效果越好。但 k 也不能太大, 否则分类太零碎。因此需要在 "比值 r_k 较大" 和 "k 值较小" 两者之间综合考虑。可用 R 程序对 k 由小到大逐项计算比值 r_k 来权衡决定。

```
> kms7.2<-read.csv("exam7.2.csv",header=T)    # 将 exam7.2.csv 数据读入 kms7.2
> rk=rep(1,6)
> for(k in 1:6) {
    km=kmeans(kms7.2[,-1],centers=k)
    rk[k]=km$betweenss/km$totss
    }
> rks=round(rk,3); rks    # 从 1 到 6 依次计算 r_k 序列值, 取三位小数
[1] 0.000 0.899 0.925 0.929 0.931 0.931
```

可见 $r_4=0.929$, $r_5=0.931$, 两个比值差别很小, 故取 $k = 4$ 较为合适。

7.4　EM 聚类法

除了经典的系统聚类函数 hclust 和应用最为广泛的 k-均值聚类函数 kmeans 之外, R 中还发展出了若干新的聚类分析函数, 包括进行 k-中心点聚类的 pam 函数 (需先加载 clust 程序包)、进行密度聚类的 dbscan 函数 (需先下载并加载 fpc 程序包) 和进行期望

最大化 (expectation-maximization, EM) 聚类的 Mclust 函数 (需先下载并加载 mclust 程序包) 等。

EM 聚类法的算法设计是基于统计分布的, 它认为全体观测值可被分成 k(待定) 个 "自然小类", 其中每个小类所包含的观测值来自一个特定的统计分布总体, 全体观测值是来自 k 个统计分布总体的混合样本。EM 聚类法的难点在于: 不但分类数 k 是未知的, 需要确定, 而且即使知道分类数 k, 这 k 个总体分布包含的参数也是未知的, 需要通过观测值来估计, 同时各个观测值归入各个总体的概率也需要逐个计算。EM 聚类法在潜变量 (如样本归属某个小类的概率) 和分布参数 (如某小类总体分布参数) 未知的情况下, 通过迭代方式最大化似然函数来实现。在确定分类数为 k 的条件下 (常对较小的 $k=1$, $2, 3, \cdots$ 逐个尝试, 然后用某种标准 (如 BIC 准则) 挑选最佳的 k), EM 聚类法的迭代思路是: 设关于分类参数 z 和成分参数 θ 的两个参数集合为 Z 和 Θ。初始步, 从集合 Θ 中指定一个值作为 t 时刻成分参数 θ 的估计值, 记作 $\theta^{(t)}$; 第一步, 在 $\theta^{(t)}$ 的基础上找到 t 时刻使联合概率最大的分类参数 $z^{(t)} \in Z$; 第二步, 在 $z^{(t)}$ 基础上计算使对数似然函数最大的成分参数 θ, 记作 $\theta^{(t+1)}$。重复上述第一步和第二步, 直到成分参数和分类参数均收敛到固定值为止。上述两个步骤分别称为 EM 聚类法的 E 步和 M 步, 通过 "反复估计" 找出参数的最优迭代解, 同时给出相应的最优分类数 k。关于 EM 聚类法的详细介绍可参阅相关文献资料。

Mclust 函数的使用格式为:

```
Mclust(data,G,modelNames,prior,control,…)
```

其中, data 为待聚类数据集; G 为预设类别数, 默认值为 1~9, 由软件根据 BIC 值选择最优值; modelNames 用于设定模型类别, 也由软件自动选取最优值。详情可参考 R 帮助文件和相关参考文献资料。

下面以一个例子来说明 EM 聚类函数 Mclust 的使用方法, 并绘制图形展示聚类结果。

例 7.3　R 软件内置数据集中包含一个由地质学家于 1978 年 8 月至 1979 年 8 月在美国黄石国家公园旅游景点老忠实泉 (Old Faithful) 记录的间歇喷泉喷发数据集, 名为 faithful。数据集有 272 行 2 列, 两列数据分别是泉水喷发持续时间 (eruptions) 和喷发间隔时间 (waiting), 单位均为分钟。下面用两种方法进行 EM 聚类: (1) 直接对样本进行 EM 聚类; (2) 先在样本中混入均匀分布随机点增大样本量后再进行 EM 聚类。

解: (1) 用程序包 mclust 中的函数 Mclust 对数据集 faithful 直接进行 EM 聚类, R 程序如下:

```
# 期望最大化聚类 (EM 聚类), 需先下载并加载 R 程序包 mclust
> library(mclust)          # 这里用的 mclust 的版本为 5.4.9
Warning message: 程辑包 'mclust' 是用 R 版本 4.0.5 来建造的
```

```
> EM1<-Mclust(faithful)              # 直接进行 EM 聚类
fitting ...
|==================================================================| 100
> summary(EM1,parameter=TRUE)        # 查看建模结果
--------------------------------------------------------
Gaussian finite mixture model fitted by EM algorithm
--------------------------------------------------------
Mclust EEE (ellipsoidal, equal volume, shape and orientation) model with 3 components:
 log.likelihood    n   df        BIC         ICL
     -1126.326    272   11   -2314.316   -2357.824
Clustering table:
   1    2    3
  40   97  135
Mixing probabilities:
         1            2            3
 0.1656784    0.3563696    0.4779520
Means:
               [,1]         [,2]         [,3]
 eruptions   3.793066     2.037596     4.463245
 waiting    77.521051    54.491158    80.833439
Variances:
[,,1]
            eruptions      waiting
 eruptions  0.07825448    0.4801979
 waiting    0.48019785   33.7671464
[,,2]
            eruptions      waiting
 eruptions  0.07825448    0.4801979
 waiting    0.48019785   33.7671464
[,,3]
            eruptions      waiting
 eruptions  0.07825448    0.4801979
 waiting    0.48019785   33.7671464
> plot(EM1,what="classification")    # 绘制聚类结果的概率分布图（见图7-4）
```

从程序输出结果和图 7-4 可以看出, 全部 272 个原始数据被聚为 3 类, 样本大小分别为 40（圆点）、97（空心方块点）和 135（三角点）, 占比依次约为 0.165 7、0.356 4 和 0.478 0。3 个类的均值分别为 (3.793 1, 77.521 1)、(2.037 6, 54.491 2) 和 (4.463 2, 80.833 4), 同时输出 3 类数据对应的协方差矩阵以及似然函数值和 BIC 值等。

(2) 首先在 faithful 数据分布范围内随机生成 728 个均匀分布随机数, 将它们与原有的 faithful 数据混合, 得到大小为 1 000 的混合样本, 再用 Mclust 函数对混合样本进行

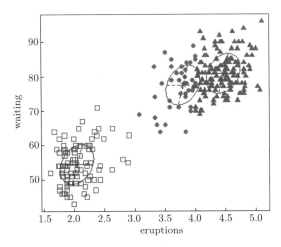

图 7-4　对 faithful 数据直接进行 EM 聚类的结果图

EM 聚类分析。R 程序及输出结果如下：

```
> nNoise<-728       # 设定均匀分布噪声数据个数
> set.seed(9)       # 设置随机数种子
> Noise<-apply(faithful,2,function(x)runif(nNoise,min=min(x)-0.1,max=max(x)+0.1))
     # 在 faithful 数据分布范围内生成 nNoise=728 行 2 列的均匀分布噪声数据
> data<-rbind(faithful,Noise)   # 按行合并 faithful 和 Noise，得到 1 000 个混合数据样本
> plot(faithful)                # 绘制喷发-间隔数据散点图
> points(Noise,pch=16,cex=0.5)  # 在上面的散点图中绘入 728 个均匀分布数据点
> NoiseInit<-sample(c(TRUE,FALSE),size=nrow(faithful)+nNoise,replace=TRUE,
               prob=c(3,1)/4)
> EM2<-Mclust(data,initialization=list(noise=NoiseInit))      # 进行 EM 聚类
fitting ...
|================================================================| 100
> summary(EM2,parameter=TRUE)   # 查看建模结果
----------------------------------------------------
Gaussian finite mixture model fitted by EM algorithm
----------------------------------------------------
Mclust EEI (diagonal, equal volume and shape) model with 2 components and a noise
term:
 log.likelihood    n   df       BIC        ICL
    -5185.799     1000   9    -10433.77  -10828.2
Clustering table:
   1     2     0
  83   167   750
Mixing probabilities:
```

```
                1            2            0
     0.08432429   0.15219803   0.76347769
Means:
                    [,1]         [,2]
   eruptions      2.120904     4.331225
   waiting       54.118834    79.906843
Variances:
[,,1]
             eruptions    waiting
   eruptions  0.1123591    0.00000
   waiting    0.0000000   20.08491
[,,2]
             eruptions    waiting
   eruptions  0.1123591    0.00000
   waiting    0.0000000   20.08491
Hypervolume of noise component:
195.8854
> plot(EM2,what="classification")    # 绘制聚类结果的概率分布图（见图 7-5）
```

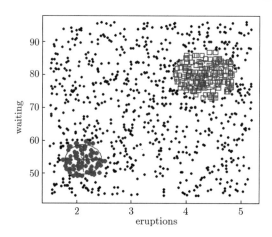

图 7-5   对 faithful 数据与均匀分布数据的混合样本进行 EM 聚类的结果图

从程序输出结果和图 7-5 可以看出，原始样本点大致被聚为两类，样本大小分别为
83（圆点）和 167（空心方块点），其余 750 个点均被视为噪声点。两个类的均值分别为
(2.120 9, 54.118 8) 和 (4.331 2, 79.906 8)，同样也输出了两类数据对应的协方差矩阵以
及似然函数值和 BIC 值等。

从图 7-5 还可以看出，对混合样本的 EM 聚类基本没有受到均匀分布噪声的影响，
它将 faithful 数据聚为两类。这与 (1) 中采用直接聚类法聚成三类的结果有所区别，所
以不同的聚类方法会产生不同的聚类结果。在样本数据量较小时，适当加入一些均匀分
布数据点也许能改进聚类效果。比如本例，将图 7-4 中右上角的两类合并成一个大类 (即
合并成图 7-5 右上角的一个大类) 可能更符合实际情况。

习 题

7.1 (数据文件为 exe7.1) 表 7-6 给出了 20 种啤酒 (12 盎司) 的热量、钠含量、酒精含量和价格数据。根据这 4 个变量对 20 种啤酒进行聚类 (本题选自本章参考文献 [3])。

表 7-6 20 种啤酒的热量、钠含量、酒精含量和价格数据

啤酒名	热量	钠含量	酒精含量	价格
Budweiser	144.00	19.00	4.70	0.43
Schlitz	181.00	19.00	4.90	0.43
Ionenbrau	157.00	15.00	4.90	0.48
Kronensourc	170.00	7.00	5.20	0.73
Heineken	152.00	11.00	5.00	0.77
Old-milnaukee	145.00	23.00	4.60	0.26
Aucsberger	175.00	24.00	5.50	0.40
Strchs-bohemi	149.00	27.00	4.70	0.42
Miller-lite	99.00	10.00	4.30	0.43
Sudeiser-lich	113.00	6.00	3.70	0.44
Coors	140.00	16.00	4.60	0.44
Coorslicht	102.00	15.00	4.10	0.46
Michelos-lich	135.00	11.00	4.20	0.50
Secrs	150.00	19.00	4.70	0.76
Kkirin	149.00	6.00	5.00	0.79
Pabst-extral	68.00	15.00	2.30	0.36
Hamms	136.00	19.00	4.40	0.43
Heilemans-old	144.00	24.00	4.90	0.43
Olympia-gold	72.00	6.00	2.90	0.46
Schlite-light	97.00	7.00	4.20	0.47

7.2 (数据文件为 exe7.2) 现有 16 种饮料的热量、咖啡因含量、钠含量和价格数据，如表 7-7 所示。根据这 4 个变量对 16 种饮料进行聚类 (本题选自本章参考文献 [4])。

表 7-7 16 种饮料的热量、咖啡因含量、钠含量和价格数据

饮料编号	热量	咖啡因含量	钠含量	价格
1	207.20	3.30	15.50	2.80
2	36.80	5.90	12.90	3.30
3	72.20	7.30	8.20	2.40
4	36.70	0.40	10.50	4.00
5	121.70	4.10	9.20	3.50
6	89.10	4.00	10.20	3.30
7	146.70	4.30	9.70	1.80
8	57.60	2.20	13.60	2.10

续表

饮料编号	热量	咖啡因含量	钠含量	价格
9	95.90	0.00	8.50	1.30
10	199.00	0.00	10.60	3.50
11	49.80	8.00	6.30	3.70
12	16.60	4.70	6.30	1.50
13	38.50	3.70	7.70	2.00
14	0.00	4.20	13.10	2.20
15	118.80	4.70	7.20	4.10
16	107.00	0.00	8.30	4.20

7.3 (数据文件为 exe7.3) 表 7-8 给出了 2017 年全国 113 个环保重点城市的空气质量年度数据。它们分别为: 二氧化硫年平均浓度 ($\mu g/m^3$, x_1); 二氧化氮年平均浓度 ($\mu g/m^3$, x_2); 可吸入颗粒物 (PM10) 年平均浓度 ($\mu g/m^3$, x_3); 一氧化碳日均值第 95 百分位浓度 (mg/m^3, x_4); 臭氧 (O_3) 日最大 8 小时第 90 百分位浓度 ($\mu g/m^3$, x_5); 细颗粒物 (PM2.5) 年平均浓度 ($\mu g/m^3$, x_6); 空气质量达到及优于二级的天数 (天, x_7)。根据该数据对这 113 个城市进行 k-均值聚类分析。

表 7-8　2017 年全国 113 个环保重点城市的空气质量年度数据 (部分)

城市	x_1	x_2	x_3	x_4	x_5	x_6	x_7
北京	8	46	84	2.1	193	58	226
天津	16	50	94	2.8	192	62	209
石家庄	33	54	154	3.6	201	86	151
唐山	40	59	119	3.8	205	66	205
秦皇岛	26	49	82	2.9	170	44	268
邯郸	36	51	154	3.4	195	86	142
保定	29	50	135	3.6	218	84	159
太原	54	54	131	2.5	185	65	176
大同	44	32	73	3.0	154	36	301
阳泉	49	48	116	2.5	198	61	193
长治	43	41	103	3.1	188	60	195
临汾	79	37	122	4.1	214	79	128
呼和浩特	29	45	95	2.8	167	43	255
⋮	⋮	⋮	⋮	⋮	⋮	⋮	⋮
贵阳	13	27	53	1.1	121	32	347
遵义	12	28	54	1.1	109	33	344
昆明	15	32	58	1.2	124	28	360
曲靖	18	23	54	1.4	126	28	357
玉溪	16	22	47	1.9	125	23	362
拉萨	8	23	54	1.1	128	20	361

续表

城市	x_1	x_2	x_3	x_4	x_5	x_6	x_7
西安	19	59	126	2.8	185	73	180
铜川	20	35	91	2.2	165	52	242
宝鸡	12	41	102	2.1	155	58	247
咸阳	21	54	132	2.4	201	79	154
渭南	18	56	129	2.3	183	70	165
延安	32	52	90	3.0	146	42	313
兰州	20	57	111	2.8	161	49	232
金昌	27	16	74	1.0	138	24	322
西宁	24	40	83	2.8	136	34	294
银川	48	42	106	2.5	169	48	232
石嘴山	55	32	97	2.0	162	43	243
乌鲁木齐	13	49	105	3.4	122	70	241
克拉玛依	8	23	69	1.6	131	34	318

资料来源: 国家统计局. 中国统计年鉴 (2018). 北京: 中国统计出版社, 2018.

7.4 (数据文件为 exe7.4) 表 7-9 给出了 2017 年全国 31 个省、自治区、直辖市 (不含港澳台) 农村居民人均消费支出的 8 个主要指标数据, 根据这些数据对 31 个省份进行聚类分析。

表 7-9 2017 年我国各地农村居民人均消费支出数据 单位: 元

地区	食品烟酒 (x_1)	衣着 (x_2)	居住 (x_3)	生活用品及服务 (x_4)	交通通信 (x_5)	教育文化娱乐 (x_6)	医疗保健 (x_7)	其他用品及服务 (x_8)
北京	4 653.2	1 024.6	5 587.8	1 596.1	2 729.9	1 313.7	1 699.3	205.8
天津	4 851.5	1 128.2	3 354.4	1 100.5	2 902.0	1 343.2	1 407.2	298.9
河北	2 817.2	684.4	2 380.8	668.5	1 689.4	1 014.1	1 072.6	208.9
山西	2 308.3	577.5	1 901.9	393.0	1 028.0	1 127.2	937.5	150.6
内蒙古	3 384.7	842.3	2 194.3	522.1	2 055.6	1 638.6	1 288.4	258.4
辽宁	2 883.4	694.7	2 200.9	512.6	1 745.5	1 295.0	1 251.4	203.8
吉林	2 903.2	682.5	1 837.3	409.3	1 531.0	1 302.5	1 399.6	214.1
黑龙江	2 788.3	776.6	1 722.7	428.1	1 667.7	1 362.1	1 551.2	227.2
上海	6 114.1	925.3	4 722.9	935.2	2 365.9	1 219.8	1 456.4	350.2
江苏	4 510.7	892.0	3 395.2	954.3	2 619.5	1 450.5	1 395.0	394.4
浙江	5 608.2	955.8	4 358.4	842.1	3 102.5	1 590.9	1 370.2	265.3
安徽	3 726.0	565.6	2 618.2	589.0	1 346.0	1 075.0	1 006.8	179.5
福建	5 162.2	630.8	3 547.9	721.0	1 555.0	1 174.6	906.5	305.4
江西	3 314.4	502.0	2 558.2	537.4	1 067.4	1 004.1	718.2	168.6
山东	2 960.4	585.2	1 973.5	690.2	1 710.4	1 140.9	1 129.3	152.1
河南	2 495.9	712.4	2 005.5	647.2	1 245.4	1 030.3	909.0	166.0

续表

地区	食品烟酒 (x_1)	衣着 (x_2)	居住 (x_3)	生活用品 及服务 (x_4)	交通通信 (x_5)	教育文化 娱乐 (x_6)	医疗保健 (x_7)	其他用品 及服务 (x_8)
湖北	3 332.4	626.4	2 512.3	706.2	1 384.7	1 330.7	1 438.3	301.6
湖南	3 521.2	527.2	2 562.5	642.8	1 234.5	1 710.2	1 171.8	163.4
广东	5 303.9	459.5	2 902.4	722.8	1 423.6	1 186.0	921.7	279.7
广西	3 042.8	286.7	2 119.8	495.2	1 288.5	1 127.9	931.0	144.8
海南	4 021.3	321.9	1 839.2	379.3	1 041.5	1 197.0	629.5	169.7
重庆	3 993.1	598.2	1 967.3	749.0	1 334.1	1 226.2	883.9	184.2
四川	4 235.2	682.9	2 157.1	782.3	1 378.2	847.7	1 093.6	219.6
贵州	2 505.2	416.1	1 942.6	449.9	1 080.6	1 183.3	602.5	118.9
云南	2 612.8	320.6	1 509.1	459.6	1 308.6	1 044.0	681.5	91.1
西藏	3 283.9	735.7	947.5	433.6	794.2	238.6	147.5	110.6
陕西	2 417.3	530.6	2 144.9	577.1	1 114.4	1 082.8	1 260.4	178.0
甘肃	2 438.2	507.9	1 561.5	484.9	1 016.0	993.7	890.6	136.8
青海	2 944.7	670.0	1 739.1	488.3	1 629.3	897.1	1 270.4	263.8
宁夏	2 522.2	718.6	1 958.2	574.4	1 675.2	1 212.4	1 131.2	189.3
新疆	2 667.3	710.3	1 659.8	408.5	1 421.4	747.5	970.7	127.1

资料来源: 国家统计局. 中国统计年鉴 (2018). 北京: 中国统计出版社, 2018.

7.5 (数据文件为 exe7.5) 表 7-10 给出了 2017 年我国 30 个省、自治区、直辖市 (不含港澳台和西藏) 房地产业的相关统计数据: 商品房平均销售价格 (x_1); 住宅商品房平均销售价格 (x_2); 别墅、高档公寓平均销售价格 (x_3); 办公楼商品房平均销售价格 (x_4); 商业营业用房平均销售价格 (x_5); 其他商品房平均销售价格 (x_6)。根据这些数据对 30 个省份进行聚类分析。

表 7-10 2017 年我国 30 个省份房地产数据　　　　　　　　单位: 元/平方米

地区	x_1	x_2	x_3	x_4	x_5	x_6
北京	32 140	34 117	49 926	34 539	36 370	9 385
天津	15 331	15 139	17 951	18 327	17 291	14 117
河北	7 203	7 039	10 253	10 334	9 115	4 882
山西	5 619	5 457	10 899	8 810	9 211	4 251
内蒙古	4 628	4 239	6 783	6 950	7 793	4 625
辽宁	6 681	6 458	11 121	10 943	9 787	6 512
吉林	6 021	5 748	10 357	7 811	8 283	5 095
黑龙江	6 471	6 073	12 057	11 444	8 720	5 897
上海	23 804	24 866	54 399	31 753	26 249	6 024
江苏	9 195	9 070	14 010	10 923	11 633	5 222
浙江	12 855	13 430	15 779	13 661	13 906	5 343
安徽	6 375	6 137	8 932	8 067	8 781	3 838
福建	9 746	9 284	15 557	17 560	12 279	6 678

续表

地区	x_1	x_2	x_3	x_4	x_5	x_6
江西	6 150	5 800	7 773	8 582	8 808	5 340
山东	6 319	6 153	10 876	9 787	8 796	4 138
河南	5 355	5 038	10 155	9 555	7 658	5 691
湖北	7 675	7 307	9 037	14 474	10 794	7 695
湖南	5 228	4 846	8 089	9 101	8 877	4 011
广东	11 776	11 416	16 573	21 151	14 529	7 555
广西	5 834	5 623	8 945	9 540	9 560	5 049
海南	11 837	11 381	18 008	17 334	18 918	24 187
重庆	6 792	6 605	11 107	9 623	9 926	3 612
四川	6 217	5 888	11 138	9 042	10 253	3 635
贵州	4 771	4 165	8 820	6 667	8 719	3 737
云南	5 919	5 664	6 193	8 039	8 406	4 685
陕西	6 840	6 477	10 897	10 519	10 368	5 564
甘肃	5 709	5 326	9 403	14 016	8 839	4 457
青海	6 001	5 298	13 132	8 025	10 235	3 795
宁夏	4 544	4 243	6 658	8 119	6 810	3 526
新疆	4 965	4 538	7 885	7 745	7 407	3 862

资料来源: 国家统计局. 中国统计年鉴 (2018). 北京: 中国统计出版社, 2018.

参考文献

[1] 方开泰. 实用多元统计分析. 上海: 华东师范大学出版社, 1989.

[2] 王学仁, 王松桂. 实用多元统计分析. 上海: 上海科学技术出版社, 1990.

[3] 薛毅, 陈立萍. R 语言实用教程. 北京: 清华大学出版社, 2014.

[4] 卢纹岱. SPSS for Windows 统计分析. 3 版. 北京: 电子工业出版社, 2006.

[5] 费宇. 应用数理统计——基本概念与方法. 北京: 科学出版社, 2007.

[6] 张良均, 等. R 语言与数据挖掘. 北京: 机械工业出版社, 2016.

[7] 吴喜之. 复杂数据统计方法——基于 R 的应用. 3 版. 北京: 中国人民大学出版社, 2015.

C 第 8 章
Chapter 8
判别分析

判别分析 (discriminant analysis) 是在已知样品分类的前提下, 将给定的新样品按照某种分类规则判入某个类中, 它是研究如何将个体 "归类" 的一种统计分析方法。这种判别准则通常是以已有的样品数据资料作为所谓的 "训练样本" 建立起来的, 并运用它对待判个体进行判别。这里的待判个体可以是一个新样品, 也可以是之前建立判别准则时的既用样品 (一般称对既用样品的判别为 "回判")。这种统计方法在实际中很常用, 也很重要。例如, 医生在掌握各种病症 (如肺炎、肝炎、冠心病、糖尿病等) 指标特点的情况下, 根据一个新患者的相关检查指标来判断该患者患有哪种病症; 又如, 在天气预报中, 工作人员可利用已有的一段时期内某地区每天的气象记录资料 (阴晴雨、气温、风向、气压、湿度等), 建立一种判别准则来判别 (预报) 明天或未来多天的天气状况; 再如, 研究人员依照国家划分不同地区经济类型的数量标准, 根据某个地区的人均收入、GDP、消费水平等相关指标判断该地区的经济类型等。当然, 我们要求判别准则在某种意义下是最优的, 例如样品距所属类别的距离最短, 或样品归属某个类别的概率最大, 或平均误判损失最小, 等等。

判别分析与聚类分析的主要区别在于: 进行聚类分析时, 人们事先并不知道所讨论的样品应该分成几类, 完全根据样品数据的具体情况来确定; 而进行判别分析时, 样品分为几个类事先已经明确, 需要做的主要工作是利用训练样本建立判别准则, 对待判样品所属类别进行判定。

判别分析的方法很多, 本章主要介绍四种常用的判别方法, 即距离判别、Fisher 判别、Bayes 判别和二次判别, 并介绍它们在 R 中的实现过程。最后利用一个实际案例将上一章的 k-均值聚类和本章的 Fisher 判别、Bayes 判别及距离判别进行综合比较分析。

8.1 距离判别

8.1.1 距离判别简介

距离是判别分析中的基本概念, 距离判别法根据一个样品与各个类别的距离的远近对该样品的所属类别进行判定。第 7 章中列举了六种距离, 其中常用的是欧氏距离和马氏距离。设 $\boldsymbol{x} = (x_1, x_2, \cdots, x_p)^{\mathrm{T}}$ 和 $\boldsymbol{y} = (y_1, y_2, \cdots, y_p)^{\mathrm{T}}$ 是两个随机向量, 有相同的协

方差矩阵 $\boldsymbol{\Sigma}$, 则 $\boldsymbol{x}$ 与 $\boldsymbol{y}$ 之间的马氏距离定义为

$$d(\boldsymbol{x},\boldsymbol{y}) = \sqrt{(\boldsymbol{x}-\boldsymbol{y})^{\mathrm{T}}\boldsymbol{\Sigma}^{-1}(\boldsymbol{x}-\boldsymbol{y})} \tag{8.1}$$

特别地, 当 $\boldsymbol{\Sigma}=\boldsymbol{I}$ 时, 马氏距离就是通常的欧氏距离。

在判别分析中, 马氏距离更常用, 这是因为欧氏距离对每个样品同等对待, 将样品 $\boldsymbol{x}$ 的各分量视作互不相关, 而马氏距离考虑了样品数据之间的依存关系, 从绝对和相对两个角度考察样品, 消除了变量单位不一致的影响, 更具合理性。

这里以二维情形下一个简单的图形做一个直观的解释: 如图 8-1 所示, 设大椭圆和小椭圆分别表示两个总体 G_1 和 G_2 的置信度均为 $1-\alpha$ 的置信区域, 尽管样品 $\boldsymbol{x}$ 到总体 G_2 的欧氏距离比到总体 G_1 的欧氏距离短, 但 $\boldsymbol{x}$ 却包含在总体 G_1 的置信椭圆内, 同时位于总体 G_2 的置信椭圆外, 说明若用马氏距离这种 "标准化" 距离来度量, 样品 $\boldsymbol{x}$ 到总体 G_1 的距离更近, 应该把样品 $\boldsymbol{x}$ 判入总体 G_1。

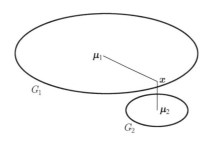

图 8-1 欧氏距离与马氏距离的选择示意图

8.1.2 两个总体的距离判别

设有两个总体 G_1 和 G_2, 其均值分别为 $\boldsymbol{\mu}_1$ 和 $\boldsymbol{\mu}_2$, 有相同的协方差矩阵 $\boldsymbol{\Sigma}$, 对于一个给定的样品 $\boldsymbol{x}$, 判断它属于哪一个总体。如果将样品 $\boldsymbol{x}$ 到两个总体 G_1 和 G_2 的距离 $d(\boldsymbol{x},G_1)$ 和 $d(\boldsymbol{x},G_2)$ 分别规定为 $\boldsymbol{x}$ 与 $\boldsymbol{\mu}_i$ $(i=1,2)$ 的马氏距离, 那么, 直观的方法是分别计算样品 $\boldsymbol{x}$ 到两个总体 G_1 和 G_2 的马氏距离 $d(\boldsymbol{x},\boldsymbol{\mu}_1)$ 和 $d(\boldsymbol{x},\boldsymbol{\mu}_2)$, 再根据这两个距离的大小来判断 $\boldsymbol{x}$ 的归属: 当 $d(\boldsymbol{x},\boldsymbol{\mu}_1)<d(\boldsymbol{x},\boldsymbol{\mu}_2)$ 时, $\boldsymbol{x}$ 属于总体 G_1; 当 $d(\boldsymbol{x},\boldsymbol{\mu}_1)>d(\boldsymbol{x},\boldsymbol{\mu}_2)$ 时, $\boldsymbol{x}$ 属于总体 G_2; 当 $d(\boldsymbol{x},\boldsymbol{\mu}_1)=d(\boldsymbol{x},\boldsymbol{\mu}_2)$ 时, $\boldsymbol{x}$ 可以属于总体 G_1 和 G_2 中的任何一个, 通常把 $\boldsymbol{x}$ 判入总体 G_1。故判别准则可描述为

$$\begin{cases} \boldsymbol{x}\in G_1, & d(\boldsymbol{x},\boldsymbol{\mu}_1)\leqslant d(\boldsymbol{x},\boldsymbol{\mu}_2) \\ \boldsymbol{x}\in G_2, & d(\boldsymbol{x},\boldsymbol{\mu}_1)> d(\boldsymbol{x},\boldsymbol{\mu}_2) \end{cases}$$

由于在相互比较时, 马氏距离的定义式 (8.1) 与马氏距离的平方等价, 为方便起见, 以下考虑两个马氏距离的平方的差

$$d^2(\boldsymbol{x},\boldsymbol{\mu}_2) - d^2(\boldsymbol{x},\boldsymbol{\mu}_1) = (\boldsymbol{x}-\boldsymbol{\mu}_2)^{\mathrm{T}}\boldsymbol{\Sigma}^{-1}(\boldsymbol{x}-\boldsymbol{\mu}_2) - (\boldsymbol{x}-\boldsymbol{\mu}_1)^{\mathrm{T}}\boldsymbol{\Sigma}^{-1}(\boldsymbol{x}-\boldsymbol{\mu}_1)$$

$$= 2\left(\boldsymbol{x}-\frac{\boldsymbol{\mu}_1+\boldsymbol{\mu}_2}{2}\right)^{\mathrm{T}}\boldsymbol{\Sigma}^{-1}(\boldsymbol{\mu}_1-\boldsymbol{\mu}_2) \tag{8.2}$$

令 $\bar{\boldsymbol{\mu}} = \dfrac{\boldsymbol{\mu}_1 + \boldsymbol{\mu}_2}{2}$, $\boldsymbol{a} = \boldsymbol{\Sigma}^{-1}(\boldsymbol{\mu}_1 - \boldsymbol{\mu}_2)$, 并记

$$W(\boldsymbol{x}) = \left(\boldsymbol{x} - \dfrac{\boldsymbol{\mu}_1 + \boldsymbol{\mu}_2}{2}\right)^{\mathrm{T}} \boldsymbol{\Sigma}^{-1}(\boldsymbol{\mu}_1 - \boldsymbol{\mu}_2) = (\boldsymbol{x} - \bar{\boldsymbol{\mu}})^{\mathrm{T}}\boldsymbol{a} \tag{8.3}$$

于是判别准则等价于

$$\begin{cases} \boldsymbol{x} \in G_1, & W(\boldsymbol{x}) \geqslant 0 \\ \boldsymbol{x} \in G_2, & W(\boldsymbol{x}) < 0 \end{cases}$$

这个判别准则取决于 $W(\boldsymbol{x})$ 的值, 通常称 $W(\boldsymbol{x})$ 为判别函数, 由于它是 $\boldsymbol{x}$ 的线性函数, 又称其为线性判别函数, 称 $\boldsymbol{a}$ 为判别系数向量。线性判别函数 $W(\boldsymbol{x})$ 的使用最方便, 也最广泛。

特别地, 当 $p = 1$, G_1 和 G_2 的分布分别为 $N(\mu_1, \sigma^2)$ 和 $N(\mu_2, \sigma^2)$, μ_1, μ_2, σ^2 均为已知, 且 $\mu_1 < \mu_2$ 时, 判别系数为 $a = \dfrac{\mu_1 - \mu_2}{\sigma^2} < 0$, 判别函数为 $W(x) = a(x - \bar{\mu})$。判别准则为:

$$\begin{cases} x \in G_1, & x \leqslant \bar{\mu} \\ x \in G_2, & x > \bar{\mu} \end{cases}$$

在实际应用中, 总体的均值和协方差矩阵一般是未知的, 可由样本均值和样本协方差矩阵分别进行估计。设 $\boldsymbol{X}_1^{(1)}, \boldsymbol{X}_2^{(1)}, \cdots, \boldsymbol{X}_{n_1}^{(1)}$ 是来自总体 G_1 的样本, $\boldsymbol{X}_1^{(2)}, \boldsymbol{X}_2^{(2)}, \cdots, \boldsymbol{X}_{n_2}^{(2)}$ 是来自总体 G_2 的样本, $\boldsymbol{\mu}_1$ 和 $\boldsymbol{\mu}_2$ 的无偏估计分别为

$$\overline{\boldsymbol{X}}^{(1)} = \dfrac{1}{n_1} \sum_{i=1}^{n_1} \boldsymbol{X}_i^{(1)}, \quad \overline{\boldsymbol{X}}^{(2)} = \dfrac{1}{n_2} \sum_{i=1}^{n_2} \boldsymbol{X}_i^{(2)}$$

协方差矩阵 $\boldsymbol{\Sigma}$ 的一个联合无偏估计为

$$\widehat{\boldsymbol{\Sigma}} = \dfrac{1}{n_1 + n_2 - 2}[(n_1 - 1)\boldsymbol{S}_1 + (n_2 - 1)\boldsymbol{S}_2]$$

这里 $\boldsymbol{S}_i = \dfrac{1}{n_i - 1} \sum_{j=1}^{n_i} (\boldsymbol{X}_j^{(i)} - \overline{\boldsymbol{X}}^{(i)})(\boldsymbol{X}_j^{(i)} - \overline{\boldsymbol{X}}^{(i)})^{\mathrm{T}}$ $(i = 1, 2)$。判别函数为 $\widehat{W}(\boldsymbol{x}) = (\boldsymbol{x} - \overline{\boldsymbol{X}})^{\mathrm{T}}\hat{\boldsymbol{a}}$, 其中, $\overline{\boldsymbol{X}} = \dfrac{1}{2}(\overline{\boldsymbol{X}}^{(1)} + \overline{\boldsymbol{X}}^{(2)})$, $\hat{\boldsymbol{a}} = \widehat{\boldsymbol{\Sigma}}^{-1}(\overline{\boldsymbol{X}}^{(1)} - \overline{\boldsymbol{X}}^{(2)})$。这样, 判别准则为

$$\begin{cases} \boldsymbol{x} \in G_1, & \widehat{W}(\boldsymbol{x}) \geqslant 0 \\ \boldsymbol{x} \in G_2, & \widehat{W}(\boldsymbol{x}) < 0 \end{cases}$$

应该注意, 当 $\boldsymbol{\mu}_1 \neq \boldsymbol{\mu}_2$, $\boldsymbol{\Sigma}_1 \neq \boldsymbol{\Sigma}_2$ 时, 我们仍可采用式 (8.2) 的变式作为判别函数, 即

$$W^*(\boldsymbol{x}) = d^2(\boldsymbol{x}, \boldsymbol{\mu}_2) - d^2(\boldsymbol{x}, \boldsymbol{\mu}_1)$$
$$= (\boldsymbol{x} - \boldsymbol{\mu}_2)^{\mathrm{T}} \boldsymbol{\Sigma}_2^{-1}(\boldsymbol{x} - \boldsymbol{\mu}_2) - (\boldsymbol{x} - \boldsymbol{\mu}_1)^{\mathrm{T}} \boldsymbol{\Sigma}_1^{-1}(\boldsymbol{x} - \boldsymbol{\mu}_1) \tag{8.4}$$

它是 $\boldsymbol{x}$ 的二次函数, 相应的判别准则为

$$\begin{cases} \boldsymbol{x} \in G_1, & W^*(\boldsymbol{x}) \geqslant 0 \\ \boldsymbol{x} \in G_2, & W^*(\boldsymbol{x}) < 0 \end{cases}$$

最后要强调的就是进行距离判别时, $\boldsymbol{\mu}_1$ 和 $\boldsymbol{\mu}_2$ 要有显著的差异才行, 否则判别的误差较大, 判别结果没有多大意义。

例 8.1 (数据文件为 exam8.1)　为研究舒张期血压和血浆胆固醇对冠心病的作用, 某医院测定了 15 个 50~59 岁的冠心病人和 15 个正常人的舒张压 x_1 与血浆胆固醇指标 x_2, 结果见表 8-1。试据此数据做距离判别分析, 以便在临床中筛选出疑似冠心病人。现若测得两个患者的两项指标分别为 (90,160) 和 (85,155), 如何对他们进行判断?

表 8-1　15 个冠心病人和 15 个正常人的舒张压与血浆胆固醇指标

\multicolumn{3}{冠心病人}			\multicolumn{3}{正常人}		
组别	x_1	x_2	组别	x_1	x_2
1	74	200	2	94	172
1	100	144	2	100	118
1	110	150	2	70	152
1	70	274	2	80	172
1	96	212	2	80	190
1	80	158	2	70	142
1	80	172	2	80	107
1	100	140	2	80	124
1	100	230	2	80	194
1	100	220	2	78	152
1	90	239	2	70	190
1	110	155	2	80	104
1	100	155	2	80	94
1	96	140	2	84	132
1	100	230	2	70	140

解: 本例属于两个总体的距离判别问题。先利用表中数据计算冠心病人和正常人两个总体的均值和样本协方差矩阵, 用以决定判别方式。R 程序如下:

```
> setwd("C:/data")                         # 设定工作路径
> d8.1<-read.csv("exam8.1.csv",header=T)   # 将 exam8.1.csv 数据读入 d8.1
> A1=d8.1[1:15,3:4]; A2=d8.1[16:30,3:4]    # 将两个总体样本分开
> mu1=apply(A1,2,mean); mu2=apply(A2,2,mean); mu1; mu2   # 计算两个总体样本的均值
      x1        x2
 93.73333   187.93333
      x1        x2
 79.73333   145.53333
> S1=var(A1); S2=var(A2); S1; S2           # 计算两个总体样本的协方差矩阵
```

	x1	x2
x1	151.3524	-221.5905
x2	-221.5905	1899.3524

	x1	x2
x1	72.49524	-47.5619
x2	-47.56190	1078.6952

可见两个总体的均值和协方差矩阵都不相同, 适合用式 (8.4) 计算 $W^*(\boldsymbol{x})$ 来进行判别。R 程序如下:

```
> W2unequal=function(x,mu1,mu2,S1,S2){mahalanobis(x,mu2,S2)-mahalanobis(x,mu1,S1)}
> x1=c(90,160); x2=c(85,155)
> W2unequal(x1,mu1,mu2,S1,S2)        # 将 x1 代入, 值为正, 判断该点属于 G1(冠心病人)
[1] 1.082728
> W2unequal(x2,mu1,mu2,S1,S2)        # 将 x2 代入, 值为负, 判断该点属于 G2(正常人)
[1] -1.289129
```

因此, 指标为 (90,160) 的患者被判为冠心病人, 而指标为 (85,155) 的患者被判为正常人。还可以将两个总体样品点以及两位被判患者的样品点绘制在一张图上进行直观理解。R 程序及图形 (见图 8-2) 如下:

```
> plot(d8.1[,3:4],type="n")
> points(d8.1[1:15,3:4],pch=16)      # 用实心小圆点标出冠心病人样品点
> points(d8.1[16:30,3:4],pch=21)     # 用空心小圆点标出正常人样品点
> points(90,160,pch=17)              # 用实心三角点标出第 1 位患者样品点
> points(85,155,pch=24)              # 用空心三角点标出第 2 位患者样品点
```

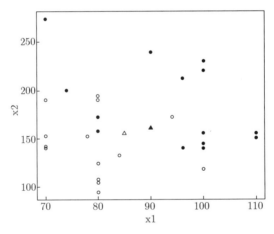

图 8-2   两个总体样品点以及两位被判患者的样品点

8.1.3   多个总体的距离判别

设有 k 个总体 $G_1, G_2, \cdots, G_k$, 其均值和协方差矩阵分别是 $\boldsymbol{\mu}_1, \boldsymbol{\mu}_2, \cdots, \boldsymbol{\mu}_k$ 和 $\boldsymbol{\Sigma}_1,$

$\boldsymbol{\Sigma}_2, \cdots, \boldsymbol{\Sigma}_k$, 且 $\boldsymbol{\Sigma}_1 = \boldsymbol{\Sigma}_2 = \cdots = \boldsymbol{\Sigma}_k = \boldsymbol{\Sigma}$。对于一个新的样品 $\boldsymbol{x}$, 现要判断它来自哪个总体。该问题与两个总体的距离判别问题的解决思想一样, 需要计算新样品 $\boldsymbol{x}$ 到每个总体的距离, 即

$$d^2(\boldsymbol{x}, \boldsymbol{\mu}_j) = (\boldsymbol{x} - \boldsymbol{\mu}_j)^{\mathrm{T}} \boldsymbol{\Sigma}^{-1}(\boldsymbol{x} - \boldsymbol{\mu}_j) = \boldsymbol{x}^{\mathrm{T}} \boldsymbol{\Sigma}^{-1} \boldsymbol{x} - 2\boldsymbol{\mu}_j^{\mathrm{T}} \boldsymbol{\Sigma}^{-1} \boldsymbol{x} + \boldsymbol{\mu}_j^{\mathrm{T}} \boldsymbol{\Sigma}^{-1} \boldsymbol{\mu}_j$$
$$= \boldsymbol{x}^{\mathrm{T}} \boldsymbol{\Sigma}^{-1} \boldsymbol{x} - 2(\boldsymbol{I}_j^{\mathrm{T}} \boldsymbol{x} + C_j)$$

式中, $\boldsymbol{I}_j = \boldsymbol{\Sigma}^{-1} \boldsymbol{\mu}_j$, $C_j = -\dfrac{1}{2} \boldsymbol{\mu}_j^{\mathrm{T}} \boldsymbol{\Sigma}^{-1} \boldsymbol{\mu}_j$ $(j = 1, 2, \cdots, k)$。故可以取线性判别函数为

$$W_j(\boldsymbol{x}) = \boldsymbol{I}_j^{\mathrm{T}}(\boldsymbol{x}) + C_j, \quad j = 1, 2, \cdots, k$$

$W_j(\boldsymbol{x})$ 越大, 则 $d^2(\boldsymbol{x}, \boldsymbol{\mu}_j)$ 越小, 相应的判别准则为

$$\boldsymbol{x} \in G_i, \quad \text{如果 } W_i(\boldsymbol{x}) = \max_{1 \leqslant j \leqslant k}(\boldsymbol{I}_j^{\mathrm{T}} \boldsymbol{x} + C_j)$$

与二维情形类似, 当 $\boldsymbol{\mu}_1, \boldsymbol{\mu}_2, \cdots, \boldsymbol{\mu}_k$ 和 $\boldsymbol{\Sigma}$ 均未知时, 可以通过相应的样本均值和样本协方差矩阵来替代。另外, 当各总体的协方差矩阵 $\boldsymbol{\Sigma}_1, \boldsymbol{\Sigma}_2, \cdots, \boldsymbol{\Sigma}_k$ 不全相同时, 也可以仿照二维情形用相应的样本协方差矩阵 $\boldsymbol{S}_1, \boldsymbol{S}_2, \cdots, \boldsymbol{S}_k$ 来替代。

当 k 较大时, 还可直接根据式 (8.4), 借助 R 循环语句编写一个 R 程序, 对每个 j 依次计算 $W_j^*(\boldsymbol{x}) = d_j^2(\boldsymbol{x} - \boldsymbol{\mu}_j) = (\boldsymbol{x} - \boldsymbol{\mu}_j)^{\mathrm{T}} \boldsymbol{\Sigma}^{-1}(\boldsymbol{x} - \boldsymbol{\mu}_j), j = 1, 2, \cdots, k$。最后将样品 $\boldsymbol{x}$ 判入总体 G_i, 其中

$$W_i^*(\boldsymbol{x}) = \min(W_1^*(\boldsymbol{x}), W_2^*(\boldsymbol{x}), \cdots, W_k^*(\boldsymbol{x}))$$

8.2 Fisher 判别

Fisher 于 1936 年提出了该判别法, 这是判别分析中奠基性的工作。该方法的主要思想是将多维数据投影到一维直线上, 使得同一类别 (总体) 中的数据在该直线上尽量靠拢, 不同类别 (总体) 的数据尽可能分开。从方差分析的角度来说, 就是组内变差尽量小, 组间变差尽量大。然后再利用前面的距离判别法来建立判别准则。Fisher 判别法包括线性判别、非线性判别和典型判别等多种常用方法, 以下主要介绍线性判别法。

8.2.1 两个总体的 Fisher 判别

先考虑有两个总体 G_1 和 G_2 的情形, Fisher 判别法的思想是将高维空间中的点投影到一条直线 y 上, 使得总体 G_1 和 G_2 中的点在 y 上的投影点尽可能分开, 而同一总体在 y 上的投影点尽可能靠拢, 在此基础上再利用前面的距离判别法来建立判别准则。我们用一个简单的图形来说明其原理。

如图 8-3 所示, 二维平面上有两类点, 大圆点属于总体 G_1, 小圆点属于总体 G_2, 按照原来的横坐标 x_1 和纵坐标 x_2 很难将它们区分开来, 但若把它们都投影到直线 y 上, 则它们的投影点明显分为两组, 同类的点聚集在一起, 容易区分; 又若把它们投影到与直线 y 垂直的直线上, 则它们的投影点混杂在一起, 难以区分。可见, 投影直线的选取不一

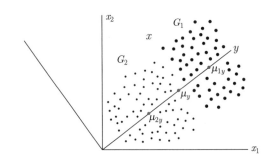

图 8-3 投影直线选取示意图

样, 数据点的分类效果就大不相同, 这提示我们要去寻找分类效果最好的投影直线 y, 使得在该投影直线 y 上, 同一类别的点的投影点尽量靠拢, 不同类别的点的投影点尽量分开。显然, 直线 y 是 x_1 和 x_2 的线性组合, 即 $y = c_1 x_1 + c_2 x_2$。一般在 p 维情况下, $\boldsymbol{x}$ 的线性组合为

$$y = \boldsymbol{a}^{\mathrm{T}} \boldsymbol{x} \tag{8.5}$$

式中, $\boldsymbol{a}$ 为 p 维实向量。设总体 G_1 和 G_2 的均值分别为 $\boldsymbol{\mu}_1$ 和 $\boldsymbol{\mu}_2$, 它们有共同的协方差矩阵 $\boldsymbol{\Sigma}$, 那么线性组合 $y = \boldsymbol{a}^{\mathrm{T}} \boldsymbol{x}$ 在两个总体下的均值分别为

$$\begin{aligned} \mu_{1y} &= E(y|\boldsymbol{x} \in G_1) = \boldsymbol{a}^{\mathrm{T}} \boldsymbol{\mu}_1 \\ \mu_{2y} &= E(y|\boldsymbol{x} \in G_2) = \boldsymbol{a}^{\mathrm{T}} \boldsymbol{\mu}_2 \end{aligned} \tag{8.6}$$

共同的方差为

$$\mathrm{Var}(y) = \mathrm{Var}(\boldsymbol{a}^{\mathrm{T}} \boldsymbol{x}) = \boldsymbol{a}^{\mathrm{T}} \boldsymbol{\Sigma} \boldsymbol{a} \tag{8.7}$$

显然, 使得 μ_{1y} 与 μ_{2y} 的距离越大的线性组合越好, 所以考虑比值

$$\frac{(\mu_{1y} - \mu_{2y})^2}{\mathrm{Var}(y)} = \frac{[\boldsymbol{a}^{\mathrm{T}}(\boldsymbol{\mu}_1 - \boldsymbol{\mu}_2)]^2}{\boldsymbol{a}^{\mathrm{T}} \boldsymbol{\Sigma} \boldsymbol{a}} \tag{8.8}$$

定理 8.1 设 $\boldsymbol{x}$ 为 p 维随机向量, $y = \boldsymbol{a}^{\mathrm{T}} \boldsymbol{x}$, 当 $\boldsymbol{a} = c\boldsymbol{\Sigma}^{-1}(\boldsymbol{\mu}_1 - \boldsymbol{\mu}_2)(c \neq 0$ 为常数) 时, 式 (8.8) 达到最大。特别地, 当 $c = 1$ 时, 线性函数

$$y = \boldsymbol{a}^{\mathrm{T}} \boldsymbol{x} = (\boldsymbol{\mu}_1 - \boldsymbol{\mu}_2)^{\mathrm{T}} \boldsymbol{\Sigma}^{-1} \boldsymbol{x} \tag{8.9}$$

称为 Fisher 线性判别函数 (证明略)。

记 $\bar{\boldsymbol{\mu}} = \dfrac{1}{2}(\boldsymbol{\mu}_1 + \boldsymbol{\mu}_2)$, 则有

$$\mu_y = \frac{1}{2}(\mu_{1y} + \mu_{2y}) = \frac{1}{2}(\boldsymbol{\mu}_1 - \boldsymbol{\mu}_2)^{\mathrm{T}} \boldsymbol{\Sigma}^{-1}(\boldsymbol{\mu}_1 + \boldsymbol{\mu}_2) = \boldsymbol{a}^{\mathrm{T}} \bar{\boldsymbol{\mu}} \tag{8.10}$$

即 μ_y 为 μ_{1y} 与 μ_{2y} 的中点, 也为 $\bar{\boldsymbol{\mu}}$ 在直线 y 上的投影点。在 $\boldsymbol{\mu}_1 \neq \boldsymbol{\mu}_2$ 的条件下, 容易证明 (见习题 8.1) $\mu_{1y} - \mu_y > 0$, $\mu_{2y} - \mu_y < 0$, 于是可得 Fisher 判别准则:

$$\begin{cases} \boldsymbol{x} \in G_1, & \boldsymbol{a}^{\mathrm{T}} \boldsymbol{x} \geqslant \mu_y \\ \boldsymbol{x} \in G_2, & \boldsymbol{a}^{\mathrm{T}} \boldsymbol{x} < \mu_y \end{cases}$$

在直线 y 上进行直观的几何解释能帮助我们理解这个判别准则。注意, μ_{1y} 是总体 G_1 中所有点在直线 y 上投影点的平均位置, μ_{2y} 是总体 G_2 中所有点在直线 y 上投影点的平均位置, 而 μ_y 是 μ_{1y} 与 μ_{2y} 的中点且 $\mu_{2y} < \mu_y < \mu_{1y}$。若 $\boldsymbol{a}^{\mathrm{T}}\boldsymbol{x} \geqslant \mu_y$, 说明 $\boldsymbol{x}$ 在直线 y 上的投影点 $\boldsymbol{a}^{\mathrm{T}}\boldsymbol{x}$ 在 μ_y 的右侧, 更靠近 μ_{1y}, 这时应把 $\boldsymbol{x}$ 判入总体 G_1; 反之, 若 $\boldsymbol{a}^{\mathrm{T}}\boldsymbol{x} < \mu_y$, 说明 $\boldsymbol{x}$ 在直线 y 上的投影点 $\boldsymbol{a}^{\mathrm{T}}\boldsymbol{x}$ 在 μ_y 的左侧, 更靠近 μ_{2y}, 则应把 $\boldsymbol{x}$ 判入总体 G_2。据此, 如果记 $W(\boldsymbol{x}) = \boldsymbol{a}^{\mathrm{T}}\boldsymbol{x} - \mu_y$, 则判别准则等价于

$$\begin{cases} \boldsymbol{x} \in G_1, & W(\boldsymbol{x}) \geqslant 0 \\ \boldsymbol{x} \in G_2, & W(\boldsymbol{x}) < 0 \end{cases}$$

需要指出的是, 当总体的均值和协方差矩阵未知时, 通常用样本均值和样本协方差矩阵来估计。设 $\boldsymbol{X}_1^{(1)}, \boldsymbol{X}_2^{(1)}, \cdots, \boldsymbol{X}_{n_1}^{(1)}$ 和 $\boldsymbol{X}_1^{(2)}, \boldsymbol{X}_2^{(2)}, \cdots, \boldsymbol{X}_{n_2}^{(2)}$ 分别是来自总体 G_1 和 G_2 的样本, 记 $\boldsymbol{S}_i = \dfrac{1}{n_i-1}\sum\limits_{j=1}^{n_i}(\boldsymbol{X}_j^{(i)} - \overline{\boldsymbol{X}}^{(i)})(\boldsymbol{X}_j^{(i)} - \overline{\boldsymbol{X}}^{(i)})^{\mathrm{T}}$ $(i=1,2)$, 就可以分别用 $\overline{\boldsymbol{X}}^{(1)} = \dfrac{1}{n_1}\sum\limits_{j=1}^{n_1}\boldsymbol{X}_j^{(1)}$, $\overline{\boldsymbol{X}}^{(2)} = \dfrac{1}{n_2}\sum\limits_{j=1}^{n_2}X_j^{(2)}$ 和 $\widehat{\boldsymbol{\Sigma}} = \dfrac{1}{n_1+n_2-2}[(n_1-1)\boldsymbol{S}_1 + (n_2-1)\boldsymbol{S}_2]$ 来估计 $\boldsymbol{\mu}_1, \boldsymbol{\mu}_2$ 和 $\boldsymbol{\Sigma}$。

8.2.2　多个总体的 Fisher 判别

如果变量很多或有多个总体, 通常要选择若干个投影, 即若干个判别函数 $y_1 = \boldsymbol{a}_1^{\mathrm{T}}\boldsymbol{x}_1$, $y_2 = \boldsymbol{a}_2^{\mathrm{T}}\boldsymbol{x}_2$, $\cdots$, $y_s = \boldsymbol{a}_s^{\mathrm{T}}\boldsymbol{x}_s$ 来进行判别。设有 k 个总体 $G_1, G_2, \cdots, G_k$, 它们有共同的协方差矩阵 $\boldsymbol{\Sigma}$, 均值分别为 $\boldsymbol{\mu}_1, \boldsymbol{\mu}_2, \cdots, \boldsymbol{\mu}_k$, 令

$$\bar{\boldsymbol{\mu}} = \frac{1}{k}\sum_{i=1}^{k}\boldsymbol{\mu}_i, \quad \boldsymbol{G} = \sum_{i=1}^{k}(\boldsymbol{\mu}_i - \bar{\boldsymbol{\mu}})(\boldsymbol{\mu}_i - \bar{\boldsymbol{\mu}})^{\mathrm{T}} \tag{8.11}$$

考虑 p 维随机向量 $\boldsymbol{x}$ 的线性组合 $y = \boldsymbol{a}^{\mathrm{T}}\boldsymbol{x}$, $\boldsymbol{a}$ 为 p 维实向量, 则均值和方差分别为

$$\begin{aligned} \mu_{iy} &= E(y|\boldsymbol{x} \in G_i) = E(\boldsymbol{a}^{\mathrm{T}}\boldsymbol{x}|\boldsymbol{x} \in G_i) = \boldsymbol{a}^{\mathrm{T}}\boldsymbol{\mu}_i \\ \mathrm{Var}(y|\boldsymbol{x} \in G_i) &= \boldsymbol{a}^{\mathrm{T}}\boldsymbol{\Sigma}\boldsymbol{a} \end{aligned} \tag{8.12}$$

注意到

$$\mu_y = \frac{1}{k}\sum_{i=1}^{k}\mu_{iy} = \frac{1}{k}\sum_{i=1}^{k}\boldsymbol{a}^{\mathrm{T}}\boldsymbol{\mu}_i = \boldsymbol{a}^{\mathrm{T}}\bar{\boldsymbol{\mu}} \tag{8.13}$$

考虑比值

$$\frac{\sum\limits_{i=1}^{k}(\mu_{iy}-\mu_y)^2}{\mathrm{Var}(y|\boldsymbol{x} \in G_i)} = \frac{\sum\limits_{i=1}^{k}(\boldsymbol{a}^{\mathrm{T}}\boldsymbol{\mu}_i - \boldsymbol{a}^{\mathrm{T}}\bar{\boldsymbol{\mu}})^2}{\boldsymbol{a}^{\mathrm{T}}\boldsymbol{\Sigma}\boldsymbol{a}} = \frac{\boldsymbol{a}^{\mathrm{T}}\boldsymbol{G}\boldsymbol{a}}{\boldsymbol{a}^{\mathrm{T}}\boldsymbol{\Sigma}\boldsymbol{a}} \tag{8.14}$$

问题等价于: 如何选择 $\boldsymbol{a}$, 使得式 (8.14) 达到最大。为了方便起见, 设 $\boldsymbol{a}^{\mathrm{T}}\boldsymbol{\Sigma}\boldsymbol{a} = 1$。

定理 8.2 设 $\lambda_1, \lambda_2, \cdots, \lambda_s (\lambda_1 \geqslant \lambda_2 \geqslant \cdots \geqslant \lambda_s > 0)$ 为 $\boldsymbol{\Sigma}^{-1}\boldsymbol{G}$ 的 s 个非零特征值, $s \leqslant \min(k - 1, p)$, $\boldsymbol{e}_1, \boldsymbol{e}_2, \cdots, \boldsymbol{e}_s$ 为相应的特征向量且满足 $\boldsymbol{e}^{\mathrm{T}}\boldsymbol{\Sigma}\boldsymbol{e} = 1$, 那么当 $\boldsymbol{a}_1 = \boldsymbol{e}_1$ 时, 式 (8.14) 达到最大, 称 $y = \boldsymbol{e}_1^{\mathrm{T}}\boldsymbol{x}$ 为第一判别函数, 而 $\boldsymbol{a}_2 = \boldsymbol{e}_2$ 是在约束条件 $\mathrm{Cov}(\boldsymbol{a}_1^{\mathrm{T}}\boldsymbol{x}, \boldsymbol{a}_2^{\mathrm{T}}\boldsymbol{x}) = 0$ 之下使得式 (8.14) 达到最大值的解, 称 $y = \boldsymbol{e}_2^{\mathrm{T}}\boldsymbol{x}$ 为第二判别函数, 如此下去, $\boldsymbol{a}_s = \boldsymbol{e}_s$ 是在约束条件 $\mathrm{Cov}(\boldsymbol{a}_s^{\mathrm{T}}\boldsymbol{x}, \boldsymbol{a}_i^{\mathrm{T}}\boldsymbol{x}) = 0\,(i < s)$ 之下使得式 (8.14) 达到最大值的解, 称 $y = \boldsymbol{e}_s^{\mathrm{T}}\boldsymbol{x}$ 为第 s 判别函数 (证明略)。

当总体的均值和协方差矩阵未知时, 通常用样本均值和样本协方差矩阵来估计。与两个总体的 Fisher 判别方法类似, 也可以建立多个总体的 Fisher 判别准则, 但形式比较复杂, 这里不再讨论。

例 8.2 (数据文件为 exam8.2) 从 3 个不同地区采集的 56 个原油样品数据见表 8-2。每个样品测量了 5 个指标: x_1=V(钒), x_2=Fe$^{1/2}$(铁$^{1/2}$), x_3=Pi$^{1/2}$(铍$^{1/2}$), x_4= 和烃$^{-1}$, x_5=芳烃。根据其化学成分, 这 56 个样品归属于 3 个砂岩层, 即 3 个总体: G_1 有 7 个, G_2 有 11 个, G_3 有 38 个。试对其做 Fisher 判别分析。

表 8-2 三个砂岩层的原油样品数据

序号	G	x_1	x_2	x_3	x_4	x_5
1	1	3.9	51.0	0.20	7.06	12.19
2	1	2.7	49.0	0.07	7.14	12.23
⋮	⋮	⋮	⋮	⋮	⋮	⋮
6	1	3.9	43.0	0.07	6.25	10.42
7	1	2.7	35.0	0.00	5.11	9.00
8	2	5.0	47.0	0.07	7.06	6.10
9	2	3.4	32.0	0.20	5.82	4.69
⋮	⋮	⋮	⋮	⋮	⋮	⋮
17	2	4.4	46.0	0.07	7.54	5.76
18	2	3.0	30.0	0.00	5.12	10.77
19	3	6.3	13.0	0.50	4.24	8.27
20	3	1.7	5.6	1.00	5.69	4.64
⋮	⋮	⋮	⋮	⋮	⋮	⋮
55	3	5.0	34.0	0.70	4.21	6.50
56	3	6.2	27.0	0.30	3.97	2.97

解: 先读入样品数据, R 程序如下:

```
> # 例8.2  3 个不同地区采集的 56 个原油样品数据的 Fisher 判别
> setwd("C:/data")          # 设定工作路径
> d8.2<-read.csv("exam8.2.csv",header=T)   # 将 exam8.2.csv 数据读入 d8.2
> attach(d8.2)              # 把变量的名字读入内存, 以便用列名使用数据
> library(MASS)             # 加载 MASS 程序包, 以便使用其中的 lda 函数
```

将砂岩层种类取为因变量 G, 后 5 列取为自变量。下面用 MASS 程序包中的线性判别函数 lda 做判别分析, R 程序及输出结果如下:

```
> ld=lda(G~x1+x2+x3+x4+x5,data=d8.2); ld    # 做 Fisher 判别分析
Call:
lda(G~x1+x2+x3+x4+x5,data=d8.2)
Prior probabilities of groups:
          1           2           3
 0.1250000   0.1964286   0.6785714
Group means:
          x1          x2          x3          x4          x5
 1   3.228571    43.57143    0.1171429    6.795714    11.540000
 2   4.445455    33.09091    0.1709091    6.560909    5.483636
 3   7.226316    22.25263    0.4321053    4.658158    5.767895
Coefficients of linear discriminants:
              LD1           LD2
 x1    0.32909445    -0.12439009
 x2   -0.06083308     0.04086974
 x3    2.43960691     1.96756870
 x4   -0.46178613    -0.94306396
 x5   -0.19815316     0.40360732
Proportion of trace:
    LD1      LD2
 0.8625    0.1375
```

程序输出中包括 lda 函数所用的公式、先验概率、各组均值向量、第一及第二线性判别函数的系数、两个判别式及其对判别的贡献大小等。可以在 R 中用 "help(lda)" 查看该函数的详细用法。需要指出的是, R 中有内置函数 predict, 可以对原始数据进行回判分类, 从而可以将 lda 函数的输出结果与原始数据真正的分类进行对比, 考察误差的大小。R 程序及输出结果如下:

```
> Z=predict(ld)            # 做回判预测
> newG=Z$class
> cbind(G,newG,Z$post)     # Fisher 判别法把样品判入后验概率 Z$post 大的那一类

        G  newG            1               2               3
 1      1    1    9.996697e-01    3.301794e-04    1.097086e-07
 2      1    1    9.998666e-01    1.334134e-04    4.304522e-09
 ......
 6      1    1    9.873772e-01    1.259637e-02    2.640359e-05
 7      1    1    9.540599e-01    4.477817e-02    1.161959e-03
 8      2    2    2.151499e-02    9.782649e-01    2.201082e-04
 ......
```

12	2	2	1.729945e-05	9.999205e-01	6.219369e-05
13	2	3	8.361455e-06	3.213406e-01	6.786510e-01
14	2	2	7.892136e-04	9.848217e-01	1.438904e-02
......					
17	2	2	9.990328e-03	9.899725e-01	3.713480e-05
18	2	1	9.841511e-01	1.489680e-02	9.520767e-04
19	3	3	5.273170e-08	6.584812e-05	9.999341e-01
20	3	3	3.165525e-09	4.653605e-04	9.995346e-01
......					
41	3	3	1.884145e-06	7.268450e-04	9.992713e-01
42	3	2	1.412254e-04	6.564218e-01	3.434369e-01
43	3	3	9.610347e-07	3.290927e-03	9.967081e-01
......					
55	3	3	1.256259e-05	2.666409e-04	9.997208e-01
56	3	3	2.586721e-08	1.905251e-03	9.980947e-01

这里 G 是原始类别, newG 是回判类别, 后 3 列给出了每个样品判入每个类的后验概率。显然, 回判时 Fisher 判别法把每个样品判入后验概率最大的那一类。这恰好说明了 13 号、18 号和 42 号 3 个样品被误判的原因。其中有 2 个原属于 G_2 类的样品被误判 (13 号被误判入 G_3 类, 18 号被误判入 G_1 类), 42 号样品原属于 G_3 类, 被误判入 G_2 类。

我们还可以用 table 函数来列表比较整体判别情况, R 程序及输出结果如下:

```
> tab=table(newG,Species); tab
      G
newG  1  2  3
   1  7  1  0
   2  0  9  1
   3  0  1  37
```

由结果可以看出, 对 56 个原始数据的预测中, 只有 3 个判别错误, 误判率为 5.357%。还可将回判结果画在两个判别函数 LD1 和 LD2 所构成的二维判别空间中, 由图 8-4 易见, 3 个类分离得比较好。R 程序及作图结果如下:

```
> x=Z$x[,1]; y=Z$x[,2]
> plot(Z$x,type="n")
> points(x[1:7],y[1:7],pch=17)      # 将总体 G1 用实心三角点标出
> points(x[8:18],y[8:18],pch=25)    # 将总体 G2 用空心倒三角点标出
> points(x[19:56],y[19:56],pch=19)  # 将总体 G3 用实心圆点标出
> text(c(-4.2,-2,1),c(1.2,-1.8,0.1),labels=c("G1","G2","G3"))
                                    # 在适当位置标出总体名称
```

进一步, 若新采集到 3 个原油样品, 其 5 个指标的测量值分别为 (4.5, 33, 0.2, 6.5,

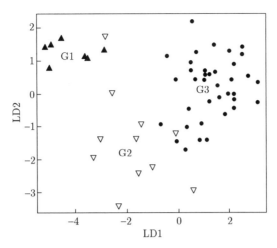

图 8-4   56 个原油样品数据的 Fisher 回判结果分类图

5.5)、(3.2, 43, 0.1, 6.8, 11.5) 和 (7.3, 22, 0.4, 4.6, 5.8), 利用 predict 函数对它们的归属进行判别, R 程序及输出结果如下 (要求新数据以数据框的形式录入):

```
> newdata=data.frame(x1=c(4.5,3.2,7.3),x2=c(33,43,22),x3=c(0.2,0.1,0.4),
                x4=c(6.5,6.8,4.6),x5=c(5.5,11.5,5.8))
> (predict(ld,newdata))        # 对 3 个新的原油样品的类别进行判别并直接显示

$class                         # 列出新样品的判别分类
 [1]      2   1   3
 Levels:  1   2   3

$posterior                     # 列出判别的后验概率
                 1               2               3
 1    7.683027e-04    0.9838032325    1.542846e-02
 2    9.977194e-01    0.0022798350    7.952299e-07
 3    2.881668e-08    0.0008259309    9.991740e-01
```

判别结果表明: 这 3 个新样品分别被判入 G_2 类、G_1 类和 G_3 类。注意对应的 3 个后验概率几乎均为 1, 这是因为我们在构造这 3 个样品的 5 个指标值时, 有意把它们取在 3 个类的组均值附近。

8.3   Bayes 判别

上面讲的几种判别分析方法计算简单, 易于操作, 比较实用, 但是这些方法也有明显的不足之处。一是判别方法与总体各自出现的概率的大小无关; 二是判别方法与误判所造成的损失无关。而 Bayes 判别法就是为了解决这些问题而提出的一种判别方法, 它假定对研究对象已经有了一定的认识, 这种认识可以用先验概率来描述, 当取得样本后, 就可以利用样本来修正已有的先验概率分布, 得到后验分布, 再通过后验分布进行各种统计推断。Bayes 判别法属于概率判别法, 判别准则是以个体归属某类的概率最大或平均误判损失最小为标准。

8.3.1　两个总体的 Bayes 判别

设有两个总体 G_1 和 G_2, 它们的概率密度函数分别为 $f_1(\boldsymbol{x})$ 与 $f_2(\boldsymbol{x})$, 其中 $\boldsymbol{x}$ 是一个 p 维随机向量, Ω 为 $\boldsymbol{x}$ 的所有可能取值构成的样本空间, R_1 为 $\boldsymbol{x}$ 根据某种准则被判入总体 G_1 的取值集合, 那么 $R_2 = \Omega - R_1$ 就为 $\boldsymbol{x}$ 根据同样准则被判入总体 G_2 的取值集合。记样本 $\boldsymbol{x}$ 来自总体 G_1 ($\boldsymbol{x} \in G_1$) 但被判入总体 G_2 的概率为

$$P(2|1) = P(\boldsymbol{x} \in R_2 | \boldsymbol{x} \in G_1) = \int_{R_2} f_1(\boldsymbol{x}) \mathrm{d}\boldsymbol{x}$$

又记样本 $\boldsymbol{x}$ 来自总体 G_2 ($\boldsymbol{x} \in G_2$) 但被判入总体 G_1 的概率为

$$P(1|2) = P(\boldsymbol{x} \in R_1 | \boldsymbol{x} \in G_2) = \int_{R_1} f_2(\boldsymbol{x}) \mathrm{d}\boldsymbol{x}$$

类似地, 样本 $\boldsymbol{x}$ 来自总体 G_1 并被判入 G_1, 来自总体 G_2 并被判入 G_2 的概率可分别记为

$$P(1|1) = P(\boldsymbol{x} \in R_1 | \boldsymbol{x} \in G_1) = \int_{R_1} f_1(\boldsymbol{x}) \mathrm{d}\boldsymbol{x}$$

$$P(2|2) = P(\boldsymbol{x} \in R_2 | \boldsymbol{x} \in G_2) = \int_{R_2} f_2(\boldsymbol{x}) \mathrm{d}\boldsymbol{x}$$

又设总体 G_1 和 G_2 出现的先验概率分别为 p_1 和 p_2, 且 $p_1 + p_2 = 1$, 于是

$$\begin{aligned} P(\boldsymbol{x} \text{ 被正确判入 } G_1) &= P(\boldsymbol{x} \in G_1, \boldsymbol{x} \in R_1) \\ &= P(\boldsymbol{x} \in R_1 | \boldsymbol{x} \in G_1) P(\boldsymbol{x} \in G_1) \\ &= P(1|1) \cdot p_1 \end{aligned}$$

$$\begin{aligned} P(\boldsymbol{x} \text{ 被错误判入 } G_1) &= P(\boldsymbol{x} \in G_2, \boldsymbol{x} \in R_1) \\ &= P(\boldsymbol{x} \in R_1 | \boldsymbol{x} \in G_2) P(\boldsymbol{x} \in G_2) \\ &= P(1|2) \cdot p_2 \end{aligned}$$

同理

$$P(\boldsymbol{x} \text{ 被正确判入 } G_2) = P(2|2) \cdot p_2$$

$$P(\boldsymbol{x} \text{ 被错误判入 } G_2) = P(2|1) \cdot p_1$$

假设 $L(j|i)(i, j = 1, 2)$ 表示样本 $\boldsymbol{x}$ 来自总体 G_i 但被误判入总体 G_j 引起的损失, 显然有 $L(1|1) = L(2|2) = 0$, 将上述误判概率与误判损失结合起来, 可以定义所谓的**平均误判损失** (expected cost of misclassification, ECM) 为

$$\text{ECM}(R_1, R_2) = L(2|1)P(2|1)p_1 + L(1|2)P(1|2)p_2 \tag{8.15}$$

一个合理的判别准则是极小化 ECM。可以证明: 极小化 ECM 所对应的样本空间

Ω 的划分为

$$R_1 = \left\{ \boldsymbol{x} \left| \frac{f_1(\boldsymbol{x})}{f_2(\boldsymbol{x})} \geqslant \frac{L(1|2)}{L(2|1)} \cdot \frac{p_2}{p_1} \right. \right\}, \quad R_2 = \left\{ \boldsymbol{x} \left| \frac{f_1(\boldsymbol{x})}{f_2(\boldsymbol{x})} < \frac{L(1|2)}{L(2|1)} \cdot \frac{p_2}{p_1} \right. \right\} \tag{8.16}$$

因此, 可以将式 (8.16) 作为 Bayes 判别的判别准则。

当两总体服从正态分布时, 设 $G_i \sim N(\boldsymbol{\mu}_i, \boldsymbol{\Sigma}_i)\,(i=1,2)$, 可分两种情形讨论。

若 $\boldsymbol{\Sigma}_1 = \boldsymbol{\Sigma}_2 = \boldsymbol{\Sigma}$, 则两总体的密度函数为

$$f_i(\boldsymbol{x}) = (2\pi)^{-p/2} \left| \boldsymbol{\Sigma} \right|^{-1/2} \exp\left\{ -\frac{1}{2}(\boldsymbol{x} - \boldsymbol{\mu}_i)^{\mathrm{T}} \boldsymbol{\Sigma}^{-1}(\boldsymbol{x} - \boldsymbol{\mu}_i) \right\}, \quad i = 1, 2$$

此时式 (8.16) 等价于

$$R_1 = \{\boldsymbol{x}|W(\boldsymbol{x}) \geqslant \beta\}, \quad R_2 = \{\boldsymbol{x}|W(\boldsymbol{x}) < \beta\} \tag{8.17}$$

式中

$$W(\boldsymbol{x}) = \frac{1}{2}(\boldsymbol{x} - \boldsymbol{\mu}_2)^{\mathrm{T}} \boldsymbol{\Sigma}^{-1}(\boldsymbol{x} - \boldsymbol{\mu}_2) - \frac{1}{2}(\boldsymbol{x} - \boldsymbol{\mu}_1)^{\mathrm{T}} \boldsymbol{\Sigma}^{-1}(\boldsymbol{x} - \boldsymbol{\mu}_1)$$

$$= \left(\boldsymbol{x} - \frac{\boldsymbol{\mu}_1 + \boldsymbol{\mu}_2}{2} \right)^{\mathrm{T}} \boldsymbol{\Sigma}^{-1}(\boldsymbol{\mu}_1 - \boldsymbol{\mu}_2) \tag{8.18}$$

$$\beta = \ln \frac{L(1|2) \cdot p_2}{L(2|1) \cdot p_1} \tag{8.19}$$

由此可见, 对于两个正态分布总体的 Bayes 判别, 其判别式式 (8.17)、式 (8.18) 和式 (8.19) 可以看作两个总体距离判别的推广, 当 $p_1 = p_2$, $L(1|2) = L(2|1)$ 时, $\beta = \ln 1 = 0$, 这正是距离判别, 这里的 $W(\boldsymbol{x})$ 也与两个总体距离判别的 $W(\boldsymbol{x})$ 完全一致, 参见式 (8.3)。

若 $\boldsymbol{\Sigma}_1 \neq \boldsymbol{\Sigma}_2$, 可仿上对式 (8.16) 进行推广, 参见本章参考文献 [2]。

8.3.2 多个总体的 Bayes 判别

从上面的讨论可知, Bayes 判别的本质就是寻找一种适当的判别准则, 使得平均误判损失 (ECM) 达到最小。在两个总体的情形下, 由式 (8.15), 若假设所有误判损失相同, 即设 $L(2|1) = L(1|2) = C$, 那么

$$\begin{aligned} \mathrm{ECM}(R_1, R_2) &= L(2|1)P(2|1)p_1 + L(1|2)P(1|2)p_2 \\ &= C \cdot [1 - p_1 P(1|1) - p_2 P(2|2)] \end{aligned}$$

要使 ECM 尽量小, 相当于要使 $p_1 P(1|1) + p_2 P(2|2)$ 尽量大, 这有助于理解多个总体的 Bayes 判别所用的判别准则。

设有 k 个总体 $G_1, G_2, \cdots, G_k$, 其各自的概率密度函数为 $f_1(\boldsymbol{x}), f_2(\boldsymbol{x}), \cdots, f_k(\boldsymbol{x})$, 相应的先验概率分别为 $p_1, p_2, \cdots, p_k$, 并假设所有的误判损失相同, 对待判样品 $\boldsymbol{x}$, 相应的判别准则为

$$R_i = \left\{ \boldsymbol{x} \left| p_i f_i(\boldsymbol{x}) = \max_{1 \leqslant j \leqslant k} p_j f_j(\boldsymbol{x}) \right. \right\}, \quad i = 1, 2, \cdots, k \tag{8.20}$$

以下只对 $G_1, G_2, \cdots, G_k$ 均为正态总体, 即 $G_i \sim N(\boldsymbol{\mu}_i, \boldsymbol{\Sigma}_i)\,(i = 1, 2, \cdots, k)$ 进行讨论。

当 k 个总体的协方差矩阵都相同, 即 $\boldsymbol{\Sigma}_1 = \boldsymbol{\Sigma}_2 = \cdots = \boldsymbol{\Sigma}_k = \boldsymbol{\Sigma}$ 时, 总体 G_j 的密度函数为

$$f_j(\boldsymbol{x}) = (2\pi)^{-p/2} |\boldsymbol{\Sigma}|^{-1/2} \exp\left\{-\frac{1}{2}(\boldsymbol{x} - \boldsymbol{\mu}_j)^{\mathrm{T}} \boldsymbol{\Sigma}^{-1}(\boldsymbol{x} - \boldsymbol{\mu}_j)\right\}, \quad j = 1, 2, \cdots, k$$

计算函数为

$$d_j(\boldsymbol{x}) = \frac{1}{2}(\boldsymbol{x} - \boldsymbol{\mu}_j)^{\mathrm{T}} \boldsymbol{\Sigma}^{-1}(\boldsymbol{x} - \boldsymbol{\mu}_j) - \ln p_j$$

在实际计算过程中, 协方差矩阵 $\boldsymbol{\Sigma}$ 可用其估计式 $\widehat{\boldsymbol{\Sigma}}$ 代替。

当 k 个总体的协方差矩阵不全相同时, 总体 G_j 的密度函数为

$$f_j(\boldsymbol{x}) = (2\pi)^{-p/2} |\boldsymbol{\Sigma}_j|^{-1/2} \exp\left\{-\frac{1}{2}(\boldsymbol{x} - \boldsymbol{\mu}_j)^{\mathrm{T}} \boldsymbol{\Sigma}_j^{-1}(\boldsymbol{x} - \boldsymbol{\mu}_j)\right\}, \quad j = 1, 2, \cdots, k$$

则相应的计算函数为

$$d_j(\boldsymbol{x}) = \frac{1}{2}(\boldsymbol{x} - \boldsymbol{\mu}_j)^{\mathrm{T}} \boldsymbol{\Sigma}_j^{-1}(\boldsymbol{x} - \boldsymbol{\mu}_j) - \ln p_j - \frac{1}{2}\ln|\boldsymbol{\Sigma}_j|$$

在实际计算过程中, 协方差矩阵 $\boldsymbol{\Sigma}_j$ 可用其估计式 $\widehat{\boldsymbol{\Sigma}}_j$ 代替。

判别准则式 (8.20) 等价于

$$R_i = \left\{\boldsymbol{x} \,\middle|\, d_i(\boldsymbol{x}) = \min_{1 \leqslant j \leqslant k} d_j(\boldsymbol{x})\right\}, \quad i = 1, 2, \cdots, k$$

例 8.3 (数据文件为 exam8.3)　　联合国发布的《2020 年人类发展报告》给出了人均国民收入 x_1 (美元)、预期寿命 x_2 (岁)、预期受教育年限 x_3 (年) 和平均受教育年限 x_4 (年)。现从 2020 年各国人类发展指数 (HDI) 排序中选取了极高发展水平、高发展水平和中等发展水平国家各 6 个作为 3 个已知分类样品总体, 另选 4 个国家日本、印度、中国和南非作为待判样品 (数据另见 newdata8.3), 数据合并如表 8-3 所示。对此数据进行 Bayes 判别分析。

表 8-3　2020 年部分国家人类发展水平和主要指标

序号	国家	G	x_1	x_2	x_3	x_4
1	美国	1	63 826	78.9	16.3	13.4
2	德国	1	55 314	81.3	17.0	14.2
3	希腊	1	30 155	82.2	17.9	10.6
4	新加坡	1	88 155	83.6	16.4	11.6
5	意大利	1	42 776	83.5	16.1	10.4
6	韩国	1	43 044	83.0	16.5	12.2
7	古巴	2	8 621	78.8	14.3	11.8
8	伊朗	2	12 447	76.7	14.8	10.3
9	巴西	2	14 263	75.9	15.4	8.0
10	泰国	2	17 781	77.2	15.0	7.9

续表

序号	国家	G	x_1	x_2	x_3	x_4
11	乌克兰	2	13 216	72.1	15.1	11.4
12	印尼	2	11 459	71.7	13.6	8.2
13	尼泊尔	3	3 457	70.8	12.8	5.0
14	伊拉克	3	10 801	70.6	11.3	7.3
15	喀麦隆	3	3 581	59.3	12.1	6.3
16	巴基斯坦	3	5 005	67.3	8.3	5.2
17	缅甸	3	4 961	67.1	10.7	5.0
18	叙利亚	3	3 613	72.7	8.9	5.1
19	日本	待判	42 932	84.6	15.2	12.9
20	印度	待判	6 681	69.7	12.2	6.5
21	中国	待判	16 057	76.9	14.0	8.1
22	南非	待判	12 129	64.1	13.8	10.2

解: 在 R 主窗口中输入如下命令, 可将保存在目录 "C:/data" 下的数据文件 exam8.3.csv 读入 R。

```
# 例 8.3 三类不同人类发展水平国家样品数据的 Bayes 判别分析
> setwd("C:/data")     # 设定工作路径
> d8.3<-read.csv("exam8.3.csv",header=T)     # 将 exam8.3.csv 数据读入 d8.3
> library(MASS)       # 加载 MASS 程序包, 以便使用其中的 lda 函数
> ld=lda(G~x1+x2+x3+x4,data=d8.3,prior=c(1,1,1)/3); ld
                      # 进行判别分析, 先验概率均取为 1/3
Call:
lda(G~x1+x2+x3+x4,data=d8.3,prior=c(1,1,1)/3)
Prior probabilities of groups:
          1           2           3
 0.3333333   0.3333333   0.3333333
Group means:
          x1          x2          x3          x4
 1  53878.333   82.08333   16.70000   12.06667
 2  12964.500   75.40000   14.70000    9.60000
 3   5236.333   67.96667   10.68333    5.65000
Coefficients of linear discriminants:
          LD1             LD2
x1   3.545738e-05   -7.519349e-05
x2   1.773559e-01    3.020574e-02
x3   5.780010e-01    2.558285e-01
x4   2.883363e-01    2.534871e-01
Proportion of trace:
   LD1      LD2
 0.9593   0.0407
```

再用 predict 函数对原始数据进行回判分类, 并与样品的原始类别进行对比, R 程序及输出结果如下:

```
> Z=predict(ld)              # 对原始数据进行回判分类
> newG=Z$class               # 回判类别记作 newG
> cbind(G,newG,Z$post,Z$x)   # 按列合并原始类别、回判类别、后验概率
      G  newG        1               2              3
  1   1    1    9.999961E-01    3.946080E-06    2.483229E-20
  2   1    1    9.999991E-01    8.658547E-07    1.886394E-23
  3   1    1    9.979347E-01    2.065337E-03    3.152714E-18
  4   1    1    1.000000E+00    3.822709E-10    1.619341E-25
  5   1    1    9.988399E-01    1.160052E-03    1.591517E-16
  6   1    1    9.998596E-01    1.404463E-04    2.705233E-19
  7   2    2    8.702931E-05    9.999130E-01    2.167775E-09
  8   2    2    4.480436E-05    9.999552E-01    4.062745E-08
  9   2    2    2.120583E-05    9.999780E-01    7.976665E-07
 10   2    2    6.013216E-05    9.999390E-01    8.893479E-07
 11   2    2    8.885374E-06    9.999910E-01    1.404249E-07
 12   2    2    9.841090E-09    9.861392E-01    1.386078E-02
 13   3    3    1.879382E-14    3.294599E-03    9.967054E-01
 14   3    3    2.356861E-14    2.013479E-03    9.979865E-01
 15   3    3    5.144115E-23    6.886263E-08    9.999999E-01
 16   3    3    2.565806E-27    5.440571E-11    1.000000E+00
 17   3    3    5.720800E-22    9.530231E-08    9.999999E-01
 18   3    3    3.072589E-22    5.179978E-08    9.999999E-01
> tab=table(newG,G); tab     # 列表比较
      G
 newG  1  2  3
    1  6  0  0
    2  0  6  0
    3  0  0  6
> sum(diag(prop.table(tab))) # 计算回判正确率
[1] 1
```

由程序输出结果可见, 3 类人类发展水平共 18 个国家回判结果全部正确。为直观起见, 还可借助回判预测函数 predict 给出的线性判别系数 x 绘制 3 类国家的位置示意图 (见图 8-5)。R 程序如下:

```
> x=Z$x[,1]; y=Z$x[,2]              # 取 Z$x 的两列 LD1 和 LD2 构成坐标面
> plot(Z$x,type="n")
> points(x[1:6],y[1:6],pch=24)      # 用空心上三角点标出总体 G1 的样品点
> text(x[1:6],y[1:6],labels=exam8.3[1:6,2],adj=c(1.3,0.2),cex=0.7)
                                    # 标出第一类国家的名称
```

```
> points(x[7:12],y[7:12],pch=1)      # 用空心圆点标出总体 G2 的样品点
> text(x[7:12],y[7:12],labels=exam8.3[7:12,2],adj=c(-0.4,0.4),cex=0.7)
                                    # 标出第二类国家的名称
> points(x[13:18],y[13:18],pch=25)   # 用空心倒三角点标出总体 G3 的样品点
> text(x[13:18],y[13:18],labels=exam8.3[13:18,2],adj=c(-0.2,0.4),cex=0.7)
                                    # 标出第三类国家的名称
```

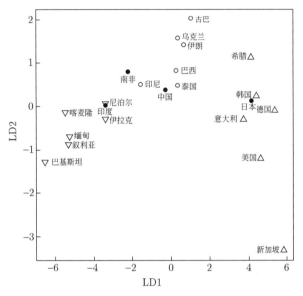

图 8-5　3 类人类发展水平国家及 4 个待判国家回判结果示意图

再对 4 个待判国家进行判别。由下面程序输出结果可见, 它们所属总体分别为 1, 3, 2, 2, 即日本被判为极高发展水平国家, 印度被判为中等发展水平国家, 而中国和南非被判为高发展水平国家。可将这 4 个待判国家的样品点及国家名称在图中标出 (见图 8-5)。

```
> newdata8.3<-read.csv("newdata8.3.csv",header=T)     # 读入 4 个待判国家数据
> newdata=newdata8.3[1:4,4:7]
> Z1=predict(ld,newdata); Z1      # 对 4 个待判国家所属总体进行判别
$class
[1] 1 3 2 2
Levels: 1 2 3
$posterior
               1               2               3
 1   9.996012e-01   0.0003987925   3.539070e-18
 2   1.976655e-14   0.0031129171   9.968871e-01
 3   3.996557e-06   0.9999706957   2.530774e-05
 4   2.943094e-10   0.8230474748   1.769525e-01
```

```
> points(Z1$x[,1],Z1$x[,2],pch=19)    # 用实心圆点标出待判 4 国样品点
> newnames=c("日本","印度","中国","南非")
> text(Z1$x[,1],Z1$x[,2],labels=newnames,adj=c(0.5,1.3),cex=0.7) # 标出4个国家的名称
```

8.4 二次判别

二次判别属于距离判别法中的内容, 以两总体距离判别法为例, 对于总体 G_1 和 G_2, 当它们各自的协方差矩阵 $\boldsymbol{\Sigma}_1$ 和 $\boldsymbol{\Sigma}_2$ 不相等 (或样本协方差矩阵 $\boldsymbol{S}_1$ 和 $\boldsymbol{S}_2$ 不相等) 时, 判别函数只能采用式 (8.4) 这样的二次函数形式, 而不能采用式 (8.2) 或式 (8.3) 那样的线性函数形式。使用二次判别函数判别对象类别的方法称作二次判别法。当不同总体的协方差矩阵不同时, 应该使用二次判别法。二次判别法需要从不同的总体中分别取出样本以估计对应总体的协方差矩阵和均值, 比如下面的例 8.4 就是从 3 类鸢尾花数据中各自随机抽取 40 个数据 (共 120 个数据) 来进行二次判别。

距离判别、Fisher 判别和 Bayes 判别本质上属于线性判别和二次判别, 所以 R 中并没有单独提供这三种判别方法, 而是将判别方法综合在一起, 分别给出线性判别函数 lda 和二次判别函数 qda。在例 8.2 和例 8.3 中已经使用过 lda 函数, 以下主要比照 lda 函数来介绍 qda 函数的使用。

在使用 lda 函数和 qda 函数之前, 都应加载 MASS 程序包, 它们使用的格式基本相同, 有公式形式和矩阵或数据框形式两种。

公式形式:

```
lda(formula,data,···,subset,na.action)
qda(formula,data,···,subset,na.action)
```

上述代码中, 参数 formula 为公式, 形如 G~x1+x2+···; data 为数据构成的数据框; subset 为可选变量, 表示观测值的子集; na.action 为函数, 表示数据缺失值的处理方法。

矩阵或数据框形式:

```
lda(x,grouping,prior=proportions,method,CV=F,···)
qda(x,grouping,prior=proportions,method,CV=F,···)
```

上述代码中, 参数 x 为矩阵或数据框, 或者包含解释变量的矩阵; grouping 为指定样本属于哪一类的因子向量, 可以用函数 factor 来实现; prior 为各类数据出现的先验概率, 默认值是已有训练样本的计算结果; method 表示估计方法, 取 "mle" 表示最大似然估计, 取 "moment" 表示均值和方差的标准估计; CV 是逻辑变量, 如果取 "T", 返回值中将包含留一法交叉验证内容 (指进行交叉验证时, 每次保留一个样本作为测试集, 其余样本作为训练集, 逐个轮流一遍)。

qda 函数的返回值与 lda 函数的返回值相同, 只是没有线性判别系数, 但共同之处是: 无论预测还是回代判别, 二者都需要使用预测函数 predict。predict 函数的返回值有 $class (分类)、$posterior (后验概率) 和 $x (qda 函数无此项)。

下面仍以鸢尾花数据为例来说明如何进行二次判别分析。

例 8.4　数据文件 iris3 是鸢尾花数据 iris 的另一种形式, 它将 3 种鸢尾花按品种分成 3 类罗列, 每类包含 50 个数据。

```
> iris3
, , Setosa
        Sepal L.   Sepal W.   Petal L.   Petal W.
  [1,]      5.1        3.5        1.4        0.2
  [2,]      4.9        3.0        1.4        0.2
  ......
  [50,]     5.0        3.3        1.4        0.2
, , Versicolor
        Sepal L.   Sepal W.   Petal L.   Petal W.
  [1,]      7.0        3.2        4.7        1.4
  [2,]      6.4        3.2        4.5        1.5
  ......
  [50,]     5.7        2.8        4.1        1.3
, , Virginica
        Sepal L.   Sepal W.   Petal L.   Petal W.
  [1,]      6.3        3.3        6.0        2.5
  [2,]      5.8        2.7        5.1        1.9
  ......
  [50,]     5.9        3.0        5.1        1.8
```

现要从每类鸢尾花数据中各无放回地随机抽取 40 个数据, 共 120 个数据, 组成训练集来建立二次判别函数, 并利用它对剩下的 30 个样本数据的类别进行二次判别。

解: 从每个类中抽取 40 个样品, 按行合并成训练集 train, 余下的样品合并成测试集 test, R 程序如下:

```
> set.seed(8)              # 设置随机数种子
> library(MASS)
> tr<-sample(1:50,40)      # 设置为无放回随机抽样模式
> train<-rbind(iris3[tr,,1],iris3[tr,,2],iris3[tr,,3])
                           # 每类各抽取 40 个样品, 并按行合并成训练样本
> test<-rbind(iris3[-tr,,1],iris3[-tr,,2],iris3[-tr,,3])
                           # 每类余下的 10 个样品按行合并成测试样本
> G<-factor(c(rep("s",40),rep("c",40),rep("v",40)))
                           # 根据训练集设置样本所属类别的因子向量, 有 "s" "c" "v"
                           3个水平
> iris.qda<-qda(train,G)   # 利用训练样本建立二次判别模型
```

用所建立的二次判别模型对训练集进行回判, 对测试集进行预测, R 程序及输出结果如下:

```
> pretrain<-predict(iris.qda,train)    # 用所建立的模型对训练集 train 进行回判
> pretrain$post
                   c              s              v
  [1,] 3.306607e-20   1.000000e+00  3.239412e-36
  [2,] 1.083038e-35   1.000000e+00  3.484199e-50
  ......
 [41,] 9.999911e-01   7.871562e-48  8.923556e-06
 [42,] 1.918893e-01   1.399372e-123 8.081107e-01    # 42 号训练样品由"c"误判成"v"
  ......
 [63,] 2.545579e-01   2.594309e-119 7.454421e-01    # 63 号训练样品由"c"误判成"v"
  ......
 [82,] 6.377563e-01   3.140218e-118 3.622437e-01    # 82 号训练样品由"v"误判成"c"
  ......
[119,] 1.311383e-07   7.913323e-230 9.999999e-01
[120,] 7.925984e-11   8.742262e-220 1.000000e+00
> newG=pretrain$class; A=table(G,newG); A           # 列表比较原数据类别和回判类别
     newG
 G   c   s   v
 c  38   0   2
 s   0  40   0
 v   1   0  39
> sum(diag(prop.table(A)))                           # 计算回判正确率
[1] 0.975
> pretest<-predict(iris.qda,test); pretest           # 对测试集 test 进行二次判别预测
$class
[1] s s s s s s s s s s c c c c c c c c c c v v v v v v v v v v
Levels: c s v
$posterior
                   c              s              v
  [1,] 3.531313e-20   1.000000e+00  2.423562e-33
  [2,] 7.152883e-20   1.000000e+00  3.680695e-32
  ......
 [29,] 6.538512e-04   2.020516e-143 9.993461e-01
 [30,] 6.460685e-07   6.576337e-211 9.999994e-01
```

可见, 120 个训练样品有 3 个判错 (42 号和 63 号样品由 "c" 误判成 "v"; 82 号训练样品由 "v" 误判成 "c"), 回判正确率为 97.5%; 30 个测试样品判别全部正确, 判别正确率为 100%。注意, 由于计算机上 R 软件版本的不同以及随机抽样的影响, 运行上述 R 程序得到的输出结果可能有微小差异。

还可以再详细查看 iris.qda 中的内容, R 程序及输出结果如下:

```
> iris.qda
Call:
qda(train,grouping=G)
Prior probabilities of groups:
          c          s          v
 0.3333333  0.3333333  0.3333333
Group means:
     Sepal L.  Sepal W.  Petal L.  Petal W.
 c    5.9375    2.7900    4.2875    1.3525
 s    5.0225    3.4275    1.4750    0.2425
 v    6.6000    2.9625    5.5525    2.0250
```

8.5　案例分析与 R 实现

案例 8.1 (数据文件为 case8.1)　表 8-4 列出了 2020 年头 7 个月我国 35 个主要城市食品烟酒类城市居民消费价格指数 (上年同月=100)(%)。下面先利用前 30 个城市数据进行 $k=3$ 的 k-均值聚类, 再以这 3 个类为基础, 分别用 Fisher 判别法、Bayes 判别法和距离判别法对表中前 30 个城市进行回判, 再对余下的 5 个城市——天津、海口、成都、昆明和乌鲁木齐的所属类别进行判别分析。

表 8-4　2020 年头 7 个月我国 35 个主要城市食品烟酒类城市居民消费价格指数

城市	x_1	x_2	x_3	x_4	x_5	x_6	x_7
北京	110.3	109.8	109.0	106.9	104.2	105.3	106.0
石家庄	113.0	111.5	110.6	108.0	107.0	107.4	109.5
太原	113.2	113.8	112.9	108.6	106.6	107.1	106.9
呼和浩特	107.9	108.1	106.8	104.4	102.0	103.2	103.7
沈阳	117.6	116.0	112.9	109.2	107.6	106.1	108.0
大连	113.0	112.2	111.0	108.3	106.7	106.0	107.6
长春	115.0	113.9	111.8	110.4	107.3	104.8	106.4
哈尔滨	116.7	116.8	116.2	112.5	108.6	106.4	106.8
上海	110.9	109.4	107.6	107.2	105.3	105.0	106.8
南京	114.8	115.8	112.2	110.6	108.6	110.0	113.7
杭州	112.4	113.0	110.3	109.3	106.0	107.3	108.4
宁波	110.7	111.3	109.6	107.7	105.9	106.7	108.5
合肥	115.4	115.2	111.5	109.6	105.9	109.0	111.6
福州	113.0	113.0	111.8	110.7	106.8	107.4	108.8
厦门	114.9	116.4	112.9	111.4	108.6	108.6	109.4
南昌	111.2	113.4	110.9	108.6	106.3	107.8	110.1

续表

城市	x_1	x_2	x_3	x_4	x_5	x_6	x_7
济南	119.2	115.5	114.4	113.0	111.5	111.5	112.9
青岛	116.0	114.0	112.5	110.4	108.3	108.3	108.5
郑州	115.5	116.4	113.6	110.1	107.4	107.5	107.8
武汉	112.4	117.5	119.9	114.3	107.7	106.5	110.1
长沙	112.3	114.5	111.3	108.1	104.9	107.5	110.7
广州	115.5	116.4	114.2	114.2	111.0	110.3	110.8
深圳	117.2	115.1	113.7	111.8	108.7	108.1	108.4
南宁	118.5	119.9	115.4	114.3	111.7	110.7	109.5
重庆	113.3	118.6	113.6	110.4	107.0	108.2	111.0
贵阳	115.5	118.3	115.5	113.7	110.2	109.1	111.9
西安	110.8	113.8	109.1	107.1	105.2	105.8	105.6
兰州	108.4	110.3	107.2	106.4	104.7	104.5	105.1
西宁	109.7	111.7	110.2	107.8	106.5	107.2	107.8
银川	109.7	110.2	108.6	107.3	104.2	103.4	104.0
天津	111.8	111.3	110.3	108.4	106.4	106.2	107.3
海口	114.5	113.7	113.5	113.1	107.1	106.1	106.2
成都	117.0	121.5	115.9	113.8	111.5	113.2	114.1
昆明	115.1	118.2	116.1	112.9	109.6	107.8	109.6
乌鲁木齐	108.8	106.0	103.9	103.4	100.6	102.9	104.4

资料来源: 国家统计局数据库, https://data.stats.gov.cn.

解: 先进行 $k=3$ 的 k-均值聚类, 再进行 Fisher 判别、Bayes 判别和距离判别, 并相互进行比较。

(1) k-均值聚类。

读入数据 case8.1, 先对前 30 个城市进行类别数为 3 的 k-均值聚类, 然后对新的类别指定类别号并显示, R 程序及输出结果如下:

```
> KM3<-kmeans(ca8.1[1:30,],3,nstart=15,algorithm="Hartigan-Wong")    # 类别数为 3
> sort(KM3$cluster)            # 对分类结果进行排序并查看
北京  呼和浩特  上海  兰州  银川  石家庄  太原  大连  长春  杭州
 1      1       1     1     1     2      2     2    2     2
宁波  福州  南昌  长沙  西安  西宁  沈阳  哈尔滨  南京  合肥
 2    2     2     2     2     2     3     3      3     3
厦门  济南  青岛  郑州  武汉  广州  深圳  南宁  重庆  贵阳
 3    3     3     3     3     3     3     3    3     3
> f8.1=sort(KM3$cluster); names(f8.1)
> c8.1=ca8.1[names(f8.1),]      # 对前 30 个城市的分类结果重新按类排序
> G=rep(c(1,2,3),KM3[[7]])      # 重复上述步骤时城市排序可能变化,用KM3[[7]]动态调整
> cn8.1=cbind(G,c8.1); cn8.1    # 对新类指定类别号并显示
```

	G	x1	x2	x3	x4	x5	x6	x7
北京	1	110.3	109.8	109.0	106.9	104.2	105.3	106.0
呼和浩特	1	107.9	108.1	106.8	104.4	102.0	103.2	103.7
上海	1	110.9	109.4	107.6	107.2	105.3	105.0	106.8
兰州	1	108.4	110.3	107.2	106.4	104.7	104.5	105.1
银川	1	109.7	110.2	108.6	107.3	104.2	103.4	104.0
石家庄	2	113.0	111.5	110.6	108.0	107.0	107.4	109.5
太原	2	113.2	113.8	112.9	108.6	106.6	107.1	106.9
大连	2	113.0	112.2	111.0	108.3	106.7	106.0	107.6
长春	2	115.0	113.9	111.8	110.4	107.3	104.8	106.4
杭州	2	112.4	113.0	110.3	109.3	106.0	107.3	108.4
宁波	2	110.7	111.3	109.6	107.7	105.9	106.7	108.5
福州	2	113.0	113.0	111.8	110.7	106.8	107.4	108.8
南昌	2	111.2	113.4	110.9	108.6	106.3	107.8	110.1
长沙	2	112.3	114.5	111.3	108.1	104.9	107.5	110.7
西安	2	110.8	113.8	109.1	107.1	105.2	105.8	105.6
西宁	2	109.7	111.7	110.2	107.8	106.5	107.2	107.8
沈阳	3	117.6	116.0	112.9	109.2	107.6	106.1	108.0
哈尔滨	3	116.7	116.8	116.2	112.5	108.6	106.4	106.8
南京	3	114.8	115.8	112.2	110.6	108.6	110.0	113.7
合肥	3	115.4	115.2	111.5	109.6	105.9	109.0	111.6
厦门	3	114.9	116.4	112.9	111.4	108.6	108.6	109.4
济南	3	119.2	115.5	114.4	113.0	111.5	111.5	112.9
青岛	3	116.0	114.0	112.5	110.4	108.3	108.3	108.5
郑州	3	115.5	116.4	113.6	110.1	107.4	107.5	107.8
武汉	3	112.4	117.5	119.9	114.3	107.7	106.5	110.1
广州	3	115.5	116.4	114.2	114.2	111.0	110.3	110.8
深圳	3	117.2	115.1	113.7	111.8	108.7	108.1	108.4
南宁	3	118.5	119.9	115.4	114.3	111.7	110.7	109.5
重庆	3	113.3	118.6	113.6	110.4	107.0	108.2	111.0
贵阳	3	115.5	118.3	115.5	113.7	110.2	109.1	111.9

注意: 重复上述 k-均值聚类步骤时, 各类的排序号可能发生变化, 但每组成员不变, 这时可用 "KM3[[7]]" 动态匹配这种变化 (这里 KM3[[7]]=(5,11,14))。

(2) Fisher 判别。

沿用上面的数据变量名称, R 程序及输出结果如下:

```
> attach(cn8.1)     # 把数据变量名称放入内存
> library(MASS)
> ld=lda(G~x1+x2+x3+x4+x5+x6+x7,data=cn8.1)
> ld
Call:
lda(G~x1+x2+x3+x4+x5+x6+x7,data=cn8.1)
```

```
Prior probabilities of groups:
          1          2          3
  0.1666667  0.3666667  0.4666667
Group means:
       x1       x2       x3       x4       x5       x6       x7
1  109.44  109.56  107.84  106.44  104.08  104.28  105.12
2  112.21  112.92  110.86   108.6  106.29  106.82  108.21
3  115.89  116.56  114.18  111.82  108.77  108.59  110.03
Coefficients of linear discriminants:
            LD1          LD2
 x1   0.36391605    0.27863144
...  ...
 x7   0.11607995   -0.11950152
Proportion of trace:
    LD1      LD2
  0.9828   0.0172
```

以上输出结果中包括 lda 函数所用的公式、先验概率、各组均值向量、线性判别函数的系数。再用 predict 函数对原始数据进行回判分类，将 lda 函数判别的输出结果与原始数据真正的分类进行对比。R 程序及输出结果如下：

```
> Z=predict(ld)              # 预测判定结果
> newG=Z$class               # 新分类
> cbind(G,newG,Z$post)       # 合并原始类别、回判类别、后验概率
         G  newG           1              2              3
北京     1    1    9.329013e-01   6.709868e-02   1.517116e-09
...  ...
银川     1    1    9.998689e-01   1.311142e-04   8.634216e-14
石家庄   2    2    1.954933e-05   9.995079e-01   4.725858e-04
...  ...
西宁     2    2    4.709723e-03   9.952887e-01   1.612069e-06
沈阳     3    3    5.199081e-14   8.354152e-04   9.991646e-01
...  ...
贵阳     3    3    5.335377e-17   2.352881e-05   9.999765e-01
> tab=table(G,newG)          # 列表比较原始类别和回判类别
> tab
    newG
 G    1   2   3
 1    5   0   0
 2    0  11   0
 3    0   0  14
> sum(diag(prop.table(tab)))   # 计算回判正确率
[1] 1
```

可见, 3 类城市的回判全部正确. 再对 5 个待判城市 (newdata) 的所属类别进行判别, R 程序及输出结果如下:

```
> newdata=ca8.1[31:35,]        # 选取待判城市
> predict(ld,newdata=newdata)  # 对 5 个待判城市的所属类别进行判定
$class                         # 判定样本类别
[1]  2 2 3 3 1
Levels: 1 2 3
$posterior                     # 列出后验概率
                   1               2               3
天津       2.230797e-02    9.776865e-01    5.529849e-06
海口       5.696717e-03    9.740976e-01    2.020564e-02
成都       2.081615e-29    1.221230e-10    1.000000e+00
昆明       3.670545e-16    8.264183e-05    9.999174e-01
乌鲁木齐   1.000000e+00    2.894338e-09    9.371758e-23
```

由 "$class" 的输出结果可以看出, 5 个待判城市中, 天津、海口被判入第 2 类; 成都、昆明被判入第 3 类; 乌鲁木齐被判入第 1 类.

(3) Bayes 判别.

Bayes 判别和 Fisher 判别类似, 不同的是在使用 lda 函数时, 要输入先验概率. 默认情形下, R 以各组数据出现的比例 (5/30, 11/30, 14/30) 作为先验概率 (这也是 Fisher 判别的默认选择), 并假设误判损失相等. 为了便于区别, 这里我们采用先验概率 (1/3, 1/3, 1/3) 来进行 Bayes 判别, R 程序及输出结果如下:

```
> attach(cn8.1)     # 把数据变量名称放入内存
> library(MASS)
> ld=lda(G~x1+x2+x3+x4+x5+x6+x7,prior=c(1,1,1)/3,data=cn8.1)
> ld
Call:
lda(G~x1+x2+x3+x4+x5+x6+x7,data=cn8.1,prior=c(1,1,1)/3)
Prior probabilities of groups:
          1          2          3
 0.3333333  0.3333333  0.3333333
Group means:
        x1        x2        x3        x4        x5        x6        x7
1  109.4400  109.5600  107.8400  106.4400  104.0800  104.2800  105.1200
2  112.2091  112.9182  110.8636  108.6000  106.2909  106.8182  108.2091
3  115.8929  116.5643  114.1786  111.8214  108.7714  108.5929  110.0286
Coefficients of linear discriminants:
          LD1          LD2
 x1    0.35159439   0.29402680
 ......
 x7    0.12111268  -0.11439794
```

```
Proportion of trace:
    LD1      LD2
 0.9856   0.0144
```

再进行回判预测, R 程序及输出结果如下:

```
> Z=predict(ld)                      # 预测判定结果
> newG=Z$class                       # 新分类
> cbind(G,newG,Z$post)               # 合并原始类别、回判类别、后验概率
          G   newG          1              2              3
北京      1    1     9.683419e-01   3.165806e-02   5.624109e-10
……
银川      1    1     9.999404e-01   5.960161e-05   3.083869e-14
石家庄    2    2     4.301187e-05   9.995856e-01   3.713463e-04
……
西宁      2    2     1.030316e-02   9.896956e-01   1.259508e-06
沈阳      3    3     1.455411e-13   1.063014e-03   9.989370e-01
……
贵阳      3    3     1.493896e-16   2.994557e-05   9.999701e-01
> tab=table(G,newG)                  # 列表比较原始类别和回判类别
> tab
    newG
 G    1    2    3
 1    5    0    0
 2    0   11    0
 3    0    0   14
> sum(diag(prop.table(tab)))         # 计算回判正确率
[1] 1
```

由输出结果可见, 3 类城市的回判仍然全部正确, 只是后验概率的数值有一定变化。
再对 5 个待判城市 (newdata) 的所属类别进行判别, R 程序及输出结果如下:

```
> prenew=predict(ld,newdata=newdata); prenew   # 对 5 个待判城市的所属类别进行判定
$class                               # 判定样本类别
[1]  2 2 3 3 1
Levels: 1 2 3
$posterior                           # 列出后验概率
                    1              2              3
天津       4.779807e-02   9.521977e-01   4.231608e-06
海口       1.250145e-02   9.716624e-01   1.583617e-02
成都       5.828523e-29   1.554292e-10   1.000000e+00
昆明       1.027729e-15   1.051781e-04   9.998948e-01
乌鲁木齐   1.000000e+00   1.315608e-09   3.347057e-23
```

Bayes 判别对 5 个待判城市的判定结果与 Fisher 判别相同。

(4) 距离判别。R 程序及输出结果如下:

```
> n1=KM3[[7]][1]; n2=KM3[[7]][2]; n3=KM3[[7]][3]
> G1=cn8.1[1:n1,2:8]; G2=cn8.1[(n1+1):(n1+n2),2:8]; G3=cn8.1[(n1+n2+1):30,2:8]
# 分别选取三个总体样本
> S1=var(G1); det(S1); S2=var(G2); det(S2); S3=var(G3); det(S3)
      # 可发现三个总体的样本协方差矩阵有一个为退化阵 (行列式为零), 不能计算马氏距离
> mu1=apply(G1,2,mean); mu2=apply(G2,2,mean); mu3=apply(G3,2,mean)
> D=rbind(newdata,"mu1"=mu1,"mu2"=mu2,"mu3"=mu3)
> d<-dist(D,method="euclidean",diag=T,upper=F,p=2)   # 采用欧氏距离计算距离矩阵
> d=round(d,3); d     # 距离矩阵取三位小数
             天津      海口      成都      昆明    乌鲁木齐     mu1      mu2      mu3
天津        0.000
海口        6.862     0.000
成都       17.688    14.336     0.000
昆明       11.423     6.936     8.269     0.000
乌鲁木齐   12.490    18.269    29.642    23.657     0.000
mu1         5.684    11.521    23.111    16.721     7.238     0.000
mu2         2.089     6.186    15.861     9.799    14.045     7.323     0.000
mu3         9.487     5.992     8.815     3.108    21.664    14.985     7.800     0.000
```

距离矩阵给出了 5 个待判城市与 3 个已知类别的均值点 mu1、mu2 和 mu3 的距离。根据距离最小原则, 易见天津被判入第 2 类; 海口、成都、昆明被判入第 3 类; 乌鲁木齐被判入第 1 类。判别结果与 Fisher 判别和 Bayes 判别稍有不同。

回顾本章内容, 判别分析根据某种 "最优" 分类规则 (如距离最短、后验概率最大、平均误判损失最小等), 把判别对象归入已知类别的某个类中。Fisher 判别和 Bayes 判别的主要区别是以各类样品点所占比例作为先验概率还是事先给定先验概率; 用马氏距离进行距离判别时要求样本协方差矩阵可逆, 但应用中这一条件未必满足 (如案例 8.1), 此时可改用其他距离。二次判别实际上是推广的距离判别; 案例 8.1 结合了第 7 章的内容, 先对训练样品进行类别数为 3 的 k-均值聚类, 然后将这 3 个类别设定为已知类别, 综合运用 Fisher 判别法、Bayes 判别法和距离判别法对训练样品回判, 对测试样品进行预测, 再相互进行比较, 这是聚类分析和判别分析的联合应用。

习 题

8.1 在定理 8.1 的假设下, 证明: 当 $\boldsymbol{\mu}_1 \neq \boldsymbol{\mu}_2$ 时, 有 $\mu_{1y} - \mu_y > 0$ 及 $\mu_{2y} - \mu_y < 0$ 成立。

8.2 (数据文件为 exe8.2) 根据经验, 今天和昨天的湿温差 (x_1) 和气温差 (x_2) 是预报明天下雨或不下雨的两个重要因子, 试就表 8-5 中的数据建立 Fisher 线性判别函数进行判别。又设今天测得 x_1=8.1, x_2=2.0, 问: 应该预报明天是雨天还是晴天?

表 8-5 雨天和晴天的湿温差 (x_1) 和气温差 (x_2)

雨天			晴天		
组别	x_1	x_2	组别	x_1	x_2
1	−1.9	3.2	2	0.2	6.2
1	−6.9	0.4	2	−0.1	7.5
1	5.2	2.0	2	0.4	14.6
1	5.0	2.5	2	2.7	8.3
1	7.3	0.0	2	2.1	0.8
1	6.8	12.7	2	−4.6	4.3
1	0.9	−5.4	2	−1.7	10.9
1	−12.5	−2.5	2	−2.6	13.1
1	1.5	1.3	2	2.6	12.8
1	3.8	6.8	2	−2.8	10.0

8.3 (数据文件为 exe8.3) 某外贸公司推销某一新产品, 为保险起见, 在新产品大量上市前将该产品的样品寄往 12 个国家的进口代理商, 并附意见调查表, 要求对该产品的式样 (x_1)、包装 (x_2) 及耐久性 (x_3) 3 项指标给予评估。评分表采用 10 分制, 最后要求说明是否愿意购买 (购买组为 1, 非购买组为 2), 调查结果如表 8-6 所示。试对其进行 Fisher 判别分析。若另有一家外商打出的 3 项指标评分为 $x_1 = 9$, $x_2 = 5$, $x_3 = 4$, 试对其购买意向进行判别。

表 8-6 外贸公司一款新产品的 3 项指标预评分表及外商购买意向调查表

序号	组别	式样	包装	耐久性
1	1	9	8	7
2	1	7	6	6
3	1	10	7	8
4	1	8	4	5
5	1	9	9	3
6	1	8	6	7
7	1	7	5	6
8	2	8	4	4
9	2	3	6	6
10	2	6	3	3
11	2	6	4	5
12	2	8	2	2

8.4 (数据文件为 exe8.4) 在研究砂基液化问题时选取了 7 个因子。其中, x_1 为震级, x_2 为震中距 (千米), x_3 为水深 (米), x_4 为土深 (米), x_5 为贯入值, x_6 为最大地面加速度 (g), x_7 为地震持续时间 (秒)。今从已液化和未液化的地层中分别抽取了 10 个

和 20 个样品, 见表 8-7。其中 1 类表示已液化, 2 类表示未液化。试对这 30 个样品进行 Bayes 判别分析。

表 8-7 砂基液化原始分类数据

编号	类别	x_1	x_2	x_3	x_4	x_5	x_6	x_7
1	1	6.6	39	1.0	6.0	6	0.12	20
2	1	6.6	39	1.0	6.0	12	0.12	20
3	1	6.1	47	1.0	6.0	6	0.08	12
4	1	6.1	47	1.0	6.0	12	0.08	12
5	1	8.4	32	2.0	7.5	19	0.35	75
6	1	7.2	6	1.0	7.0	28	0.30	30
7	1	8.4	113	3.5	6.0	18	0.15	75
8	1	7.5	52	1.0	6.0	12	0.16	40
9	1	7.5	52	3.5	7.5	6	0.16	40
10	1	8.3	113	0.0	7.5	35	0.12	180
11	2	8.4	32	1.0	5.0	4	0.35	75
12	2	8.4	32	2.0	9.0	10	0.35	75
13	2	8.4	32	2.5	4.0	10	0.35	75
14	2	6.3	11	4.5	7.5	3	0.20	15
15	2	7.0	8	4.5	4.5	9	0.25	30
16	2	7.0	8	6.0	7.5	4	0.25	30
17	2	7.0	8	1.5	6.0	1	0.25	30
18	2	8.3	161	1.5	4.0	4	0.08	70
19	2	8.3	161	0.5	2.5	1	0.08	70
20	2	7.2	6	3.5	4.0	12	0.30	30
21	2	7.2	6	1.0	3.0	3	0.30	30
22	2	7.2	6	1.0	6.0	5	0.30	30
23	2	5.5	6	2.5	3.0	7	0.18	18
24	2	8.4	113	3.5	4.5	6	0.15	75
25	2	8.4	113	3.5	4.5	8	0.15	75
26	2	7.5	52	1.0	6.0	6	0.16	40
27	2	7.5	52	1.0	7.5	8	0.16	40
28	2	8.3	97	0.0	6.0	5	0.15	180
29	2	8.3	97	2.5	6.0	5	0.15	180
30	2	8.3	89	0.0	6.0	10	0.16	180

8.5 (数据文件为 exe8.5) 表 8-8 是某金融机构客户的个人资料, 该金融机构要建立客户的信用度评价体系, 选取了 8 个指标: x_1 为月收入; x_2 为月生活费支出; x_3 是虚拟变量, 住房的所有权属于自己的为 "1", 不属于自己的为 "0"; x_4 为目前工作的年限; x_5 为前一份工作的年限; x_6 为目前住所居住的年限; x_7 为前一个住所居住的年限; x_8 为家庭赡养的人口数; G 为信用度级别, 信用度最高为 "5", 最低为 "1"。试对表 8-8 中的数据进行 Fisher 判别分析。若一位新客户的 8 个指标分别为 (2 500, 1 500, 0, 3, 2, 3, 4, 1), 试对该客户的信用度进行评价。

表 8-8　某金融机构客户的个人信用度评价数据

G	x_1	x_2	x_3	x_4	x_5	x_6	x_7	x_8
1	1 000	3 000	0	0.1	0.3	0.1	0.3	4
1	3 500	2 500	0	0.5	0.5	0.5	2.0	1
1	1 200	1 000	0	0.5	0.5	1.0	0.5	3
1	800	800	0	0.1	1.0	5.0	1.0	3
1	3 000	2 800	0	1.0	2.0	3.0	4.0	3
2	4 500	3 500	0	8.0	2.0	10.0	1.0	5
2	3 000	2 600	1	6.0	1.0	3.0	4.0	2
3	3 000	1 500	0	2.0	8.0	6.0	2.0	5
3	850	425	1	3.0	3.0	25.0	25.0	1
3	2 200	1 200	1	6.0	3.0	1.0	4.0	1
4	4 000	1 000	1	3.0	5.0	3.0	2.0	1
4	7 000	3 700	1	10.0	4.0	10.0	1.0	4
4	4 500	1 500	1	6.0	4.0	4.0	9.0	3
5	9 000	2 250	1	8.0	4.0	5.0	3.0	2
5	7 500	3 000	1	10.0	3.0	10.0	3.0	4
5	3 000	1 000	1	20.0	5.0	15.0	10.0	1
5	2 500	700	1	10.0	5.0	15.0	5.0	3

8.6　(数据文件为 exe8.6)　表 8-9 给出了 2019 年全国各地区城镇居民家庭人均主要食品消费量 (单位: 千克), 选取了 10 个指标: 粮食 (x_1), 食用油 (x_2), 蔬菜及食用菌 (x_3), 肉类 (x_4), 禽类 (x_5), 水产品 (x_6), 蛋类 (x_7), 奶类 (x_8), 干鲜瓜果类 (x_9), 食糖 (x_{10})。据此数据先进行类别数为 3 的 k-均值聚类, 再进一步进行 Fisher 判别, 并进行回判和评价。

表 8-9　2019 年全国各地区城镇居民家庭人均主要食品消费量

地区	x_1	x_2	x_3	x_4	x_5	x_6	x_7	x_8	x_9	x_{10}
北京	95.7	6.7	115.9	25.8	6.7	10.3	14.4	31.1	87.1	1.1
天津	96.1	8.1	116.4	25.0	6.4	18.0	18.8	18.4	90.8	1.1
河北	130.5	7.9	111.8	24.5	6.5	10.0	17.1	20.5	88.6	1.0
山西	117.6	7.0	102.6	17.0	3.6	4.3	14.4	21.3	77.5	0.9
内蒙古	137.5	7.3	109.8	32.9	6.8	8.0	12.3	29.9	82.8	1.2
辽宁	116.8	9.3	119.4	27.1	6.6	19.3	14.9	21.3	81.7	1.2
吉林	118.3	9.9	104.2	24.0	5.9	12.1	12.2	14.9	79.3	1.2
黑龙江	113.7	11.1	101.4	23.2	6.0	12.2	13.4	13.6	76.4	1.5
上海	100.1	8.2	102.9	28.2	12.8	26.9	12.2	21.6	61.9	1.4
江苏	108.4	8.5	105.7	27.3	13.2	21.8	11.5	16.8	51.8	1.0
浙江	118.0	10.8	95.4	28.5	12.5	28.3	9.3	15.1	62.1	1.4
安徽	125.0	8.2	106.2	29.3	15.0	16.6	12.8	14.3	70.6	0.9

续表

地区	x_1	x_2	x_3	x_4	x_5	x_6	x_7	x_8	x_9	x_{10}
福建	94.1	8.2	82.8	27.9	11.7	26.7	9.0	12.3	48.5	1.2
江西	119.7	13.4	107.2	31.8	11.8	18.1	8.3	15.8	56.9	1.0
山东	104.6	8.3	103.3	23.6	6.8	18.3	18.0	21.8	87.6	0.7
河南	126.4	8.0	104.5	20.8	8.4	6.4	16.4	19.1	73.9	1.1
湖北	94.9	10.2	94.2	27.6	7.7	19.6	7.7	9.8	50.9	0.7
湖南	110.5	11.7	107.3	32.7	13.6	17.8	8.2	10.1	70.8	1.2
广东	100.8	8.4	110.6	39.4	23.9	29.5	8.7	10.8	53.9	1.4
广西	95.6	7.9	94.6	31.5	24.8	16.6	6.9	8.1	52.2	1.2
海南	80.8	8.2	99.5	26.9	24.0	32.8	5.4	6.6	39.6	0.8
重庆	106.2	14.4	125.7	39.0	12.9	13.9	10.4	17.0	52.8	1.9
四川	109.7	11.3	131.2	40.6	14.1	11.7	9.2	15.1	58.7	1.5
贵州	94.7	7.5	76.2	29.1	7.8	4.3	4.9	8.3	46.8	0.7
云南	100.3	7.3	93.7	29.9	8.6	6.5	5.0	10.1	50.1	1.3
西藏	181.8	26.1	97.0	56.7	5.3	2.2	7.2	20.3	19.9	4.0
陕西	118.9	9.5	106.7	18.9	4.7	5.3	10.6	20.8	71.3	0.9
甘肃	139.5	9.1	115.3	21.8	6.2	5.6	11.5	29.7	92.3	1.4
青海	93.6	9.4	64.7	24.6	4.1	3.3	5.7	23.0	38.0	1.0
宁夏	88.2	6.9	95.5	17.1	7.0	4.2	7.5	19.7	84.6	1.2
新疆	124.2	12.1	103.2	24.6	7.0	6.1	8.8	33.0	73.9	1.2

资料来源: 国家统计局. 中国统计年鉴 (2020). 北京: 中国统计出版社, 2020.

参考文献

[1]　孙文爽, 陈兰祥. 多元统计分析. 北京: 高等教育出版社, 1994.

[2]　薛毅, 陈立萍. 统计建模与 R 软件. 北京: 清华大学出版社, 2007.

[3]　王学仁, 王松桂. 实用多元统计分析. 上海: 上海科学技术出版社, 1990.

C 第 9 章

Chapter 9

主成分分析

本章首先介绍主成分分析的基本思想, 然后阐述总体主成分、样本主成分的概念、性质、计算、实施步骤及结果解释等, 并通过具体实例来展示其在 R 中的实现。在进行主成分分析之前, 应先确定变量之间确实存在较强的相关关系, 这是主成分分析能够顺利进行并能有效降维的前提。最后用一个案例来比较主成分回归与经典线性回归的异同。

9.1 主成分分析的基本思想

主成分分析 (principal component analysis, PCA) 是将具有相关性的多个变量有效地转化为少数几个综合变量来处理, 从而简化相关统计分析的一种多元统计分析方法。主成分分析也称主分量分析, 是由 Pearson 于 1901 年首先提出, 并由霍特林于 1933 年加以完善后发展起来的。目前, 在涉及高维数据分析处理的诸多领域, 主成分分析都有广泛的应用。

实际统计分析时碰到的问题多数是高维数据分析问题, 变量较多, 维数较大, 增加了问题分析的复杂性。而在实际问题中, 变量之间经常存在一定的相关性, 因此, 所讨论的全部变量中可能存在信息重叠。为消除这些信息重叠, 人们自然希望用个数较少但是保留了原始变量大部分信息的几个不相关的综合变量 (即主成分) 来代替原来较多的变量。注意, 这里不是像 "逐步回归" 那样删除变量, 而是有效地 "综合" 或 "组合" 原来的多个变量, 从而简化数据, 对原来复杂的数据关系进行简明有效的统计分析。主成分分析的本质就是 "有效降维", 既要减少变量个数, 又不能损失太多信息。换句话说, 就是 "降噪" 或者 "冗余消除", 将高维数据有效地转化为低维数据来处理, 揭示变量之间的内在联系, 进而分析和解决实际问题。

当一个变量只取一两个数据时, 这个变量 (数据) 提供的信息量是非常有限的; 当这个变量取一系列不同数据时, 我们可以从中读取最大值、最小值、平均数等不同的信息。变量的变异性越大, 说明它提供的信息量就越大。主成分分析中的信息就是指变量的变异性, 它用标准差或方差来表示。后面将依据变量方差的大小顺序挑选作为主成分的几个综合变量。

9.2　总体主成分

9.2.1　主成分的含义

在多元统计分析中, 总体 $\boldsymbol{X}$ 通常是一个 p 维随机变量 $(x_1, x_2, \cdots, x_p)^{\mathrm{T}}$, 为了解释什么是主成分, 我们以二维 $(p = 2)$ 正态分布样本点为例来直观说明。假设共有 n 个样品, 每个样品都测量了两个变量值 (x_1, x_2), 它们大致分布在平面上的一个椭圆内, 如图 9-1 所示。可以看出, 样本点之间的差异是由 x_1 和 x_2 的共同变化引起的。如果把原坐标 x_1 和 x_2 用新坐标 y_1 和 y_2 来代替, 则容易看出, 这些样本点的差异主要体现在 y_1 轴上, n 个点在 y_1 轴方向上的变差达到最大, 即在此方向上包含了有关 n 个样品的最多信息。因此, 若欲将二维空间中的点投影到某个一维方向上, 则选择 y_1 轴方向能使信息的损失最小。如果 y_1 轴方向体现的差异占了全部样本点差异的绝大部分, 那么将 y_2 忽略是合理的, 这样就把两个变量简化为一个, 显然这里的 y_1 轴代表了数据变化最大的方向, 称为第一主成分。y_2 称为第二主成分, 并要求已经包含在 y_1 中的信息不出现在 y_2 中, 即有 $\mathrm{Cov}(y_1, y_2) = 0$。注意, 两个主成分 y_1 和 y_2 都是 x_1 和 x_2 的线性组合。事实上, 若将原坐标系按逆时针方向旋转某个角度 θ, 就可由 x_1 和 x_2 得到 y_1 和 y_2, 其矩阵表示形式为

$$\begin{pmatrix} y_1 \\ y_2 \end{pmatrix} = \begin{pmatrix} \cos\theta & \sin\theta \\ -\sin\theta & \cos\theta \end{pmatrix} \begin{pmatrix} x_1 \\ x_2 \end{pmatrix} = \boldsymbol{P}^{\mathrm{T}} \boldsymbol{X} \tag{9.1}$$

式中, $\boldsymbol{P}$ 为旋转变换矩阵, 它是正交矩阵, 即有 $\boldsymbol{P}^{\mathrm{T}} = \boldsymbol{P}^{-1}$ 或 $\boldsymbol{P}^{\mathrm{T}}\boldsymbol{P} = \boldsymbol{I}$。第一主成分的效果与椭圆的形状有很大的关系, 椭圆越扁平, n 个点在 y_1 轴上的方差相对就越大, 在 y_2 轴上的方差相对就越小 (这里的方差是衡量上述变差的常用指标), 用第一主成分代替所有样品所造成的信息损失也就越小。

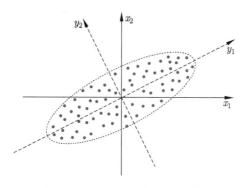

图 9-1　二维情形主成分示意图

考虑两种极端情形可以帮助我们理解主成分。一种极端情形是椭圆的长轴与短轴的长度相等, 即椭圆变成圆, 第一主成分 y_1 只体现了二维样品点约一半的信息, 若此时忽略 y_2, 则损失约 50% 的信息, 这显然是不可取的。其原因是原始变量 x_1 和 x_2 的相关程度几乎为零, 它们所包含的信息几乎不重叠, 无法用一个一维变量 y_1 来综合 x_1 和 x_2 的大部分信息。另一种极端情形是椭圆扁平到了极限, 变成 y_1 轴上的一条线段, 第一主成

分 y_1 几乎包含二维样品点的全部信息, 仅用变量 y_1 代替原始数据几乎不会有任何信息损失, 此时主成分分析的降维效果是非常理想的, 其原因是第二主成分 y_2 几乎不包含任何信息, 舍弃它当然没有信息损失。我们可以对数据的相关系数矩阵进行特征分解来找到主成分。

利用 R 程序来模拟这一过程 (需要先从 R 镜像网站中下载并安装多元正态和 t 分布程序包 mvtnorm), 具体如下:

```
> library(mvtnorm)
> set.seed(8)      # 设置随机数种子
> sigma<-matrix(c(1,0.9,0.9,1),ncol=2)      # 设置协方差矩阵，相关系数为 0.9
> mnorm<-rmvnorm(n=200,mean=c(0,0),sigma=sigma)
> plot(mnorm)      # 产生 200 个二维正态分布随机数并绘制散点图（见图 9-2）
> abline(a=0,b=1); abline(a=0,b=-1)      # 绘制坐标轴旋转 45° 后的两条直线
```

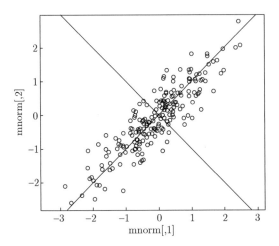

图 9-2　二维正态分布模拟数据的主成分示意图

从图 9-2 可以看出, 虽然我们使用了两个维度来表示数据, 但大多数数据都集中在 45° 直线 y_1 上, 其差异性也几乎体现在直线 y_1 上。若能将原坐标轴 x_1 旋转 45° 与直线 y_1 重合, 那么只需要 y_1 (即旋转后的 x_1) 这一个维度就能表示原来的二维数据的绝大部分差异了。再求样本相关系数矩阵的特征值、特征向量, R 程序及输出结果如下:

```
> eig<-eigen(cor(mnorm)); eig
$values
[1] 1.8854282   0.1145718
$vectors
          [,1]        [,2]
 [1,] 0.7071068   -0.7071068
 [2,] 0.7071068    0.7071068
```

第一大特征向量 (0.707, 0.707) 正好对应 45° 线方向, 即上述坐标轴 y_1 方向, 相应的特征值为 1.885 4, 比第二大特征值 0.114 6 大得多, 说明模拟数据在第二大特征向

量 (−0.707, 0.707) 方向 (即 y_2 方向) 上的变差很小, 几乎可以忽略。这样我们可以只保留 y_1, 忽略 y_2, 从而达到降维的目的。R 程序及输出结果如下:

```
> vector1<-eig$vectors[,1]; vector2<-eig$vectors[,2]
> y1<-scale(mnorm)%*%vector1; y2<-scale(mnorm)%*%vector2   # 函数 scale 将数据标准化
> plot(y1,y2,ylim=c(-2,2)); abline(h=0,v=0)                # 见图 9-3
> cbind(var(y1),var(y2),cor(y1,y2))
           [,1]        [,2]          [,3]
 [1,]   1.885428    0.1145718    4.418324e-16
```

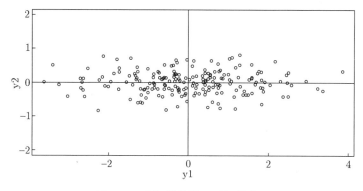

图 9-3　坐标轴旋转以后的散点图

上面程序中, 函数 scale 将数据标准化; y_1 方向的方差为 1.885 4, y_2 方向的方差为 0.114 6, 且 y_1 和 y_2 不相关 (相关系数为 4.418 3e-16, 可视为零)。图 9-3 是旋转坐标轴后的结果, 可以看出此时数据的变化都体现在 y_1 一个维度上了。

对 p 维情形也可以仿照二维情形讨论。一般, 设总体 $\boldsymbol{X} = (x_1, x_2, \cdots, x_p)^{\mathrm{T}}$ 的期望为 $\boldsymbol{\mu}$, 协方差矩阵为 $\boldsymbol{\Sigma}$, $\boldsymbol{X}$ 的 p 个主成分记为 $y_1, y_2, \cdots, y_p$, 二者的关系为

$$
\begin{cases}
y_1 = a_{11}x_1 + a_{12}x_2 + \cdots + a_{1p}x_p = \boldsymbol{a}_1^{\mathrm{T}}\boldsymbol{X} \\
y_2 = a_{21}x_1 + a_{22}x_2 + \cdots + a_{2p}x_p = \boldsymbol{a}_2^{\mathrm{T}}\boldsymbol{X} \\
\quad\vdots \\
y_p = a_{p1}x_1 + a_{p2}x_2 + \cdots + a_{pp}x_p = \boldsymbol{a}_p^{\mathrm{T}}\boldsymbol{X}
\end{cases}
\tag{9.2}
$$

式中, y_i 的方差为

$$
\mathrm{Var}(y_i) = \boldsymbol{a}_i^{\mathrm{T}}\boldsymbol{\Sigma}\boldsymbol{a}_i, \quad i = 1, 2, \cdots, p
\tag{9.3}
$$

因为 $y_1, y_2, \cdots, y_p$ 分别为 $\boldsymbol{X}$ 的第一主成分、第二主成分、$\cdots$, 第 p 主成分, 所以要求它们一定是互不相关的, 即 $\mathrm{Cov}(y_i, y_j) = 0$ $(i \neq j)$, 而且 y_1 是 $\boldsymbol{X}$ 的一切线性组合中方差达到最大的, y_2 是与 y_1 不相关的一切 $\boldsymbol{X}$ 的线性组合中方差达到最大的, 而 y_i 是与 $y_1, y_2, \cdots, y_{i-1}$ 均不相关的一切 $\boldsymbol{X}$ 的线性组合中方差达到最大的。最后从全部主成分 $y_1, y_2, \cdots, y_p$ 中按方差由大到小的顺序挑选出部分主成分 $y_1, y_2, \cdots, y_k$, 它们要满足条件: (1) $y_1, y_2, \cdots, y_k$ 保留原始变量 $x_1, x_2, \cdots, x_p$ 的大部分信息; (2) $k \ll p$; (3) $y_1, y_2, \cdots, y_k$ 互不相关。

这里 $y_1, y_2, \cdots, y_p$ 不是因变量, 而是对原始变量 $x_1, x_2, \cdots, x_p$ 的信息进行综合而得的变量, 形式上表现为 $x_1, x_2, \cdots, x_p$ 的线性组合。主成分分析中不区分自变量和因变量。

9.2.2 主成分的计算

下面简要介绍找出 $\boldsymbol{X}$ 的 p 个主成分 $y_1, y_2, \cdots, y_p$ 的方法。定理 9.1 回答了什么样的组合系数能使 $x_1, x_2, \cdots, x_p$ 的线性组合的方差达到较大。

定理 9.1 设总体 $\boldsymbol{X} = (x_1, x_2, \cdots, x_p)^{\mathrm{T}}$ 的协方差矩阵为 $\boldsymbol{\Sigma}$, $\lambda_1, \lambda_2, \cdots, \lambda_p$ $(\lambda_1 \geqslant \lambda_2 \geqslant \cdots \geqslant \lambda_p \geqslant 0)$ 为 $\boldsymbol{\Sigma}$ 的 p 个特征值, $\boldsymbol{e}_1, \boldsymbol{e}_2, \cdots, \boldsymbol{e}_p$ 为对应的单位正交特征向量, 则 $\boldsymbol{X}$ 的第 i 个主成分为

$$y_i = \boldsymbol{e}_i^{\mathrm{T}} \boldsymbol{X} = e_{i1}x_1 + e_{i2}x_2 + \cdots + e_{ip}x_p, \quad i = 1, 2, \cdots, p \tag{9.4}$$

且

$$\begin{aligned} \mathrm{Var}(y_i) &= \boldsymbol{e}_i^{\mathrm{T}} \boldsymbol{\Sigma} \boldsymbol{e}_i = \lambda_i, \quad i = 1, 2, \cdots, p \\ \mathrm{Cov}(y_i, y_j) &= \boldsymbol{e}_i^{\mathrm{T}} \boldsymbol{\Sigma} \boldsymbol{e}_j = 0, \quad i, j = 1, 2, \cdots, p; \quad i \neq j \end{aligned} \tag{9.5}$$

亦即

$$\mathrm{Cov}(y_i, y_j) = \begin{cases} \lambda_i, & i = j \\ 0, & i \neq j \end{cases}, \quad i, j = 1, 2, \cdots, p$$

证明: 参见本章参考文献 [1]。

此定理说明 $\boldsymbol{X}$ 的主成分是以 $\boldsymbol{\Sigma}$ 的单位正交特征向量的分量为组合系数的 $x_1, x_2, \cdots, x_p$ 的线性组合, 第 i 个主成分 y_i 的组合系数是对应于 $\boldsymbol{\Sigma}$ 的第 i 大特征值 λ_i 的单位正交特征向量的分量, 而且 y_i 的方差等于 λ_i, y_i 和 y_j $(i \neq j)$ 互不相关。

9.2.3 主成分的主要性质

设 $\boldsymbol{y} = (y_1, y_2, \cdots, y_p)^{\mathrm{T}}$ 是 $\boldsymbol{X}$ 的主成分向量, 由 $\boldsymbol{\Sigma}$ 的 p 个特征值 $\lambda_1, \lambda_2, \cdots, \lambda_p$ 构成的对角阵为 $\boldsymbol{\Lambda} = \mathrm{diag}(\lambda_1, \lambda_2, \cdots, \lambda_p)$, 由式 (9.4) 有

$$\begin{aligned} \boldsymbol{y} = (y_1, y_2, \cdots, y_p)^{\mathrm{T}} &= (\boldsymbol{e}_1^{\mathrm{T}} \boldsymbol{X}, \boldsymbol{e}_2^{\mathrm{T}} \boldsymbol{X}, \cdots, \boldsymbol{e}_p^{\mathrm{T}} \boldsymbol{X})^{\mathrm{T}} \\ &= (\boldsymbol{e}_1, \boldsymbol{e}_2, \cdots, \boldsymbol{e}_p)^{\mathrm{T}} \boldsymbol{X} = \boldsymbol{P}^{\mathrm{T}} \boldsymbol{X} \end{aligned} \tag{9.6}$$

式中, $\boldsymbol{P} = (\boldsymbol{e}_1, \boldsymbol{e}_2, \cdots, \boldsymbol{e}_p)$, 是以 $\boldsymbol{\Sigma}$ 的 p 个单位正交特征向量为列向量排成的正交矩阵。由此可以得到主成分的几个主要性质。

性质 9.1 主成分 $\boldsymbol{y} = (y_1, y_2, \cdots, y_p)^{\mathrm{T}}$ 的协方差矩阵是对角阵

$$\boldsymbol{\Lambda} = \mathrm{diag}(\lambda_1, \lambda_2, \cdots, \lambda_p)$$

证明: 由式 (9.6) 知

$$\mathrm{Var}(\boldsymbol{y}) = \mathrm{Cov}(\boldsymbol{P}^{\mathrm{T}} \boldsymbol{X}, \boldsymbol{P}^{\mathrm{T}} \boldsymbol{X}) = \boldsymbol{P}^{\mathrm{T}} \mathrm{Cov}(\boldsymbol{X}, \boldsymbol{X}) \boldsymbol{P} = \boldsymbol{P}^{\mathrm{T}} \boldsymbol{\Sigma} \boldsymbol{P} = \boldsymbol{\Lambda}$$

性质 9.2 主成分 $y_1, y_2, \cdots, y_p$ 的方差之和等于原始变量 $x_1, x_2, \cdots, x_p$ 的方差之和。

证明: 因为 $\boldsymbol{P}$ 为正交矩阵, 利用矩阵迹的性质可得

$$
\begin{aligned}
\sum_{i=1}^{p} \mathrm{Var}(y_i) &= \sum_{i=1}^{p} \lambda_i = \mathrm{tr}(\boldsymbol{\Lambda}) = \mathrm{tr}(\boldsymbol{P}^{\mathrm{T}} \boldsymbol{\Sigma} \boldsymbol{P}) = \mathrm{tr}(\boldsymbol{\Sigma}) \\
&= \sum_{i=1}^{p} \sigma_{ii} = \sum_{i=1}^{p} \mathrm{Var}(x_i)
\end{aligned}
\tag{9.7}
$$

性质 9.3 主成分 y_k 与原始变量 x_i 的相关系数为 $\rho_{ki} = \rho(y_k, x_i) = \dfrac{\sqrt{\lambda_k}}{\sqrt{\sigma_{ii}}} e_{ki}$, 其中, e_{ki} 为 $\boldsymbol{e}_k$ 的第 i 个分量。

证明: 记 $\boldsymbol{\varepsilon}_i = (0, \cdots, 0, 1, 0, \cdots, 0)^{\mathrm{T}}$ 是第 i 个元素为 1、其他元素为 0 的向量, 则

$$
\begin{aligned}
\rho(y_k, x_i) &= \frac{\mathrm{Cov}(y_k, x_i)}{\sqrt{\mathrm{Var}(y_k)\mathrm{Var}(x_i)}} = \frac{\mathrm{Cov}(\boldsymbol{e}_k^{\mathrm{T}} \boldsymbol{X}, \boldsymbol{\varepsilon}_i^{\mathrm{T}} \boldsymbol{X})}{\sqrt{\lambda_k \sigma_{ii}}} \\
&= \frac{\boldsymbol{\varepsilon}_i^{\mathrm{T}}(\boldsymbol{\Sigma} \boldsymbol{e}_k)}{\sqrt{\lambda_k \sigma_{ii}}} = \frac{\lambda_k e_{ki}}{\sqrt{\lambda_k \sigma_{ii}}} = \frac{\sqrt{\lambda_k}}{\sqrt{\sigma_{ii}}} e_{ki}
\end{aligned}
$$

由式 (9.6) $\boldsymbol{y} = \boldsymbol{P}^{\mathrm{T}} \boldsymbol{X}$ 变形可得 $\boldsymbol{X} = \boldsymbol{P} \boldsymbol{y}$, 其分量形式为

$$
x_i = e_{1i} y_1 + e_{2i} y_2 + \cdots + e_{ki} y_k + \cdots + e_{pi} y_p, \quad i = 1, 2, \cdots, p
$$

一般而言, 称正交矩阵 $\boldsymbol{P}$ 为原始变量 $\boldsymbol{X}$ 关于主成分 $\boldsymbol{y}$ 的载荷矩阵, 而称 e_{ki} 为第 i 个变量 x_i 在第 k 个主成分 y_k 上的载荷, 载荷越大, 说明 x_i 与 y_k 的相关性越强。有的文献或软件 (如 SPSS 软件) 称 $\boldsymbol{P}\boldsymbol{\Lambda}^{1/2} = (\sqrt{\lambda_1}e_1, \sqrt{\lambda_2}e_2, \cdots, \sqrt{\lambda_p}e_p)$ 为原始变量 $\boldsymbol{X}$ 关于主成分 $\boldsymbol{y}$ 的载荷矩阵, 而称 $\sqrt{\lambda_k}e_{ki}$ 为第 i 个变量 x_i 在第 k 个主成分 y_k 上的载荷。

9.2.4 主成分个数的确定

进行主成分分析的目的是有效降维, 减少变量的个数, 所以一般不会使用所有 p 个主成分, 忽略一些方差较小的主成分不会给总方差带来太大的影响。性质 9.2 说明原来 p 个原始变量的总方差等于 p 个主成分的总方差, 故可采用指标

$$
\omega_i = \lambda_i \Big/ \sum_{j=1}^{p} \lambda_j, \quad i = 1, 2, \cdots, p
\tag{9.8}
$$

来度量主成分 y_i 概括原始变量信息多少的程度, 称 ω_i 为主成分 y_i 的方差贡献率。第一主成分 y_1 的贡献率最大, 这表明 $y_1 = \boldsymbol{e}_1^{\mathrm{T}} \boldsymbol{X}$ 综合原始变量 $x_1, x_2, \cdots, x_p$ 的信息的能力最强, 而 $y_2, \cdots, y_p$ 的综合能力依次递减。前 $k \, (k < p)$ 个 ω_i 的和 $\displaystyle\sum_{i=1}^{k} \omega_i = \sum_{i=1}^{k} \lambda_i \Big/ \sum_{j=1}^{p} \lambda_j$ 称为前 k 个主成分的累计方差贡献率。累计方差贡献率表明 $y_1, y_2, \cdots, y_k$ 综合 $x_1, x_2, \cdots, x_p$ 的信息的能力, 通常取使得累计方差贡献率达到 80% 的最小的 k 为主成分的个数。

说明: 有的文献规定取使得累计方差贡献率首次超过 85% 的 k。另外, Kaiser-Harris 准则建议保留特征值大于 1 的主成分, 特征值小于 1 的主成分能解释的方差相对较小。 Cattell 碎石检验则绘制了特征值与主成分数的图形, 这类图形可以展示图形弯曲状况, 在图形变化最大处之上的主成分都保留。

9.2.5 变量的标准化及意义

上面对主成分分析的讨论是从总体协方差矩阵 $\boldsymbol{\Sigma}$ 出发的, 其结果通常会受变量单位的影响。不同的变量往往有不同的单位 (如后面的例 9.2 中有机碳 (x_1) 的取值在 0.2~1.5 (%), 生油层埋深 (x_2) 的取值则在 1 200~3 200(米)), 同一变量单位的改变会产生不同的主成分, 主成分倾向于反映方差大的变量的信息, 对于方差小的变量就可能体现得不够, 存在 "大数吃小数" 问题。为使主成分分析能够均等地对待每一个原始变量, 消除单位不同可能带来的影响, 我们常常将各原始变量进行标准化处理, 即令

$$x_i^* = \frac{x_i - E(x_i)}{\sqrt{\mathrm{Var}(x_i)}}, \quad i = 1, 2, \cdots, p \tag{9.9}$$

显然, 标准化后的总体 $\boldsymbol{X}^* = (x_1^*, x_2^*, \cdots, x_p^*)^{\mathrm{T}}$ 的协方差矩阵就是原总体 $\boldsymbol{X}$ 的相关系数矩阵 $\boldsymbol{\rho}$。需要强调的是, 从相关系数矩阵求得的主成分与从协方差矩阵求得的主成分一般是不同的。实际表明, 这种差异有时很大。如果各指标之间的数量级悬殊, 特别是各指标有不同的物理量纲, 较为合理的做法是使用 $\boldsymbol{\rho}$ 代替 $\boldsymbol{\Sigma}$。经济问题所涉及的变量单位大都不统一, 采用 $\boldsymbol{\rho}$ 代替 $\boldsymbol{\Sigma}$ 后, 可以看作用标准化的数据来进行分析, 这样使得主成分有现实经济意义, 既便于剖析实际问题, 又能避免突出数值大的变量。

总的来说, 在解决实际问题时, 既可以从 $\boldsymbol{X}$ 的协方差矩阵 $\boldsymbol{\Sigma}$ 出发来进行主成分分析, 也可以从 $\boldsymbol{X}$ 的相关系数矩阵 $\boldsymbol{\rho}$ 出发来进行主成分分析。由于上述原因, 一般以后者为主。另外, 从 $\boldsymbol{\rho}$ 出发导出的主成分也有与 9.2.3 节中性质 9.1、性质 9.2 及性质 9.3 类似的性质, 这里从略。

9.3 样本主成分

实际问题中, 总体协方差矩阵 $\boldsymbol{\Sigma}$ 或相关系数矩阵 $\boldsymbol{\rho}$ 往往是未知的, 通常需要用样本数据来估计。

设 $\boldsymbol{X}_{(i)} = (x_{i1}, x_{i2}, \cdots, x_{ip})^{\mathrm{T}} (i = 1, 2, \cdots, n)$ 为来自总体 $\boldsymbol{X}$ 的样本, 样本数据矩阵为

$$\boldsymbol{X} = \begin{pmatrix} x_{11} & x_{12} & \cdots & x_{1p} \\ x_{21} & x_{22} & \cdots & x_{2p} \\ \vdots & \vdots & & \vdots \\ x_{n1} & x_{n2} & \cdots & x_{np} \end{pmatrix} = \begin{pmatrix} \boldsymbol{X}_{(1)}^{\mathrm{T}} \\ \boldsymbol{X}_{(2)}^{\mathrm{T}} \\ \vdots \\ \boldsymbol{X}_{(n)}^{\mathrm{T}} \end{pmatrix} = (\boldsymbol{X}_1, \boldsymbol{X}_2, \cdots, \boldsymbol{X}_p)$$

式中, $\boldsymbol{X}_{(i)}^{\mathrm{T}}$ 为样本数据矩阵的第 i 行 $(i = 1, 2, \cdots, n)$, 表示 $\boldsymbol{X}$ 的第 i 次观测值; $\boldsymbol{X}_j$ 为样本数据矩阵的第 j 列 $(j = 1, 2, \cdots, p)$。样本的协方差矩阵为

$$S = \frac{1}{n-1} \sum_{i=1}^{n} \left(\boldsymbol{X}_{(i)} - \overline{\boldsymbol{X}}\right) \left(\boldsymbol{X}_{(i)} - \overline{\boldsymbol{X}}\right)^{\mathrm{T}} = (s_{kl})_{p \times p}$$

式中, $\overline{\boldsymbol{X}} = \dfrac{1}{n} \sum_{i=1}^{n} \boldsymbol{X}_{(i)} = (\bar{x}_1, \bar{x}_2, \cdots, \bar{x}_p)^{\mathrm{T}}$, $s_{kl} = \dfrac{1}{n-1} \sum_{i=1}^{n} (x_{ik} - \bar{x}_k)(x_{il} - \bar{x}_l)$ $(k, l = 1, 2, \cdots, p)$。样本的相关系数矩阵 $\boldsymbol{R}$ 为

$$\boldsymbol{R} = \frac{1}{n-1} \sum_{i=1}^{n} \boldsymbol{X}_{(i)}^* \boldsymbol{X}_{(i)}^{*\mathrm{T}} = (r_{kl})_{p \times p}, \quad r_{kl} = \frac{s_{kl}}{\sqrt{s_{kk} s_{ll}}}, \quad k, l = 1, 2, \cdots, p$$

式中

$$\boldsymbol{X}_{(i)}^* = \left(\frac{x_{i1} - \bar{x}_1}{\sqrt{s_{11}}}, \frac{x_{i2} - \bar{x}_2}{\sqrt{s_{22}}}, \cdots, \frac{x_{ip} - \bar{x}_p}{\sqrt{s_{pp}}}\right)^{\mathrm{T}} = (x_{i1}^*, x_{i2}^*, \cdots, x_{ip}^*)^{\mathrm{T}} = \begin{pmatrix} x_{i1}^* \\ x_{i2}^* \\ \vdots \\ x_{ip}^* \end{pmatrix}$$

9.3.1　样本主成分的性质和计算

设 $\lambda_1, \lambda_2, \cdots, \lambda_p$ $(\lambda_1 \geqslant \lambda_2 \geqslant \cdots \geqslant \lambda_p \geqslant 0)$ 为样本协方差矩阵 $\boldsymbol{S}$ 的 p 个特征值, $\boldsymbol{a}_1, \boldsymbol{a}_2, \cdots, \boldsymbol{a}_p$ 为对应的单位正交特征向量, 则样本的第 i 个主成分为 $z_i = \boldsymbol{a}_i^{\mathrm{T}} \boldsymbol{x}$ $(i = 1, 2, \cdots, p)$, 其中 $\boldsymbol{x} = (x_1, x_2, \cdots, x_p)^{\mathrm{T}}$。令

$$\boldsymbol{z} = (z_1, z_2, \cdots, z_p)^{\mathrm{T}} = (\boldsymbol{a}_1, \boldsymbol{a}_2, \cdots, \boldsymbol{a}_p)^{\mathrm{T}} \boldsymbol{x} = \boldsymbol{Q}^{\mathrm{T}} \boldsymbol{x}$$

式中, $\boldsymbol{Q} = (\boldsymbol{a}_1, \boldsymbol{a}_2, \cdots, \boldsymbol{a}_p) = (q_{ij})_{p \times p}$。

类似于总体主成分, 基于 $\boldsymbol{S}$ 的样本主成分有如下性质:

(1) $\mathrm{Var}(z_i) = \lambda_i$ $(i = 1, 2, \cdots, p)$。

(2) $\mathrm{Cov}(z_i, z_j) = 0$ $(i, j = 1, 2, \cdots, p; \ i \neq j)$。

(3) 样本总方差 $\sum_{i=1}^{p} s_{ii} = \sum_{i=1}^{p} \lambda_i$。

(4) 样本主成分 z_k 与 x_i 的相关系数 $r_{ki} = r(z_k, x_i) = \dfrac{\sqrt{\lambda_k}}{\sqrt{\sigma_{ii}}} q_{ki}$ $(k, i = 1, 2, \cdots, p)$。

实际问题中, 更常用的是从样本相关系数矩阵 $\boldsymbol{R}$ 出发求样本主成分, 方法是用 $\boldsymbol{R}$ 替换上面的 $\boldsymbol{S}$, 其余操作不变。

设 $\lambda_1^*, \lambda_2^*, \cdots, \lambda_p^*$ $(\lambda_1^* \geqslant \lambda_2^* \geqslant \cdots \geqslant \lambda_p^* \geqslant 0)$ 为样本相关系数矩阵 $\boldsymbol{R}$ 的 p 个特征值, $\boldsymbol{a}_1^*, \boldsymbol{a}_2^*, \cdots, \boldsymbol{a}_p^*$ 为对应的单位正交特征向量, 则样本的第 i 个主成分为 $z_i^* = \boldsymbol{a}_i^{*\mathrm{T}} \boldsymbol{x}^*$ $(i = 1, 2, \cdots, p)$。其中 $\boldsymbol{x}^* = (x_1^*, x_2^*, \cdots, x_p^*)^{\mathrm{T}}$, $x_i^* = \dfrac{x_i - \bar{x}_i}{\sqrt{s_{ii}}}$ $(i = 1, 2, \cdots, p)$。又

记 $\boldsymbol{Q}^* = (\boldsymbol{a}_1^*, \boldsymbol{a}_2^*, \cdots, \boldsymbol{a}_p^*) = (q_{ij}^*)_{p \times p}$, 与上面类似, 基于 $\boldsymbol{R}$ 的样本主成分有如下性质:

(1) $\mathrm{Var}(z_i^*) = \lambda_i^* \ (i = 1, 2, \cdots, p)$。

(2) $\mathrm{Cov}(z_i^*, z_j^*) = 0 \ (i, j = 1, 2, \cdots, p; \ i \neq j)$。

(3) 样本总方差 $\sum\limits_{i=1}^{p} \lambda_i^* = p$。

证明: $\sum\limits_{i=1}^{p} \lambda_i^* = \mathrm{tr}(\boldsymbol{R}) = \sum\limits_{i=1}^{p} r_{ii} = \sum\limits_{i=1}^{p} \dfrac{s_{ii}}{\sqrt{s_{ii} s_{ii}}} = \sum\limits_{i=1}^{p} 1 = p$。

(4) 样本主成分 z_k^* 与 x_i^* 的相关系数 $r_{ki}^* = r(z_k^*, x_i^*) = \sqrt{\lambda_k^*} q_{ki}^* \ (k, i = 1, 2, \cdots, p)$。

9.3.2 主成分分析的步骤和相关 R 函数

在实际应用中, 使用较多的是从样本相关系数矩阵 $\boldsymbol{R}$ 出发进行主成分分析, 在 R 中可用几个函数命令来完成。其具体步骤可以归纳为:

(1) 将原始样本数据标准化。

(2) 求样本的相关系数矩阵 $\boldsymbol{R}$。

(3) 求 $\boldsymbol{R}$ 的 p 个特征值 $\lambda_1^*, \lambda_2^*, \cdots, \lambda_p^* \ (\lambda_1^* \geqslant \lambda_2^* \geqslant \cdots \geqslant \lambda_p^* \geqslant 0)$ 以及相应的单位正交特征向量 $\boldsymbol{a}_1^*, \boldsymbol{a}_2^*, \cdots, \boldsymbol{a}_p^*$。

特别说明: 采用 (3) 中的记号, 向量 $\boldsymbol{a}_i^*$ 和向量 $-\boldsymbol{a}_i^*$ 均是 $\boldsymbol{R}$ 的对应于特征值 $\lambda_i^* \ (i = 1, 2, \cdots, p)$ 的单位特征向量, 并且在 $\boldsymbol{a}_i^*$ 前的正负号可以自由选取其一的条件下, $\pm\boldsymbol{a}_1^*, \pm\boldsymbol{a}_2^*, \cdots, \pm\boldsymbol{a}_p^*$ 可能有 2^p 种组合情形, 其中每种组合情形均是一组单位正交特征向量, 这就意味着实际计算得到的主成分可能是 $z_i^* = \boldsymbol{a}_i^{*\mathrm{T}} \boldsymbol{x}^*$, 也可能是 $z_i^* = -\boldsymbol{a}_i^{*\mathrm{T}} \boldsymbol{x}^* \ (i = 1, 2, \cdots, p)$。两者相差一个符号, 但均满足定理 9.1 给出的主成分要求。在主成分的实际计算、作图和解释时要注意这一点。

(4) 按主成分累计方差贡献率超过 80% 确定主成分的个数 k, 并写出样本主成分表达式 $z_i^* = \boldsymbol{a}_i^{*\mathrm{T}} \boldsymbol{x}^* \ (i = 1, 2, \cdots, k)$。

(5) 对分析结果做出统计意义和实际意义两方面的解释。

在 R 中进行主成分分析的常用函数如下。

1. princomp 函数

```
princomp(x,cor=FALSE,scores=TRUE,···) (矩阵形式)
```

这是进行主成分分析最常用的函数。其中, x 是用于主成分分析的数据矩阵或数据框; cor=TRUE 表示用样本相关系数矩阵 $\boldsymbol{R}$ 进行主成分分析, cor=FALSE(默认值) 表示用样本协方差矩阵 $\boldsymbol{S}$ 进行主成分分析; scores 为是否输出主成分得分。该函数还有一种使用形式:

```
princomp(formula,data=NULL,cor=TRUE,···) (公式形式)
```

上述代码中, formula 为公式, 但无响应变量, 形如 ~x1+⋯+xp; data 为数据框; cor=TRUE 表示用样本相关系数矩阵 $\boldsymbol{R}$ 进行主成分分析。

2. summary 函数

```
summary(object,loadings=TRUE,···)
```

该函数用于提取主成分的信息, 其中, object 是由 princomp 函数得到的对象; loadings=TRUE 表示显示载荷矩阵 loadings 的内容 (见下面 loadings 函数的说明), 默认不显示。

3. loadings 函数

```
loadings(object)
```

该函数用于显示主成分分析 (或因子分析) 中载荷矩阵的内容, 其中 object 是由 princomp 函数得到的对象。若从样本相关系数矩阵 $\boldsymbol{R}$ 出发进行主成分分析, 则该函数输出载荷矩阵 $\boldsymbol{Q}^* = (\boldsymbol{a}_1^*, \boldsymbol{a}_2^*, \cdots, \boldsymbol{a}_p^*) = (q_{ij}^*)_{p \times p}$, 其中, $\boldsymbol{Q}^*$ 是由 $\boldsymbol{R}$ 的 p 个单位正交特征向量生成的正交矩阵, 主成分向量 $\boldsymbol{z}^* = \boldsymbol{Q}^{*\mathrm{T}}\boldsymbol{x}^*$ 或 $\boldsymbol{x}^* = \boldsymbol{Q}^*\boldsymbol{z}^*$, q_{ik}^* 称为第 i 个变量 x_i^* 在第 k 个主成分 z_k^* 上的载荷。实际上, 若在 summary 函数中输入选项 loadings=TRUE, 就可显示 loadings 函数的相关内容。

4. predict 函数

```
predict(object,newdata,···)
```

该函数用于预测主成分的值。其中, object 是由 princomp 函数得到的对象, newdata 是进行预测的数据框。若不给出 newdata, 则对样本数据进行拟合预测。

5. screeplot 函数

```
screeplot(object,type=c("barplot","lines",···))
```

该函数用于绘制主成分的碎石图。其中 object 是由 princomp 函数得到的对象, type 为碎石图的类型: "barplot" 是直方图类型, "lines" 是直线图类型。碎石图将特征值从大到小排列, 可以由此直观地确定主成分的个数。

注意这里只罗列了在 R 中进行主成分分析时几个常用的函数, 更多函数和命令见相关程序包和参考文献。如 psych 包中提供的各种函数, 它们有更丰富实用的选项, 输出结果也更便于使用, 参见本章参考文献 [2]。

例 9.1 (数据文件为 exam9.1)　表 9-1 给出了 52 名学生的数学 (x_1)、物理 (x_2)、化学 (x_3)、语文 (x_4)、历史 (x_5) 和英语 (x_6) 的课程成绩, 对其进行主成分分析。

表 9-1　52 名学生 6 门课程成绩数据

学号	x_1	x_2	x_3	x_4	x_5	x_6	学号	x_1	x_2	x_3	x_4	x_5	x_6
1	65	61	72	84	81	79	27	64	79	64	72	76	74
2	77	77	76	64	70	55	28	60	51	60	78	74	76
3	67	63	49	65	67	57	29	59	75	81	82	77	73
4	78	84	75	62	71	64	30	64	61	49	100	99	95
5	66	71	67	52	65	57	31	56	48	61	85	82	80
6	83	100	79	41	67	50	32	62	45	67	78	76	82
7	86	94	97	51	63	55	33	86	78	92	87	87	77
8	67	84	53	58	66	56	34	80	98	83	58	66	66
9	69	56	67	75	94	80	35	83	71	81	63	77	73
10	77	90	80	68	66	60	36	67	83	65	68	74	60
11	84	67	75	60	70	63	37	71	58	45	83	77	73
12	62	67	83	71	85	77	38	90	83	91	58	60	59
13	91	74	97	62	71	66	39	73	80	64	75	80	78
14	82	70	83	68	77	85	40	87	98	87	68	78	64
15	66	61	77	62	73	64	41	69	72	79	89	82	73
16	90	78	78	59	72	66	42	79	73	69	65	73	73
17	77	89	80	73	75	70	43	87	86	88	70	73	70
18	72	68	77	83	92	79	44	76	61	73	63	60	70
19	72	67	61	92	92	88	45	99	100	99	53	63	60
20	81	90	79	73	85	80	46	78	68	52	75	74	66
21	68	85	70	84	89	86	47	72	90	73	76	80	79
22	85	91	95	63	76	66	48	69	64	60	68	74	80
23	91	85	100	70	65	76	49	52	62	65	100	96	100
24	74	74	84	61	80	69	50	70	72	56	74	82	74
25	88	100	85	49	71	66	51	72	74	75	88	91	86
26	87	84	100	74	81	76	52	68	74	70	87	87	83

解: (1) 先读取数据, 求样本相关系数矩阵。R 程序及输出结果如下:

```
# 例9.1 52 名学生 6 门课程成绩的主成分分析
> setwd("C:/data")          # 设定工作路径
> d9.1<-read.csv("exam9.1.csv",header=T)     # 将 exam9.1.csv 数据读入 d9.1
> R=round(cor(d9.1),3)      # 求样本相关系数矩阵, 保留三位小数
> R
        x1       x2       x3       x4       x5       x6
x1   1.000    0.647    0.696   -0.561   -0.456   -0.439
x2   0.647    1.000    0.573   -0.503   -0.351   -0.458
x3   0.696    0.573    1.000   -0.380   -0.274   -0.244
x4  -0.561   -0.503   -0.380    1.000    0.813    0.835
```

```
x5   -0.456   -0.351   -0.274   0.813   1.000   0.819
x6   -0.439   -0.458   -0.244   0.835   0.819   1.000
```

在 R 中, symnum 函数用简洁的符号表示出相关系数矩阵中绝对值位于不同区间内的相关系数的位置。其中, [0,0.3] 用空格 " " 表示; (0.3,0.6] 用句点 " . " 表示; (0.6,0.8] 用逗号 "," 表示; (0.8,0.9] 用加号 "+" 表示; (0.9,0.95] 用星号 "*" 表示; (0.95,1] 用字母 "B" 表示。当相关系数矩阵的维数较大时, 用这种方法可快速找出相关性较强的变量。R 程序及输出结果如下:

```
> symnum(cor(d9.1,use="complete.obs"))
    x1 x2 x3 x4 x5 x6
 x1  1
 x2  ,  1
 x3  ,  .  1
 x4  .  .  .  1
 x5  .  .     +  1
 x6  .  .     +  +  1
attr(,"legend")
[1] 0 ' ' 0.3 '.' 0.6 ',' 0.8 '+' 0.9 '*' 0.95 'B' 1
```

可以看出, 文科三门课程语文 (x_4)、历史 (x_5) 和英语 (x_6) 的相关性较强; 理科三门课程数学 (x_1) 与物理 (x_2)、化学 (x_3) 的相关性也较强。

(2) 利用 princomp 函数和样本相关系数矩阵进行主成分分析, 求样本相关系数矩阵的特征值和主成分载荷, R 程序及输出结果如下:

```
> PCA9.1=princomp(d9.1,cor=T)     # 用样本相关系数矩阵进行主成分分析
> PCA9.1
Call:
princomp(x=data9.1,cor=T)
Standard deviations:
 Comp.1  Comp.2  Comp.3  Comp.4  Comp.5  Comp.6
  1.926   1.124   0.664   0.520   0.412   0.383
6 variables and 52 observations.
> summary(PCA9.1,loadings=T)     # 列出主成分分析结果
Importance of components:
                        Comp.1  Comp.2  Comp.3  Comp.4  Comp.5  Comp.6
 Standard deviation      1.926   1.124   0.664   0.520   0.412   0.383
 Proportion of Variance  0.618   0.210   0.073   0.045   0.028   0.024
 Cumulative Proportion   0.618   0.829   0.902   0.947   0.976   1.000
Loadings:
      Comp.1  Comp.2  Comp.3  Comp.4  Comp.5  Comp.6
 x1   -0.412  -0.376   0.216   0.788           -0.145
 x2   -0.381  -0.357  -0.806  -0.118   0.212    0.141
```

```
x3   -0.332   -0.563    0.467   -0.588
x4    0.461   -0.279                      0.599   -0.590
x5    0.421   -0.415   -0.250            -0.738   -0.205
x6    0.430   -0.407    0.146    0.134    0.222    0.749
```

由程序输出结果可知, 主成分的标准差 (即相关系数矩阵 6 个特征值的开方) 各为

$$\sqrt{\lambda_1} = 1.926, \quad \sqrt{\lambda_2} = 1.124, \quad \sqrt{\lambda_3} = 0.664$$

$$\sqrt{\lambda_4} = 0.520, \quad \sqrt{\lambda_5} = 0.412, \quad \sqrt{\lambda_6} = 0.383$$

(3) 按累计方差贡献率不低于 80% 确定主成分的个数, 写出主成分表达式, 结合问题背景解释各主成分的统计及实际意义。从输出结果可以看出, 前两个主成分的累计方差贡献率为 0.829, 已经超过 80%, 所以取两个主成分就可以了。第一主成分和第二主成分分别为

$$z_1^* = -0.412x_1^* - 0.381x_2^* - 0.332x_3^* + 0.461x_4^* + 0.421x_5^* + 0.430x_6^*$$

$$z_2^* = -0.376x_1^* - 0.357x_2^* - 0.563x_3^* - 0.279x_4^* - 0.415x_5^* - 0.407x_6^*$$

第一主成分对应的系数的符号前三个 (数学、物理、化学) 为负, 后三个 (语文、历史、英语) 为正, 绝对值均在 0.4 左右, 反映了理科和文科课程成绩的类别差异, 有的学生成绩是理科好、文科差 (如 6, 7, 45 号), 有的是理科差、文科好 (如 30, 49 号); 第二主成分对应的系数的符号都相同, 反映了学生各科成绩的一种均衡特点, 比如有的学生各科成绩均较好 (如 26, 33 号) 或者均较差 (如 3, 5, 8 号)。因此可以把第一主成分理解为课程差异因子, 第二主成分理解为课程均衡因子。

(4) 对样本做回代预测, 即计算各样本在主成分上的得分。上述特点在下面的预测中表现明显, R 程序及输出结果如下:

```
> round(predict(PCA9.1),3)      # 进行预测, 即计算各样本主成分得分
         Comp.1   Comp.2   Comp.3   Comp.4   Comp.5   Comp.6
  [1,]    1.846    0.099    0.501   -0.379    0.219   -0.190
  [2,]   -1.383    0.933   -0.028   -0.161   -0.160   -0.751
  [3,]    0.044    2.804   -0.220    0.368    0.048   -0.416
  [4,]   -1.256    0.406   -0.351    0.011   -0.021    0.025
  [5,]   -1.139    2.269   -0.004   -0.583   -0.326    0.212
  [6,]   -3.518    0.820   -1.072   -0.156   -0.763    0.166
  [7,]   -3.516   -0.104    0.101   -0.574   -0.011   -0.080
  [8,]   -0.982    2.326   -1.292   -0.017    0.093    0.052
  [9,]    2.247   -0.130    0.408    0.224   -1.289   -0.060
 [10,]   -1.675    0.325   -0.499   -0.387    0.658   -0.386
 ......
 [24,]   -0.459   -0.126    0.296   -0.499   -0.845    0.122
 [25,]   -2.737   -0.579   -0.677    0.205   -0.388    0.733
 [26,]   -0.841   -2.117    0.544   -0.156   -0.070   -0.192
```

[27,]	0.707	0.669	-0.752	-0.377	0.244	0.377
[28,]	1.959	1.594	0.749	-0.238	0.309	0.076
[29,]	0.977	0.034	-0.117	-1.438	0.523	-0.266
[30,]	**4.490**	-0.693	-0.620	0.832	-0.054	-0.029
[31,]	2.958	1.113	0.693	-0.465	0.050	-0.124
[32,]	2.214	1.072	1.414	-0.249	0.163	0.322
[33,]	0.345	**-2.187**	0.414	0.225	0.018	-0.854
......						
[44,]	-0.697	1.400	1.278	0.181	0.674	0.450
[45,]	**-3.975**	-1.054	0.147	0.349	0.252	0.049
[46,]	0.440	1.271	-0.283	1.198	0.205	-0.518
[47,]	0.392	-0.738	-0.983	-0.159	0.356	0.400
[48,]	1.034	0.991	0.257	0.366	0.105	0.834
[49,]	**4.622**	-0.997	-0.236	-0.724	0.289	0.465
[50,]	1.201	0.651	-0.652	0.510	-0.238	0.048
[51,]	2.012	-1.423	-0.206	0.049	-0.055	-0.082
[52,]	1.953	-0.757	-0.391	-0.098	0.172	-0.072

特别要注意各样本点在第一主成分和第二主成分上的得分, 得分绝对值较大的 (包括正值和负值) 在输出结果中已经用粗体标出。另外, "predict(PCA9.1)" 和 "PCA9.1\$scores" 的输出结果是一样的, 都是计算各样本点的主成分得分。

从第一主成分来看, 6, 7, 45 号学生的预测值 (即主成分得分) 为负, 且绝对值较大, 说明这三名学生的课程成绩是理科好、文科差; 30, 49 号学生的预测值为正, 且绝对值较大, 说明这两名学生的课程成绩是理科差、文科好。从第二主成分来看, 26, 33 号学生的预测值为负, 且绝对值较大, 说明这两名学生各科成绩都较好; 3, 5, 8 号学生的预测值为正, 且绝对值较大, 说明这三名学生各科的课程成绩都较差。

(5) 下面用碎石图来分析主成分, R 程序如下:

```
> screeplot(PCA9.1,type="lines")   # 绘制碎石图, 用直线图类型 (见图 9-4)
```

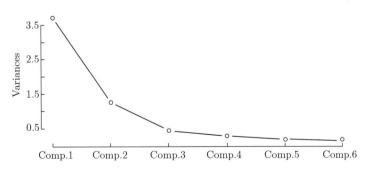

图 9-4　52 名学生 6 门课程成绩的主成分碎石图

从碎石图图 9-4 容易直观地看出, 前两个主成分的方差占了总方差的大部分, 因此本问题中主成分的个数取为 2 是适当的。

(6) 用主成分载荷矩阵的前两列数据绘制主成分载荷散点图 (见图 9-5), R 程序如下:

```
> load=loadings(PCA9.1)      # 提取主成分载荷矩阵
> plot(load[,1:2],xlim=c(-0.6,0.6),ylim=c(-0.6,0.6))   # 绘制前两个主成分的载荷散点图
> rnames=c("数学","物理","化学","语文","历史","英语")           # 使用中文名称
> text(load[,1],load[,2],labels=rnames,adj=c(-0.3,1.5))         # 用中文对散点标注
> abline(h=0,v=0,lty=3)    # 用虚线划分四个象限
```

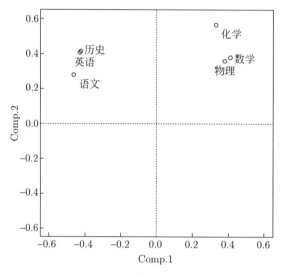

图 9-5   两个主成分的载荷散点图

两个主成分的载荷散点图进一步直观地表明了两个主成分具有明显的文理学科差异特征。

还可以用 biplot 函数绘制 52 个样本点在第一主成分和第二主成分坐标系下的位置 (即主成分得分), R 程序如下:

```
> biplot(PCA9.1,scale=0.5)    # 绘制 52 个样本点关于前两个主成分的散点图
```

绘图结果见图 9-6, 图中的数字标明了各个样本点在该坐标系下的位置, 同时还表示这些点在原始变量坐标系下的相对位置, 图中的箭头表示原始变量坐标系。该图还可以用来对样本点进行**主成分分类**。

由于第一主成分是课程差异因子, 理科课程在第一主成分上的载荷绝对值大且取负值, 文科课程在第一主成分上的载荷绝对值大且取正值, 因此图中 Comp.1 轴方向靠左的样本点 (如 6, 7 和 45 号样本点) 对应理科成绩好、文科成绩差的学生; 相对地, Comp.1 轴方向靠右的样本点 (如 30 和 49 号样本点) 对应文科成绩好、理科成绩差的学生。第二主成分是课程均衡因子, 在图中, Comp.2 轴方向靠下的样本点 (如 26, 33 号样本点) 对应各科成绩都较好的学生, 相对地, Comp.2 轴方向靠上的样本点 (如 3, 5 和 8 号样本点) 对应各科成绩都较差的学生, 而居中的样本点 (如 42, 24 和 39 号样本点) 对应各科

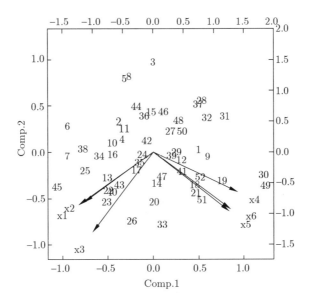

图 9-6　52 名学生课程成绩数据的双坐标散点图

成绩都属于中等且差异不大的学生。这样就可以对 52 名学生按对应样本点所在的位置进行大致分类。

例 9.2 (数据文件为 exam9.2)　某沉积盆地有一坳陷区, 为了进行石油勘探, 在其中选定了 17 个勘探点。每个勘探点测定了 6 个地质变量 (见表 9-2): x_1 为有机碳 (%), x_2 为生油层埋深 (米), x_3 为油层孔隙度 (%), x_4 为储层厚度 (米), x_5 为地下水含碘量 (p.p.m), x_6 为地下水矿化度 (克/升)。要求根据这些数据进行主成分分析。

表 9-2　17 个地质勘探点样品的标准化数据

勘探点号	x_1	x_2	x_3	x_4	x_5	x_6
1	−0.914 2	−0.711 9	−0.929 3	−0.438 5	−0.571 0	0.736 1
2	−0.309 5	−0.520 6	−1.330 9	−0.276 4	−0.571 0	0.571 4
3	−1.065 4	−0.711 9	0.275 6	−0.762 6	−1.095 7	0.900 7
4	−1.307 3	−0.951 1	1.257 4	0.371 8	−1.095 7	1.394 6
5	0.174 3	−0.472 7	0.320 3	−0.989 5	−0.046 3	−0.251 8
6	−0.823 5	−0.592 3	0.409 5	1.344 1	−0.833 3	0.406 8
7	0.900 0	2.158 3	−0.126 0	−0.859 8	1.790 1	−1.898 3
8	−0.007 1	−0.353 2	−1.420 1	−1.021 9	−0.046 3	−0.581 1
9	1.202 3	1.679 9	−0.750 8	−0.600 5	2.314 8	−1.239 7
10	0.174 3	−0.353 2	−0.973 9	1.344 1	−0.046 3	0.242 1
11	2.260 6	1.440 7	0.721 9	2.640 5	0.740 7	−1.075 0
12	−1.428 2	−0.951 1	0.007 9	−0.795 0	−1.095 7	1.065 3
13	−0.339 7	−0.520 6	2.149 9	−0.114 4	−0.571 0	0.406 8
14	0.779 0	−0.233 6	1.197 0	0.695 9	0.216 1	0.910 4
15	0.416 2	0.723 2	1.078 9	−0.308 8	0.478 4	0.745 7
16	−0.611 8	−0.711 9	0.364 9	0.047 7	−0.571 0	1.559 3
17	0.900 0	1.082 0	0.141 8	−0.276 4	1.003 1	−0.581 1

解：(1) 先读入数据，计算样本相关系数矩阵。R 程序及输出结果如下：

```
> # 例 9.2 17 个石油地质勘探点样品数据的主成分分析
> setwd("C:/data")              # 设定工作路径
> d9.2<-read.csv("exam9.2.csv",header=T)    # 将 exam9.2.csv 数据读入 d9.2
> R=round(cor(d9.2),3); R        # 求样本相关系数矩阵，保留三位小数
        x1      x2      x3      x4      x5      x6
x1    1.000   0.840   0.003   0.347   0.839  -0.747
x2    0.840   1.000  -0.051   0.077   0.939  -0.839
x3    0.003  -0.051   1.000   0.259  -0.164   0.285
x4    0.347   0.077   0.259   1.000  -0.037   0.022
x5    0.839   0.939  -0.164  -0.037   1.000  -0.827
x6   -0.747  -0.839   0.285   0.022  -0.827   1.000
```

易见，x_2 与 x_5 的相关性最强，x_1 与 x_2、x_1 与 x_5、x_2 与 x_6、x_5 与 x_6 的相关性较强，说明 6 个变量之间确实存在较强的相关关系，应当进行降维处理。下面进行主成分分析，求样本相关系数矩阵的特征值和主成分载荷，R 程序及输出结果如下：

```
> options(digits=3)                    # 设置小数点位数为 3
> PCA9.2=princomp(d9.2,cor=T,scores=T)    # 用样本相关系数矩阵进行主成分分析
> PCA9.2
Call:
princomp(x=data9.2,cor=T,scores=T)
Standard deviations:
  Comp.1  Comp.2  Comp.3  Comp.4  Comp.5  Comp.6
   1.885   1.170   0.860   0.430   0.340   0.197
6 variables and 17 observations.
> summary(PCA9.1,loadings=T)              # 列出主成分分析结果
Importance of components:
                          Comp.1  Comp.2  Comp.3   Comp.4   Comp.5    Comp.6
Standard deviation         1.885   1.170   0.860   0.4301   0.3399   0.19653
Proportion of Variance     0.592   0.228   0.123   0.0308   0.0193   0.00644
Cumulative Proportion      0.592   0.820   0.943   0.9743   0.9936   1.00000
Loadings:
      Comp.1  Comp.2  Comp.3  Comp.4  Comp.5  Comp.6
x1     0.485   0.239           0.291   0.735   0.274
x2     0.510          -0.166          -0.587   0.600
x3             0.646  -0.728  -0.181
x4             0.702   0.640          -0.254  -0.153
x5     0.509          -0.154   0.409  -0.187  -0.713
x6    -0.484   0.159           0.837  -0.118   0.155
```

由程序输出结果可知 6 个主成分的标准差分别为:

$$\sqrt{\lambda_1} = 1.885, \quad \sqrt{\lambda_2} = 1.170, \quad \sqrt{\lambda_3} = 0.860$$

$$\sqrt{\lambda_4} = 0.430, \quad \sqrt{\lambda_5} = 0.340, \quad \sqrt{\lambda_6} = 0.197$$

从输出结果可以看出, 前两个主成分的累计方差贡献率为 0.592+0.228=0.82, 已经超过 80%, 所以取两个主成分就可以了。第一主成分和第二主成分各为 (为简明起见, 样本主成分表达式中的所有 "*" 省略, 下同):

$$z_1 = 0.485x_1 + 0.510x_2 + 0.509x_5 - 0.484x_6$$

$$z_2 = 0.239x_1 + 0.646x_3 + 0.702x_4 + 0.159x_6$$

第一主成分 z_1 表达式中有 4 个变量 x_1 (有机碳)、x_2 (生油层埋深)、x_5 (地下水含碘量) 和 x_6 (地下水矿化度) 系数较大, 通常解释为这 4 个变量在主成分 z_1 上载荷较大, 说明 z_1 与这 4 个变量关系密切 (其中 z_1 与 x_6 呈显著负相关)。而这些地质变量的结合大致反映了 "生油条件" 这个综合地质因素, 因此主成分 z_1 可称为 "生油" 主成分。第二主成分 z_2 与 x_3 (油层孔隙度) 和 x_4 (储层厚度) 这两个变量关系特别密切, 这两个地质变量相结合大致反映了 "储油条件" 这个综合地质因素, 因此主成分 z_2 可称为 "储油" 主成分。这样的分析结果与石油地质理论是相符合的。

下面用碎石图来分析主成分, R 程序如下:

```
> biplot(PCA9.2,type="barplot")    # 绘制碎石图, 用直方图类型 (见图 9-7)
```

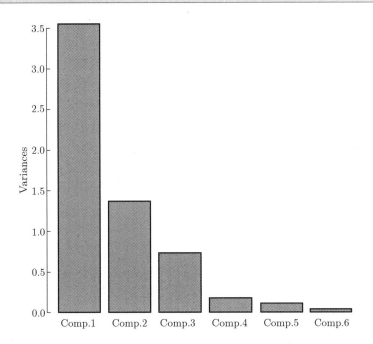

图 9-7　17 个石油地质勘探点样品数据的主成分碎石图

从图 9-7 容易直观地看出, 前两个主成分的变差占了总变差的大部分, 因此主成分的个数取为 2 是适当的。再用主成分载荷矩阵的前两列数据绘制载荷散点图 (见图 9-8)，R 程序如下：

```
> load=loadings(PCAd9.2)     # 提取主成分载荷矩阵
> plot(load[,1:2],xlim=c(-0.5,1),ylim=c(-0.2,0.8))          # 绘制散点图
> rnames=c("x1 有机碳","x2 生油层埋深","x3 油层孔隙度","x4 储层厚度","x5 地下水含
    碘量","x6 地下水矿化度")
> text(load[,1],load[,2],labels=rnames,cex=0.8,adj=c(-0.1,0.6))  # 用中文标号
> abline(h=0,v=0,lty=3)     # 用虚线划分象限
```

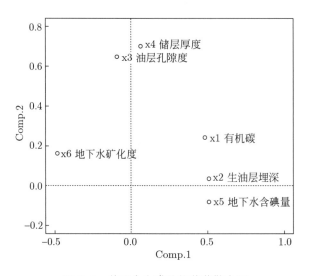

图 9-8 前两个主成分的载荷散点图

6 个变量在主成分 z_1 和 z_2 构成的坐标面上的载荷散点图进一步直观地表明了两个主成分 z_1 和 z_2 具有明显的 "生油" 和 "储油" 倾向特征。进一步，还可按行加总各样品在前两个主成分上的载荷的平方 (这是为了消除正负号的影响，突出载荷绝对值较大的样品)，得到各样品综合得分以及排名。特别要注意各样品在第一主成分和第二主成分上的得分和绝对值较大的 (包括正值和负值) 得分值。R 程序及输出结果如下：

```
> A=round(PCAd9.2$scores,3)          # 计算主成分得分，取 3 位小数
> B=round(apply(A[,1:2],1,crossprod),2) # 加总前两个主成分上的载荷平方得综合得分
> cbind(A,"得分"=B,"排名"=rank(B))      # 按列合并主成分得分、综合得分和排名
```

	Comp.1	Comp.2	Comp.3	Comp.4	Comp.5	Comp.6	得分	排名
[1,]	-1.333	-1.150	0.635	0.136	-0.150	-0.015	3.10	9
[2,]	-0.798	-1.175	1.073	0.252	0.153	0.261	2.02	4
[3,]	-1.901	-0.540	-0.429	-0.187	-0.047	0.287	3.91	12
[4,]	-2.421	0.956	-0.424	-0.124	-0.402	-0.125	6.78	14
[5,]	-0.037	-0.640	-0.669	-0.357	0.749	-0.144	0.41	2
[6,]	-1.209	1.034	0.836	-0.626	-0.472	-0.190	2.53	6
[7,]	3.560	-1.001	-0.862	-0.504	-0.495	0.093	13.68	16

[8,]	0.265	-1.930	0.606	-0.359	0.514	0.003	3.80	11
[9,]	3.474	-1.110	-0.216	0.441	-0.255	-0.375	13.30	15
[10,]	0.042	0.264	1.814	0.143	-0.052	-0.229	0.07	1
[11,]	3.033	2.636	1.183	-0.323	0.189	0.304	16.15	17
[12,]	-2.269	-0.814	-0.245	-0.119	-0.201	0.095	5.81	13
[13,]	-1.047	1.250	-1.458	-0.573	0.258	-0.144	2.66	7
[14,]	-0.040	1.500	-0.294	0.678	0.464	-0.181	2.25	5
[15,]	0.451	0.589	-1.098	0.725	-0.161	0.258	0.55	3
[16,]	-1.692	0.285	-0.030	0.668	-0.095	0.000	2.94	8
[17,]	1.922	-0.152	-0.420	0.129	0.003	0.102	3.72	10

将综合得分由小到大排序, 11 号样品综合得分最高, 排名最高, 为 17; 7 号和 9 号排名次之, 分别为 16 和 15; 之后样品排名从高到低依次为 4, 12, 3, 8 和 17 号。

最后, 分别以 17 个勘探点样品在两个主成分 z_1 和 z_2 上的得分为横坐标和纵坐标, 利用 biplot 函数来绘制它们在 z_1 和 z_2 构成的坐标面 z_1Oz_2 上的散点图, 并且加入 6 个变量在同一坐标面 z_1Oz_2 上的载荷散点图, 得到所谓的 “双坐标” 散点图, 据此可帮助我们对样品进行分类。R 程序如下:

```
> biplot(PCAd9.2,scale=0.5)        # 绘制 17 个样品和 6 个变量关于主成分 z1 和 z2
                                      的散点图
```

绘图结果见图 9-9, 图中的数字标明了各个样品在坐标面 z_1Oz_2 上的位置, 同时还大致表示这些点与原始变量 (箭头) 之间的相对位置。借助该图可以对 17 个勘探点样品进行大致分类: 11 号样品独居右上, 它在 “生油” 主成分 z_1 和 “储油” 主成分 z_2 上得分均高, 应该首先重点关注。7, 9 号样品相邻且最靠右, 而且在 z_1 上得分很高, 可合并为一

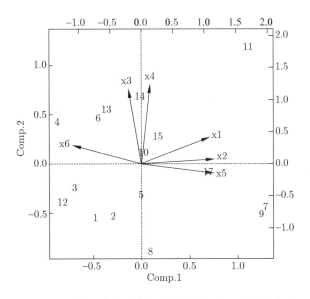

图 9-9　17 个石油地质勘探点样品数据的双坐标散点图

类, 次重点考虑; 此外, 在 z_1 和 z_2 上至少有一个得分较高的 3, 4, 8, 12 和 17 号样品也应该重点考察。这与上面的综合得分和排名一致。

9.4 案例: 主成分回归分析

主成分回归是主成分分析和线性回归分析结合的产物, 是一种常用的回归分析方法。它的基本思想是先用主成分分析消除回归模型中的多重共线性, 然后将主成分变量作为自变量进行回归分析, 还可将主成分回归模型中的自变量还原为原始变量得到新的模型。下面通过一个例子来介绍主成分回归模型。

案例 9.1 (数据文件为 case9.1) 表 9-3 给出了 2019 年全国 31 个省、自治区、直辖市 (不包括港澳台) 的相关数据, 它们分别为: 货运量 (x_1, 万吨), 货物周转量 (x_2, 亿吨公里), GDP (x_3, 亿元), 人均 GDP (x_4, 元), 城镇居民人均可支配收入 (y, 元)。根据这些数据进行线性回归分析和主成分回归分析, 并比较它们的异同。

表 9-3　2019 年全国 31 个省、自治区、直辖市的货运量、GDP、人均可支配收入等数据

地区	x_1	x_2	x_3	x_4	y
北京	22 808	1 089	35 371.3	164 220	73 848.5
天津	50 093	2 662	14 104.3	90 371	46 118.9
河北	242 445	13 563	35 104.5	46 348	35 737.7
山西	192 192	5 466	17 026.7	45 724	33 262.4
内蒙古	182 702	4 587	17 212.5	67 852	40 782.5
辽宁	178 253	8 921	24 909.5	57 191	39 777.2
吉林	43 193	1 803	11 726.8	43 475	32 299.2
黑龙江	50 475	1 615	13 612.7	36 183	30 944.6
上海	121 124	30 325	38 155.3	157 279	73 615.3
江苏	261 711	9 944	99 631.5	123 607	51 056.1
浙江	289 011	12 392	62 351.7	107 624	60 182.3
安徽	368 248	10 246	37 114.0	58 496	37 540.0
福建	134 419	8 292	42 395.0	107 139	45 620.5
江西	150 950	3 860	24 757.5	53 164	36 545.9
山东	309 410	10 166	71 067.5	70 653	42 329.2
河南	219 024	8 659	54 259.2	56 388	34 201.0
湖北	188 133	6 132	45 828.3	77 387	37 601.4
湖南	189 740	2 594	39 752.1	57 540	39 841.9
广东	358 288	27 373	107 671.1	94 172	48 117.6
广西	183 036	3 989	21 237.1	42 964	34 744.9
海南	18 456	1 648	5 308.9	56 507	36 016.7
重庆	112 970	3 614	23 605.8	75 828	37 938.6

续表

地区	x_1	x_2	x_3	x_4	y
四川	177 283	2 711	46 615.8	55 774	36 153.7
贵州	83 402	1 235	16 769.3	46 433	34 404.2
云南	122 727	1 552	23 223.8	47 944	36 237.7
西藏	4 025	154	1 697.8	48 902	37 410.0
陕西	154 749	3 482	25 793.2	66 649	36 098.2
甘肃	63 610	2 496	8 718.3	32 995	32 323.4
青海	14 945	398	2 966.0	48 981	33 830.3
宁夏	42 511	651	3 748.5	54 217	34 328.5
新疆	84 423	1 948	13 597.1	54 280	34 663.7

资料来源: 国家统计局. 中国统计摘要 (2020). 北京: 中国统计出版社, 2020.

解: (1) 进行线性回归分析。类似于第 2 章的方法, R 程序及输出结果如下:

```
> setwd("C:/data")                          # 设定工作路径
> c9.1<-read.csv("case9.1.csv",header=T)     # 将 case9.1.csv 数据读入 c9.1
> options(digits=3)                          # 取三位有效数字
> lmc9.1<-lm(y~1+x1+x2+x3+x4,data=c9.1)
> summary(lmc9.1)
Call:
lm(formula=y~1+x1+x2+x3+x4,data=c9.1)
Residuals:
   Min     1Q  Median     3Q    Max
 -6740  -1505      66   1638   7293
Coefficients:
              Estimate  Std. Error  t value  Pr(>|t|)
 (Intercept)  1.87e+04    1.91e+03     9.76   3.5e-10***
 x1           8.48e-03    1.14e-02     0.74     0.464
 x2           1.86e-01    1.24e-01     1.50     0.145
 x3          -8.53e-02    4.65e-02    -1.84     0.078.
 x4           3.23e-01    2.62e-02    12.33   2.3e-12***
 ---
Signif. codes: 0 '***' 0.001 '**' 0.01 '*' 0.05 '.' 0.1 ' ' 1
Residual standard error: 3210 on 26 degrees of freedom
Multiple R-squared: 0.923, Adjusted R-squared: 0.911
F-statistic: 78 on 4 and 26 DF, p-value: 4.28e-14
```

从上面的输出结果可以看出, 回归方程是非常显著的, R^2 为 0.923, 模型拟合效果很好, 但 x_1, x_2 和 x_3 的回归系数没有通过显著性检验 (在 0.05 的显著性水平下)。回归方程为:

$$y = 18\ 700 + 0.008\ 48x_1 + 0.186x_2 - 0.085\ 3x_3 + 0.323x_4$$

也可以进行逐步回归, R 程序及输出结果如下:

```
> summary(step(lmc9.1))
……
Call:
lm(formula=y~x2+x3+x4,data=c9.1)
Residuals:
   Min      1Q   Median      3Q     Max
 -6794   -1521      -43    1914    7888
Coefficients:
              Estimate  Std. Error  t value  Pr(>|t|)
 (Intercept)  1.97e+04    1.38e+03    14.22  4.7e-14***
 x2           2.23e-01    1.12e-01     1.98    0.058.
 x3          -5.94e-02    3.05e-02    -1.95    0.062.
 x4           3.12e-01    2.14e-02    14.59  2.5e-14***
 ---
Signif. codes: 0 '***' 0.001 '**' 0.01 '*' 0.05 '.' 0.1 ' ' 1
Residual standard error: 3180 on 27 degrees of freedom
Multiple R-squared: 0.921, Adjusted R-squared: 0.913
F-statistic: 106 on 3 and 27 DF, p-value: 4.97e-15
```

从输出结果可以看出, 回归方程和四个回归系数均是非常显著的, R^2 为 0.921, 四个回归系数首尾两个非常显著, 中间两个基本显著。模型拟合效果很好, 逐步回归所得方程为:

$$y = 19\,700 + 0.223x_2 - 0.059\,4x_3 - 0.312x_4$$

(2) 进行主成分回归分析。先求样本相关系数矩阵, R 程序及输出结果如下:

```
> R=round(cor(c9.1[,2:6]),3); R     # 求样本相关系数矩阵, 保留三位小数
        x1      x2      x3      x4       y
x1   1.000   0.601   0.776   0.125   0.116
x2   0.601   1.000   0.652   0.515   0.542
x3   0.776   0.652   1.000   0.497   0.424
x4   0.125   0.515   0.497   1.000   0.952
y    0.116   0.542   0.424   0.952   1.000
```

可见, x_4 与 y 高度相关, x_1, x_2, x_3 相关性较强, 可用主成分降维。进行主成分回归的 R 程序及输出结果如下:

```
> c9.1pr<-princomp(x1+x2+x3+x4,data=c9.1,cor=T)     # 使用公式法进行主成分回归
> summary(c9.1pr,loadings=T)
Importance of components:
                        Comp.1  Comp.2  Comp.3   Comp.4
 Standard deviation      1.620   0.945    0.60   0.3488
 Proportion of Variance  0.656   0.223    0.09   0.0304
 Cumulative Proportion   0.656   0.880    0.97   1.0000
```

前两个主成分累计方差贡献率已接近 88%, 故选择前两个主成分就足够了。

注意: 使用公式法进行主成分回归时, 公式左侧不能有因变量。也可采用矩阵形式来进行主成分回归。其格式为:

```
> c9.1pr<-princomp(c9.1[,2:5],cor=T)     # 使用矩阵形式进行主成分回归
```

下面计算样本主成分得分, 并将第一和第二主成分得分放入数据框 c9.1 的后两列中, 记作 z_1 和 z_2, 再进行因变量 y 关于两个主成分 z_1 和 z_2 的回归分析。

```
> pre<-predict(c9.1pr)                 # 计算主成分得分
> c9.1$z1<-pre[,1]; c9.1$z2<-pre[,2]
> lmpr<-lm(y~z1+z2,data=c9.1)          # 进行 y 关于主成分 z1 和 z2 的回归
> summary(lmpr)
Call:
lm(formula=y~z1+z2,data=c9.1)
Residuals:
   Min      1Q   Median     3Q     Max
 -6412   -2246      211   2254    9886
Coefficients:
             Estimate   Std. Error   t value   Pr(>|t|)
 (Intercept)    40760          672     60.69   < 2e-16***
 z1              3835          415      9.25   5.2e-10***
 z2             -8259          710    -11.63   3.1e-12***
 ---
Signif. codes: 0 '***' 0.001 '**' 0.01 '*' 0.05 '.' 0.1 ' ' 1
Residual standard error: 3740 on 28 degrees of freedom
Multiple R-squared: 0.887, Adjusted R-squared: 0.879
F-statistic: 110 on 2 and 28 DF, p-value: 5.23e-14
```

可见, y 关于两个主成分 z_1 和 z_2 的回归分析的效果理想, 回归方程和三个回归系数均是非常显著的, R^2 为 0.887, 模型拟合效果也很好, 主成分回归方程为:

$$y = 40\ 760 + 3\ 835z_1 - 8\ 259z_2$$

主成分回归是主成分分析和线性回归分析结合的产物, 是回归分析的一种新形式, 但使用起来并不方便。因此可以利用主成分与原来自变量间的关系 $\boldsymbol{Z}^* = \boldsymbol{P}^{\mathrm{T}}\boldsymbol{X}^*$, 将主成分还原为原来的自变量, 参见本章参考文献 [4]。R 程序及输出结果如下:

```
> beta<-coef(lmpr); A<-loadings(c9.1pr)[,1:2]
> x.bar<-c9.1pr$center; x.sd<-c9.1pr$scale
> coef<-A%*%beta[2:3]/x.sd
> beta0<-beta[1]-x.bar%*%coef
> c(beta0,coef)
[1] 2.36e+04 -2.86e-02 3.98e-01 4.64e-02 2.52e-01
```

由输出结果可知, 将主成分 z_1 和 z_2 还原为原始变量后所得的回归方程如下:

$$y = 23\ 600 - 0.028\ 6x_1 + 0.398x_2 + 0.046\ 4x_3 + 0.252x_4$$

将它和最初得到的回归方程 $y = 18\,700 + 0.008\,48x_1 + 0.186x_2 - 0.085\,3x_3 + 0.323x_4$ 进行比较发现，两者差异不大，但要注意这里所得的回归方程是从主成分回归方程（方程和回归系数均显著）变形而来的，而最初的回归方程中 x_1，x_2 和 x_3 的回归系数不显著，故这里所得的回归方程更合理。还可将原始样本数据分别代入这两个回归方程进行回代预测，会发现主成分回归方程变形所得的回归方程预测效果相对要好得多，留给读者自己验证。

习　题

9.1　（数据文件为 exe9.1）利用主成分分析法，对表 9-4 中给出的某地某年 6 个工业行业的经济效益指标进行综合评价。

表 9-4　某地某年 6 个工业行业的经济效益指标　　　　　　　单位：亿元

行业名称	资产总计	固定资产净值平均余额	产品销售收入	利润总额
煤炭开采和洗选业	6 917.2	3 032.7	683.3	61.6
石油和天然气开采业	5 675.9	3 926.2	717.5	3 387.7
黑色金属矿采选业	768.1	221.2	96.5	13.8
有色金属矿采选业	622.4	248.0	116.4	21.6
非金属矿采选业	699.9	291.5	84.9	6.2
其他采矿业	1.6	0.5	0.3	0.0

9.2　（数据文件为 exe9.2）利用表 9-5 中的数据对某市 15 个主要大中型企业的 7 个经济效益指标进行主成分分析。

表 9-5　某市 15 个主要大中型企业的经济效益指标　　　　　　单位：亿元

企业	X_1	X_2	X_3	X_4	X_5	X_6	X_7
A	53.25	16.68	18.4	26.75	55	31.84	1.75
B	59.82	19.70	19.2	27.56	55	32.94	2.87
C	46.78	15.20	16.24	23.40	65	32.98	1.53
D	34.39	7.29	4.76	8.97	62	21.30	1.63
E	75.32	29.45	43.68	56.49	69	40.74	2.14
F	66.46	32.93	33.87	42.78	50	47.98	2.60
G	68.18	25.39	27.56	37.85	63	33.76	2.43
H	56.13	15.05	14.21	19.49	76	27.21	1.75
I	59.25	19.82	20.17	28.78	71	33.41	1.83
J	52.47	21.13	26.52	35.20	62	39.16	1.73
K	55.76	16.75	19.23	28.72	58	29.62	1.52
L	61.19	15.83	17.43	28.03	61	26.40	1.60
M	50.41	16.53	20.63	29.73	69	32.49	1.31
N	67.95	22.24	37.00	54.59	63	31.05	1.57
O	51.07	12.92	12.54	20.82	66	25.12	1.83

9.3　(数据文件为 exe9.3) 表 9-6 给出了我国 28 个省份 19 ~ 22 岁年龄组城市男生身体形态指标 (身高 x_1、坐高 x_2、体重 x_3、胸围 x_4、肩宽 x_5 和盆骨宽 x_6)。试对这 6 个指标进行主成分分析。

表 9-6　我国 28 个省份 19~22 岁年龄组城市男生身体形态指标

序号	地区	身高 x_1	坐高 x_2	体重 x_3	胸围 x_4	肩宽 x_5	盆骨宽 x_6
1	北京	173.28	93.62	60.10	86.72	38.97	27.51
2	天津	172.09	92.83	60.38	87.39	38.62	27.82
3	河北	171.46	92.73	59.74	85.59	38.83	27.46
4	山西	170.08	92.25	58.04	85.92	38.33	27.29
5	内蒙古	170.61	92.36	59.67	87.46	38.38	27.14
6	辽宁	171.69	92.85	59.44	87.45	38.19	27.10
7	吉林	171.46	92.93	58.70	87.06	38.58	27.36
8	黑龙江	171.60	93.28	59.75	88.03	38.68	27.22
9	山东	171.60	92.26	60.50	87.63	38.79	26.63
10	陕西	171.16	92.62	58.72	87.11	38.19	27.18
11	甘肃	170.04	92.17	56.95	88.08	38.24	27.65
12	青海	170.27	91.94	56.00	84.52	37.16	26.81
13	宁夏	170.61	92.50	57.34	85.61	38.52	27.36
14	新疆	171.39	92.44	58.92	85.37	38.83	26.47
15	上海	171.83	92.79	56.85	85.35	38.58	27.03
16	江苏	171.36	92.53	58.39	87.09	38.23	27.04
17	浙江	171.24	92.61	57.69	83.98	39.04	27.07
18	安徽	170.49	92.03	57.56	87.18	38.54	27.57
19	福建	169.43	91.67	57.22	83.87	38.41	26.60
20	江西	168.57	91.40	55.96	83.02	38.74	26.97
21	河南	170.43	92.38	57.87	84.87	38.78	27.37
22	湖北	169.88	91.89	56.87	86.34	38.37	27.19
23	湖南	167.94	90.91	55.97	86.77	38.17	27.16
24	广东	168.82	91.30	56.07	85.87	37.61	26.67
25	广西	168.02	91.26	55.28	85.63	39.66	28.07
26	四川	167.87	90.96	55.79	84.92	38.20	26.53
27	贵州	168.15	91.50	54.56	84.81	38.44	27.38
28	云南	168.99	91.52	55.11	86.23	38.30	27.14

9.4　(数据文件为 exe9.4) 对 128 个成年男子的身材进行测量, 每人各测得 16 项指标: 身高 (X_1)、坐高 (X_2)、胸围 (X_3)、头高 (X_4)、裤长 (X_5)、下裆长 (X_6)、手长 (X_7)、领围 (X_8)、前胸宽 (X_9)、后背宽 (X_{10})、肩厚 (X_{11})、肩宽 (X_{12})、袖长 (X_{13})、肋围 (X_{14})、腰围 (X_{15}) 和腿肚围 (X_{16})。表 9-7 给出了这 16 项指标的相关系数矩阵 $\boldsymbol{R}$, 试从 $\boldsymbol{R}$ 出发进行主成分分析, 并对这 16 项指标进行分类。

表 9-7　128 个成年男子身材指标的相关系数矩阵

	X_1	X_2	X_3	X_4	X_5	X_6	X_7	X_8	X_9	X_{10}	X_{11}	X_{12}	X_{13}	X_{14}	X_{15}	X_{16}
X_1	1.00	0.79	0.36	0.96	0.89	0.79	0.76	0.26	0.21	0.26	0.07	0.52	0.77	0.25	0.51	0.21
X_2	0.79	1.00	0.31	0.74	0.58	0.58	0.55	0.19	0.07	0.16	0.21	0.41	0.47	0.17	0.35	0.16
X_3	0.36	0.31	1.00	0.38	0.31	0.30	0.35	0.58	0.28	0.33	0.38	0.35	0.41	0.64	0.58	0.51
X_4	0.96	0.74	0.38	1.00	0.90	0.78	0.75	0.25	0.20	0.22	0.08	0.53	0.79	0.27	0.57	0.26
X_5	0.89	0.58	0.31	0.90	1.00	0.79	0.74	0.25	0.18	0.23	−0.02	0.48	0.79	0.27	0.51	0.23
X_6	0.79	0.58	0.30	0.78	0.79	1.00	0.73	0.18	0.18	0.23	0.00	0.38	0.69	0.14	0.26	0.00
X_7	0.76	0.55	0.35	0.75	0.74	0.73	1.00	0.24	0.29	0.25	0.10	0.44	0.67	0.16	0.38	0.12
X_8	0.26	0.19	0.58	0.25	0.25	0.18	0.24	1.00	−0.04	0.49	0.44	0.30	0.32	0.51	0.51	0.38
X_9	0.21	0.07	0.28	0.20	0.18	0.18	0.29	−0.04	1.00	−0.34	−0.16	−0.05	0.23	0.21	0.15	0.18
X_{10}	0.26	0.16	0.33	0.22	0.23	0.23	0.25	0.49	−0.34	1.00	0.23	0.50	0.31	0.15	0.29	0.14
X_{11}	0.07	0.21	0.38	0.08	−0.02	0.00	0.10	0.44	−0.16	0.23	1.00	0.24	0.10	0.31	0.28	0.31
X_{12}	0.52	0.41	0.35	0.53	0.48	0.38	0.44	0.30	−0.05	0.50	0.24	1.00	0.62	0.17	0.41	0.18
X_{13}	0.77	0.47	0.41	0.79	0.79	0.69	0.67	0.32	0.23	0.31	0.10	0.62	1.00	0.26	0.50	0.24
X_{14}	0.25	0.17	0.64	0.27	0.27	0.14	0.16	0.51	0.21	0.15	0.31	0.17	0.26	1.00	0.63	0.50
X_{15}	0.51	0.35	0.58	0.57	0.51	0.26	0.38	0.51	0.15	0.29	0.28	0.41	0.50	0.63	1.00	0.65
X_{16}	0.21	0.16	0.51	0.26	0.23	0.00	0.12	0.38	0.18	0.14	0.31	0.18	0.24	0.50	0.65	1.00

9.5　(数据文件为 exe9.5) 表 9-8 为某地农业生态经济系统各区域相关指标数据, 运用主成分分析法, 用少量指标较为精确地描述该地区农业生态经济的发展状况。其中, x_1 为人口密度 (人/平方千米); x_2 为人均耕地面积 (公顷); x_3 为森林覆盖率 (%); x_4 为农民人均纯收入 (元/人); x_5 为人均粮食产量 (千克/人); x_6 为经济作物占农作物播种面积比例 (%); x_7 为耕地占土地面积比例 (%); x_8 为果园与林地面积之比 (%); x_9 为灌溉田占耕地面积比例 (%)。

表 9-8　某地农业生态经济系统各区域相关指标数据

序号	x_1	x_2	x_3	x_4	x_5	x_6	x_7	x_8	x_9
1	363.912	0.352	16.101	192.11	295.34	26.724	18.492	2.231	26.262
2	141.503	1.684	24.301	1 752.35	452.26	32.314	14.464	1.455	27.066
3	100.695	1.067	65.601	1 181.54	270.12	18.266	0.162	7.474	12.489
4	143.739	1.336	33.205	1 436.12	354.26	17.486	11.805	1.892	17.534
5	131.412	1.623	16.607	1 405.09	586.59	40.683	14.401	0.303	22.932
6	68.337	2.032	76.204	1 540.29	216.39	8.128	4.065	0.011	4.861
7	95.416	0.801	71.106	926.35	291.52	8.135	4.063	0.012	4.862
8	62.901	1.652	73.307	1 501.24	225.25	18.352	2.645	0.034	3.201
9	86.624	0.841	68.904	897.36	196.37	16.861	5.176	0.055	6.167
10	91.394	0.812	66.502	911.24	226.51	18.279	5.643	0.076	4.477

续表

序号	x_1	x_2	x_3	x_4	x_5	x_6	x_7	x_8	x_9
11	76.912	0.858	50.302	103.52	217.09	19.793	4.881	0.001	6.165
12	51.274	1.041	64.609	968.33	181.38	4.005	4.066	0.015	5.402
13	68.831	0.836	62.804	957.14	194.04	9.110	4.484	0.002	5.790
14	77.301	0.623	60.102	824.37	188.09	19.409	5.721	5.055	8.413
15	76.948	1.022	68.001	1 255.42	211.55	11.102	3.133	0.010	3.425
16	99.265	0.654	60.702	1 251.03	220.91	4.383	4.615	0.011	5.593
17	118.505	0.661	63.304	1 246.47	242.16	10.706	6.053	0.154	8.701
18	141.473	0.737	54.206	814.21	193.46	11.419	6.442	0.012	12.945
19	137.761	0.598	55.901	1 124.05	228.44	9.521	7.881	0.069	12.654
20	117.612	1.245	54.503	805.67	175.23	18.106	5.789	0.048	8.461
21	122.781	0.731	49.102	1 313.11	236.29	26.724	7.162	0.092	10.078

9.6 (数据文件为 exe9.6) 表 9-9 给出了 2017 年我国部分主要城市废水中主要污染物排放量数据。它们分别是: 工业废水排放量 x_1 (万吨)、工业化学需氧量排放量 x_2 (吨)、工业氨氮排放量 x_3 (吨)、城镇生活污水排放量 x_4 (万吨)、生活化学需氧量排放量 x_5 (吨) 和生活氨氮排放量 x_6 (吨)。请根据这 16 个城市的废水中污染物排放量数据对这 6 个指标进行主成分分析。

表 9-9 2017 年我国部分主要城市废水中主要污染物排放量数据

城市	x_1	x_2	x_3	x_4	x_5	x_6
北京	8 494.16	2 232	97	124 505.00	70 312	5 571
天津	18 106.70	9 041	620	72 577.67	71 558	13 434
石家庄	7 470.24	11 567	1 969	34 503.19	54 211	7 673
上海	31 585.90	12 890	889	179 910.00	125 842	35 826
南京	14 921.90	5 309	286	69 102.00	88 158	10 203
杭州	24 559.49	12 639	507	68 050.91	41 314	7 292
福州	4 390.09	2 229	91	39 406.85	61 185	9 011
武汉	11 931.40	3 219	249	79 471.64	65 635	13 167
广州	20 604.62	8 814	467	151 794.68	105 380	19 092
南宁	4 198.93	6 705	367	32 086.31	63 629	4 660
海口	597.78	156	13	15 471.46	6 439	2 957
重庆	19 303.55	15 606	1 111	181 252.34	235 812	33 606
成都	8 319.08	3 992	265	139 670.11	92 907	9 132
昆明	2 761.34	3 444	218	71 493.65	2 063	1 590
西安	4 247.57	1 247	77	72 020.99	23 684	2 556
乌鲁木齐	3 337.13	3 288	407	17 105.45	9 742	3 473

资料来源: 国家统计局. 中国统计年鉴 (2018). 北京: 中国统计出版社, 2018.

9.7 (数据文件为 exe9.7) 2017 年我国 31 个省、自治区、直辖市 (不含港澳台) 城镇居民人均消费支出数据如表 9-10 所示, 这些指标分别从食品烟酒 (x_1)、衣着 (x_2)、居住 (x_3)、生活用品及服务 (x_4)、交通通信 (x_5)、教育文化娱乐 (x_6)、医疗保健 (x_7) 和其他用品及服务 (x_8) 8 个方面来描述消费支出情况。试对这些数据进行主成分分析。

表 9-10　2017 年我国 31 个省、自治区、直辖市城镇居民人均消费支出数据　单位: 元

地区	食品烟酒	衣着	居住	生活用品及服务	交通通信	教育文化娱乐	医疗保健	其他用品及服务
北京	8 003.3	2 428.7	13 347.4	2 633.0	5 395.5	4 325.2	3 088.0	1 125.1
天津	9 456.2	2 118.9	6 469.9	1 773.8	3 924.2	2 979.0	2 599.5	962.2
河北	5 067.1	1 688.8	5 047.6	1 485.1	2 923.3	2 172.7	1 737.3	478.4
山西	4 244.2	1 774.4	3 866.6	1 093.8	2 658.2	2 559.4	1 741.4	465.9
内蒙古	6 468.8	2 576.7	4 108.0	1 670.2	3 511.3	2 636.7	1 907.3	758.8
辽宁	6 988.3	2 167.9	4 510.6	1 536.8	3 770.7	3 164.3	2 380.1	860.6
吉林	5 168.7	1 954.1	3 800.0	1 114.9	2 785.2	2 445.4	2 164.0	619.0
黑龙江	5 247.0	1 920.8	3 644.1	1 030.8	2 563.9	2 289.5	1 966.7	606.9
上海	10 456.5	1 827.0	14 749.0	1 927.9	4 253.5	5 087.2	2 734.7	1 268.5
江苏	7 616.2	1 838.5	6 773.5	1 708.6	3 971.6	3 450.5	1 573.7	793.6
浙江	8 906.1	1 925.7	8 413.5	1 617.4	4 955.8	3 521.1	1 871.8	713.0
安徽	6 665.3	1 544.1	4 234.6	1 215.0	2 914.3	2 372.2	1 274.5	520.1
福建	8 551.6	1 438.0	6 829.1	1 478.1	3 353.0	2 483.5	1 235.1	612.1
江西	5 994.0	1 531.2	4 588.8	1 196.2	2 156.9	2 235.4	1 044.3	497.7
山东	6 179.6	2 033.6	4 894.8	1 736.5	3 284.4	2 622.5	1 780.6	540.2
河南	5 187.8	1 779.3	4 226.6	1 572.1	2 269.6	2 226.9	1 611.5	548.5
湖北	6 542.5	1 544.8	4 669.4	1 287.2	2 131.7	2 420.9	2 165.5	513.6
湖南	6 585.0	1 682.4	4 353.2	1 492.6	2 904.6	3 972.9	1 693.0	478.9
广东	9 711.7	1 587.1	7 127.8	1 782.8	4 285.5	3 284.3	1 503.6	915.1
广西	6 098.5	908.1	3 884.6	1 093.3	2 607.3	2 151.5	1 254.2	351.0
海南	7 575.3	895.7	3 855.9	1 102.8	2 811.5	2 236.1	1 505.1	389.5
重庆	7 305.3	1 950.9	3 960.4	1 592.1	2 992.0	2 528.5	1 882.5	547.5
四川	7 329.3	1 723.3	3 906.2	1 403.8	3 198.3	2 221.9	1 595.6	612.1
贵州	6 242.6	1 570.0	3 819.8	1 359.2	2 889.0	2 731.3	1 244.0	491.9
云南	5 665.1	1 144.2	3 904.8	1 162.7	3 113.6	2 363.1	1 786.6	419.5
西藏	9 253.6	1 973.3	4 183.6	1 161.8	2 312.5	1 044.0	639.7	519.0
陕西	5 798.6	1 627.0	3 796.5	1 486.6	2 394.7	2 617.9	2 140.8	526.1
甘肃	6 032.6	1 905.2	3 828.3	1 358.0	2 952.6	2 341.9	1 741.0	499.1
青海	6 060.8	1 901.1	3 836.8	1 398.8	3 241.3	2 528.3	1 948.6	557.2
宁夏	4 952.2	1 768.1	3 680.3	1 257.1	3 470.9	2 629.7	1 936.6	524.5
新疆	6 359.6	2 025.3	3 954.7	1 590.0	3 545.2	2 629.5	2 065.6	627.1

资料来源: 国家统计局. 中国统计年鉴 (2018). 北京: 中国统计出版社, 2018.

参考文献

[1]　孙文爽, 陈兰祥. 多元统计分析. 北京: 高等教育出版社, 1994.

[2]　Robert I. Kabacoff. R 语言实战. 高涛, 肖楠, 陈钢, 译. 北京: 人民邮电出版社, 2013.

[3]　朱建平. 应用多元统计分析. 北京: 科学出版社, 2006.

[4]　薛毅, 陈立萍. 统计建模与 R 软件. 北京: 清华大学出版社, 2007.

C 第 10 章

Chapter 10

因子分析

因子分析 (factor analysis) 最早源于 Karl Pearson 和 Charles Spearman 等人关于智力的定义和测量工作。因子分析的基本目的是, 只要可能, 就用少数几个潜在的不可观测的随机变量 (称为因子) 来描述多个随机变量之间的协方差关系。从这点上看, 因子分析与主成分分析有相似之处, 但因子分析中的因子是不可观测的, 也不必是相互正交的变量。因子分析可以视为主成分分析的一种推广, 它的基本思想是: 根据相关性大小把变量分组, 使得组内的变量相关性较高, 不同组的变量相关性较低, 则每组变量可以代表一个基本结构, 称为**因子**, 它反映已经观测到的相关性。因子分析可以用来研究变量之间的相关关系, 称为 **R 型因子分析**; 也可以用来研究样品之间的相关关系, 称为 **Q 型因子分析**。二者虽然形式上有所不同, 但数学处理上是一样的, 所以本章只介绍 R 型因子分析。

10.1 正交因子模型

设 p 维随机向量 $\boldsymbol{X} = (x_1, x_2, \cdots, x_p)^{\mathrm{T}}$ 的期望为 $\boldsymbol{\mu} = (\mu_1, \mu_2, \cdots, \mu_p)^{\mathrm{T}}$, 协方差矩阵为 $\boldsymbol{\Sigma}$, 假定 $\boldsymbol{X}$ 线性地依赖于少数几个不可观测的随机变量 $f_1, f_2, \cdots, f_m$ $(m < p)$ 和 p 个附加的方差 $\varepsilon_1, \varepsilon_2, \cdots, \varepsilon_p$, 一般称 $f_1, f_2, \cdots, f_m$ 为**公因子**, 称 $\varepsilon_1, \varepsilon_2, \cdots, \varepsilon_p$ 为**特殊因子**或**误差**。那么, 因子模型为

$$\begin{aligned}
x_1 &= \mu_1 + a_{11}f_1 + a_{12}f_2 + \cdots + a_{1m}f_m + \varepsilon_1 \\
x_2 &= \mu_2 + a_{21}f_1 + a_{22}f_2 + \cdots + a_{2m}f_m + \varepsilon_2 \\
&\vdots \\
x_p &= \mu_p + a_{p1}f_1 + a_{p2}f_2 + \cdots + a_{pm}f_m + \varepsilon_p
\end{aligned} \tag{10.1}$$

引入矩阵符号, 记

$$\boldsymbol{A} = \begin{pmatrix} a_{11} & a_{12} & \cdots & a_{1m} \\ a_{21} & a_{22} & \cdots & a_{2m} \\ \vdots & \vdots & & \vdots \\ a_{p1} & a_{p2} & \cdots & a_{pm} \end{pmatrix}, \quad \boldsymbol{F} = \begin{pmatrix} f_1 \\ f_2 \\ \vdots \\ f_m \end{pmatrix}, \quad \boldsymbol{\varepsilon} = \begin{pmatrix} \varepsilon_1 \\ \varepsilon_2 \\ \vdots \\ \varepsilon_p \end{pmatrix}$$

那么因子模型式 (10.1) 可以写为

$$\boldsymbol{X} = \boldsymbol{\mu} + \boldsymbol{A}\boldsymbol{F} + \boldsymbol{\varepsilon} \tag{10.2}$$

式中, a_{ij} 称为第 i 个变量在第 j 个因子上的**载荷**, 矩阵 $\boldsymbol{A}$ 称为**载荷矩阵**。

我们假定

$$E(\boldsymbol{F}) = \boldsymbol{0}, \quad \mathrm{Cov}(\boldsymbol{F}) = \boldsymbol{I}$$

$$E(\boldsymbol{\varepsilon}) = \boldsymbol{0}, \quad \mathrm{Cov}(\boldsymbol{\varepsilon}) = \boldsymbol{\Phi} = \mathrm{diag}(\phi_1, \phi_2, \cdots, \phi_p) \tag{10.3}$$

$$\mathrm{Cov}(\boldsymbol{F}, \boldsymbol{\varepsilon}) = \boldsymbol{0}$$

如果模型式 (10.2) 满足上述假定, 则称该模型为**正交因子模型**; 如果 $\boldsymbol{F}$ 的各个分量相关, 即 $\mathrm{Cov}(\boldsymbol{F})$ 不是单位矩阵, 则相应的模型称为斜交因子模型。本书只讨论正交因子模型。

从正交因子模型容易求得 $\boldsymbol{X}$ 的协方差矩阵

$$
\begin{aligned}
\boldsymbol{\Sigma} &= \mathrm{Cov}(\boldsymbol{X}) \\
&= E(\boldsymbol{X} - \boldsymbol{\mu})(\boldsymbol{X} - \boldsymbol{\mu})^{\mathrm{T}} \\
&= E(\boldsymbol{A}\boldsymbol{F} + \boldsymbol{\varepsilon})(\boldsymbol{A}\boldsymbol{F} + \boldsymbol{\varepsilon})^{\mathrm{T}} \\
&= E(\boldsymbol{A}\boldsymbol{F}\boldsymbol{F}^{\mathrm{T}}\boldsymbol{A}^{\mathrm{T}} + \boldsymbol{\varepsilon}\boldsymbol{F}^{\mathrm{T}}\boldsymbol{A}^{\mathrm{T}} + \boldsymbol{A}\boldsymbol{F}\boldsymbol{\varepsilon}^{\mathrm{T}} + \boldsymbol{\varepsilon}\boldsymbol{\varepsilon}^{\mathrm{T}}) \\
&= \boldsymbol{A}E(\boldsymbol{F}\boldsymbol{F}^{\mathrm{T}})\boldsymbol{A}^{\mathrm{T}} + E(\boldsymbol{\varepsilon}\boldsymbol{F}^{\mathrm{T}})\boldsymbol{A}^{\mathrm{T}} + \boldsymbol{A}E(\boldsymbol{F}\boldsymbol{\varepsilon}^{\mathrm{T}}) + E(\boldsymbol{\varepsilon}\boldsymbol{\varepsilon}^{\mathrm{T}}) \\
&= \boldsymbol{A}\boldsymbol{A}^{\mathrm{T}} + \boldsymbol{\Phi} \tag{10.4}
\end{aligned}
$$

同样, 容易求得

$$\mathrm{Cov}(\boldsymbol{X}, \boldsymbol{F}) = E(\boldsymbol{X} - \boldsymbol{\mu})\boldsymbol{F}^{\mathrm{T}} = E(\boldsymbol{A}\boldsymbol{F} + \boldsymbol{\varepsilon})\boldsymbol{F}^{\mathrm{T}} = \boldsymbol{A} \tag{10.5}$$

由式 (10.4) 可得

$$\mathrm{Var}(x_i) = \sigma_{ii} = a_{i1}^2 + a_{i2}^2 + \cdots + a_{im}^2 + \phi_i, \quad i = 1, 2, \cdots, p \tag{10.6}$$

上式说明 x_i 的方差由两部分构成: m 个公因子和一个特殊因子。其中, a_{ij}^2 ($j = 1, 2, \cdots, m$) 表示第 j 个公因子对 x_i 的方差贡献, 而 ϕ_i 是第 i 个特殊因子对 x_i 的方差贡献, 称为**特殊度**。记 $h_i^2 = a_{i1}^2 + a_{i2}^2 + \cdots + a_{im}^2$, 它表示 m 个公因子对变量 x_i 的方差贡献总和, 称为第 i 个**共同度**, 它是载荷矩阵 $\boldsymbol{A}$ 的第 i 行元素的平方和。

由式 (10.5) 可得

$$\mathrm{Cov}(x_i, f_j) = a_{ij}, \quad i = 1, 2, \cdots, p; \quad j = 1, 2, \cdots, m \tag{10.7}$$

上式说明 a_{ij} 表示变量 x_i 与公因子 f_j 的协方差。

另外, 我们也可以考虑某个公因子 f_j 对各个变量 $x_1, x_2, \cdots, x_p$ 的影响, 采用

$$b_j^2 = a_{1j}^2 + a_{2j}^2 + \cdots + a_{pj}^2 \tag{10.8}$$

来度量这个影响的大小, b_j^2 是载荷矩阵 $\boldsymbol{A}$ 第 j 列元素的平方和, 称为公因子 f_j 对 p 个

变量的方差贡献, b_j^2 越大, 表示 f_j 对 p 个变量的影响越大, 它可以作为公因子 f_j 重要性的一个度量。

需要指出的是, 当 $m > 1$ 时, 因子模型不是唯一的。设 $\boldsymbol{T}$ 为 $m \times m$ 阶正交矩阵, 即 $\boldsymbol{TT}^{\mathrm{T}} = \boldsymbol{T}^{\mathrm{T}}\boldsymbol{T} = \boldsymbol{I}$, 模型式 (10.2) 可改写为

$$\boldsymbol{X} = \boldsymbol{\mu} + \boldsymbol{AF} + \boldsymbol{\varepsilon}$$

$$= \boldsymbol{\mu} + \boldsymbol{ATT}^{\mathrm{T}}\boldsymbol{F} + \boldsymbol{\varepsilon}$$

$$= \boldsymbol{\mu} + \boldsymbol{A}^*\boldsymbol{F}^* + \boldsymbol{\varepsilon} \tag{10.9}$$

式中, $\boldsymbol{A}^* = \boldsymbol{AT}, \boldsymbol{F}^* = \boldsymbol{T}^{\mathrm{T}}\boldsymbol{F}$。注意到

$$E(\boldsymbol{F}^*) = \boldsymbol{T}^{\mathrm{T}}E(\boldsymbol{F}) = \boldsymbol{0}$$

$$\mathrm{Cov}(\boldsymbol{F}^*) = \boldsymbol{T}^{\mathrm{T}}\mathrm{Cov}(\boldsymbol{F})\boldsymbol{T} = \boldsymbol{T}^{\mathrm{T}}\boldsymbol{T} = \boldsymbol{I} \tag{10.10}$$

$$\mathrm{Cov}(\boldsymbol{F}^*, \boldsymbol{\varepsilon}) = E(\boldsymbol{F}^*\boldsymbol{\varepsilon}) = \boldsymbol{T}^{\mathrm{T}}E(\boldsymbol{F}\boldsymbol{\varepsilon}) = \boldsymbol{0}$$

即 $\boldsymbol{F}^*$ 也满足式 (10.3), 显然因子 $\boldsymbol{F}$ 与 $\boldsymbol{F}^*$ 有相同的统计性质, 而相应的载荷矩阵 $\boldsymbol{A}$ 与 $\boldsymbol{A}^*$ 是不同的, 但它们有相同的协方差矩阵 $\boldsymbol{\Sigma}$, 即

$$\boldsymbol{\Sigma} = \boldsymbol{AA}^{\mathrm{T}} + \boldsymbol{\Phi} = \boldsymbol{A}^*\boldsymbol{A}^{*\mathrm{T}} + \boldsymbol{\Phi} \tag{10.11}$$

一方面, $\boldsymbol{F}^* = \boldsymbol{T}^{\mathrm{T}}\boldsymbol{F}$, 即 $\boldsymbol{F}^*$ 是由 $\boldsymbol{F}$ 经正交变换得到的, 而 $\boldsymbol{A}^* = \boldsymbol{AT}$, 即 $\boldsymbol{A}^* = (a_{ij}^*)$ 是由 $\boldsymbol{A} = (a_{ij})$ 经正交变换得到的; 另一方面, 由式 (10.11) 易知, 变量 x_i 的共同度为

$$h_i^2 = \sum_{j=1}^{m} a_{ij}^2 = \sum_{j=1}^{m} a_{ij}^{*2} \tag{10.12}$$

即正交变换不改变公因子的共同度。

10.2 因子模型的估计

10.2.1 主成分法

要建立因子模型, 首先要估计载荷矩阵 $\boldsymbol{A}$ 及特殊因子的方差 ϕ_i ($i = 1, 2, \cdots, p$), 常用的估计方法有主成分法、主因子法和最大似然法等, 这里先介绍主成分法。

设 $\boldsymbol{\Sigma}$ 的特征值为 $\lambda_1, \lambda_2, \cdots, \lambda_p$ ($\lambda_1 \geqslant \lambda_2 \geqslant \cdots \geqslant \lambda_p \geqslant 0$), $\boldsymbol{e}_1, \boldsymbol{e}_2, \cdots, \boldsymbol{e}_p$ 为对应的标准正交特征向量, 那么 $\boldsymbol{\Sigma}$ 可以写为

$$\boldsymbol{\Sigma} = \lambda_1 \boldsymbol{e}_1 \boldsymbol{e}_1^{\mathrm{T}} + \lambda_2 \boldsymbol{e}_2 \boldsymbol{e}_2^{\mathrm{T}} + \cdots + \lambda_p \boldsymbol{e}_p \boldsymbol{e}_p^{\mathrm{T}}$$

$$= (\sqrt{\lambda_1}\boldsymbol{e}_1, \sqrt{\lambda_2}\boldsymbol{e}_2, \cdots, \sqrt{\lambda_p}\boldsymbol{e}_p) \begin{pmatrix} \sqrt{\lambda_1}\boldsymbol{e}_1^{\mathrm{T}} \\ \sqrt{\lambda_2}\boldsymbol{e}_2^{\mathrm{T}} \\ \vdots \\ \sqrt{\lambda_p}\boldsymbol{e}_p^{\mathrm{T}} \end{pmatrix} \tag{10.13}$$

这个分解是公因子个数为 p、特殊因子方差为 0 的因子模型的协方差矩阵结构形式, 即

$$\boldsymbol{\Sigma} = \boldsymbol{A}\boldsymbol{A}^{\mathrm{T}} + \boldsymbol{0} = \boldsymbol{A}\boldsymbol{A}^{\mathrm{T}} \tag{10.14}$$

虽然上式给出的 $\boldsymbol{\Sigma}$ 的因子分析表达式是精确的, 但实际应用中没有价值, 因为因子分析的目的是寻找少数 m $(m < p)$ 个公因子来解释原来 p 个变量的协方差结构, 所以采用主成分分析的思想, 如果 $\boldsymbol{\Sigma}$ 的最后 $p - m$ 个特征值很小, 则在式 (10.13) 中略去 $\lambda_{m+1}\boldsymbol{e}_{m+1}\boldsymbol{e}_{m+1}^{\mathrm{T}} + \cdots + \lambda_p\boldsymbol{e}_p\boldsymbol{e}_p^{\mathrm{T}}$ 对 $\boldsymbol{\Sigma}$ 的贡献, 于是得

$$\boldsymbol{\Sigma} \approx (\sqrt{\lambda_1}\boldsymbol{e}_1, \sqrt{\lambda_2}\boldsymbol{e}_2, \cdots, \sqrt{\lambda_m}\boldsymbol{e}_m) \begin{pmatrix} \sqrt{\lambda_1}\boldsymbol{e}_1^{\mathrm{T}} \\ \sqrt{\lambda_2}\boldsymbol{e}_2^{\mathrm{T}} \\ \vdots \\ \sqrt{\lambda_m}\boldsymbol{e}_m^{\mathrm{T}} \end{pmatrix} = \boldsymbol{A}\boldsymbol{A}^{\mathrm{T}} \tag{10.15}$$

这里假定式 (10.2) 中的特殊因子是可以在 $\boldsymbol{\Sigma}$ 的分解中忽略的, 如果特殊因子不能忽略, 那么它们的方差可以取 $\boldsymbol{\Sigma} - \boldsymbol{A}\boldsymbol{A}^{\mathrm{T}}$ 的对角线元素, 此时有

$$\boldsymbol{\Sigma} \approx \boldsymbol{A}\boldsymbol{A}^{\mathrm{T}} + \mathrm{diag}(\boldsymbol{\Sigma} - \boldsymbol{A}\boldsymbol{A}^{\mathrm{T}})$$

$$= (\sqrt{\lambda_1}\boldsymbol{e}_1, \sqrt{\lambda_2}\boldsymbol{e}_2, \cdots, \sqrt{\lambda_m}\boldsymbol{e}_m) \begin{pmatrix} \sqrt{\lambda_1}\boldsymbol{e}_1^{\mathrm{T}} \\ \sqrt{\lambda_2}\boldsymbol{e}_2^{\mathrm{T}} \\ \vdots \\ \sqrt{\lambda_m}\boldsymbol{e}_m^{\mathrm{T}} \end{pmatrix} + \boldsymbol{\Phi} \tag{10.16}$$

式中, $\boldsymbol{\Phi} = \mathrm{diag}(\phi_1, \phi_2, \cdots, \phi_p)$, $\phi_i = \sigma_{ii} - \sum\limits_{j=1}^{m} a_{ij}^2$ $(i = 1, 2, \cdots, p)$。

实际应用中, $\boldsymbol{\Sigma}$ 是未知的, 通常用它的估计即样本协方差矩阵 $\boldsymbol{S}$ 来代替, 考虑到变量的量纲差别, 往往需要将数据标准化, 这样求得的样本协方差矩阵就是原来数据的相关系数矩阵 $\boldsymbol{R}$, 所以可以从 $\boldsymbol{R}$ 出发来估计因子载荷矩阵和特殊因子的方差。

设 $\boldsymbol{R}$ 的特征值为 $\widehat{\lambda}_1, \widehat{\lambda}_2, \cdots, \widehat{\lambda}_p$ $(\widehat{\lambda}_1 \geqslant \widehat{\lambda}_2 \geqslant \cdots \geqslant \widehat{\lambda}_p \geqslant 0)$, $\widehat{\boldsymbol{e}}_1, \widehat{\boldsymbol{e}}_2, \cdots, \widehat{\boldsymbol{e}}_p$ 为对应的标准正交特征向量, 设 $m < p$, 则由 $\boldsymbol{R}$ 出发的因子模型的载荷矩阵的估计为

$$\widehat{\boldsymbol{A}} = (\sqrt{\widehat{\lambda}_1}\widehat{\boldsymbol{e}}_1, \sqrt{\widehat{\lambda}_2}\widehat{\boldsymbol{e}}_2, \cdots, \sqrt{\widehat{\lambda}_m}\widehat{\boldsymbol{e}}_m) = (\widehat{a}_{ij}) \tag{10.17}$$

特殊因子的方差 ϕ_i 的估计为

$$\widehat{\phi}_i = 1 - \sum_{j=1}^{m} \widehat{a}_{ij}^2 \tag{10.18}$$

这时, 共同度 h_i^2 的估计为

$$\widehat{h}_i^2 = \sum_{j=1}^{m} \widehat{a}_{ij}^2, \quad i = 1, 2, \cdots, p \tag{10.19}$$

变量 x_i 与公因子 f_j 的协方差的估计为 $\widehat{a}_{ij}$, 公因子 f_j 对各个变量的贡献 b_j^2 的估计为

$$\widehat{b}_j^2 = \sum_{i=1}^{p} \widehat{a}_{ij}^2 = (\sqrt{\widehat{\lambda}_j}\widehat{e}_j^{\mathrm{T}})(\sqrt{\widehat{\lambda}_j}\widehat{e}_j) = \widehat{\lambda}_j, \quad j = 1, 2, \cdots, m \tag{10.20}$$

那么, 如何确定公因子数目 m 呢? 可以仿照主成分分析的思想, 比如寻找 m, 使得

$$\frac{\displaystyle\sum_{j=1}^{m} \widehat{\lambda}_j}{\displaystyle\sum_{j=1}^{p} \widehat{\lambda}_j} \times 100\% = \frac{\displaystyle\sum_{j=1}^{m} \widehat{\lambda}_j}{p} \times 100\% \geqslant 80\% \tag{10.21}$$

来确定公因子数 m。这里要注意的是主成分解, 当因子数增加时, 原因子的估计载荷并不变, 第 j 个因子 f_j 对 $\boldsymbol{x}$ 的总方差贡献仍为 $\widehat{\lambda}_j$。

10.2.2 主因子法

假定原始向量 $\boldsymbol{X}$ 的各分量已经进行了标准化变换。如果随机向量 $\boldsymbol{X}$ 满足正交因子模型, 则有

$$\boldsymbol{R} = \boldsymbol{A}\boldsymbol{A}^{\mathrm{T}} + \boldsymbol{\Phi} \tag{10.22}$$

式中, $\boldsymbol{R}$ 为 $\boldsymbol{X}$ 的相关系数矩阵。令

$$\boldsymbol{R}^* = \boldsymbol{R} - \boldsymbol{\Phi} = \boldsymbol{A}\boldsymbol{A}^{\mathrm{T}} \tag{10.23}$$

则称 $\boldsymbol{R}^*$ 为 $\boldsymbol{X}$ 的约相关系数矩阵 (reduced correlation matrix)。

$\boldsymbol{R}^*$ 中的对角线元素是 h_i^2 而不是 1, 非对角线元素和 $\boldsymbol{R}$ 中是完全一样的, 并且 $\boldsymbol{R}^*$ 也是一个非负定矩阵。

设 $\widehat{\sigma}_i^2$ 是特殊方差 σ_i^2 的一个合适的初始估计, 则约相关系数矩阵可估计为

$$\widehat{\boldsymbol{R}}^* = \widehat{\boldsymbol{R}} - \widehat{\boldsymbol{\Phi}} = \begin{pmatrix} \widehat{h}_1^2 & r_{12} & \cdots & r_{1p} \\ r_{21} & \widehat{h}_2^2 & \cdots & r_{2p} \\ \vdots & \vdots & & \vdots \\ r_{p1} & r_{p2} & \cdots & \widehat{h}_p^2 \end{pmatrix} \tag{10.24}$$

式中, $\widehat{\boldsymbol{R}} = (r_{ij})$, $\widehat{\boldsymbol{\Phi}} = \mathrm{diag}(\widehat{\sigma}_1^2, \widehat{\sigma}_2^2, \cdots, \widehat{\sigma}_p^2)$, $\widehat{h}_i^2 = 1 - \widehat{\sigma}_i^2$ 是 h_i^2 的初始估计。又设 $\widehat{\boldsymbol{R}}^*$ 的前 m 个特征值依次为 $\widehat{\lambda}_1^*, \widehat{\lambda}_2^*, \cdots, \widehat{\lambda}_m^*$ ($\widehat{\lambda}_1^* \geqslant \widehat{\lambda}_2^* \geqslant \cdots \geqslant \widehat{\lambda}_m^* > 0$), 相应的单位正交特征向量为 $\widehat{\boldsymbol{t}}_1^*, \widehat{\boldsymbol{t}}_2^*, \cdots, \widehat{\boldsymbol{t}}_m^*$, 则 $\boldsymbol{A}$ 的主因子解为

$$\widehat{\boldsymbol{A}} = \left(\sqrt{\widehat{\lambda}_1^*}\widehat{\boldsymbol{t}}_1^*, \sqrt{\widehat{\lambda}_2^*}\widehat{\boldsymbol{t}}_2^*, \cdots, \sqrt{\widehat{\lambda}_m^*}\widehat{\boldsymbol{t}}_m^* \right) \tag{10.25}$$

由此我们可以重新估计特殊方差, σ_i^2 的最终估计为

$$\widehat{\sigma}_i^2 = 1 - \widehat{h}_i^2 = 1 - \sum_{j=1}^{m} \widehat{a}_{ij}^2, \quad i = 1, 2, \cdots, p \tag{10.26}$$

如果我们希望求得拟合程度更高的解, 则可以采用迭代的方法, 即利用式 (10.26) 中

的 $\widehat{\sigma}_i^2$ 作为特殊方差的初始估计, 重复上述步骤, 直至解稳定为止。

特殊 (或共性) 方差的常用初始估计方法有:

(1) 取 $\widehat{\sigma}_i^2 = 1/r_{ii}$, 其中 r_{ii} 是 $\widehat{\boldsymbol{R}}^{-1}$ 的第 i 个对角线元素, 此时特殊方差的估计为 $\widehat{\sigma}_i^2 = 1 - \widehat{h}_i^2$, 它是 x_i 和其他 $p-1$ 个变量间样本复相关系数的平方, 该初始估计方法最为常用。

(2) 取 $\widehat{h}_i^2 = \max\limits_{j \neq i} |r_{ij}|$, 此时 $\widehat{\sigma}_i^2 = 1 - \widehat{h}_i^2$。

(3) 取 $\widehat{h}_i^2 = 1$, 此时 $\widehat{\sigma}_i^2 = 0$, 得到的 $\widehat{\boldsymbol{A}}$ 是一个主成分解。

10.2.3 最大似然法

设公因子 $\boldsymbol{F} \sim N_m(\boldsymbol{0}, \boldsymbol{I})$, 特殊因子 $\boldsymbol{\varepsilon} \sim N_p(\boldsymbol{0}, \boldsymbol{\Phi})$, 且相互独立, 则必然有原始向量 $\boldsymbol{x} \sim N_p(\boldsymbol{\mu}, \boldsymbol{\Sigma})$。由样本 $x_1, x_2, \cdots, x_n$ 计算得到的似然函数是 $\boldsymbol{\mu}$ 和 $\boldsymbol{\Sigma}$ 的函数 $L(\boldsymbol{\mu}, \boldsymbol{\Sigma})$。由于 $\boldsymbol{\Sigma} = \boldsymbol{A}\boldsymbol{A}^{\mathrm{T}} + \boldsymbol{\Phi}$, 故似然函数可更清楚地表示为 $L(\boldsymbol{\mu}, \boldsymbol{A}, \boldsymbol{\Phi})$。记 $(\boldsymbol{\mu}, \boldsymbol{A}, \boldsymbol{\Phi})$ 的最大似然估计为 $(\widehat{\boldsymbol{\mu}}, \widehat{\boldsymbol{A}}, \widehat{\boldsymbol{\Phi}})$, 即有

$$L(\widehat{\boldsymbol{\mu}}, \widehat{\boldsymbol{A}}, \widehat{\boldsymbol{\Phi}}) = \max L(\boldsymbol{\mu}, \boldsymbol{A}, \boldsymbol{\Phi}) \tag{10.27}$$

可以证明 $\boldsymbol{\mu}$ 和 $\boldsymbol{\Phi}$ 的最大似然估计为 $\widehat{\boldsymbol{\mu}} = \overline{\boldsymbol{x}}$, $\widehat{\boldsymbol{\Sigma}} = \dfrac{1}{n}\sum\limits_{i=1}^{n}(\boldsymbol{x}_i - \overline{\boldsymbol{x}})(\boldsymbol{x}_i - \overline{\boldsymbol{x}})^{\mathrm{T}}$, 而 $\widehat{\boldsymbol{A}}$ 和 $\widehat{\boldsymbol{\Phi}}$ 满足以下方程组:

$$\begin{cases} \widehat{\boldsymbol{A}}\widehat{\boldsymbol{\Phi}}^{-1}\widehat{\boldsymbol{A}} = \widehat{\boldsymbol{A}}(\boldsymbol{I}_m + \widehat{\boldsymbol{A}}^{\mathrm{T}}\widehat{\boldsymbol{\Phi}}^{-1}\widehat{\boldsymbol{A}}) \\ \widehat{\boldsymbol{\Phi}} = \mathrm{diag}(\widehat{\boldsymbol{\Sigma}} - \widehat{\boldsymbol{A}}\widehat{\boldsymbol{A}}^{\mathrm{T}}) \end{cases} \tag{10.28}$$

由于 $\boldsymbol{A}$ 的解是不唯一的, 故为了得到唯一解, 可附加上便于计算的唯一性条件:

$$\widehat{\boldsymbol{A}}^{\mathrm{T}}\widehat{\boldsymbol{\Phi}}^{-1}\widehat{\boldsymbol{A}} \text{ 是对角阵}$$

上述方程组 (10.28) 中的 $\widehat{\boldsymbol{A}}$ 和 $\widehat{\boldsymbol{\Phi}}$ 一般可用迭代法解得。

对于最大似然解, 当因子数增加时, 原因子的估计载荷及对 $\boldsymbol{x}$ 的贡献将发生变化, 这与主成分解及主因子解不同。

10.3 因子正交旋转

在 10.1 节我们已经看到, 满足方差结构 $\boldsymbol{\Sigma} = \boldsymbol{A}\boldsymbol{A}^{\mathrm{T}} + \boldsymbol{\Phi}$ 的因子模型并不唯一, 模型的公因子与载荷矩阵也不唯一。如果 $\boldsymbol{F}$ 是模型的公因子, $\boldsymbol{A}$ 是相应的载荷矩阵, 而 $\boldsymbol{T}$ 是 $m \times m$ 阶正交矩阵, 则 $\boldsymbol{F}^* = \boldsymbol{T}^{\mathrm{T}}\boldsymbol{F}$ 也是公因子, 相应的载荷矩阵为 $\boldsymbol{A}^* = \boldsymbol{A}\boldsymbol{T}$, $\boldsymbol{A}^*$ 也满足 $\boldsymbol{\Sigma} = \boldsymbol{A}^*\boldsymbol{A}^{*\mathrm{T}} + \boldsymbol{\Phi}$。这说明, 公因子和因子载荷矩阵进行正交变换后, 并不改变共同度, 我们称因子载荷的正交变换和伴随的因子正交变换为**因子正交旋转**。

设 $\widehat{\boldsymbol{A}}$ 是用某种方法 (比如主成分法) 得到的因子载荷矩阵的估计, $\boldsymbol{T}$ 为 $m \times m$ 阶正交矩阵, 则

$$\widehat{A}^* = \widehat{A}T \tag{10.29}$$

是 $p \times m$ 阶旋转载荷矩阵。

问题是: 为什么要进行因子旋转? 其目的是什么?

如果初始载荷不易解释, 就需要对载荷进行旋转, 以便得到一个更简单的结构。最理想的载荷结构是: 每个变量仅在一个因子上有较大的载荷, 而在其余因子上的载荷较小, 至多是中等大小, 这样公因子 f_i 的具体含义可由载荷较大的变量根据具体问题加以解释。至于如何进行因子旋转以寻找一个结构简单的载荷矩阵, 这里不做详细介绍。

10.4　因子得分

10.4.1　加权最小二乘法

在因子分析中, 虽然我们关心模型中载荷矩阵的估计和公因子的解释, 但对于公因子的估计值, 即**因子得分**, 常常也是需要计算的。但是因子得分的计算并不同于通常意义下的参数估计, 而是对不可观测的因子 f_j 取值的估计, 下面介绍如何用加权最小二乘法估计因子得分。

给定因子模型 $X = \mu + AF + \varepsilon$, 假定均值向量 μ、载荷矩阵 A 和特殊方差阵 Φ 已知, 把特殊因子 ε 看作误差, 因为 $\mathrm{Var}(\varepsilon_i) = \phi_i \ (i = 1, 2, \cdots, p)$ 未必相等, 所以我们用加权最小二乘法估计公因子 F。

首先将因子模型式 (10.2) 改写为

$$X - \mu = AF + \varepsilon \tag{10.30}$$

两边左乘 $\Phi^{-1/2}$ 得

$$\Phi^{-1/2}(X - \mu) = (\Phi^{-1/2}A)F + \Phi^{-1/2}\varepsilon \tag{10.31}$$

记 $X^* = \Phi^{-1/2}(X - \mu)$, $A^* = \Phi^{-1/2}A$, $\varepsilon^* = \Phi^{-1/2}\varepsilon$, 则上式可以写成

$$X^* = A^*F + \varepsilon^* \tag{10.32}$$

注意到 $E(\varepsilon^*) = \Phi^{-1/2}E(\varepsilon) = 0$, $\mathrm{Cov}(\varepsilon^*) = E(\varepsilon^*\varepsilon^{*\mathrm{T}}) = \Phi^{-1/2}E(\varepsilon\varepsilon^{\mathrm{T}})\Phi^{-1/2} = I$, 所以式 (10.32) 是经典回归模型, 由加权最小二乘法知 F 的估计为:

$$\widehat{F} = (A^{*\mathrm{T}}A^*)^{-1}A^{*\mathrm{T}}X^* = (A^{\mathrm{T}}\Phi^{-1/2}\Phi^{-1/2}A)^{-1}A^{\mathrm{T}}\Phi^{-1/2}\Phi^{-1/2}(X - \mu)$$

$$= (A^{\mathrm{T}}\Phi^{-1}A)^{-1}A^{\mathrm{T}}\Phi^{-1}(X - \mu) \tag{10.33}$$

实际中, A, Φ 和 μ 都是未知的, 通常用它们的某种估计来代替, 比如我们采用正交旋转后的载荷矩阵 A 的估计 $\widehat{A}$, $\widehat{\Phi} = \mathrm{diag}(1 - \widehat{h}_1^2, 1 - \widehat{h}_2^2, \cdots, 1 - \widehat{h}_p^2)$ 和样本均值 $\overline{X} = \dfrac{1}{n}\sum_{i=1}^{n} X_i$ 分别代替 A, Φ 和 μ, 于是可得对应于 x_j 的因子得分

$$\widehat{f}_j = (\widehat{A}^{\mathrm{T}}\widehat{\Phi}^{-1}\widehat{A})^{-1}\widehat{A}^{\mathrm{T}}\widehat{\Phi}^{-1}(x_j - \overline{x}) \tag{10.34}$$

10.4.2 回归法

在正交因子模型中, 假设 $\begin{pmatrix} \boldsymbol{F} \\ \boldsymbol{X} \end{pmatrix}$ 服从 $(m+p)$ 元正态分布, 用回归预测方法可将 $\boldsymbol{F} = (f_1, f_2, \cdots, f_m)^{\mathrm{T}}$ 估计为

$$\boldsymbol{F} = \boldsymbol{A}^{\mathrm{T}} \boldsymbol{\Sigma}^{-1} (\boldsymbol{X} - \boldsymbol{\mu}) \tag{10.35}$$

在实际应用中, 可用 $\overline{\boldsymbol{X}}$, $\widehat{\boldsymbol{A}}$ 和 $\boldsymbol{S}$ 分别代替上式中的 $\boldsymbol{\mu}, \boldsymbol{A}$ 和 $\boldsymbol{\Sigma}$ 来得到因子得分。样品 $\boldsymbol{x}_j$ 的因子得分为

$$\tilde{\boldsymbol{f}}_j = \widehat{\boldsymbol{A}}^{\mathrm{T}} \boldsymbol{S}^{-1} (\boldsymbol{x}_j - \overline{\boldsymbol{x}}), \quad j = 1, 2, \cdots, n \tag{10.36}$$

10.4.3 关于综合因子得分的讨论

m 个因子 $f_1, f_2, \cdots, f_m$ 中任意若干个取相反符号, 特别是全部取相反符号, 即 $-f_1, -f_2, \cdots, -f_m$ 仍然满足因子分析模型, 所以 $-f_1, -f_2, \cdots, -f_m$ 仍然可以作为因子。如果用因子的线性组合得到综合评价指标函数:

$$\boldsymbol{f} = \frac{\lambda_1 \boldsymbol{f}_1 + \lambda_2 \boldsymbol{f}_2 + \cdots + \lambda_m \boldsymbol{f}_m}{\lambda_1 + \lambda_2 + \cdots + \lambda_m} = \sum_{i=1}^{m} \overline{\omega}_i \boldsymbol{f}_i \tag{10.37}$$

式中, $\overline{\omega}_i = \dfrac{\lambda_i}{\lambda_1 + \lambda_2 + \cdots + \lambda_m}$, 那么这样的因子综合得分函数将会有 2^m 种不同的组合, 所以这样的因子综合得分实际上是不好解释的。此外, 使用不同的因子旋转会得到不同的因子, 从而使得综合评价函数也就不同, 那么哪一个才是对的呢？还有, 综合起来表示的是什么因子呢？所以, 因子综合得分是没有合理解释的。

例 10.1 (数据文件为 exam9.1) 前面第 9 章例 9.1 的表 9-1 给出了 52 名学生的数学 (x_1)、物理 (x_2)、化学 (x_3)、语文 (x_4)、历史 (x_5) 和英语 (x_6) 的课程成绩, 试对学生的课程成绩进行因子分析。

解: 利用 R 对样本数据进行因子分析, 首先计算样本数据的相关系数矩阵, 观察各变量之间的相关性。R 程序及输出结果如下:

```
# 假设已经读取了 52 名学生的课程成绩数据
> cor(X)   # 计算样本数据的相关系数矩阵
        x1     x2     x3     x4     x5     x6
x1    1.00   0.65   0.70  -0.56  -0.46  -0.44
x2    0.65   1.00   0.57  -0.50  -0.35  -0.46
x3    0.70   0.57   1.00  -0.38  -0.27  -0.24
x4   -0.56  -0.50  -0.38   1.00   0.81   0.83
x5   -0.46  -0.35  -0.27   0.81   1.00   0.82
x6   -0.44  -0.46  -0.24   0.83   0.82   1.00
```

从样本数据各变量的相关系数可以看出, x_4, x_5 和 x_6 之间存在较强的相关性。为了消除各变量之间的相关性, 下面分别采用 R 中基于最大似然法的因子分析函数 factanal 和基于主成分法的因子分析函数 factpc 对数据进行因子分析, 提取因子。R 程序及输出结果如下:

```
# 利用最大似然法进行因子分析
> factanal(X,factors=2,rotation="none")
Call:
factanal(x=X,factors=2,rotation="none")
Uniquenesses:
   x1    x2    x3    x4    x5    x6
 0.23  0.46  0.33  0.15  0.21  0.15
Loadings:
      Factor1  Factor2
x1    -0.68     0.56
x2    -0.60     0.43
x3    -0.49     0.66
x4     0.92     0.10
x5     0.86     0.24
x6     0.88     0.27

                 Factor1   Factor2
SS loadings        3.40      1.07
Proportion Var     0.57      0.18
Cumulative Var     0.57      0.74
Test of the hypothesis that 2 factors are sufficient.
The chi square statistic is 3.6 on 4 degrees of freedom.
The p-value is 0.46
# 利用主成分法进行因子分析
> library(mvstats)   # 加载 mvstats 包
> fac=factpc(X,2)
> fac
$Vars
 Vars            Vars.Prop   Vars.Cum
 Factor1  3.710    0.6183      61.83
 Factor2  1.262    0.2104      82.87

$loadings
      Factor1   Factor2
 x1  -0.7937    0.4224
 x2  -0.7342    0.4008
 x3  -0.6397    0.6322
 x4   0.8883    0.3129
 x5   0.8101    0.4661
 x6   0.8285    0.4567
```

从上面最大似然法和主成分法得出的因子分析结果可以看出[1], 最大似然法前两个因子的累计方差贡献率只有 74%, 而主成分法前两个因子的累计方差贡献率达到了 82.87%, 说明主成分法的效果比最大似然法好, 其原因在于, 采用最大似然法进行因子分析要求样本数据服从多元正态分布, 但在实际中, 大多数数据很难满足服从多元正态分布的要求。接下来, 为了更好地解释因子的含义, 我们基于主成分法利用方差最大化进行因子正交旋转。R 程序及输出结果如下:

```
> fac1=factpc(X,2,rotation="varimax")
         # 基于主成分法利用方差最大化进行因子正交旋转
Factor Analysis for Princomp in Varimax:
> fac1
$Vars
  Vars            Vars.Prop   Vars.Cum
  Factor1  2.661      44.34      44.34
  Factor2  2.312      38.53      82.87
$loadings
       Factor1    Factor2
  x1   -0.3232     0.8390
  x2   -0.2925     0.7837
  x3   -0.0696     0.8967
  x4    0.8763    -0.3451
  x5    0.9174    -0.1782
  x6    0.9253    -0.1973
```

从上面因子正交旋转的结果可以看出, 累计方差贡献率达到了 82.87%。第一个因子与语文 (x_4)、历史 (x_5) 和英语 (x_6) 三科有很强的正相关关系, 相关系数分别为 0.876 3, 0.917 4 和 0.925 3; 第二个因子与数学 (x_1)、物理 (x_2) 和化学 (x_3) 三科有很强的正相关关系, 相关系数分别为 0.839 0, 0.783 7 和 0.896 7。所以第一个因子可称为 "文科" 因子, 第二个因子可称为 "理科" 因子。可见, 进行正交旋转后, 因子的含义更清楚。

在了解了各个综合因子的具体含义后, 可采用回归估计等方法计算样本的因子得分。R 程序及输出结果如下:

```
> fac2=factpc(X,2,rotation="varimax",scores="regression")
                # 利用回归估计计算因子得分
> fac2$scores   # 输出因子得分情况
         Factor1     Factor2
  [1,]   0.66036    -0.68718
  [2,]  -1.07568    -0.15572
  [3,]  -1.60123    -1.88323
  [4,]  -0.72216     0.15234
  [5,]  -1.75198    -1.12791
  [6,]  -1.84006     0.63814
```

---

① 主成分法采用了《多元统计分析及 R 语言建模》(第 2 版)(王斌会. 暨南大学出版社, 2011) 中的程序包 mvstats 进行分析, 可从中国人民大学出版社的网站下载 mvstats.R 文件, 该文件在 R 中用 "source("mvstats.R")" 调用。

[7,]	-1.30641	1.25308
[8,]	-1.72435	-1.21908
[9,]	0.94801	-0.66987
[10,]	-0.83831	0.34764
[11,]	-0.89637	-0.11049
[12,]	0.57341	-0.24629
[13,]	-0.30356	1.17631
[14,]	0.57504	0.56148
[15,]	-0.77110	-0.81988
[16,]	-0.59997	0.58064
[17,]	0.06169	0.58222
[18,]	1.24824	0.09894
[19,]	1.60089	-0.36561
[20,]	0.88689	0.98857
[21,]	1.36281	0.20077
[22,]	-0.04998	1.41175
[23,]	0.12266	1.63081
[24,]	-0.10599	0.23836
[25,]	-0.72961	1.30735
[26,]	0.89506	1.69380
[27,]	-0.11143	-0.68414
[28,]	-0.15844	-1.72144
[29,]	0.35974	-0.35186
[30,]	2.14454	-1.04995
[31,]	0.50710	-1.73750
[32,]	0.24185	-1.45909
[33,]	1.39661	1.34088
[34,]	-0.78496	0.83028
[35,]	-0.03532	0.39990
[36,]	-0.79109	-0.63366
[37,]	-0.13213	-1.62997
[38,]	-1.20571	0.91632
[39,]	0.34822	-0.20507
[40,]	0.02133	1.40930
[41,]	0.77761	-0.03745
[42,]	-0.33883	-0.17510
[43,]	0.05096	1.12576
[44,]	-1.07908	-0.69823
[45,]	-0.93655	2.04025
[46,]	-0.56267	-0.99490
[47,]	0.57833	0.35968
[48,]	-0.16974	-1.00805

```
[49,]    2.37146   -0.89236
[50,]    0.09089   -0.83832
[51,]    1.60313    0.27088
[52,]    1.19589   -0.15308
> plot(fac2$loadings,xlab="Factor1",ylab="Factor2")   # 输出因子载荷图
```

原始变量在两个因子上的载荷图如图 10-1 所示。从图 10-1 可以看出, x_4, x_5 和 x_6 离第一个因子所代表的横轴较近, 而 x_1, x_2 和 x_3 离第二个因子所代表的纵轴较近。

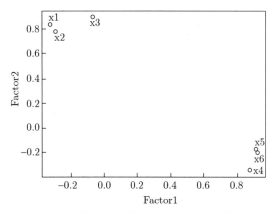

图 10-1　第一个因子和第二个因子的载荷图

分别以两个公因子为横纵坐标, 绘制各个学生的因子分析双坐标图 (见图 10-2), 绘图程序如下:

```
> biplot(fac2$scores,fac2$loadings)      # 绘制各个学生的因子分析双坐标图，全面反映
                                          因子与原始数据的关系
```

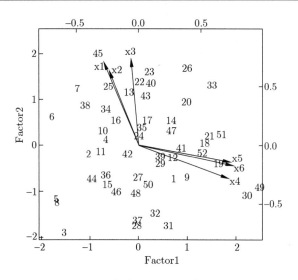

图 10-2　各个学生的因子分析双坐标图

图 10-2 直观地反映了以上分析的基本结果。

10.5　因子分析小结

(1) 因子分析是主成分分析的推广, 也是一种降维技术, 其目的是用几个潜在的、不可观测的因子来描述原始变量间的协方差或相关关系。主成分分析法所获得的主成分数和原变量的个数是相同的, 最终选择多少个主成分由主成分的累计方差贡献率来决定, 但主成分的解几乎是唯一的。而因子分析模型不但要看解释的样本方差的比例, 还可以利用方差最大化进行因子正交旋转, 即 $\boldsymbol{\Sigma} \approx \boldsymbol{A}\boldsymbol{A}^{\mathrm{T}} + \boldsymbol{\Phi}$ 中因子载荷矩阵 $\boldsymbol{A}$ 是不唯一的, 可以通过旋转得到更优的解。

(2) 因子载荷矩阵的元素、行平方和、列平方和以及元素平方和都有很明确的统计意义。

(3) 在因子分析的应用中, 确定 m 的初步方法是前 m 个包含的因子的累计方差贡献率不低于 80%, 且 m 明显小于 p。

(4) 正交因子模型常用的参数估计方法有主成分法、主因子法和最大似然法。对于主成分解和主因子解, 当因子数 m 增加时, 原因子的估计载荷不变, 以致原因子对 x 的总方差贡献也不变, 但这一点对最大似然解并不成立。然而, 无论何种解, 选取的因子数不同, 经旋转后的因子一般也是不同的。主成分法和主因子法是在求解过程中确定因子数 m, 而最大似然法则必须在求解之前确定 m。

(5) 因子正交旋转不改变特殊方差和残差矩阵, 旋转后的因子往往更有实际意义。

(6) 从样本数据得到的样本协方差矩阵 $\boldsymbol{S}$ 出发得到的因子分析模型解与从样本相关系数矩阵 $\boldsymbol{R}$ 出发得到的因子分析模型解结果不一样, 前者受量纲的影响。在实际应用中, 当各变量的单位不全相同或虽然单位相同但数值变异性相差较大时, 一般应对各变量进行合适的标准化变换, 最常见的是从样本相关系数矩阵 $\boldsymbol{R}$ 出发进行因子分析。

(7) 常用的因子得分估计方法有加权最小二乘法和回归法, 在条件意义上前者是无偏的, 而后者是有偏的。

10.6　案例分析与 R 实现

案例 10.1 (数据文件为 case10.1)　上市公司的经营业绩是多种因素共同作用的结果, 各种财务指标为上市公司的经营业绩提供了丰富的信息, 同时也增加了问题分析的复杂程度。由于指标间存在一定的相关关系, 因此可以通过因子分析法用较少的综合指标分别分析存在于各单项指标的信息, 而且互不相关, 即各综合指标代表的信息不重叠, 代表各类信息的综合指标即为公因子。本案例以 2017 年上市公司中的汽车零部件行业为例, 应用因子分析模型评价公司经营业绩。我们选取财务报表中 12 个主要财务指标, 分别如下: x_1 为存货周转率 (%); x_2 为总资产周转率 (%); x_3 为流动资产周转率 (%); x_4 为营业利润率 (%); x_5 为毛利率 (%); x_6 为成本费用利润率 (%); x_7 为总资产报酬率 (%); x_8 为净资产收益率加权 (扣除非经常性损益) (%); x_9 为每股收益 (元); x_{10} 为扣除非经常性损益后的每股收益 (元); x_{11} 为每股未分配利润 (元); x_{12} 为每股净资产 (元)。具体数据如表 10-1 所示。

表 10-1 2017 年上市公司中的汽车零部件行业财务数据

证券名称	x_1	x_2	x_3	x_4	x_5	x_6	x_7	x_8	x_9	x_{10}	x_{11}	x_{12}
亚太股份	4.65	0.71	1.25	2.69	14.93	2.77	1.49	2.41	0.11	0.09	0.87	3.61
贝斯特	2.83	0.52	1.02	24.08	37.91	30.39	10.87	10.32	0.70	0.61	1.64	6.27
长鹰信质	4.72	0.79	1.14	13.47	23.07	15.34	8.39	13.75	0.64	0.62	2.42	4.82
万向钱潮	5.22	0.97	1.58	9.10	20.67	9.97	7.65	17.31	0.32	0.29	0.59	1.83
湖南天雁	3.36	0.43	0.55	−15.15	14.03	−12.88	−6.21	−15.12	−0.09	−0.10	−0.88	0.59
蓝黛传动	3.75	0.52	0.92	11.91	25.23	13.63	5.40	9.88	0.29	0.27	0.76	2.88
越博动力	5.76	0.60	0.69	9.79	26.78	10.89	6.27	12.06	1.60	1.35	3.12	11.70
富奥 B	9.12	0.74	1.48	12.81	18.51	12.85	8.56	14.76	0.64	0.62	2.63	4.45
中原内配	3.07	0.46	1.04	22.57	41.55	27.01	8.50	10.72	0.46	0.44	1.88	3.95
日上集团	1.34	0.55	0.76	3.84	14.21	3.92	1.86	2.41	0.10	0.06	0.55	2.61
远东传动	4.86	0.58	0.97	14.50	30.04	16.45	7.14	7.16	0.33	0.29	1.35	4.18
西菱动力	2.58	0.60	1.25	18.43	36.23	23.07	9.84	16.23	0.84	0.77	2.59	5.19
美力科技	3.18	0.56	1.06	14.05	33.41	16.01	6.64	6.61	0.27	0.23	1.11	3.77
北特科技	3.47	0.48	0.86	8.96	25.57	10.30	3.86	4.36	0.22	0.17	0.89	4.13
凌云股份	6.26	1.08	1.89	5.88	18.65	6.29	3.03	8.23	0.73	0.67	3.17	8.32
新坐标	2.74	0.55	0.90	44.68	63.91	79.20	21.46	19.87	1.72	1.73	4.14	9.55
猛狮科技	4.56	0.45	0.85	−5.69	20.54	−4.04	−1.56	−7.24	−0.24	−0.35	0.17	4.96
宗申动力	10.51	0.76	1.28	7.55	19.34	7.85	4.12	6.03	0.24	0.19	1.50	3.29
西仪股份	3.00	0.80	1.39	1.55	18.35	2.49	1.75	0.95	0.06	0.03	0.15	3.05
云意电气	3.02	0.31	0.46	24.18	35.98	29.82	6.86	6.85	0.16	0.13	0.51	1.96
德尔股份	4.26	0.82	1.54	6.57	30.47	7.04	4.21	7.33	1.25	1.25	4.17	15.80
隆盛科技	2.19	0.37	0.57	11.10	29.57	14.87	4.47	4.21	0.19	0.19	1.26	4.99
东安动力	6.90	0.44	0.92	2.32	13.46	2.36	1.05	1.44	0.09	0.06	0.66	4.06
常熟汽饰	5.72	0.43	0.97	17.46	22.03	18.97	7.23	10.03	0.81	0.77	2.63	8.00
亚普股份	5.67	1.34	2.41	5.34	16.14	5.58	6.34	16.34	0.74	0.74	2.82	4.69
宁波华翔	6.13	1.00	1.86	9.75	21.11	10.55	5.37	13.51	1.27	1.40	5.51	12.48
金麒麟	4.27	0.65	1.07	13.90	30.72	16.61	7.54	9.18	0.83	0.79	2.88	10.10
均胜电子	6.55	0.73	1.57	3.94	16.39	3.79	1.09	−0.36	0.42	−0.05	1.99	13.37
光洋股份	4.07	0.62	1.25	1.08	23.60	1.67	0.51	0.09	0.03	0.00	0.55	3.21
鹏翎股份	3.46	0.67	1.07	12.30	25.94	13.37	6.94	7.45	0.59	0.55	3.46	7.91
兴民智通	1.48	0.45	0.82	6.09	19.87	6.43	1.51	2.57	0.12	0.10	1.01	4.05
东风科技	14.81	1.20	1.91	5.15	16.32	5.35	2.74	11.17	0.44	0.43	2.50	3.99
万里扬	4.51	0.53	1.21	15.62	22.93	17.46	6.77	8.01	0.48	0.35	1.09	4.51
万通智控	5.21	0.82	1.20	12.54	31.14	14.80	9.00	9.27	0.18	0.17	0.34	2.06

续表

证券名称	x_1	x_2	x_3	x_4	x_5	x_6	x_7	x_8	x_9	x_{10}	x_{11}	x_{12}
潍柴动力	6.59	0.86	1.72	6.85	21.84	7.43	3.86	19.25	0.85	0.81	3.49	4.41
腾龙股份	2.87	0.66	1.05	18.19	35.07	22.10	9.47	13.48	0.60	0.58	2.20	4.56
继峰股份	3.70	0.92	1.31	18.84	33.00	22.92	14.20	17.62	0.46	0.45	1.22	2.74
斯太尔	0.75	0.06	0.17	−70.13	3.61	−16.63	−6.26	−23.22	−0.22	−0.57	−0.48	2.30
交运股份	8.21	1.04	1.80	6.42	10.43	6.69	4.96	4.72	0.43	0.25	1.79	5.47
众泰汽车	8.34	1.12	1.96	6.58	18.77	7.06	6.10	9.05	0.56	0.69	0.72	8.24
湘油泵	3.76	0.79	1.40	15.99	32.76	18.02	10.66	13.88	1.37	1.11	4.47	8.61
联明股份	3.79	0.73	1.56	14.65	21.04	17.34	8.21	12.36	0.59	0.57	2.81	4.80
苏威孚 B	4.78	0.48	0.82	31.32	25.01	35.00	13.72	16.73	2.55	2.30	9.72	14.70
双林股份	4.24	0.71	1.45	6.26	24.03	7.10	3.01	7.33	0.45	0.48	2.68	6.87
兆丰股份	5.74	0.44	0.53	39.11	53.63	62.77	14.95	23.72	3.07	3.54	7.17	24.42
渤海汽车	4.17	0.37	0.68	11.72	20.87	11.80	3.54	4.55	0.25	0.21	0.86	4.74
今飞凯达	3.66	0.77	1.56	2.85	16.57	2.89	1.81	3.87	0.27	0.15	1.58	4.10
恒立实业	2.42	0.14	0.16	−61.46	16.20	−35.98	−6.35	−15.44	−0.06	−0.07	−1.02	0.44
浙江仙通	4.32	0.63	0.87	27.04	43.69	36.71	14.72	17.23	0.63	0.59	1.34	3.67
岱美股份	2.69	1.02	1.44	20.88	37.05	26.82	18.25	25.48	1.43	1.45	3.64	7.58
浙江世宝	3.62	0.55	0.92	2.81	17.75	2.83	1.56	0.94	0.04	0.02	0.46	1.87
合力科技	1.63	0.58	0.90	16.96	33.97	21.18	8.82	15.09	0.73	0.82	2.95	7.41
隆基机械	3.27	0.58	0.98	3.50	17.22	3.59	1.87	2.91	0.13	0.14	0.94	5.36
华域汽车	13.90	1.22	1.92	7.34	14.47	7.81	5.68	15.89	2.08	2.00	6.76	13.09
富奥股份	9.12	0.74	1.48	12.81	18.51	12.85	8.56	14.76	0.64	0.62	2.63	4.45
秦安股份	2.52	0.49	1.07	17.95	26.30	21.91	7.48	8.55	0.43	0.44	2.70	5.60
长春一东	3.69	0.78	1.05	5.04	31.02	5.76	1.81	3.59	0.13	0.10	0.90	2.80
双环传动	2.54	0.46	0.88	10.08	22.72	11.06	4.26	6.95	0.35	0.32	1.41	4.57
圣龙股份	6.88	0.86	2.00	8.57	22.18	9.05	5.16	10.72	0.46	0.40	1.37	4.03
金固股份	3.70	0.53	0.91	1.19	16.44	1.10	0.95	−1.11	0.08	−0.05	0.05	6.81

资料来源：http://webapi.cninfo.com.cn/#/thematicStatistics?name=%E4%B8%AA%E8%82%A1%E4%B8%BB%E8%A6%81%E6%8C%87%E6%A0%87.

解： 先读取数据，求 12 个财务指标的相关系数矩阵，R 程序如下：

```
# 打开数据文件 case10.1.csv，选取 A1:M61 区域，然后复制
> case10.1<-read.table("clipboard",header=T)
        # 将 case10.1.csv 中的数据读入 case10.1
> data<-case10.1[,-1]
> name<-case10.1[,1]
> da<-scale(data)
> da
> dat<-cor(da)
> dat
```

12 个财务指标的相关系数矩阵如表 10-2 所示。

表 10-2　12 个财务指标的相关系数矩阵

	x_1	x_2	x_3	x_4	x_5	x_6	x_7	x_8	x_9	x_{10}	x_{11}	x_{12}
x_1	1.000											
x_2	0.609	1.000										
x_3	0.589	0.922	1.000									
x_4	0.090	0.244	0.212	1.000								
x_5	−0.285	0.130	0.213	0.678	1.000							
x_6	−0.069	0.011	−0.039	0.855	0.852	1.000						
x_7	0.013	0.239	0.154	0.822	0.770	0.896	1.000					
x_8	0.262	0.509	0.443	0.821	0.569	0.732	0.874	1.000				
x_9	0.246	0.240	0.157	0.529	0.482	0.638	0.654	0.680	1.000			
x_{10}	0.237	0.246	0.153	0.555	0.522	0.660	0.664	0.706	0.985	1.000		
x_{11}	0.297	0.306	0.279	0.512	0.328	0.539	0.569	0.652	0.923	0.895	1.000	
x_{12}	0.209	0.150	0.123	0.385	0.328	0.455	0.381	0.409	0.846	0.829	0.800	1.000

由上面的相关系数矩阵可知, 财务指标之间存在较强的线性相关关系, 适合用因子分析模型进行分析。下面分别用主成分法、主因子法、最大似然法进行因子分析。

下面用 R (由于对应三种方法的代码较长, 以下分析结果的代码详见教材对应的文件 case10.1 中的相关代码及其输出结果的 txt 文档 (可从中国人民大学出版社网站下载)) 分别进行主成分法、主因子法和最大似然法因子分析, 比较结果如表 10-3 所示。

表 10-3　三种方法旋转后的因子载荷估计

变量	主成分法			主因子法			最大似然法		
	Factor1	Factor2	Factor3	Factor1	Factor2	Factor3	Factor1	Factor2	Factor3
存货周转率	−0.155	0.261	0.758	−0.113	−0.640	0.228	−0.112	0.235	0.628
总资产周转率	0.135	0.070	0.942	0.123	−0.945	0.078	0.117	0.089	0.949
流动资产周转率	0.075	0.025	0.947	0.062	−0.943	0.034	0.063	0.020	0.956
营业利润率	0.877	0.220	0.165	0.839	−0.158	0.236	0.862	0.196	0.150
毛利率	0.846	0.208	−0.316	0.817	0.299	0.214	0.813	0.221	−0.280
成本费用利润率	0.892	0.347	−0.117	0.897	0.120	0.343	0.892	0.336	−0.121
总资产报酬率	0.910	0.296	0.101	0.906	−0.102	0.297	0.901	0.316	0.105
净资产收益率加权 (扣除非经常性损益)	0.791	0.340	0.420	0.780	−0.420	0.345	0.771	0.363	0.413
每股收益	0.397	0.895	0.118	0.387	−0.120	0.914	0.390	0.911	0.120
扣除非经常性损益后的 每股收益	0.434	0.869	0.116	0.427	−0.119	0.878	0.424	0.884	0.118
每股未分配利润	0.311	0.866	0.231	0.311	−0.237	0.848	0.312	0.847	0.233
每股净资产	0.147	0.918	0.044	0.172	−0.062	0.850	0.161	0.852	0.066
所解释的总方差的比例	0.354	0.303	0.231	0.341	0.216	0.295	0.341	0.296	0.216
所解释的总方差的累计 比例	0.354	0.657	0.888	0.341	0.557	0.852	0.341	0.637	0.853

由表 10-3 可知, 主成分法提取的因子累计方差贡献率最大, 因此本案例选用主成分法进行因子分析。

主成分法的 R 程序如下:

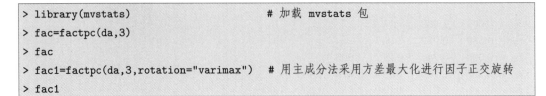

```
> library(mvstats)          # 加载 mvstats 包
> fac=factpc(da,3)
> fac
> fac1=factpc(da,3,rotation="varimax")   # 用主成分法采用方差最大化进行因子正交旋转
> fac1
```

结果如表 10-4 所示。

表 10-4　$m=3$ 时的主成分解 (旋转后)

变量	Factor 1	Factor 2	Factor 3	特殊方差	特殊因子方差
存货周转率	−0.155	0.261	0.758	0.667	0.333
总资产周转率	0.135	0.070	0.942	0.911	0.089
流动资产周转率	0.075	0.025	0.947	0.903	0.097
营业利润率	0.877	0.220	0.165	0.845	0.155
毛利率	0.846	0.208	−0.316	0.858	0.142
成本费用利润率	0.892	0.347	−0.117	0.930	0.070
总资产报酬率	0.910	0.296	0.101	0.925	0.075
净资产收益率加权 (扣除非经常性损益)	0.791	0.340	0.420	0.918	0.082
每股收益	0.397	0.895	0.118	0.972	0.028
扣除非经常性损益后的每股收益	0.434	0.869	0.116	0.957	0.043
每股未分配利润	0.311	0.866	0.231	0.901	0.099
每股净资产	0.147	0.918	0.044	0.867	0.133
所解释的总方差的比例	0.354	0.303	0.231		
所解释的总方差的累计比例	0.354	0.657	0.888		

由表 10-4 可知, 营业利润率、毛利率、成本费用利润率、总资产报酬率、净资产收益率加权 (扣除非经常性损益) 在因子 f_1 上的载荷分别是 0.877, 0.846, 0.892, 0.910, 0.791, 这 5 个财务指标都是反映企业盈利能力的, 因此我们将 f_1 命名为企业盈利能力因子; 每股收益、扣除非经常性损益后的每股收益、每股未分配利润、每股净资产在因子 f_2 上的载荷分别是 0.895, 0.869, 0.866, 0.918, 这 4 个财务指标都是反映股东收益的, 因此我们将 f_2 命名为股东收益因子; 存货周转率、总资产周转率、流动资产周转率在因子 f_3 上的载荷分别是 0.758, 0.942, 0.947, 这三个财务指标都是反映企业运营能力的, 因此我们将 f_3 命名为企业运营能力因子。

由主成分法旋转得到的因子分析模型解为:

$$\begin{cases} x_1^* \approx -0.155f_1 + 0.261f_2 + 0.758f_3 + \varepsilon_1 \\ x_2^* \approx 0.135f_1 + 0.070f_2 + 0.942f_3 + \varepsilon_2 \\ x_3^* \approx 0.075f_1 + 0.025f_2 + 0.947f_3 + \varepsilon_3 \\ x_4^* \approx 0.877f_1 + 0.220f_2 + 0.165f_3 + \varepsilon_4 \\ x_5^* \approx 0.846f_1 + 0.208f_2 - 0.316f_3 + \varepsilon_5 \\ x_6^* \approx 0.892f_1 + 0.347f_2 - 0.117f_3 + \varepsilon_6 \\ x_7^* \approx 0.910f_1 + 0.296f_2 + 0.101f_3 + \varepsilon_7 \\ x_8^* \approx 0.791f_1 + 0.340f_2 + 0.420f_3 + \varepsilon_8 \\ x_9^* \approx 0.397f_1 + 0.895f_2 + 0.118f_3 + \varepsilon_9 \\ x_{10}^* \approx 0.434f_1 + 0.869f_2 + 0.116f_3 + \varepsilon_{10} \\ x_{11}^* \approx 0.311f_1 + 0.866f_2 + 0.231f_3 + \varepsilon_{11} \\ x_{12}^* \approx 0.147f_1 + 0.918f_2 + 0.044f_3 + \varepsilon_{12} \end{cases}$$

绘制前两个因子的载荷图、得分图及信息重叠图, R 程序如下:

```
> plot(fac1$loadings,type="n",xlab="Factor1",ylab="Factor2")    # 输出因子载荷图
> text(fac1$loadings,paste("x",1:12,sep=""),cex=1.5)
> fac1_plotdata<-fac1$scores
> rownames(fac1_plotdata)<-unlist(name)
> plot.text(fac1_plotdata)                    # 输出因子得分图
> biplot(fac1_plotdata,fac1$loadings)    # 输出信息重叠图
```

因子载荷图如图 10-3 所示。

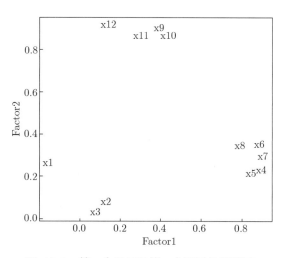

图 10-3 第一个因子和第二个因子的载荷图

因子得分图如图 10-4 所示。由因子得分图可知, 新坐标的盈利能力和兆丰股份、苏威孚 B 、华域汽车的股东收益大大领先于其他企业。

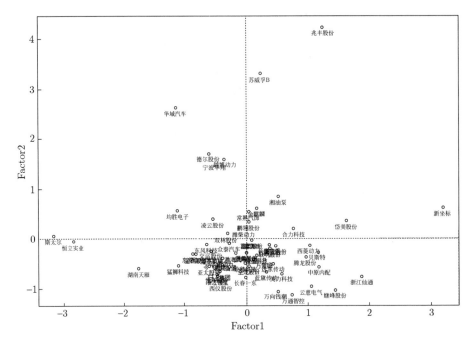

图 10-4　第一个因子和第二个因子的得分图

信息重叠图如图 10-5 所示。

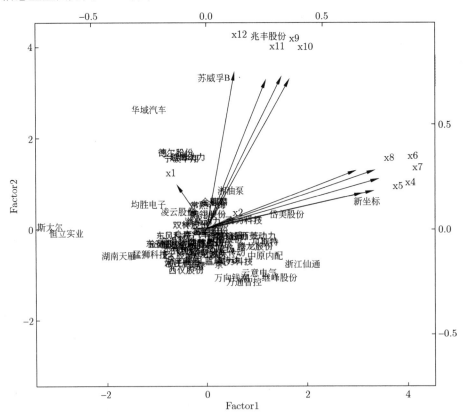

图 10-5　各上市公司的因子分析双坐标图

因此, 我们可以得到下面各种排序, 单因子 1, 2, 3 的排序 (代码和输出结果详见文件 case10.1 中的相关代码及其输出结果的 txt 文档) 如表 10-5 至表 10-7 所示。

表 10-5　按企业盈利能力因子得分 f_1 的排序 (加权最小二乘法)

序号	证券名称	f_1	序号	证券名称	f_1	序号	证券名称	f_1
1	新坐标	3.298	21	万里扬	0.322	41	日上集团	−0.480
2	浙江仙通	1.967	22	富奥 B	0.234	42	东风科技	−0.495
3	岱美股份	1.583	23	富奥股份	0.234	43	交运股份	−0.496
4	继峰股份	1.480	24	苏威孚 B	0.231	44	西仪股份	−0.500
5	兆丰股份	1.278	25	金麒麟	0.167	45	浙江世宝	−0.502
6	贝斯特	1.165	26	隆盛科技	0.161	46	隆基机械	−0.551
7	中原内配	1.121	27	常熟汽饰	0.138	47	宁波华翔	−0.558
8	云意电气	1.091	28	鹏翎股份	0.041	48	光洋股份	−0.566
9	西菱动力	0.957	29	圣龙股份	0.008	49	今飞凯达	−0.589
10	腾龙股份	0.928	30	双环传动	−0.026	50	凌云股份	−0.611
11	万通智控	0.761	31	北特科技	−0.005	51	亚太股份	−0.611
12	合力科技	0.730	32	渤海汽车	−0.013	52	德尔股份	−0.739
13	美力科技	0.525	33	亚普股份	−0.017	53	东安动力	−0.748
14	万向钱潮	0.521	34	潍柴动力	−0.066	54	金固股份	−0.791
15	秦安股份	0.504	35	长春一东	−0.166	55	均胜电子	−1.038
16	远东传动	0.458	36	宗申动力	−0.279	56	猛狮科技	−1.092
17	湘油泵	0.404	37	众泰汽车	−0.300	57	华域汽车	−1.119
18	长鹰信质	0.403	38	双林股份	−0.336	58	湖南天雁	−1.924
19	联明股份	0.386	39	兴民智通	−0.360	59	恒立实业	−2.870
20	蓝黛传动	0.328	40	越博动力	−0.383	60	斯太尔	−2.927

表 10-6　按股东收益因子得分 f_2 的排序 (加权最小二乘法)

序号	证券名称	f_2	序号	证券名称	f_2	序号	证券名称	f_2
1	兆丰股份	4.236	11	常熟汽饰	0.456	21	富奥 B	−0.086
2	苏威孚 B	3.381	12	凌云股份	0.370	22	富奥股份	−0.086
3	华域汽车	2.742	13	潍柴动力	0.323	23	亚普股份	−0.087
4	越博动力	1.769	14	恒立实业	0.219	24	众泰汽车	−0.116
5	德尔股份	1.591	15	鹏翎股份	0.179	25	长鹰信质	−0.122
6	宁波华翔	1.498	16	均胜电子	0.150	26	联明股份	−0.197
7	湘油泵	0.971	17	合力科技	0.140	27	东风科技	−0.252
8	新坐标	0.636	18	双林股份	0.031	28	秦安股份	−0.274
9	岱美股份	0.538	19	斯太尔	0.028	29	贝斯特	−0.282
10	金麒麟	0.483	20	西菱动力	−0.031	30	双环传动	−0.285

续表

序号	证券名称	f_2	序号	证券名称	f_2	序号	证券名称	f_2
31	交运股份	−0.297	41	圣龙股份	−0.462	51	光洋股份	−0.695
32	湖南天雁	−0.315	42	兴民智通	−0.475	52	美力科技	−0.716
33	腾龙股份	−0.351	43	北特科技	−0.517	53	长春一东	−0.729
34	渤海汽车	−0.369	44	宗申动力	−0.526	54	猛狮科技	−0.740
35	今飞凯达	−0.396	45	亚太股份	−0.559	55	浙江仙通	−0.784
36	万里扬	−0.397	46	远东传动	−0.564	56	西仪股份	−0.788
37	隆基机械	−0.404	47	日上集团	−0.583	57	万向钱潮	−0.954
38	隆盛科技	−0.411	48	中原内配	−0.588	58	继峰股份	−1.001
39	东安动力	−0.413	49	蓝黛传动	−0.628	59	云意电气	−1.012
40	金固股份	−0.438	50	浙江世宝	−0.690	60	万通智控	−1.123

表 10-7　按企业运营能力因子得分 f_3 的排序 (加权最小二乘法)

序号	证券名称	f_3	序号	证券名称	f_3	序号	证券名称	f_3
1	亚普股份	2.629	21	双林股份	0.358	41	合力科技	−0.527
2	东风科技	2.185	22	长鹰信质	0.324	42	浙江仙通	−0.536
3	华域汽车	2.115	23	湘油泵	0.323	43	常熟汽饰	−0.559
4	众泰汽车	1.689	24	万通智控	0.289	44	越博动力	−0.569
5	凌云股份	1.529	25	亚太股份	0.259	45	日上集团	−0.570
6	交运股份	1.487	26	长春一东	−0.013	46	双环传动	−0.651
7	宁波华翔	1.337	27	光洋股份	−0.052	47	北特科技	−0.670
8	圣龙股份	1.274	28	鹏翎股份	−0.143	48	贝斯特	−0.691
9	万向钱潮	1.190	29	西菱动力	−0.164	49	猛狮科技	−0.731
10	潍柴动力	1.182	30	万里扬	−0.204	50	苏威孚 B	−0.733
11	岱美股份	0.817	31	金麒麟	−0.244	51	中原内配	−0.741
12	富奥 B	0.780	32	腾龙股份	−0.248	52	兴民智通	−0.757
13	富奥股份	0.780	33	隆基机械	−0.294	53	渤海汽车	−0.961
14	今飞凯达	0.612	34	远东传动	−0.394	54	湖南天雁	−1.119
15	继峰股份	0.586	35	浙江世宝	−0.395	55	隆盛科技	−1.250
16	宗申动力	0.565	36	东安动力	−0.427	56	新坐标	−1.309
17	联明股份	0.554	37	美力科技	−0.444	57	云意电气	−1.522
18	均胜电子	0.508	38	蓝黛传动	−0.450	58	兆丰股份	−1.637
19	德尔股份	0.429	39	金固股份	−0.505	59	恒立实业	−1.934
20	西仪股份	0.417	40	秦安股份	−0.513	60	斯太尔	−2.260

从盈利能力来看, 排在前面的分别是新坐标、浙江仙通、岱美股份、继峰股份。

从股东收益来看, 排在前面的分别是兆丰股份、苏威孚 B、华域汽车、越博动力。

从运营能力来看, 排在前面的分别是亚普股份、东风科技、华域汽车、众泰汽车。以上因子得分是用加权最小二乘法得出的, 读者还可以用回归法来估计因子得分。

习 题

10.1 简述因子分析的思想。

10.2 什么是正交因子模型?

10.3 什么是共同度?

10.4 因子正交旋转的含义是什么?

10.5 什么是因子得分?

10.6 (数据文件为 exe9.3) 表 9-6 给出了我国 28 个省份 19~22 岁年龄组城市男生身体形态指标 (身高 x_1、坐高 x_2、体重 x_3、胸围 x_4、肩宽 x_5 和盆骨宽 x_6) 数据, 试对这 6 个指标进行因子分析。

10.7 (数据文件为 exe9.6) 表 9-9 给出了 2017 年我国部分主要城市废水中主要污染物排放量数据。它们分别是: 工业废水排放量 x_1 (万吨)、工业化学需氧量排放量 x_2 (吨)、工业氨氮排放量 x_3 (吨)、城镇生活污水排放量 x_4 (万吨)、生活化学需氧量排放量 x_5 (吨) 和生活氨氮排放量 x_6 (吨)。请根据这 16 个城市的废水中污染物排放量数据对这 6 个指标进行因子分析。

10.8 (数据文件为 exe9.7) 2017 年我国 31 个省、自治区、直辖市 (不含港澳台) 城镇居民人均消费支出数据如表 9-10 所示, 这些指标分别从食品烟酒 (x_1)、衣着 (x_2)、居住 (x_3)、生活用品及服务 (x_4)、交通通信 (x_5)、教育文化娱乐 (x_6)、医疗保健 (x_7) 和其他用品及服务 (x_8) 8 个方面来描述消费支出情况, 试对这些数据进行因子分析。

参考文献

[1] 高惠璇. 应用多元统计分析. 北京: 北京大学出版社, 2005.

[2] 王学民. 应用多元统计分析. 5 版. 上海: 上海财经大学出版社, 2017.

[3] 王斌会. 多元统计分析及 R 语言建模. 4 版. 广州: 暨南大学出版社, 2016.

[4] 理查德·A. 约翰逊, 迪安·W. 威克恩. 实用多元统计分析: 第 6 版. 陆璇, 叶俊, 译. 北京: 清华大学出版社, 2008.

[5] 何晓群. 应用多元统计分析. 北京: 中国统计出版社, 2010.

[6] 薛毅, 陈立萍. 统计建模与 R 软件. 北京: 清华大学出版社, 2007.

对 应 分 析

第 10 章介绍的因子分析分为 R 型因子分析和 Q 型因子分析, R 型因子分析研究变量之间的相关关系, 而 Q 型因子分析研究样品之间的相关关系。本章讨论的**对应分析** (correspondence analysis) 是 R 型因子分析和 Q 型因子分析的结合, 它利用降维的思想来达到简化数据结构的目的, 同时对数据表中的行和列进行处理, 以期用低维图表表示数据表中行与列之间的关系, 所以对应分析本质上是一种图方法。

11.1 对应分析的基本思想

对应分析的主要目的是构造一些简单的指标来反映行和列之间的关系, 这些指标同时告诉我们在一行中哪些列的权重更大以及在一列中哪些行的权重更大。对应分析将 R 型因子分析和 Q 型因子分析结合起来进行统计分析。R 型因子分析是对变量 (指标) 进行因子分析, 研究的是变量 (指标) 之间的相关关系; Q 型因子分析是对样品进行因子分析, 研究的是样品之间的相关关系。

对应分析是从 R 型因子分析出发, 直接获得 Q 型因子分析的结果, 从而克服样本量大所带来的进行 Q 型因子分析计算的困难, 并且根据 R 型因子分析和 Q 型因子分析的内在联系, 将变量和样品同时反映在相同的坐标轴上, 以便对问题进行分析。对应分析从原始数据矩阵 $\boldsymbol{X}_{n \times p}$ 出发构建一个过渡矩阵 $\boldsymbol{Z}_{n \times p}$, 然后得到变量之间的协方差矩阵 $\boldsymbol{S}_R = \boldsymbol{Z}^{\mathrm{T}} \boldsymbol{Z}$ 和样品之间的协方差矩阵 $\boldsymbol{S}_Q = \boldsymbol{Z} \boldsymbol{Z}^{\mathrm{T}}$。由矩阵代数知识可知, $\boldsymbol{Z}^{\mathrm{T}} \boldsymbol{Z}$ 和 $\boldsymbol{Z} \boldsymbol{Z}^{\mathrm{T}}$ 有相同的非零特征值, 记为 $\lambda_1, \lambda_2, \cdots, \lambda_m$ ($\lambda_1 \geqslant \lambda_2 \geqslant \cdots \geqslant \lambda_m$; $0 < m < \min(n, p)$)。如果 $\boldsymbol{S}_R$ 的特征值 λ_i 对应的特征向量为 $\boldsymbol{u}_i$, 而 $\boldsymbol{S}_Q$ 的特征值 λ_i 对应的特征向量为 $\boldsymbol{v}_i = \boldsymbol{Z} \boldsymbol{u}_i$, 由式 (10.13) 可知, 变量点对应的因子载荷矩阵为

$$
\boldsymbol{A}_R = \begin{pmatrix}
\sqrt{\lambda_1} u_{11} & \sqrt{\lambda_2} u_{12} & \cdots & \sqrt{\lambda_m} u_{1m} \\
\sqrt{\lambda_1} u_{21} & \sqrt{\lambda_2} u_{22} & \cdots & \sqrt{\lambda_m} u_{2m} \\
\vdots & \vdots & & \vdots \\
\sqrt{\lambda_1} u_{p1} & \sqrt{\lambda_2} u_{p2} & \cdots & \sqrt{\lambda_m} u_{pm}
\end{pmatrix} \tag{11.1}
$$

而样品点对应的因子载荷矩阵为

$$
\boldsymbol{A}_Q = \begin{pmatrix} \sqrt{\lambda_1}v_{11} & \sqrt{\lambda_2}v_{12} & \cdots & \sqrt{\lambda_m}v_{1m} \\ \sqrt{\lambda_1}v_{21} & \sqrt{\lambda_2}v_{22} & \cdots & \sqrt{\lambda_m}v_{2m} \\ \vdots & \vdots & & \vdots \\ \sqrt{\lambda_1}v_{n1} & \sqrt{\lambda_2}v_{n2} & \cdots & \sqrt{\lambda_m}v_{nm} \end{pmatrix} \tag{11.2}
$$

由于 $\boldsymbol{S}_R$ 和 $\boldsymbol{S}_Q$ 的特征值正好是各个公因子的方差, 因此可以用相同的因子轴来同时表示变量和样品, 即把变量和样品同时反映在具有相同坐标轴的平面上, 以便对变量和样品一起进行分析。

11.2　对应分析的原理

设有 n 个样品, 每个样品有 p 个变量, 即数据矩阵为

$$
\boldsymbol{X} = \begin{pmatrix} x_{11} & x_{12} & \cdots & x_{1p} \\ x_{21} & x_{22} & \cdots & x_{2p} \\ \vdots & \vdots & & \vdots \\ x_{n1} & x_{n2} & \cdots & x_{np} \end{pmatrix} = (x_{ij})_{n\times p} \tag{11.3}
$$

对 $\boldsymbol{X}$ 的元素要求都大于零 (否则, 对所有数据同加上一个数使其满足大于零的条件), 用 $x_{i\cdot}$, $x_{\cdot j}$ 和 $x_{\cdot\cdot}$ 分别表示 $\boldsymbol{X}$ 的行和、列和与总和, 即

$$
x_{i\cdot} = \sum_{j=1}^{p} x_{ij}, \quad x_{\cdot j} = \sum_{i=1}^{n} x_{ij}, \quad x_{\cdot\cdot} = \sum_{i=1}^{n}\sum_{j=1}^{p} x_{ij}
$$

令 $\boldsymbol{P} = \boldsymbol{X}/x_{\cdot\cdot} = (p_{ij})$, 即 $p_{ij} = x_{ij}/x_{\cdot\cdot}$, 不难看出, $0 < p_{ij} < 1$, 且 $\sum\limits_{i=1}^{n}\sum\limits_{j=1}^{p} p_{ij} = 1$, 因而 p_{ij} 可解释为 "概率"; 类似地, $p_{i\cdot} = \sum\limits_{j=1}^{p} p_{ij}$ 可理解为第 i $(i=1,2,\cdots,n)$ 个样品的边缘概率, $p_{\cdot j} = \sum\limits_{i=1}^{n} p_{ij}$ 可理解为第 j $(j=1,2,\cdots,p)$ 个变量的边缘概率, 并称 $\boldsymbol{P}$ 为对应阵。

记

$$
\boldsymbol{r} = \boldsymbol{P}\boldsymbol{1}_p = (p_{1\cdot}, p_{2\cdot}, \cdots, p_{n\cdot})^{\mathrm{T}} \tag{11.4}
$$

式中, $\boldsymbol{1}_p = (1,1,\cdots,1)^{\mathrm{T}}$ 是元素均为 1 的 p 维向量。

记

$$
\boldsymbol{c}^{\mathrm{T}} = \boldsymbol{P}^{\mathrm{T}}\boldsymbol{1}_n = (p_{\cdot 1}, p_{\cdot 2}, \cdots, p_{\cdot p}) \tag{11.5}
$$

式中, $\boldsymbol{1}_n = (1,1,\cdots,1)^{\mathrm{T}}$ 是元素均为 1 的 n 维向量。向量 $\boldsymbol{r}$ 和 $\boldsymbol{c}$ 的元素有时称为行密度和列密度。

在此我们考虑 R 型因子分析, 从对应阵 $\boldsymbol{P}$ 出发计算变量的协方差矩阵, 称 $\boldsymbol{R}_i^{\mathrm{T}} =$

$\left(\dfrac{p_{i1}}{p_{i\cdot}}, \dfrac{p_{i2}}{p_{i\cdot}}, \cdots, \dfrac{p_{ip}}{p_{i\cdot}}\right)(i=1,2,\cdots,n)$ 为 p 个变量在第 i 个样品上的分布轮廓 (条件分布), 显然有

$$\boldsymbol{R}_i^{\mathrm{T}} = \left(\frac{p_{i1}}{p_{i\cdot}}, \frac{p_{i2}}{p_{i\cdot}}, \cdots, \frac{p_{ip}}{p_{i\cdot}}\right) = \left(\frac{x_{i1}}{x_{i\cdot}}, \frac{x_{i2}}{x_{i\cdot}}, \cdots, \frac{x_{ip}}{x_{i\cdot}}\right), \quad i=1,2,\cdots,n$$

即坐标是用变量在该样品中的相对比例来表示的, 于是对 n 个样品的研究转化为对 n 个样品的相对关系的研究. 如果对样品进行分类, 就可以用样品的距离远近来刻画. 我们用欧氏距离来刻画两个样品 i 与 i' 之间的距离:

$$D^2(i,i') = \sum_{j=1}^p \left(\frac{p_{ij}}{p_{i\cdot}} - \frac{p_{i'j}}{p_{i'\cdot}}\right)^2 \tag{11.6}$$

这样定义的距离有一个缺点, 即如果第 j 个变量的概率较大, 式 (11.6) 定义的 $\left(\dfrac{p_{ij}}{p_{i\cdot}} - \dfrac{p_{i'j}}{p_{i'\cdot}}\right)$ 就会偏高, 因此我们用 $\dfrac{1}{p_{\cdot j}}$ 作为权重, 得到如下加权的距离公式:

$$D^2(i,i') = \sum_{j=1}^p \left(\frac{p_{ij}}{p_{i\cdot}} - \frac{p_{i'j}}{p_{i'\cdot}}\right)^2 \Big/ p_{\cdot j} = \sum_{j=1}^p \left(\frac{p_{ij}}{\sqrt{p_{\cdot j}}\,p_{i\cdot}} - \frac{p_{i'j}}{\sqrt{p_{\cdot j}}\,p_{i'\cdot}}\right)^2 \tag{11.7}$$

也可以认为上式是坐标为 $\left(\dfrac{p_{i1}}{\sqrt{p_{\cdot j}}\,p_{i\cdot}}, \dfrac{p_{i2}}{\sqrt{p_{\cdot j}}\,p_{i\cdot}}, \cdots, \dfrac{p_{ip}}{\sqrt{p_{\cdot j}}\,p_{i\cdot}}\right)(i=1,2,\cdots,n)$ 的 n 个样品中样品 i 与 i' 之间的距离, 而且这样定义的样品的第 j 个变量用概率 $p_{i\cdot}$ 加权的均值为 $\displaystyle\sum_{i=1}^n \frac{p_{ij}}{\sqrt{p_{\cdot j}}\,p_{i\cdot}}p_{i\cdot} = \frac{1}{\sqrt{p_{\cdot j}}}\sum_{i=1}^n p_{ij} = \frac{p_{\cdot j}}{\sqrt{p_{\cdot j}}} = \sqrt{p_{\cdot j}}\ (j=1,2,\cdots,p)$. 于是可以写出样品空间中变量的协方差矩阵为

$$\boldsymbol{S}_R = (a_{ij})_{p\times p} \tag{11.8}$$

式中

$$\begin{aligned}
a_{ij} &= \sum_{k=1}^n \left(\frac{p_{ki}}{\sqrt{p_{\cdot i}}\,p_{k\cdot}} - \sqrt{p_{\cdot i}}\right)\left(\frac{p_{kj}}{\sqrt{p_{\cdot j}}\,p_{k\cdot}} - \sqrt{p_{\cdot j}}\right)p_{k\cdot} \\
&= \sum_{k=1}^n \left(\frac{p_{ki}}{\sqrt{p_{\cdot i}}\,\sqrt{p_{k\cdot}}} - \sqrt{p_{\cdot i}}\sqrt{p_{k\cdot}}\right)\left(\frac{p_{kj}}{\sqrt{p_{\cdot j}}\,\sqrt{p_{k\cdot}}} - \sqrt{p_{\cdot j}}\sqrt{p_{k\cdot}}\right) \\
&= \sum_{k=1}^n \left(\frac{p_{ki} - p_{\cdot i}p_{k\cdot}}{\sqrt{p_{\cdot i}}\,\sqrt{p_{k\cdot}}}\right)\left(\frac{p_{kj} - p_{\cdot j}p_{k\cdot}}{\sqrt{p_{\cdot j}}\,\sqrt{p_{k\cdot}}}\right)
\end{aligned}$$

若定义

$$z_{ki} = \frac{p_{ki} - p_{\cdot i}p_{k\cdot}}{\sqrt{p_{\cdot i}}\,\sqrt{p_{k\cdot}}} = \frac{\dfrac{x_{ki}}{x_{\cdot\cdot}} - \dfrac{x_{\cdot i}}{x_{\cdot\cdot}}\cdot\dfrac{x_{k\cdot}}{x_{\cdot\cdot}}}{\sqrt{\dfrac{x_{\cdot i}}{x_{\cdot\cdot}}\cdot\dfrac{x_{k\cdot}}{x_{\cdot\cdot}}}} = \frac{x_{ki} - x_{\cdot i}x_{k\cdot}/x_{\cdot\cdot}}{\sqrt{x_{\cdot i}x_{k\cdot}}}$$

$$i=1,2,\cdots,n; \quad j=1,2,\cdots,p \tag{11.9}$$

令 $\boldsymbol{Z} = (z_{ij})$, 则有 $\boldsymbol{S}_R = \boldsymbol{Z}^{\mathrm{T}}\boldsymbol{Z}$, 即变量的协方差矩阵可以表示为 $\boldsymbol{Z}^{\mathrm{T}}\boldsymbol{Z}$, 同理, 样品的协方差矩阵 $\boldsymbol{S}_Q$ 可以表示为 $\boldsymbol{Z}\boldsymbol{Z}^{\mathrm{T}}$。由矩阵代数知, $\boldsymbol{S}_R = \boldsymbol{Z}^{\mathrm{T}}\boldsymbol{Z}$ 与 $\boldsymbol{S}_Q = \boldsymbol{Z}\boldsymbol{Z}^{\mathrm{T}}$ 有相同的非零特征值, 这些相同的特征值恰好表示各个公因子所提供的方差, 因此, 变量空间 $\mathbf{R}^p$ 上的第一公因子与样品空间 $\mathbf{R}^n$ 上的第一公因子相对应, 变量空间 $\mathbf{R}^p$ 上的第二公因子与样品空间 $\mathbf{R}^n$ 上的第二公因子相对应 $\cdots\cdots$ 变量空间 $\mathbf{R}^p$ 上的第 m 公因子与样品空间 $\mathbf{R}^n$ 上的第 m 公因子相对应, 且各对公因子在总方差中的百分比全部相同。

另外, 如果把所研究的 p 个变量看作一个属性变量的 p 个类目, 而把 n 个样品看作另一个属性变量的 n 个类目, 这时原始数据矩阵 $\boldsymbol{X}$ 就可以看作一张观测得到的频数表或计数表。首先由双向频数表 $\boldsymbol{X}$ 矩阵得到对应阵 $\boldsymbol{P}$:

$$\boldsymbol{P} = (p_{ij}), \quad p_{ij} = \frac{1}{x_{..}}x_{ij}, \quad i = 1,2,\cdots,n; \quad j = 1,2,\cdots,p$$

设 $n > p$, 且 $\mathrm{rank}(\boldsymbol{P}) = p$。下面我们从代数学角度由对应阵 $\boldsymbol{P}$ 来导出数据对应变换的公式。

(1) 对 $\boldsymbol{P}$ 中心化, 令

$$\widetilde{p}_{ij} = p_{ij} - p_{i\cdot}p_{\cdot j} = p_{ij} - m_{ij}/x_{..}$$

式中, $m_{ij} = \dfrac{x_{i\cdot}x_{\cdot j}}{x_{..}} = x_{..}p_{i\cdot}p_{\cdot j}$, 它是假定行与列两个属性变量不相关时在第 (i,j) 单元上的期望频数值。

记 $\widetilde{\boldsymbol{P}} = (\widetilde{p}_{ij})_{n\times p}$, 由式 (11.4) 可得

$$\widetilde{\boldsymbol{P}} = \boldsymbol{P} - \boldsymbol{r}\boldsymbol{c}^{\mathrm{T}} \tag{11.10}$$

因为 $\widetilde{\boldsymbol{P}}\boldsymbol{1}_p = \boldsymbol{P}\boldsymbol{1}_p - \boldsymbol{r}\boldsymbol{c}^{\mathrm{T}}\boldsymbol{1}_p = \boldsymbol{r} - \boldsymbol{r} = \boldsymbol{0}$, 所以 $\mathrm{rank}(\widetilde{\boldsymbol{P}}) \leqslant p-1$。令

$$\boldsymbol{D}_r = \mathrm{diag}(p_{1\cdot}, p_{2\cdot}, \cdots, p_{n\cdot}) \tag{11.11}$$

(2) 对 $\boldsymbol{P}$ 标准化得 $\boldsymbol{Z}$, 令

$$\boldsymbol{Z} = \boldsymbol{D}_r^{-1/2}\widetilde{\boldsymbol{P}}\boldsymbol{D}_c^{-1/2} \xlongequal{\mathrm{def}} (z_{ij})_{n\times p} \tag{11.12}$$

式中, $z_{ij} = \dfrac{p_{ij} - p_{i\cdot}p_{\cdot j}}{\sqrt{p_{i\cdot}p_{\cdot j}}} = \dfrac{x_{ij} - x_{i\cdot}x_{\cdot j}/x_{..}}{\sqrt{x_{i\cdot}x_{\cdot j}}}$。

故经对应变换后所得的过渡矩阵 $\boldsymbol{Z}$, 可以看作由对应阵 $\boldsymbol{P}$ 经中心化和标准化后所得的矩阵。

设用于检验行与列两个属性变量是否相关的 χ^2 统计量为

$$\chi^2 = \sum_{i=1}^{n}\sum_{j=1}^{p}\frac{(x_{ij}-m_{ij})^2}{m_{ij}} = \sum_{i=1}^{n}\sum_{j=1}^{p}\chi_{ij}^2 \tag{11.13}$$

式中, χ_{ij}^2 表示第 (i,j) 单元在检验行与列两个属性变量是否相关时对总 χ^2 统计量的贡献:

$$\chi_{ij}^2 = \frac{(x_{ij}-m_{ij})^2}{m_{ij}} = x_{..}z_{ij}^2$$

故

$$\chi^2 = x_{..} \sum_{i=1}^{n} \sum_{j=1}^{p} z_{ij}^2 = x_{..} \mathrm{tr}(\boldsymbol{Z}^{\mathrm{T}}\boldsymbol{Z}) = x_{..} \mathrm{tr}(\boldsymbol{S}_R) = x_{..} \mathrm{tr}(\boldsymbol{S}_Q) \tag{11.14}$$

从几何上看，$\mathbf{R}^p$ 空间中所有样品与 $\mathbf{R}^p$ 中各因子轴的距离平方和，以及 $\mathbf{R}^n$ 空间中所有变量与 $\mathbf{R}^n$ 中相对应的各因子轴的距离平方和完全相同，因此，可以把变量和样品同时反映在同一因子轴所确定的平面上，即取在同一坐标系中，根据变量与变量的接近程度、样品与样品的接近程度、变量与样品的接近程度，对样品和变量同时进行分类。

11.3 对应分析的计算步骤

设有 p 个变量的 n 个样品观测数据矩阵 $\boldsymbol{X} = (x_{ij})_{n \times p}$，其中 $x_{ij} > 0$ (否则，对所有数据加上一个数，使其满足大于零的条件)，对数据矩阵 $\boldsymbol{X}$ 进行对应分析的具体步骤如下：

(1) 由数据矩阵 $\boldsymbol{X}$ 计算规格化的对应阵 $\boldsymbol{P} = (p_{ij})_{n \times p}$。

(2) 计算过渡矩阵

$$\boldsymbol{Z} = (z_{ij}) = [(p_{ij} - p_{i.}p_{.j})/\sqrt{p_{i.}p_{.j}}]_{n \times p} = \left(\frac{x_{ij} - x_{i.}x_{.j}/x_{..}}{\sqrt{x_{i.}x_{.j}}}\right)_{n \times p}$$

(3) 计算 χ^2 统计量，计算公式见式 (11.14)，用来检验行的样品和列的变量是否相关，如果不相关，就不适合进行对应分析。

(4) 进行因子分析。

1) R 型因子分析：计算协方差矩阵 $\boldsymbol{S}_R = \boldsymbol{Z}^{\mathrm{T}}\boldsymbol{Z}$ 的特征值 $\lambda_1, \lambda_2, \cdots, \lambda_p$ ($\lambda_1 \geqslant \lambda_2 \geqslant \cdots \geqslant \lambda_p$)，按照累计百分比 $\sum_{i=1}^{m} \lambda_i \Big/ \sum_{i=1}^{p} \lambda_i \geqslant 85\%$，取前 m 个特征值 $\lambda_1, \lambda_2, \cdots, \lambda_m$，并计算对应的单位特征向量 $\boldsymbol{u}_1, \boldsymbol{u}_2, \cdots, \boldsymbol{u}_m$，得到因子载荷矩阵

$$\boldsymbol{A}_R = \begin{pmatrix} \sqrt{\lambda_1}u_{11} & \sqrt{\lambda_2}u_{12} & \cdots & \sqrt{\lambda_m}u_{1m} \\ \sqrt{\lambda_1}u_{21} & \sqrt{\lambda_2}u_{22} & \cdots & \sqrt{\lambda_m}u_{2m} \\ \vdots & \vdots & & \vdots \\ \sqrt{\lambda_1}u_{p1} & \sqrt{\lambda_2}u_{p2} & \cdots & \sqrt{\lambda_m}u_{pm} \end{pmatrix}$$

2) Q 型因子分析：有了上述求得的特征值，计算 $\boldsymbol{S}_Q = \boldsymbol{Z}\boldsymbol{Z}^{\mathrm{T}}$ 所对应的单位特征向量 $\boldsymbol{v}_i = \boldsymbol{Z}\boldsymbol{u}_i$，得到因子载荷矩阵

$$\boldsymbol{A}_Q = \begin{pmatrix} \sqrt{\lambda_1}v_{11} & \sqrt{\lambda_2}v_{12} & \cdots & \sqrt{\lambda_m}v_{1m} \\ \sqrt{\lambda_1}v_{21} & \sqrt{\lambda_2}v_{22} & \cdots & \sqrt{\lambda_m}v_{2m} \\ \vdots & \vdots & & \vdots \\ \sqrt{\lambda_1}v_{n1} & \sqrt{\lambda_2}v_{n2} & \cdots & \sqrt{\lambda_m}v_{nm} \end{pmatrix}$$

3) 在同一坐标轴上绘制变量图与样品图: 分析变量之间的关系; 分析样品之间的关系; 综合分析变量和样品之间的关系。

例 11.1 在 R 基本包 MASS 中有一个自带的数据集 caith, 它是苏格兰北部的凯斯内斯郡居民的头发和眼睛颜色的调查数据, 见表 11-1。每行代表一种眼睛的颜色, 分别是蓝色 (blue)、浅色 (light)、中色 (medium) 和深色 (dark)。每列代表一种头发的颜色, 分别是金发 (fair)、红发 (red)、中色发 (medium)、深色发 (dark) 和黑发 (black)。数值代表人数 (如第 1 行第 2 列的 38 表示蓝色眼睛红发的人数为 38)。请对表中数据进行对应分析。

表 11-1 苏格兰北部的凯斯内斯郡居民的头发和眼睛颜色的调查数据

	fair	red	medium	dark	black
blue	326	38	241	110	3
light	688	116	584	188	4
medium	343	84	909	412	26
dark	98	48	403	681	85

要求:

(1) 先从 MASS 中读入数据 caith, 并用中文对数据的行和列重新命名;

(2) 利用重新命名后的数据进行对应分析;

(3) 绘制对应分析图 (注意选择适当的 xlim 和 ylim);

(4) 对分析结果和图形意义作出合理的评价和解释。

解: (1) 读入数据, R 程序如下:

```
> library(MASS)        # 加载 MASS 包
> data(caith); caith   # 读入并展示数据 caith
         fair  red  medium  dark  black
blue      326   38     241   110      3
light     688  116     584   188      4
medium    343   84     909   412     26
dark       98   48     403   681     85
> rownames(caith)=c("蓝色","浅色","中色","深色")   # 用中文对行命名 (眼睛颜色)
> colnames(caith)=c("金发","红发","中色发","深色发","黑发")
                                    # 用中文对列命名 (头发颜色)
> caith            # 展示用中文命名后的数据 caith
        金发   红发   中色发   深色发   黑发
蓝色     326     38      241      110      3
浅色     688    116      584      188      4
中色     343     84      909      412     26
深色      98     48      403      681     85
```

(2) 进行对应分析。R 程序如下:

```
> EyeHair=corresp(caith,nf=2)    # 用 corresp 函数进行对应分析
> EyeHair                        # 展示对应分析结果
First canonical correlation(s): 0.446  0.173
Row scores:
          [,1]     [,2]
 蓝色   -0.897    0.954
 浅色   -0.987    0.510
 中色    0.075   -1.412
 深色    1.574    0.772
Column scores:
          [,1]     [,2]
 金发   -1.219    1.002
 红发   -0.523    0.278
 中色发 -0.094   -1.201
 深色发  1.319    0.599
 黑发    2.452    1.651
```

(3) 绘制对应分析图 (见图 11-1)。R 程序如下:

```
> biplot(EyeHair,xlim=c(-1,1),ylim=c(-0.3,0.3))    # 绘制对应分析图
> abline(v=0,h=0)                                  # 划分象限
```

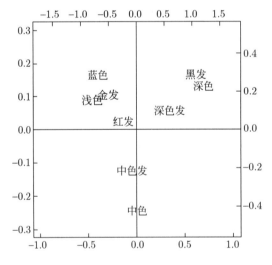

图 11-1　各眼睛颜色、头发颜色的对应分析图

(4) 分析结果和解释图形意义。从对应分析图可以发现: 深色眼睛和黑发距离很近; 浅色眼睛和金发距离很近, 蓝色眼睛和金发距离也很近; 中色眼睛和中色发距离较近; 而红发大致居中, 偏向于浅色眼睛。这说明人类的眼睛颜色和头发颜色确实存在对应关系, 其原因可以从遗传学的角度予以解释。

11.4 案例分析与 R 实现

案例 11.1 (数据文件为 case11.1) 我国 31 个省份 (港澳台除外) (或不同经济区域) 因经济、观念等因素的不同而导致受教育程度不一, 表 11-2 给出了 2016 年 31 个省

表 11-2 2016 年 31 个省份 6 岁及以上人口中不同文化程度人数　　　　单位: 人

省份	未上过学	小学	初中	高中	大专及以上
北京	313	1 631	4 070	3 258	7 729
天津	333	1 902	4 169	2 821	3 176
河北	2 752	14 776	25 765	8 625	5 966
山西	909	5 620	12 675	5 907	3 941
内蒙古	1 013	4 312	7 552	3 395	3 640
辽宁	782	6 838	15 399	5 787	6 331
吉林	675	5 106	9 333	3 653	3 093
黑龙江	1 295	6 952	13 491	4 972	4 159
上海	651	2 528	6 199	4 104	5 791
江苏	3 908	14 012	22 540	12 036	10 458
浙江	2 916	12 079	15 554	6 890	6 705
安徽	3 549	13 091	20 802	6 226	4 515
福建	1 953	9 407	10 337	4 570	3 421
江西	1 830	10 875	13 502	6 011	3 177
山东	5 230	18 766	30 835	13 025	9 499
河南	4 323	17 933	32 979	12 638	5 870
湖北	2 690	10 885	17 461	8 563	6 406
湖南	1 984	13 315	20 403	11 213	6 184
广东	3 194	18 686	33 330	18 179	11 779
广西	1 697	10 350	16 376	5 616	2 954
海南	332	1 570	3 197	1 253	685
重庆	1 070	7 581	8 112	4 287	3 038
四川	5 508	21 287	23 637	8 958	5 869
贵州	3 117	9 233	9 951	2 967	1 905
云南	3 219	14 306	12 135	4 060	3 210
西藏	982	786	466	146	132
陕西	1 685	6 847	11 835	5 701	3 822
甘肃	1 793	6 813	6 337	3 310	2 191
青海	605	1 602	1 390	540	444
宁夏	350	1 394	1 821	844	801
新疆	790	5 455	6 743	2 618	2 483

份 6 岁及以上人口中未上过学、小学、初中、高中、大专及以上文化程度的人数, 根据这些数据进行对应分析。

解: 先读取数据, 进行卡方检验。R 程序及输出结果如下:

```
# case11.1 我国 31 个省份不同文化程度人数的对应分析
# 打开数据文件 case11.1.xls, 选取 A1:F32 区域, 然后复制
> case11.1<-read.table("clipboard",header=T)
                        # 将 case11.1.xls 数据读入 case11.1
> Z=case11.1[,-1]    # 第一列为样本名称, 不宜读入进行分析
> chisq.test(Z)      # 卡方检验
        Pearson's Chi-squared test
data:Z
X-squared=63730,df=120,p-value<2.2e-16
```

p 值为 2.2×10^{-16}, 远小于 0.05, 所以拒绝原假设 H_0, 认为文化程度与省份有密切联系, 可以进一步进行对应分析。

进行对应分析, 计算行得分和列得分, R 程序及输出结果如下:

```
> library(MASS)
> ca1=corresp(Z,nf=2)
> ca1
First canonical correlation(s): 0.198 0.115

Row scores:
          [,1]      [,2]
 [1,]  -4.6751    3.1840
 [2,]  -2.2752    0.4422
 [3,]   0.2973   -0.8407
 [4,]  -0.6360   -1.2970
 [5,]  -0.8126    0.3657
 [6,]  -1.0572   -0.8048
 [7,]  -0.4093   -0.8159
 [8,]  -0.2659   -0.7309
 [9,]  -2.7629    1.1880
[10,]  -0.5948    0.5048
[11,]  -0.0700    0.8674
[12,]   0.7291   -0.1019
[13,]   0.5252    0.6707
[14,]   0.6138   -0.3019
[15,]   0.0972    0.0262
[16,]   0.5104   -1.0438
[17,]  -0.2425    0.0419
[18,]  -0.1706   -0.7829
```

```
           [,1]     [,2]
[19,]   -0.5519  -0.7301
[20,]    0.6366  -1.0329
[21,]    0.1222  -1.2665
[22,]    0.1532   0.2811
[23,]    1.0423   0.8098
[24,]    1.6405   1.4197
[25,]    1.4453   1.4888
[26,]    3.8972   8.8081
[27,]   -0.1770  -0.3131
[28,]    0.8114   1.3804
[29,]    1.4724   2.5808
[30,]   -0.1290   0.8790
[31,]    0.0893   0.2299

Column scores:
              [,1]     [,2]
未上过学     1.545    2.528
小学         0.932    0.487
初中         0.122   -0.874
高中        -0.597   -0.581
大专及以上  -2.109    1.306
```

绘制对应分析图, R 程序及输出结果如下:

```
> rownames(ca1$rscore)=case11.1[,1]          # 将 ca1$rscore 的行命名为 case11.1
                                               的第一列样本名称
> biplot(ca1,cex=0.55); abline(v=0,h=0,lty=3) # 绘制对应分析图（见图11-2）,并划分
                                               象限
```

根据图 11-2 可将样品和变量分为五类:

● 第一类:

变量: 大专及以上;

样品: 北京。

● 第二类:

变量: 高中;

样品: 上海、天津、江苏、辽宁、内蒙古、山西、广东、吉林。

● 第三类:

变量: 初中;

样品: 宁夏、浙江、重庆、山东、湖北、陕西、黑龙江、湖南、河北、海南、河南、江西、安徽、福建、新疆、广西。

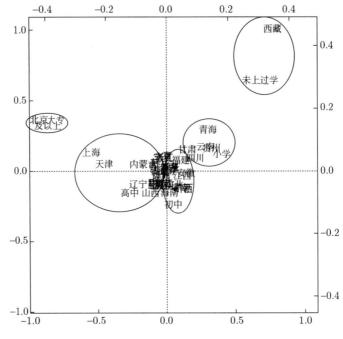

图 11-2　各省份文化程度对应分析图

● 第四类:

变量: 小学;

样品: 青海、甘肃、云南、贵州、四川。

● 第五类:

变量: 未上过学;

样品: 西藏。

第一类和第五类的样品中都只有一个省份。北京作为首都, 经济发展、人员素质、家庭观念都提倡教育, 大专及以上文化程度人数相对较多; 而西藏受自然环境、师资力量、教育观念影响, 未上过学的人数相对较多。第四类的样品为西南云贵川地区和西北青海、甘肃地区, 属于边穷、民族地区, 文化程度为小学的人数偏多。

用对应分析的方法综合评价我国各省份文化程度人数分布情况, 结果与实际情况基本上是一致的。由于各省份地理位置不同, 经济发展快慢不一, 师资力量分布不均, 教育观念差异明显, 各省份文化程度人数分布不是很均衡。本案例考虑到的因素非常有限, 但大体上反映了我国当前的状况, 这说明用对应分析的方法来评价我国各省份文化程度分布情况是可行的。

将各省份按八大经济区域进行划分, 汇总不同受教育程度人数, 结果如表 11-3 所示 (数据文件为 case11.2)。根据这些数据进行对应分析。

表 11-3 2016 年八大经济区域 6 岁及以上人口中不同文化程度人数　　　　单位: 人

地区	未上过学	小学	初中	高中	大专及以上
北部沿海	8 628	37 075	64 839	27 729	26 370
大西北地区	4 520	16 050	16 757	7 458	6 051
东北地区	2 752	18 896	38 223	14 412	13 583
东部沿海	7 475	28 619	44 293	23 030	22 954
黄河中游	7 930	34 712	65 041	27 641	17 273
南部沿海	5 479	29 663	46 864	24 002	15 885
大西南地区	14 611	62 757	70 211	25 888	16 976
长江中游	10 053	48 166	72 168	32 013	20 282

先读取数据, 进行卡方检验。R 程序及输出结果如下:

```
# case11.2 我国八大经济区域不同文化程度人数的对应分析
# 打开数据文件 case11.2.xls, 选取 A1:F9 区域，然后复制
> case11.2<-read.table("clipboard",header=T)
                        # 将 case11.2.xls 数据读入 case11.2
> Z=case11.2[,-1]       # 第一列为样本名称，不宜读入进行分析
> chisq.test(Z)         # 卡方检验
        Pearson's Chi-squared test
data:Z
X-squared=22611,df=28,p-value<2.2e-16
```

p 值为 2.2×10^{-16}, 远小于 0.05, 所以文化程度与八大经济区域有密切联系, 可以进一步进行对应分析。

进行对应分析, 计算行得分和列得分, R 程序及输出结果如下:

```
> library(MASS)
> ca2=corresp(Z,nf=2)
> ca2
First canonical correlation(s): 0.1233   0.0658

Row scores:
        [,1]    [,2]
 [1,]  -0.783   0.556
 [2,]   1.425   1.730
 [3,]  -1.163  -0.756
 [4,]  -0.942   1.895
 [5,]  -0.302  -1.313
 [6,]  -0.456  -0.426
 [7,]   1.764   0.117
 [8,]   0.237  -0.671
```

```
Column scores:
              [,1]     [,2]
未上过学      1.679    1.714
小学          1.266    0.284
初中         -0.253   -0.926
高中         -0.693   -0.325
大专及以上   -1.580    1.887
```

绘制对应分析图，R 程序及输出结果如下：

```
> rownames(ca2$rscore)=case11.2[,1]        # 将 ca2$rscore 的行命名为 case11.2
                                             的第一列样本名称
> biplot(ca2,cex=0.55); abline(v=0,h=0,lty=3)  # 绘制对应分析图（见图11-3），并划分
                                               象限
```

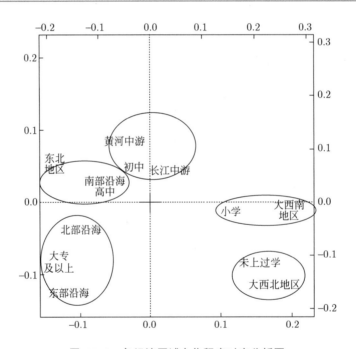

图 11-3　各经济区域文化程度对应分析图

根据图 11-3 可将样品和变量分为五类：

- 第一类：

变量：大专及以上；

样品：东部沿海、北部沿海。

- 第二类：

变量：高中；

样品：南部沿海、东北地区。

- 第三类：

变量：初中；

样品: 长江中游、黄河中游。
● 第四类:
变量: 小学;
样品: 大西南地区。
● 第五类:
变量: 未上过学;
样品: 大西北地区。

显然, 从以八大经济区域对各省份进行划分的角度来看文化程度人数分布情况, 类别更加清晰, 说明经济发展对文化程度有很大的影响。

习　题

11.1　对应分析的原因及背景是什么?

11.2　对应分析的基本思想是什么?

11.3　试述对应分析与因子分析的区别和联系。

11.4　(数据文件为 exe11.4) 表 11-4 给出了 2011 年我国各行业能源消费量数据。表中一共有 9 个变量, 分别是煤炭消费量、焦炭消费量、原油消费量、汽油消费量、煤油消费量、柴油消费量、燃料油消费量、天然气消费量、电力消费量。对表 11-4 中的数据进行对应分析。

表 11-4　2011 年我国各行业能源消费量数据

行业	煤炭消费量	焦炭消费量	原油消费量	汽油消费量	煤油消费量	柴油消费量	燃料油消费量	天然气消费量	电力消费量
纺织服装、鞋、帽制造业	211.9	5.2	0.1	13.6	0.5	26.0	7.4	0.5	163.7
皮革、毛皮、羽毛 (绒) 及其制品业	69.0	0.9	0.1	6.9	0.2	8.5	3.9	0.1	88.4
石油加工、炼焦及核燃料加工业	34 087.2	83.9	39 157.7	41.4	2.5	25.4	1 191.8	68.3	607.1
化学原料及化学制品制造业	16 177.2	2 271.6	3 696.0	45.2	2.9	79.9	452.0	233.5	3 528.3
塑料制品业	353.1	3.9	0.1	15.6	0.2	31.0	10.9	1.9	532.4
黑色金属冶炼及压延加工业	29 971.1	32 906.3	0.2	11.1	0.3	84.1	9.1	28.6	5 248.3
有色金属冶炼及压延加工业	6 227.2	583.4	0.6	9.1	1.8	60.8	79.0	13.9	3 501.8
交通运输设备制造业	798.6	176.0	0.2	48.1	11.4	99.6	18.0	18.5	861.4
电气机械及器材制造业	519.1	24.8	0.1	29.2	0.3	40.4	4.1	5.4	584.4

资料来源: 国家统计局. 中国统计年鉴 (2012). 北京: 中国统计出版社, 2012.

11.5 (数据文件为 exe11.5) 表 11-5 给出了我国 2017 年八大经济区域按机构类型划分的法人单位数据, 表中一共有 5 个变量, 分别是企业法人、事业法人、机关法人、社会团体、其他。对表 11-5 中的数据进行对应分析。

表 11-5　我国 2017 年八大经济区域按机构类型划分的法人单位数据

地区	企业法人	事业法人	机关法人	社会团体	其他
北部沿海	3 721 864	98 770	28 301	36 947	440 703
大西北地区	453 732	46 872	26 371	17 734	153 356
东北地区	907 941	70 340	24 998	16 419	179 966
东部沿海	4 201 038	79 511	20 412	55 578	276 455
黄河中游	1 682 287	140 576	40 483	29 715	464 296
南部沿海	2 577 819	79 715	23 065	44 182	200 754
大西南地区	2 131 584	161 584	50 099	55 162	396 058
长江中游	2 421 417	137 348	41 631	43 511	430 498

资料来源: 国家统计局年度数据, http://data.stats.gov.cn/easyquery.htm?cn=E0103.

参考文献

[1] 高惠璇. 应用多元统计分析. 北京: 北京大学出版社, 2005.
[2] 王学民. 应用多元统计分析. 5 版. 上海: 上海财经大学出版社, 2017.
[3] 王斌会. 多元统计分析及 R 语言建模. 4 版. 广州: 暨南大学出版社, 2016.
[4] 理查德·A. 约翰逊, 迪安·W. 威克恩. 实用多元统计分析: 第 6 版. 陆璇, 叶俊, 译. 北京: 清华大学出版社, 2008.
[5] 何晓群. 应用多元统计分析. 北京: 中国统计出版社, 2010.
[6] 薛毅, 陈立萍. 统计建模与 R 软件. 北京: 清华大学出版社, 2007.

C 第 12 章
Chapter 12
典型相关分析

相关系数可以衡量两个变量间的相关关系, 但两组变量之间的相关关系如何衡量呢? 本章讨论的**典型相关分析** (canonical correlation analysis) 就是研究两组变量之间相关关系的一种多元统计分析方法, 它利用主成分的思想来讨论两组随机变量的相关性问题, 分别对两组变量提取主成分, 通过它们的相关性来衡量两组变量整体的线性相关关系。典型相关分析的思想首先由霍特林于 1936 年提出, 现在已经成为一种常用的分析两组变量相关性的多元统计分析方法, 在实际中应用广泛。

12.1 典型相关分析基本理论

典型相关分析研究两组变量整体之间的相关关系, 它将每组变量作为一个整体来进行研究, 所研究的两组变量可以一组是自变量, 另一组是因变量; 当然, 两组变量也可以处于同等地位。

典型相关分析的基本原理是: 借助主成分分析的思想, 在每组变量中找出变量的线性组合——新的综合变量, 使生成的综合变量能代表原始变量的主要信息, 同时与由另一组变量的线性组合生成的新的综合变量的相关程度最大, 这样得到的一组新变量称为第一对典型相关变量; 用同样的方法可以找到第二对典型相关变量、第三对典型相关变量, 等等。要求各对典型相关变量之间互不相关。典型相关变量间的相关系数称为典型相关系数, 它度量了这两组变量之间关系的强度。此项最大化技术是努力将两组变量间的一个高维关系浓缩到用少数几对典型相关变量来表现。

12.2 总体典型相关变量的概念及其解法

假设有两组变量, 第一组变量为 $\boldsymbol{x} = (x_1, x_2, \cdots, x_p)^{\mathrm{T}}$, 第二组变量为 $\boldsymbol{y} = (y_1, y_2, \cdots, y_q)^{\mathrm{T}}$。在理论研究中, 不妨设 $p \leqslant q$, 变量 $\boldsymbol{x}$ 与变量 $\boldsymbol{y}$ 的协方差矩阵为

$$\boldsymbol{\Sigma} = \mathrm{Var}\begin{pmatrix} \boldsymbol{x} \\ \boldsymbol{y} \end{pmatrix} = \begin{pmatrix} \mathrm{Var}(\boldsymbol{x}) & \mathrm{Cov}(\boldsymbol{x}, \boldsymbol{y}) \\ \mathrm{Cov}(\boldsymbol{y}, \boldsymbol{x}) & \mathrm{Var}(\boldsymbol{y}) \end{pmatrix} = \begin{pmatrix} \boldsymbol{\Sigma}_{11} & \boldsymbol{\Sigma}_{12} \\ \boldsymbol{\Sigma}_{21} & \boldsymbol{\Sigma}_{22} \end{pmatrix} \tag{12.1}$$

为研究变量 $\boldsymbol{x}$ 与变量 $\boldsymbol{y}$ 之间的线性相关关系, 我们考虑它们之间的线性组合

$$\begin{cases} u = a_1 x_1 + a_2 x_2 + \cdots + a_p x_p = \boldsymbol{a}^{\mathrm{T}} \boldsymbol{x} \\ v = b_1 y_1 + b_2 y_2 + \cdots + b_q y_q = \boldsymbol{b}^{\mathrm{T}} \boldsymbol{y} \end{cases} \tag{12.2}$$

u 和 v 的方差和协方差分别为

$$\begin{aligned} \mathrm{Var}(u) &= \mathrm{Var}(\boldsymbol{a}^{\mathrm{T}} \boldsymbol{x}) = \boldsymbol{a}^{\mathrm{T}} \mathrm{Var}(\boldsymbol{x}) \boldsymbol{a} = \boldsymbol{a}^{\mathrm{T}} \boldsymbol{\Sigma}_{11} \boldsymbol{a} \\ \mathrm{Var}(v) &= \mathrm{Var}(\boldsymbol{b}^{\mathrm{T}} \boldsymbol{y}) = \boldsymbol{b}^{\mathrm{T}} \mathrm{Var}(\boldsymbol{y}) \boldsymbol{b} = \boldsymbol{b}^{\mathrm{T}} \boldsymbol{\Sigma}_{22} \boldsymbol{b} \\ \mathrm{Cov}(u,v) &= \mathrm{Cov}(\boldsymbol{a}^{\mathrm{T}} \boldsymbol{x}, \boldsymbol{b}^{\mathrm{T}} \boldsymbol{y}) = \boldsymbol{a}^{\mathrm{T}} \mathrm{Cov}(\boldsymbol{x}, \boldsymbol{y}) \boldsymbol{b} = \boldsymbol{a}^{\mathrm{T}} \boldsymbol{\Sigma}_{12} \boldsymbol{b} \end{aligned} \tag{12.3}$$

于是, 两个新变量 u 和 v 之间的相关系数 (即典型相关系数) 为

$$\rho = \mathrm{Corr}(u,v) = \mathrm{Corr}(\boldsymbol{a}^{\mathrm{T}} \boldsymbol{x}, \boldsymbol{b}^{\mathrm{T}} \boldsymbol{y}) = \frac{\boldsymbol{a}^{\mathrm{T}} \boldsymbol{\Sigma}_{12} \boldsymbol{b}}{\sqrt{(\boldsymbol{a}^{\mathrm{T}} \boldsymbol{\Sigma}_{11} \boldsymbol{a})(\boldsymbol{b}^{\mathrm{T}} \boldsymbol{\Sigma}_{22} \boldsymbol{b})}} \tag{12.4}$$

由于变量 u 和 v 乘以不为零的常数不改变它们之间的相关性, 即对任意常数 $c \neq 0$, $d \neq 0$, 有 $\mathrm{Corr}(cu, dv) = \mathrm{Corr}(u,v)$, 所以通常需对 $\boldsymbol{a}$ 和 $\boldsymbol{b}$ 附加约束条件, 使变量 u 和 v 避免重复, 最好的约束条件是

$$\begin{cases} \mathrm{Var}(u) = \mathrm{Var}(\boldsymbol{a}^{\mathrm{T}} \boldsymbol{x}) = \boldsymbol{a}^{\mathrm{T}} \mathrm{Var}(\boldsymbol{x}) \boldsymbol{a} = \boldsymbol{a}^{\mathrm{T}} \boldsymbol{\Sigma}_{11} \boldsymbol{a} = 1 \\ \mathrm{Var}(v) = \mathrm{Var}(\boldsymbol{b}^{\mathrm{T}} \boldsymbol{y}) = \boldsymbol{b}^{\mathrm{T}} \mathrm{Var}(\boldsymbol{y}) \boldsymbol{b} = \boldsymbol{b}^{\mathrm{T}} \boldsymbol{\Sigma}_{22} \boldsymbol{b} = 1 \end{cases} \tag{12.5}$$

于是, 我们的问题就变成在上述约束条件下求 $\boldsymbol{a}$ 和 $\boldsymbol{b}$, 使得

$$\rho = \mathrm{Corr}(u,v) = \mathrm{Corr}(\boldsymbol{a}^{\mathrm{T}} \boldsymbol{x}, \boldsymbol{b}^{\mathrm{T}} \boldsymbol{y}) = \boldsymbol{a}^{\mathrm{T}} \boldsymbol{\Sigma}_{12} \boldsymbol{b} \tag{12.6}$$

达到最大, 于是有以下定义.

定义 12.1 设 $\boldsymbol{x} = (x_1, x_2, \cdots, x_p)^{\mathrm{T}}$, $\boldsymbol{y} = (y_1, y_2, \cdots, y_q)^{\mathrm{T}}$, $p + q$ 维随机向量 $\begin{pmatrix} \boldsymbol{x} \\ \boldsymbol{y} \end{pmatrix}$ 的均值向量为 $\boldsymbol{0}$, 协方差矩阵 $\boldsymbol{\Sigma} > 0$ (不妨设 $p \leqslant q$). 如果存在 $\boldsymbol{a}_1 = (a_{11}, a_{21}, \cdots, a_{p1})^{\mathrm{T}}$ 和 $\boldsymbol{b}_1 = (b_{11}, b_{21}, \cdots, b_{q1})^{\mathrm{T}}$, 令 $u_1 = \boldsymbol{a}_1^{\mathrm{T}} \boldsymbol{x}$, $v_1 = \boldsymbol{b}_1^{\mathrm{T}} \boldsymbol{y}$, 使得

$$\rho = \mathrm{Corr}(u_1, v_1) = \mathrm{Corr}(\boldsymbol{a}_1^{\mathrm{T}} \boldsymbol{x}, \boldsymbol{b}_1^{\mathrm{T}} \boldsymbol{y}) = \max_{\substack{\mathrm{Var}(\boldsymbol{a}^{\mathrm{T}} \boldsymbol{x}) = 1 \\ \mathrm{Var}(\boldsymbol{b}^{\mathrm{T}} \boldsymbol{y}) = 1}} \mathrm{Corr}(\boldsymbol{a}_1^{\mathrm{T}} \boldsymbol{x}, \boldsymbol{b}_1^{\mathrm{T}} \boldsymbol{y})$$

这样得出的 $\boldsymbol{a}_1^{\mathrm{T}} \boldsymbol{x}$ 和 $\boldsymbol{b}_1^{\mathrm{T}} \boldsymbol{y}$ 称为 $\boldsymbol{x}$, $\boldsymbol{y}$ 的第一对 (组) 典型相关变量, ρ 称为第一个典型相关系数. 如果存在 $\boldsymbol{a}_i = (a_{1i}, a_{2i}, \cdots, a_{pi})^{\mathrm{T}}$ 和 $\boldsymbol{b}_i = (b_{1i}, b_{2i}, \cdots, b_{qi})^{\mathrm{T}}$, 使得

(1) $\boldsymbol{a}_i^{\mathrm{T}} \boldsymbol{x}$, $\boldsymbol{b}_i^{\mathrm{T}} \boldsymbol{y}$ 和前面 $i-1$ 对典型相关变量不相关,

(2) $\mathrm{Var}(\boldsymbol{a}_i^{\mathrm{T}} \boldsymbol{x}) = 1$, $\mathrm{Var}(\boldsymbol{b}_i^{\mathrm{T}} \boldsymbol{y}) = 1$,

(3) $\boldsymbol{a}_i^{\mathrm{T}} \boldsymbol{x}$ 与 $\boldsymbol{b}_i^{\mathrm{T}} \boldsymbol{y}$ 的相关系数最大,

则称 $\boldsymbol{a}_i^{\mathrm{T}} \boldsymbol{x}$, $\boldsymbol{b}_i^{\mathrm{T}} \boldsymbol{y}$ 是 $\boldsymbol{x}$, $\boldsymbol{y}$ 的第 i 对 (组) 典型相关变量, 它们之间的相关系数称为第 i 个典型相关系数 $(i = 1, 2, \cdots, p)$.

由拉格朗日乘数法, 上述问题等价于求 $\boldsymbol{a}$ 和 $\boldsymbol{b}$, 使

$$G = \boldsymbol{a}^{\mathrm{T}} \boldsymbol{\Sigma}_{12} \boldsymbol{b} - \frac{\mu_1}{2} (\boldsymbol{a}^{\mathrm{T}} \boldsymbol{\Sigma}_{11} \boldsymbol{a} - 1) - \frac{\mu_2}{2} (\boldsymbol{b}^{\mathrm{T}} \boldsymbol{\Sigma}_{22} \boldsymbol{b} - 1) \tag{12.7}$$

达到最大, 其中, μ_1 和 μ_2 是拉格朗日乘数. 将式 (12.7) 两边分别对向量 $\boldsymbol{a}$ 和 $\boldsymbol{b}$ 求导, 并令其为 $\boldsymbol{0}$, 得方程组

$$\begin{cases} \dfrac{\partial G}{\partial \boldsymbol{a}} = \boldsymbol{\Sigma}_{12}\boldsymbol{b} - \mu_1\boldsymbol{\Sigma}_{11}\boldsymbol{a} = \boldsymbol{0} \\[2mm] \dfrac{\partial G}{\partial \boldsymbol{b}} = \boldsymbol{\Sigma}_{21}\boldsymbol{a} - \mu_2\boldsymbol{\Sigma}_{22}\boldsymbol{b} = \boldsymbol{0} \end{cases} \tag{12.8}$$

用 $\boldsymbol{a}^{\mathrm{T}}$ 和 $\boldsymbol{b}^{\mathrm{T}}$ 分别左乘方程组 (12.8) 中两式, 得

$$\begin{cases} \boldsymbol{a}^{\mathrm{T}}\boldsymbol{\Sigma}_{12}\boldsymbol{b} = \mu_1 \cdot \boldsymbol{a}^{\mathrm{T}}\boldsymbol{\Sigma}_{11}\boldsymbol{a} = \mu_1 \\[2mm] \boldsymbol{b}^{\mathrm{T}}\boldsymbol{\Sigma}_{21}\boldsymbol{a} = \mu_2 \cdot \boldsymbol{b}^{\mathrm{T}}\boldsymbol{\Sigma}_{22}\boldsymbol{b} = \mu_2 \end{cases} \tag{12.9}$$

因为 $(\boldsymbol{b}^{\mathrm{T}}\boldsymbol{\Sigma}_{21}\boldsymbol{a})^{\mathrm{T}} = \boldsymbol{a}^{\mathrm{T}}\boldsymbol{\Sigma}_{12}\boldsymbol{b} = \rho$, 所以 $\mu_1 = \mu_2 = \rho$, 即 μ_1 恰好是 u 和 v 的相关系数。

另外, 由方程组 (12.8) 的第二式, 得

$$\boldsymbol{b} = \frac{1}{\mu_2}\boldsymbol{\Sigma}_{22}^{-1}\boldsymbol{\Sigma}_{21}\boldsymbol{a} = \frac{1}{\mu_1}\boldsymbol{\Sigma}_{22}^{-1}\boldsymbol{\Sigma}_{21}\boldsymbol{a}$$

将其代入方程组 (12.8) 的第一式得

$$\boldsymbol{\Sigma}_{12}\boldsymbol{\Sigma}_{22}^{-1}\boldsymbol{\Sigma}_{21}\boldsymbol{a} - \mu_1^2\boldsymbol{\Sigma}_{11}\boldsymbol{a} = \boldsymbol{\Sigma}_{12}\boldsymbol{\Sigma}_{22}^{-1}\boldsymbol{\Sigma}_{21}\boldsymbol{a} - \rho^2\boldsymbol{\Sigma}_{11}\boldsymbol{a} = \boldsymbol{0}$$

两边左乘 $\boldsymbol{\Sigma}_{11}^{-1}$ 得

$$\boldsymbol{\Sigma}_{11}^{-1}\boldsymbol{\Sigma}_{12}\boldsymbol{\Sigma}_{22}^{-1}\boldsymbol{\Sigma}_{21}\boldsymbol{a} - \rho^2\boldsymbol{a} = \boldsymbol{0}$$

同理可得

$$\boldsymbol{\Sigma}_{22}^{-1}\boldsymbol{\Sigma}_{21}\boldsymbol{\Sigma}_{11}^{-1}\boldsymbol{\Sigma}_{12}\boldsymbol{b} - \rho^2\boldsymbol{b} = \boldsymbol{0}$$

记 $\boldsymbol{M}_1 = \boldsymbol{\Sigma}_{11}^{-1}\boldsymbol{\Sigma}_{12}\boldsymbol{\Sigma}_{22}^{-1}\boldsymbol{\Sigma}_{21}, \boldsymbol{M}_2 = \boldsymbol{\Sigma}_{22}^{-1}\boldsymbol{\Sigma}_{21}\boldsymbol{\Sigma}_{11}^{-1}\boldsymbol{\Sigma}_{12}$, 则得

$$\begin{cases} \boldsymbol{M}_1\boldsymbol{a} = \rho^2\boldsymbol{a} \\[2mm] \boldsymbol{M}_2\boldsymbol{b} = \rho^2\boldsymbol{b} \end{cases} \tag{12.10}$$

由方程组 (12.10) 知, $\boldsymbol{M}_1$ 和 $\boldsymbol{M}_2$ 的非零特征值皆为正数, 可以用矩阵代数知识证明其个数为 $m = \mathrm{rank}\,(\boldsymbol{\Sigma}_{12})$, 且 ρ^2 既是 $\boldsymbol{M}_1$ 的特征值, 又是 $\boldsymbol{M}_2$ 的特征值, $\boldsymbol{a}$ 和 $\boldsymbol{b}$ 分别是 $\boldsymbol{M}_1$ 和 $\boldsymbol{M}_2$ 对应的特征向量, 于是求 $\rho = \mathrm{Corr}(u,v)$ 和 $\boldsymbol{a},\boldsymbol{b}$ 的问题就转化为求矩阵 $\boldsymbol{M}_1$ 和 $\boldsymbol{M}_2$ 的特征值和特征向量的问题。

设 $\boldsymbol{a}_i$ 是 $\boldsymbol{M}_1$ 的属于 ρ_i^2 的特征向量, 令

$$\boldsymbol{b}_i = \frac{1}{\rho_i}\boldsymbol{\Sigma}_{22}^{-1}\boldsymbol{\Sigma}_{21}\boldsymbol{a}_i, \quad i = 1, 2, \cdots, m \tag{12.11}$$

有

$$\begin{aligned} \boldsymbol{\Sigma}_{22}^{-1}\boldsymbol{\Sigma}_{21}\boldsymbol{\Sigma}_{11}^{-1}\boldsymbol{\Sigma}_{12}\boldsymbol{b}_i &= \frac{1}{\rho_i}\boldsymbol{\Sigma}_{22}^{-1}\boldsymbol{\Sigma}_{21}\boldsymbol{\Sigma}_{11}^{-1}\boldsymbol{\Sigma}_{12}\left(\boldsymbol{\Sigma}_{22}^{-1}\boldsymbol{\Sigma}_{21}\boldsymbol{a}_i\right) \\ &= \frac{1}{\rho_i}\boldsymbol{\Sigma}_{22}^{-1}\boldsymbol{\Sigma}_{21}\left(\rho_i^2\boldsymbol{a}_i\right) = \rho_i^2\boldsymbol{b}_i \end{aligned}$$

则 $\boldsymbol{b}_1, \boldsymbol{b}_2, \cdots, \boldsymbol{b}_m$ 是 $\boldsymbol{M}_2$ 的属于 $\rho_1^2, \rho_2^2, \cdots, \rho_m^2$ 的特征向量。

设 $\boldsymbol{M}_1$ 的 m 个正特征值为 $\rho_1^2, \rho_2^2, \cdots, \rho_m^2$ $(\rho_1 \geqslant \rho_2 \geqslant \cdots \geqslant \rho_m > 0)$, 对应的特征向量 $\boldsymbol{a}_1, \boldsymbol{a}_2, \cdots, \boldsymbol{a}_m$ 由方程组 (12.10) 得出且正交化, $\boldsymbol{b}_1, \boldsymbol{b}_2, \cdots, \boldsymbol{b}_m$ 由式 (12.11) 得出且正交化, 从而可得 m 对线性组合

$$\begin{cases} u_i = a_{i1}x_1 + a_{i2}x_2 + \cdots + a_{ip}x_p = \boldsymbol{a}_i^{\mathrm{T}}\boldsymbol{x} \\ v_i = b_{i1}y_1 + b_{i2}y_2 + \cdots + b_{iq}y_q = \boldsymbol{b}_i^{\mathrm{T}}\boldsymbol{y} \end{cases}, \quad i = 1, 2, \cdots, m \qquad (12.12)$$

每对变量称为一对典型相关变量, 其中 u_1 和 v_1 为第一对典型相关变量, 它们之间的相关系数 ρ_1 即为第一个典型相关系数。u_i 和 v_i 为第 i 对典型相关变量, 它们之间的相关系数 ρ_i 为第 i 个典型相关系数。

12.3　典型相关变量的性质

我们给出典型相关变量的以下四条性质 (证明见本章附录):

(1) 每对典型相关变量 u_i 及 v_i $(i = 1, 2, \cdots, m)$ 的标准差为 1。

(2) 同一组的任意两个典型相关变量 u_i $(i = 1, 2, \cdots, m)$ 彼此不相关, 典型相关变量 v_i $(i = 1, 2, \cdots, m)$ 彼此不相关, 即 $\mathrm{Corr}(u_i, u_j) = 0$ $(1 \leqslant i < j \leqslant m)$, $\mathrm{Corr}(v_i, v_j) = 0$ $(1 \leqslant i < j \leqslant m)$。

(3) 不同组的任意两个典型相关变量 $u_i, v_j (i = 1, 2, \cdots, m; j = 1, 2, \cdots, m)$ 的关系为

$$\mathrm{Corr}(u_i, v_j) = \mathrm{Cov}(u_i, v_j) = \mathrm{Cov}\left(\boldsymbol{a}_i^{\mathrm{T}}\boldsymbol{x}, \boldsymbol{b}_j^{\mathrm{T}}\boldsymbol{y}\right)$$

$$= \begin{cases} \rho_i, & i = j \\ 0, & i \neq j \end{cases}$$

(4) 典型相关变量 u_i 及 v_i 的相关系数为 ρ_i $(i = 1, 2, \cdots, m)$, 典型相关系数满足关系式 $\rho_1 \geqslant \rho_2 \geqslant \cdots \geqslant \rho_m > 0$。

理论上, 典型相关变量的对数和对应的典型相关系数的个数可以等于两组变量中数量较少的那一组变量的个数, 其中, u_1 及 v_1 的相关系数 ρ_1 反映的相关成分最多, 所以称 u_1, v_1 为第一对典型相关变量; u_2 及 v_2 的相关系数 ρ_2 反映的相关成分次之, 所以称 u_2, v_2 为第二对典型相关变量; 依此类推。

12.4　原始变量与典型相关变量的相关系数

记

$$\boldsymbol{A} = (\boldsymbol{a}_1, \boldsymbol{a}_2, \cdots, \boldsymbol{a}_m) = \begin{pmatrix} a_{11} & a_{12} & \cdots & a_{1m} \\ a_{21} & a_{22} & \cdots & a_{2m} \\ \vdots & \vdots & & \vdots \\ a_{p1} & a_{p2} & \cdots & a_{pm} \end{pmatrix}$$

$$\boldsymbol{B} = (\boldsymbol{b}_1, \boldsymbol{b}_2, \cdots, \boldsymbol{b}_m) = \begin{pmatrix} b_{11} & b_{12} & \cdots & b_{1m} \\ b_{21} & b_{22} & \cdots & b_{2m} \\ \vdots & \vdots & & \vdots \\ b_{q1} & b_{q2} & \cdots & b_{qm} \end{pmatrix}$$

$$\boldsymbol{\Sigma} = \begin{pmatrix} \boldsymbol{\Sigma}_{11} & \boldsymbol{\Sigma}_{12} \\ \boldsymbol{\Sigma}_{21} & \boldsymbol{\Sigma}_{22} \end{pmatrix}$$

$$= \begin{pmatrix} \sigma_{11} & \cdots & \sigma_{1p} & \sigma_{1,p+1} & \cdots & \sigma_{1,p+q} \\ \vdots & & \vdots & \vdots & & \vdots \\ \sigma_{p1} & \cdots & \sigma_{pp} & \sigma_{p,p+1} & \cdots & \sigma_{p,p+q} \\ \sigma_{p+1,1} & \cdots & \sigma_{p+1,p} & \sigma_{p+1,p+1} & \cdots & \sigma_{p+1,p+q} \\ \vdots & & \vdots & \vdots & & \vdots \\ \sigma_{p+q,1} & \cdots & \sigma_{p+q,p} & \sigma_{p+q,p+1} & \cdots & \sigma_{p+q,p+q} \end{pmatrix}$$

则

$$\begin{cases} \mathrm{Cov}(\boldsymbol{x}, \boldsymbol{u}) = \mathrm{Cov}(\boldsymbol{x}, \boldsymbol{A}^{\mathrm{T}}\boldsymbol{x}) = \boldsymbol{\Sigma}_{11}\boldsymbol{A} \\ \mathrm{Cov}(\boldsymbol{x}, \boldsymbol{v}) = \mathrm{Cov}(\boldsymbol{x}, \boldsymbol{B}^{\mathrm{T}}\boldsymbol{y}) = \boldsymbol{\Sigma}_{12}\boldsymbol{B} \end{cases} \tag{12.13}$$

$$\begin{cases} \mathrm{Cov}(\boldsymbol{y}, \boldsymbol{u}) = \mathrm{Cov}(\boldsymbol{y}, \boldsymbol{A}^{\mathrm{T}}\boldsymbol{x}) = \boldsymbol{\Sigma}_{21}\boldsymbol{A} \\ \mathrm{Cov}(\boldsymbol{y}, \boldsymbol{v}) = \mathrm{Cov}(\boldsymbol{y}, \boldsymbol{B}^{\mathrm{T}}\boldsymbol{y}) = \boldsymbol{\Sigma}_{22}\boldsymbol{B} \end{cases} \tag{12.14}$$

上面四个等式可以表示为

$$\mathrm{Cov}(x_i, u_j) = (\sigma_{i1}, \cdots, \sigma_{ip}) \begin{pmatrix} a_{1j} \\ \vdots \\ a_{pj} \end{pmatrix} = \sum_{k=1}^{p} \sigma_{ik} a_{kj}$$

$$i = 1, 2, \cdots, p; \; j = 1, 2, \cdots, m \tag{12.15}$$

$$\mathrm{Cov}(x_i, v_j) = (\sigma_{i,p+1}, \cdots, \sigma_{i,p+q}) \begin{pmatrix} b_{1j} \\ \vdots \\ b_{qj} \end{pmatrix} = \sum_{k=1}^{q} \sigma_{i,p+k} b_{kj}$$

$$i = 1, 2, \cdots, p; \; j = 1, 2, \cdots, m \tag{12.16}$$

$$\mathrm{Cov}(y_i, u_j) = (\sigma_{p+i,1}, \cdots, \sigma_{p+i,p}) \begin{pmatrix} a_{1j} \\ \vdots \\ a_{pj} \end{pmatrix} = \sum_{k=1}^{p} \sigma_{p+i,k} a_{kj}$$

$$i = 1, 2, \cdots, q; \; j = 1, 2, \cdots, m \tag{12.17}$$

$$\mathrm{Cov}(y_i, v_j) = (\sigma_{p+i,p+1}, \cdots, \sigma_{p+i,p+q}) \begin{pmatrix} b_{1j} \\ \vdots \\ b_{qj} \end{pmatrix} = \sum_{k=1}^{q} \sigma_{p+i,p+k} b_{kj}$$

$$i = 1, 2, \cdots, q; \; j = 1, 2, \cdots, m \tag{12.18}$$

所以

$$\text{Corr}(x_i, u_j) = \sum_{k=1}^{p} \sigma_{ik} a_{kj} / \sqrt{\sigma_{ii}} \,, \quad i = 1, 2, \cdots, p;\ j = 1, 2, \cdots, m \qquad (12.19)$$

$$\text{Corr}(x_i, v_j) = \sum_{k=1}^{q} \sigma_{i,p+k} b_{kj} / \sqrt{\sigma_{ii}} \,, \quad i = 1, 2, \cdots, p;\ j = 1, 2, \cdots, m \qquad (12.20)$$

$$\text{Corr}(y_i, u_j) = \sum_{k=1}^{p} \sigma_{p+i,k} a_{kj} / \sqrt{\sigma_{p+i,p+i}} \,, \quad i = 1, 2, \cdots, q;\ j = 1, 2, \cdots, m \qquad (12.21)$$

$$\text{Corr}(y_i, v_j) = \sum_{k=1}^{q} \sigma_{p+i,p+k} b_{kj} / \sqrt{\sigma_{p+i,p+i}} \,, \quad i = 1, 2, \cdots, q;\ j = 1, 2, \cdots, m \qquad (12.22)$$

12.5   简单相关、复相关和典型相关间的关系

当 $p = q = 1$ 时, $\boldsymbol{x}$ 与 $\boldsymbol{y}$ 之间的 (唯一) 典型相关就是它们之间的简单相关; 当 $p = 1$ 或 $q = 1$ 时, $\boldsymbol{x}$ 与 $\boldsymbol{y}$ 之间的 (唯一) 典型相关就是它们之间的复相关。可见, 复相关是典型相关的一个特例, 而简单相关是复相关的一个特例。

第一个典型相关系数至少同 $\boldsymbol{x}$ (或 $\boldsymbol{y}$) 的任一分量与 $\boldsymbol{y}$ (或 $\boldsymbol{x}$) 的复相关系数一样大, 即使所有这些复相关系数都较小, 第一个典型相关系数也可能很大; 同样, 从复相关的定义也可以看出, 当 $p = 1$ (或 $q = 1$) 时, $\boldsymbol{x}$ (或 $\boldsymbol{y}$) 与 $\boldsymbol{y}$ (或 $\boldsymbol{x}$) 之间的复相关系数也不会小于 $\boldsymbol{x}$ (或 $\boldsymbol{y}$) 与 $\boldsymbol{y}$ (或 $\boldsymbol{x}$) 的任一分量之间的相关系数, 即使所有这些相关系数都较小, 复相关系数也可能很大。

12.6   分量的标准化处理

一般来说, 典型相关变量是人为定义的, 也就是说它没有实质意义。如果使用原始变量, 那么典型相关系数 $\boldsymbol{a}$, $\boldsymbol{b}$ 的单位与 $\boldsymbol{x}$ 和 $\boldsymbol{y}$ 的单位成比例。而 $\boldsymbol{x}$ 和 $\boldsymbol{y}$ 的各分量的单位往往不全相同。我们希望在对各分量进行标准化变换之后再进行典型相关分析, 这样原始变量就有零均值和单位方差, 典型相关变量就没有测量值单位。

记 $\boldsymbol{\mu}_1 = E(\boldsymbol{x})$, $\boldsymbol{\mu}_2 = E(\boldsymbol{y})$, $\boldsymbol{D}_1 = \text{diag}(\sqrt{\sigma_{11}}, \sqrt{\sigma_{22}}, \cdots, \sqrt{\sigma_{pp}})$, $\boldsymbol{D}_2 = \text{diag}(\sqrt{\sigma_{p+1,p+1}},$ $\sqrt{\sigma_{p+2,p+2}}, \cdots, \sqrt{\sigma_{p+q,p+q}})$。$\boldsymbol{R} = \begin{pmatrix} \boldsymbol{R}_{11} & \boldsymbol{R}_{12} \\ \boldsymbol{R}_{21} & \boldsymbol{R}_{22} \end{pmatrix}$ 为 $\begin{pmatrix} \boldsymbol{x} \\ \boldsymbol{y} \end{pmatrix}$ 的相关系数矩阵。对 $\boldsymbol{x}$ 和 $\boldsymbol{y}$ 的各分量进行标准化变换, 即令 $\boldsymbol{x}^* = \boldsymbol{D}_1^{-1}(\boldsymbol{x} - \boldsymbol{\mu}_1)$, $\boldsymbol{y}^* = \boldsymbol{D}_2^{-1}(\boldsymbol{y} - \boldsymbol{\mu}_2)$。现在求 $\boldsymbol{x}^*$ 和 $\boldsymbol{y}^*$ 的典型相关变量:

$$\text{Var}\,(\boldsymbol{x}^*) = \boldsymbol{D}_1^{-1}\text{Var}\,(\boldsymbol{x})\,\boldsymbol{D}_1^{-1} = \boldsymbol{D}_1^{-1}\boldsymbol{\Sigma}_{11}\boldsymbol{D}_1^{-1} = \boldsymbol{R}_{11}$$

$$\text{Var}\,(\boldsymbol{y}^*) = \boldsymbol{D}_2^{-1}\text{Var}\,(\boldsymbol{y})\,\boldsymbol{D}_2^{-1} = \boldsymbol{D}_2^{-1}\boldsymbol{\Sigma}_{22}\boldsymbol{D}_2^{-1} = \boldsymbol{R}_{22}$$

$$\mathrm{Cov}\,(\boldsymbol{x}^*, \boldsymbol{y}^*) = \boldsymbol{D}_1^{-1}\mathrm{Cov}\,(\boldsymbol{x}, \boldsymbol{y})\,\boldsymbol{D}_2^{-1} = \boldsymbol{D}_1^{-1}\boldsymbol{\Sigma}_{12}\boldsymbol{D}_2^{-1} = \boldsymbol{R}_{12}$$

$$\mathrm{Cov}\,(\boldsymbol{y}^*, \boldsymbol{x}^*) = \boldsymbol{D}_2^{-1}\mathrm{Cov}\,(\boldsymbol{y}, \boldsymbol{x})\,\boldsymbol{D}_1^{-1} = \boldsymbol{D}_2^{-1}\boldsymbol{\Sigma}_{21}\boldsymbol{D}_1^{-1} = \boldsymbol{R}_{21}$$

于是

$$\boldsymbol{R}_{11}^{-1}\boldsymbol{R}_{12}\boldsymbol{R}_{22}^{-1}\boldsymbol{R}_{21}$$

$$= \left(\boldsymbol{D}_1^{-1}\boldsymbol{\Sigma}_{11}\boldsymbol{D}_1^{-1}\right)^{-1}\boldsymbol{D}_1^{-1}\boldsymbol{\Sigma}_{12}\boldsymbol{D}_2^{-1}\left(\boldsymbol{D}_2^{-1}\boldsymbol{\Sigma}_{22}\boldsymbol{D}_2^{-1}\right)^{-1}\boldsymbol{D}_2^{-1}\boldsymbol{\Sigma}_{21}\boldsymbol{D}_1^{-1}$$

$$= \boldsymbol{D}_1\boldsymbol{\Sigma}_{11}^{-1}\boldsymbol{\Sigma}_{12}\boldsymbol{\Sigma}_{22}^{-1}\boldsymbol{\Sigma}_{21}\boldsymbol{D}_1^{-1}$$

因为

$$\boldsymbol{\Sigma}_{11}^{-1}\boldsymbol{\Sigma}_{12}\boldsymbol{\Sigma}_{22}^{-1}\boldsymbol{\Sigma}_{21}\boldsymbol{a}_i = \rho_i^2\boldsymbol{a}_i, \quad \boldsymbol{D}_1\boldsymbol{\Sigma}_{11}^{-1}\boldsymbol{\Sigma}_{12}\boldsymbol{\Sigma}_{22}^{-1}\boldsymbol{\Sigma}_{21}\boldsymbol{D}_1^{-1}(\boldsymbol{D}_1\boldsymbol{a}_i) = \rho_i^2(\boldsymbol{D}_1\boldsymbol{a}_i)$$

所以

$$\boldsymbol{R}_{11}^{-1}\boldsymbol{R}_{12}\boldsymbol{R}_{22}^{-1}\boldsymbol{R}_{21}\boldsymbol{a}_i^* = \rho_i^2\boldsymbol{a}_i^* \tag{12.23}$$

式中, $\boldsymbol{a}_i^* = \boldsymbol{D}_1\boldsymbol{a}_i$, $\boldsymbol{a}_i^{*\mathrm{T}}\boldsymbol{R}_{11}\boldsymbol{a}_i^* = \boldsymbol{a}_i^{\mathrm{T}}\boldsymbol{D}_1\boldsymbol{R}_{11}\boldsymbol{D}_1\boldsymbol{a}_i = \boldsymbol{a}_i^{\mathrm{T}}\boldsymbol{\Sigma}_{11}\boldsymbol{a}_i = 1$。

同理

$$\boldsymbol{R}_{22}^{-1}\boldsymbol{R}_{21}\boldsymbol{R}_{11}^{-1}\boldsymbol{R}_{12}\boldsymbol{b}_i^* = \rho_i^2\boldsymbol{b}_i^* \tag{12.24}$$

式中, $\boldsymbol{b}_i^* = \boldsymbol{D}_2\boldsymbol{b}_i$, $\boldsymbol{b}_i^{*\mathrm{T}}\boldsymbol{R}_{22}\boldsymbol{b}_i^* = \boldsymbol{b}_i^{\mathrm{T}}\boldsymbol{D}_2\boldsymbol{R}_{22}\boldsymbol{D}_2\boldsymbol{b}_i = \boldsymbol{b}_i^{\mathrm{T}}\boldsymbol{\Sigma}_{22}\boldsymbol{b}_i = 1$。

由此可见, $\boldsymbol{a}_i^*, \boldsymbol{b}_i^*$ 为 $\boldsymbol{x}^*$ 和 $\boldsymbol{y}^*$ 的第 i 对典型系数向量, 其第 i 个典型相关系数仍为 ρ_i, 在标准化变换下具有不变性, 这一点与主成分分析有所不同。

$\boldsymbol{x}^*$ 和 $\boldsymbol{y}^*$ 的第 i 对典型相关变量具有零均值, 且与 $\boldsymbol{x}$ 和 $\boldsymbol{y}$ 的第 i 对典型相关变量 $u_i = \boldsymbol{a}_i^{\mathrm{T}}\boldsymbol{x}, v_i = \boldsymbol{b}_i^{\mathrm{T}}\boldsymbol{y}$ 只相差一个常数。

12.7 样本典型相关系数及其对应典型相关变量的计算

前面我们是从变量 $\boldsymbol{x}$ 与变量 $\boldsymbol{y}$ 的协方差矩阵 $\boldsymbol{\Sigma}$ 出发考虑 $\boldsymbol{x}$ 与 $\boldsymbol{y}$ 的典型相关变量, 这称为总体典型相关变量, 但在实际例子中一般并不知道 $\boldsymbol{\Sigma}$, 因此通常采用样本协方差矩阵 $\boldsymbol{S}$ 代替 $\boldsymbol{\Sigma}$。由 12.6 节的分析可知, 在大多数情况下, 我们在进行典型相关分析时, 需将数据标准化, 这时样本协方差矩阵 $\boldsymbol{S}$ 即为样本相关系数矩阵 $\widehat{\boldsymbol{R}}$。根据样本相关系数矩阵 $\widehat{\boldsymbol{R}}$ 计算得到的典型相关变量称为样本典型相关变量, 具体计算过程如下。

设容量为 n 的样本来自正态总体, 两组变量的观测值分别记为 $\boldsymbol{x} = (x_1, x_2, \cdots, x_p)^{\mathrm{T}}$ 和 $\boldsymbol{y} = (y_1, y_2, \cdots, y_q)^{\mathrm{T}}$, 不妨设 $p \leqslant q$, 则样本数据矩阵为

$$(\boldsymbol{x}, \boldsymbol{y}) = \begin{pmatrix} x_{11} & x_{12} & \cdots & x_{1p} & y_{11} & y_{12} & \cdots & y_{1q} \\ x_{21} & x_{22} & \cdots & x_{2p} & y_{21} & y_{22} & \cdots & y_{2q} \\ \vdots & \vdots & & \vdots & \vdots & \vdots & & \vdots \\ x_{n1} & x_{n2} & \cdots & x_{np} & y_{n1} & y_{n2} & \cdots & y_{nq} \end{pmatrix} \tag{12.25}$$

(1) 计算样本相关系数矩阵 $\widehat{\boldsymbol{R}}$, 并将 $\widehat{\boldsymbol{R}}$ 剖分为

$$\widehat{\boldsymbol{R}} = \begin{pmatrix} \widehat{\boldsymbol{R}}_{11} & \widehat{\boldsymbol{R}}_{12} \\ \widehat{\boldsymbol{R}}_{21} & \widehat{\boldsymbol{R}}_{22} \end{pmatrix}$$

式中, $\widehat{\boldsymbol{R}}_{11}$ 是第一组变量 $\boldsymbol{x}$ 的相关系数矩阵, $\widehat{\boldsymbol{R}}_{22}$ 是第二组变量 $\boldsymbol{y}$ 的相关系数矩阵, 而 $\widehat{\boldsymbol{R}}_{21}, \widehat{\boldsymbol{R}}_{12}$ $(\widehat{\boldsymbol{R}}_{21} = \widehat{\boldsymbol{R}}_{12}^{\mathrm{T}})$ 为变量 $\boldsymbol{x}$ 与变量 $\boldsymbol{y}$ 的相关系数矩阵。

(2) 计算典型相关系数及典型相关变量。

设 $\mathrm{rank}(\widehat{\boldsymbol{R}}_{12}) = m$, 首先求 $\widehat{\boldsymbol{M}}_1 = \boldsymbol{R}_{11}^{-1}\widehat{\boldsymbol{R}}_{12}\widehat{\boldsymbol{R}}_{22}^{-1}\widehat{\boldsymbol{R}}_{21}$ 的特征值 $\widehat{r}_1^2, \widehat{r}_2^2, \cdots, \widehat{r}_m^2$ $(\widehat{r}_1^2 \geqslant \widehat{r}_2^2 \geqslant \cdots \geqslant \widehat{r}_m^2 > 0)$, 并求 $\widehat{r}_1^2, \widehat{r}_2^2, \cdots, \widehat{r}_m^2$ 对应的特征向量 $\widehat{\boldsymbol{a}}_1, \widehat{\boldsymbol{a}}_2, \cdots, \widehat{\boldsymbol{a}}_m$, 它们是 $\boldsymbol{a}_1, \boldsymbol{a}_2, \cdots,$ $\boldsymbol{a}_m$ 的估计值; 再求 $\widehat{\boldsymbol{M}}_2 = \widehat{\boldsymbol{R}}_{22}^{-1}\widehat{\boldsymbol{R}}_{21}\widehat{\boldsymbol{R}}_{11}^{-1}\widehat{\boldsymbol{R}}_{12}$ 的特征值 $\widehat{r}_1^2, \widehat{r}_2^2, \cdots, \widehat{r}_m^2$ $(\widehat{r}_1^2 \geqslant \widehat{r}_2^2 \geqslant \cdots \geqslant \widehat{r}_m^2 > 0)$ 对应的特征向量 $\widehat{\boldsymbol{b}}_1, \widehat{\boldsymbol{b}}_2, \cdots, \widehat{\boldsymbol{b}}_m$, 它们是 $\boldsymbol{b}_1, \boldsymbol{b}_2, \cdots, \boldsymbol{b}_m$ 的估计值。这里 $\widehat{r}_1, \widehat{r}_2, \cdots, \widehat{r}_m$ 称为样本典型相关系数, 而 $\widehat{u}_1 = \widehat{\boldsymbol{a}}_1^{\mathrm{T}}\boldsymbol{x}, \widehat{v}_1 = \widehat{\boldsymbol{b}}_1^{\mathrm{T}}\boldsymbol{y}, \cdots, \widehat{u}_p = \widehat{\boldsymbol{a}}_p^{\mathrm{T}}\boldsymbol{x}, \widehat{v}_p = \widehat{\boldsymbol{b}}_p^{\mathrm{T}}\boldsymbol{y}$ 称为样本典型相关变量。

(3) 记 $\widehat{\boldsymbol{A}} = (\widehat{\boldsymbol{a}}_1, \widehat{\boldsymbol{a}}_2, \cdots, \widehat{\boldsymbol{a}}_m), \widehat{\boldsymbol{B}} = (\widehat{\boldsymbol{b}}_1, \widehat{\boldsymbol{b}}_2, \cdots, \widehat{\boldsymbol{b}}_m)$, 由方程组 (12.13) 第一式和方程组 (12.14) 第二式得

$$\mathrm{Cov}(\boldsymbol{x}, \widehat{\boldsymbol{u}}) = \mathrm{Cov}(\boldsymbol{x}, \widehat{\boldsymbol{A}}^{\mathrm{T}}\boldsymbol{x}) = \widehat{\boldsymbol{R}}_{11}\widehat{\boldsymbol{A}} \tag{12.26}$$

$$\mathrm{Cov}(\boldsymbol{y}, \widehat{\boldsymbol{v}}) = \mathrm{Cov}(\boldsymbol{y}, \widehat{\boldsymbol{B}}^{\mathrm{T}}\boldsymbol{y}) = \widehat{\boldsymbol{R}}_{22}\widehat{\boldsymbol{B}} \tag{12.27}$$

12.8 典型相关系数的显著性检验

典型相关系数是否显著不为零可以通过 Bartlett 大样本卡方检验来确定。设 $\boldsymbol{M}_1 = \boldsymbol{\Sigma}_{11}^{-1}\boldsymbol{\Sigma}_{12}\boldsymbol{\Sigma}_{22}^{-1}\boldsymbol{\Sigma}_{21}$ 的 m 个特征值为 $\lambda_1^2, \lambda_2^2, \cdots, \lambda_m^2$, 则典型相关系数 λ_1 的显著性检验等价于以下检验

$$H_0 : \lambda_1 = 0, \quad H_1 : \lambda_1 \neq 0$$

检验统计量为

$$Q_1 = -\left[n - 1 - \frac{1}{2}(p + q + 1)\right]\ln \Lambda_1 \sim \chi^2(pq) \tag{12.28}$$

式中

$$\Lambda_1 = \prod_{i=1}^{m}(1 - \lambda_i^2) \tag{12.29}$$

在检验水平 α 下, 如果 $Q_1 > \chi_\alpha^2(pq)$, 则拒绝原假设, 认为第一对典型相关变量显著相关。

一般, 若前 $j - 1$ 个典型相关系数在水平 α 下是显著的, 则当检验第 j 个典型相关系数的显著性时, 检验统计量为

$$Q_j = - \left[n - j - \frac{1}{2}(p + q + 1)\right] \ln \Lambda_j \sim \chi^2[(p - j + 1)(q - j + 1)] \qquad (12.30)$$

式中

$$\Lambda_j = \prod_{i=j}^{m}(1 - \lambda_i^2) \qquad (12.31)$$

需要指出的是, 在实际应用中, 通常通过对典型相关系数的显著性检验以及对典型相关变量和典型相关系数的实际解释来确定究竟保留几对典型相关变量。所求得的典型相关变量的对数越少, 越容易解释, 最好是第一对典型相关变量就能反映足够多的相关成分, 这样只保留一对典型相关变量便比较理想。

12.9　被解释样本方差的比例

在进行样本典型相关分析时, 我们也想了解每组变量提取出的典型相关变量所能解释的该组样本总方差的比例, 由此定量给出典型相关变量所包含的原始信息量。

对于经标准化变换后的样本数据, 第一组变量的样本总方差为 $\mathrm{tr}(\widehat{\boldsymbol{R}}_{11}) = p$, 第二组变量的样本总方差为 $\mathrm{tr}(\widehat{\boldsymbol{R}}_{22}) = q$。

$\widehat{u}_1 = \widehat{\boldsymbol{a}}_1^{\mathrm{T}}\boldsymbol{x}^*, \widehat{v}_1 = \widehat{\boldsymbol{b}}_1^{\mathrm{T}}\boldsymbol{y}^*, \cdots, \widehat{u}_m = \widehat{\boldsymbol{a}}_m^{\mathrm{T}}\boldsymbol{x}^*, \widehat{v}_m = \widehat{\boldsymbol{b}}_m^{\mathrm{T}}\boldsymbol{y}^*$, 称为样本典型相关变量, 其中, $\boldsymbol{x}^*, \boldsymbol{y}^*$ 分别是原始变量 $\boldsymbol{x}, \boldsymbol{y}$ 的标准化结果。

前 r 个典型相关变量对样本总方差的贡献为

$$\sum_{i=1}^{r}\sum_{k=1}^{p}[\mathrm{Corr}(x_k^*, \widehat{u}_i)]^2 \qquad (12.32)$$

式中, $\mathrm{Corr}(x_k^*, \widehat{u}_i)$ 可依据式 (12.19) 计算。则第一组变量的样本方差由前 r 个典型相关变量解释的比例为

$$\frac{\sum\limits_{i=1}^{r}\sum\limits_{k=1}^{p}[\mathrm{Corr}(x_k^*, \widehat{u}_i)]^2}{p} \qquad (12.33)$$

同理, 第二组变量的样本方差由前 r 个典型相关变量解释的比例为

$$\frac{\sum\limits_{i=1}^{r}\sum\limits_{k=1}^{q}[\mathrm{Corr}(y_k^*, \widehat{v}_i)]^2}{q} \qquad (12.34)$$

式中, $\mathrm{Corr}(y_k^*, \widehat{v}_i)$ 可依据式 (12.22) 计算。

例 12.1 (数据文件为 exam12.1)　康复俱乐部对 20 名中年人测量了体重 (x_1)、腰围 (x_2)、脉搏 (x_3) 三个生理指标和引体向上次数 (y_1)、仰卧起坐次数 (y_2)、跳高 (y_3) 三个训练指标, 数据详见表 12-1, 试分析生理指标与训练指标的相关性。

表 12-1　康复俱乐部测量的中年人指标数据

序号	x_1	x_2	x_3	y_1	y_2	y_3	序号	x_1	x_2	x_3	y_1	y_2	y_3
1	191	36	50	5	162	60	11	169	34	50	17	120	38
2	189	37	52	2	110	60	12	166	33	52	13	210	115
3	193	38	58	12	101	101	13	154	34	64	14	215	105
4	162	35	62	12	105	37	14	247	46	50	1	50	50
5	189	35	46	13	155	58	15	193	36	46	6	70	31
6	182	36	56	4	101	42	16	202	37	62	12	210	120
7	211	38	56	8	101	38	17	176	37	54	4	60	25
8	167	34	60	6	125	40	18	157	32	52	11	230	80
9	176	31	74	15	200	40	19	156	33	54	15	225	73
10	154	33	56	17	251	250	20	138	33	68	2	110	43

解: 先读取数据, 求样本相关系数矩阵。R 程序及输出结果如下:

```
# exam12.1 康复俱乐部测量的中年人指标数据的典型相关分析
# 打开数据文件 exam12.1.xls, 选取 B1:G21 区域, 然后复制
> data12.1<-read.table("clipboard",header=T)
                                      # 将 exam12.1.xls 数据读入 data12.1
> R=round(cor(data12.1),3); R         # 求样本相关系数矩阵, 保留三位小数
         x1       x2       x3       y1       y2       y3
x1    1.000    0.870   -0.366   -0.390   -0.493   -0.226
x2    0.870    1.000   -0.353   -0.552   -0.646   -0.191
x3   -0.366   -0.353    1.000    0.151    0.225    0.035
y1   -0.390   -0.552    0.151    1.000    0.696    0.496
y2   -0.493   -0.646    0.225    0.696    1.000    0.669
y3   -0.226   -0.191    0.035    0.496    0.669    1.000
```

生理指标和训练指标之间的相关性强度中等, 其中腰围和仰卧起坐次数的相关系数最大, 为 −0.646。组内较大的是: 体重和腰围的相关系数, 为 0.870; 引体向上次数和仰卧起坐次数的相关系数, 为 0.696; 仰卧起坐次数和跳高的相关系数, 为 0.669。

进行典型相关分析, 求典型相关系数和对应的典型相关变量的系数, R 程序及输出结果如下:

```
> X=scale(data12.1)    # 对数据进行标准化处理
> x=X[,1:3]            # 指定一组变量数据
> y=X[,4:6]            # 指定另一组变量数据
> library(CCA)         # 载入典型相关分析所用的 CCA 包
> CCA=cc(x,y)          # 进行典型相关分析
> CCA$cor              # 输出典型相关系数
[1] 0.7956   0.2006   0.0726
> CCA$xcoef            # 输出 x 的典型载荷
```

```
           [,1]      [,2]      [,3]
   x1     0.7754    1.8844   -0.1910
   x2    -1.5793   -1.1806    0.5060
   x3     0.0591    0.2311    1.0508
> CCA$ycoef              # 输出 y 的典型载荷
           [,1]      [,2]      [,3]
   y1     0.3495    0.3755   -1.2966
   y2     1.0540   -0.1235    1.2368
   y3    -0.7164   -1.0621   -0.4188
```

因为 6 个变量没有用相同的单位进行测量, 这里用标准化后的系数进行分析。第一个典型相关系数为 0.7956, 它比生理指标和训练指标两组间的其他任一典型相关系数都大。

调用相关系数检验脚本进行典型相关系数检验, 确定典型相关变量的对数, R 程序及输出结果如下:

```
> source('corcoef_test.R')  # 调用典型相关系数检验脚本, 若该脚本不在 R 的当前工作路径
                            下, 则要将路径设置清晰, 如 source('C:/Program Files/corcoef_test.R')
> corcoef_test(r=CCA$cor,n=nrow(x),p=ncol(x),q=ncol(y))  # 进行典型相关系数检验
           r         Q         P
   [1,]  0.7956   16.2550    0.0617
   [2,]  0.2006    0.7450    0.9457
   [3,]  0.0726    0.2109    0.6461
```

检验总体中所有典型相关系数均为零的原假设时, 概率水平为 0.061 7, 故在 $\alpha = 0.1$ (或 $\alpha > 0.061\ 7$) 的显著性水平下, 拒绝所有典型相关系数均为零的假设, 也就是至少有一对典型相关系数是显著的。从后面的检验结果可知, 只有一对典型相关系数是显著的。

结合前面输出的典型载荷结果可知, 生理指标的第一个典型相关变量 $\widehat{u}_1$ 为

$$\widehat{u}_1 = 0.775\ 4x_1^* - 1.579\ 3x_2^* + 0.059\ 1x_3^*$$

它近似地是腰围与体重的加权和, 在腰围上的权数更大些, 在脉搏上的权数近似为零。训练指标的第一个典型相关变量 $\widehat{v}_1$ 为

$$\widehat{v}_1 = 0.349\ 5y_1^* + 1.054\ 0y_2^* - 0.716\ 4y_3^*$$

它在仰卧起坐次数上的权数最大。这对典型相关变量主要反映腰围和仰卧起坐次数的负相关关系。

输出原始变量和典型相关变量的相关系数。R 程序及输出结果如下:

```
> CCA$scores$corr.X.xscores  # 输出第一组典型相关变量与 X 组原始变量之间的相关系数
           [,1]      [,2]      [,3]
   x1    -0.6206    0.7724   -0.1350
   x2    -0.9254    0.3777   -0.0310
   x3     0.3328   -0.0415    0.9421
```

```
> CCA$scores$corr.Y.xscores   # 输出第一组典型相关变量与 Y 组原始变量之间的相关系数
        [,1]      [,2]      [,3]
y1   0.5789   -0.0475   -0.0467
y2   0.6506   -0.1149    0.0040
y3   0.1290   -0.1923   -0.0170
> CCA$scores$corr.X.yscores   # 输出第二组典型相关变量与 X 组原始变量之间的相关系数
        [,1]      [,2]      [,3]
x1  -0.4938   0.15498   -0.0098
x2  -0.7363   0.07578   -0.0022
x3   0.2648  -0.0083     0.0684
> CCA$scores$corr.Y.yscores   # 输出第二组典型相关变量与 Y 组原始变量之间的相关系数
        [,1]      [,2]      [,3]
y1   0.7276   -0.2370   -0.6438
y2   0.8177   -0.5730    0.0544
y3   0.1622   -0.9586   -0.2339
```

整理后得表 12-2。

表 12-2　原始变量与第一对典型相关变量的相关系数

x^* 变量	样本典型相关变量		y^* 变量	样本典型相关变量	
	$\hat{u}_1$	$\hat{v}_1$		$\hat{u}_1$	$\hat{v}_1$
1. 体重	−0.620 6	−0.493 8	1. 引体向上次数	0.578 9	0.727 6
2. 腰围	−0.925 4	−0.736 3	2. 仰卧起坐次数	0.650 6	0.817 7
3. 脉搏	0.332 8	0.264 8	3. 跳高	0.129 0	0.162 2

由表 12-2 可知，来自生理指标的第一个典型相关变量 $\hat{u}_1$ 与腰围的相关系数为 −0.925 4，与体重的相关系数为 −0.620 6，它们都是负的。但在典型相关变量 $\hat{u}_1$ 中，体重的载荷为正 (0.775 4)，即体重在 $\hat{u}_1$ 中的载荷和它与 $\hat{u}_1$ 的相关系数反号。来自训练指标的第一个典型相关变量 $\hat{v}_1$ 与三个训练指标的相关系数都是正数，其中跳高在 $\hat{v}_1$ 中的载荷 (−0.716 4) 和它与 $\hat{v}_1$ 的相关系数 (0.162 2) 反号。因此，体重和跳高在这组变量中分别是一个校正 (或抑制) 变量。

一个变量的载荷与典型相关变量的相关系数的符号相反似乎不合理。为了理解这是怎样发生的，考虑简单的情况：用多元回归方法由腰围和体重来预测仰卧起坐次数。一般来说，胖的人比瘦的人仰卧起坐次数少，这似乎是有道理的。假定这组样本中没有非常高的人，于是腰围和体重之间的相关系数 (0.870) 是很大的。检验肥胖同自变量之间的相关性：

• 腰围大的人倾向于比腰围小的人胖，因此腰围与仰卧起坐次数之间的相关为负相关。

• 体重大的人倾向于比体重小的人胖，于是体重与仰卧起坐次数之间的相关为负相关。

• 固定体重的值，腰围大的人倾向于较强壮和较胖，于是腰围的多元回归系数应是负的。

● 固定腰围的值, 体重大的人倾向于比较高, 因此体重的多元回归系数应是正的。

因此, 第一典型相关一般解释为以体重和跳高作为校正变量来提高腰围和仰卧起坐次数之间的相关性, 但样本对于得出确定的结论还不够大。

计算典型相关变量解释原始变量方差的比例, R 程序及输出结果如下:

```
> apply(CCA$scores$corr.X.xscores,2,function(x)mean(x^2))
                      # 第一组典型相关变量解释原第一组变量方差的比例
[1] 0.4508    0.2470    0.3022
> apply(CCA$scores$corr.Y.xscores,2,function(x)mean(x^2))
                      # 第一组典型相关变量解释原第二组变量方差的比例
[1] 0.2584    0.0175    0.0008
> apply(CCA$scores$corr.X.yscores,2,function(x)mean(x^2))
                      # 第二组典型相关变量解释原第一组变量方差的比例
[1] 0.2854    0.0099    0.0016
> apply(CCA$scores$corr.Y.yscores,2,function(x)mean(x^2))
                      # 第二组典型相关变量解释原第二组变量方差的比例
[1] 0.4081    0.4345    0.1574
```

第一对典型相关变量中, $\hat{u}_1$ 解释生理指标的样本总方差的比例为 0.451, $\hat{v}_1$ 解释训练指标的样本总方差的比例为 0.408, 但两者都不能很好地全面预测对应的那组变量。因为生理指标的样本总方差被第二组第一个典型相关变量 $\hat{v}_1$ 解释的比例为 0.285, 而训练指标的样本总方差被第一组第一个典型相关变量 $\hat{u}_1$ 解释的比例为 0.258。

计算得分, 并绘制得分的散点图。R 程序如下:

```
> u<-as.matrix(x)%*%CCA$xcoef              # 计算得分
> v<-as.matrix(y)%*%CCA$ycoef              # 计算得分
> plot(u[,1],v[,1],xlab="u1",ylab="v1")    # 绘制第一对典型相关变量得分的散点图, x 轴
                                            名称为 u1, y 轴名称为 v1, 见图 12-1
> abline(0,1)    # 在得分的散点图上添加一条 y 等于 x 的直线, 以查看散点分布情况
```

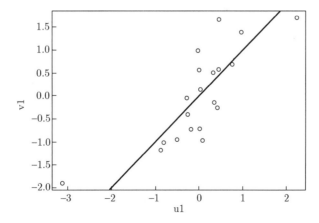

图 12-1 康复俱乐部数据第一对典型相关变量得分的散点图

通过第一对典型相关变量得分的散点图可以看出, 散点近似在一条直线上, 虽然有偏离情况发生, 但总体还是呈现出线性相关关系。综合来看, 生理指标与训练指标之间的关系虽有波动, 但从整体来看较为明显。

12.10 案例分析与 R 实现

案例 12.1 (数据文件为 case12.1) 表 12-3 给出了 2008—2016 年我国科技活动和经济发展的部分代表性指标数据。其中, 科技活动指标: x_1 为 R&D 人员全时当量 (单位: 万人年), x_2 为 R&D 经费支出 (单位: 亿元), x_3 为 R&D 项目 (课题) 数 (单位: 项), x_4 为发表科技论文数 (单位: 篇), x_5 为专利申请授权数 (单位: 件)。经济发展指标: y_1 为国内生产总值 (单位: 亿元), y_2 为城镇居民家庭人均可支配收入 (单位: 元), y_3 为农村居民家庭人均纯收入 (单位: 元)。利用这些数据进行典型相关分析来分析我国科技活动和经济发展的关系。

表 12-3 2008—2016 年我国科技活动和经济发展数据

年份	x_1	x_2	x_3	x_4	x_5	y_1	y_2	y_3
2008	26.00	811	54 900	132 072	5 048	319 516	15 781	4 761
2009	27.70	996	61 135	138 119	6 391	349 081	17 175	5 153
2010	29.30	1 186	67 050	140 818	8 698	413 030	19 109	5 919
2011	31.57	1 307	70 967	148 039	12 126	489 301	21 810	6 977
2012	34.40	1 549	79 343	158 647	16 551	540 367	24 565	7 917
2013	36.37	1 781	85 069	164 440	20 095	595 244	26 467	9 430
2014	37.40	1 926	91 465	171 928	24 870	643 974	28 844	10 489
2015	38.36	2 136	99 559	169 989	30 104	689 052	31 195	11 422
2016	39.01	2 260	100 925	175 169	32 442	744 127	33 616	12 363

解: 先读取数据, 求样本相关系数矩阵, R 程序及输出结果如下:

```
# case12.1 我国科技活动和经济发展的典型相关分析
# 打开数据文件 case12.1.xls, 选取 B1:I10 区域, 然后复制
> case12.1<-read.table("clipboard",header=T)
                                    # 将 case12.1.xls 数据读入 case12.1
> R=round(cor(case12.1),3); R       # 求样本相关系数矩阵, 保留三位小数
        x1      x2      x3      x4      x5      y1      y2      y3
x1   1.000   0.988   0.987   0.995   0.969   0.990   0.984   0.979
x2   0.988   1.000   0.999   0.984   0.992   0.995   0.997   0.995
x3   0.987   0.999   1.000   0.981   0.992   0.993   0.995   0.993
x4   0.995   0.984   0.981   1.000   0.969   0.985   0.982   0.979
x5   0.969   0.992   0.992   0.969   1.000   0.987   0.995   0.997
y1   0.990   0.995   0.993   0.985   0.987   1.000   0.998   0.993
y2   0.984   0.997   0.995   0.982   0.995   0.998   1.000   0.997
y3   0.979   0.995   0.993   0.979   0.997   0.993   0.997   1.000
```

科技活动指标和经济发展指标之间的相关性很强, 组内相关性也很强。

进行典型相关分析, 求典型相关系数和对应的典型相关变量的系数, R 程序及输出结果如下:

```
> X=scale(case12.1)    # 对数据进行标准化处理
> x=X[,1:5]            # 指定一组变量数据
> y=X[,6:8]            # 指定另一组变量数据
> library(CCA)         # 载入进行典型相关分析所用的 CCA 包
> CCAc12.2=cc(x,y)     # 进行典型相关分析
> CCAc12.2$cor         # 输出典型相关系数
[1] 0.99998    0.86706    0.29489
> CCAc12.2$xcoef       # 输出 x 的典型载荷
        [,1]      [,2]      [,3]
  x1   0.1188   -7.590     0.1671
  x2  -0.7634   -1.440    13.9738
  x3   0.6538    2.655   -19.2193
  x4  -0.1652    3.641     1.6708
  x5  -0.8457    2.645     3.3987

> CCAc12.2$ycoef        # 输出 y 的典型载荷
        [,1]      [,2]      [,3]
  y1   0.6016  -13.118     7.092
  y2  -0.8936    9.993   -19.181
  y3  -0.7058    3.036    12.106
```

因为 8 个变量没有用相同单位测量, 这里用标准化后的系数进行分析。第一个典型相关系数为 0.999 98, 它比科技活动指标和经济发展指标间的任一相关系数都大。

调用相关系数检验脚本进行典型相关系数检验, 确定典型相关变量的对数, R 程序及输出结果如下:

```
> source('corcoef_test.R')   # 调用典型相关系数检验脚本, 若该脚本不在 R 的当前工作路径
        下, 则要将路径设置清晰, 如 source('C:/Program Files/corcoef_test.R')
> corcoef_test(r=CCAc12.2$cor,n=nrow(x),p=ncol(x),q=ncol(y))   # 进行典型相关系数检验
            r         Q          P
  [1,]   0.99998   40.49141    0.00038
  [2,]   0.86706    5.19575    0.73646
  [3,]   0.29489    0.34846    0.95067
```

检验总体中所有典型相关系数均为零的原假设时, 概率水平远小于 $\alpha = 0.05$, 否定所有典型相关系数均为零的假设, 也就是至少有一对典型相关系数是显著的; 典型相关系数检验 p 值的第二个值为 0.736、第三个值为 0.951, 因此在显著性水平为 0.05 的情况下, 只有一对典型相关系数是显著的。

结合前面输出的典型载荷结果来看, 科技活动指标的第一个典型相关变量 $\widehat{u}_1$ 为

$$\widehat{u}_1 = 0.118\,8x_1^* - 0.763\,4x_2^* + 0.653\,8x_3^* - 0.165\,2x_4^* - 0.845\,7x_5^*$$

它近似地是专利申请授权数、R&D 经费支出和 R&D 项目 (课题) 数的加权和。在专利申请授权数上的权数最大, 其次是 R&D 经费支出, 在 R&D 项目 (课题) 数上的权数也较大。

经济发展指标的第一个典型相关变量 $\hat{v}_1$ 为

$$\hat{v}_1 = 0.601\,6y_1^* - 0.893\,6y_2^* - 0.705\,8y_3^*$$

它在城镇居民家庭人均可支配收入上的权数最大, 其次为农村居民家庭人均纯收入。

输出原始变量和典型相关变量的相关系数, R 程序及输出结果如下:

```
> CCAc12.2$scores$corr.X.xscores
                            # 输出第一组典型相关变量与 X 组原始变量之间的相关系数
        [,1]      [,2]      [,3]
  x1  -0.97482  -0.20944  -0.02677
  x2  -0.99413  -0.08663  -0.04131
  x3  -0.99275  -0.07465  -0.08732
  x4  -0.97608  -0.15772   0.01888
  x5  -0.99878   0.02189  -0.03766
> CCAc12.2$scores$corr.Y.xscores
                            # 输出第一组典型相关变量与 Y 组原始变量之间的相关系数
        [,1]      [,2]      [,3]
  y1  -0.99059  -0.11673  -0.00708
  y2  -0.99682  -0.05889  -0.01212
  y3  -0.99907  -0.02493   0.00931
> CCAc12.2$scores$corr.X.yscores
                            # 输出第二组典型相关变量与 X 组原始变量之间的相关系数
        [,1]      [,2]      [,3]
  x1  -0.97480  -0.18160  -0.00790
  x2  -0.99411  -0.07511  -0.01218
  x3  -0.99273  -0.06472  -0.02575
  x4  -0.97606  -0.13675   0.00557
  x5  -0.99875   0.01898  -0.01111
> CCAc12.2$scores$corr.Y.yscores
                            # 输出第二组典型相关变量与 Y 组原始变量之间的相关系数
        [,1]      [,2]      [,3]
  y1  -0.99061  -0.13463  -0.02399
  y2  -0.99684  -0.06792  -0.04108
  y3  -0.99909  -0.02875   0.03156
```

整理后得到表 12-4。

来自科技活动指标的第一个典型相关变量 $\hat{u}_1$ 与 R&D 经费支出、发表科技论文数、专利申请授权数的相关系数分别为 –0.994 13、–0.976 08、–0.998 78, $\hat{u}_1$ 与 R&D 人员全时当量、R&D 项目 (课题) 数的相关系数分别为 –0.974 82、–0.992 75, 它们都是负的,

表 12-4 原始变量与第一对典型相关变量的相关系数

x^* 变量	样本典型相关变量		y^* 变量	样本典型相关变量	
	$\widehat{u}_1$	$\widehat{v}_1$		$\widehat{u}_1$	$\widehat{v}_1$
R&D 人员全时当量	−0.974 82	−0.974 80	国内生产总值	−0.990 59	−0.990 61
R&D 经费支出	−0.994 13	−0.994 11	城镇居民家庭人均可支配收入	−0.996 82	−0.996 84
R&D 项目 (课题) 数	−0.992 75	−0.992 73	农村居民家庭人均纯收入	−0.999 07	−0.999 09
发表科技论文数	−0.976 08	−0.976 06			
专利申请授权数	−0.998 78	−0.998 75			

因此 R&D 人员全时当量、R&D 项目 (课题) 数是校正变量, 其含义是它们在 $\widehat{u}_1$ 中的载荷 (0.118 8, 0.653 8) 和它们与 $\widehat{u}_1$ 的相关系数 (−0.974 82, −0.992 75) 反号。

来自经济发展指标的第一个典型相关变量 $\widehat{v}_1$ 与三个经济发展指标的相关系数是负值, 因国内生产总值在 $\widehat{v}_1$ 中的载荷和它与 $\widehat{v}_1$ 的相关系数反号, 故国内生产总值也是一个校正变量。

计算典型相关变量解释原始变量方差的比例, 第一对典型相关变量能很好地全面预测对应的那组变量, 科技活动指标的样本总方差被第一个典型相关变量 $\widehat{u}_1$ 解释的比例为 0.974 9, 经济发展指标的样本总方差被第一个典型相关变量 $\widehat{v}_1$ 解释的比例为 0.991 1; 而科技活动指标的样本总方差被第一个典型相关变量 $\widehat{v}_1$ 解释的比例为 0.974 8, 经济发展指标的样本总方差被第一个典型相关变量 $\widehat{u}_1$ 解释的比例为 0.991 0。R 程序及输出结果如下:

```
> apply(CCAc12.2$scores$corr.X.xscores,2,function(x)mean(x^2))
                        # 第一组典型相关变量解释原第一组变量方差的比例
[1] 0.9749  0.0165  0.0024
> apply(CCAc12.2$scores$corr.Y.xscores,2,function(x)mean(x^2))
                        # 第一组典型相关变量解释原第二组变量方差的比例
[1] 0.9910    0.0059    0.000009
> apply(CCAc12.2$scores$corr.X.yscores,2,function(x)mean(x^2))
                        # 第二组典型相关变量解释原第一组变量方差的比例
[1] 0.9748    0.0124    0.0002
> apply(CCAc12.2$scores$corr.Y.yscores,2,function(x)mean(x^2))
                        # 第二组典型相关变量解释原第二组变量方差的比例
[1] 0.9911    0.0079    0.0011
```

计算得分, 并绘制得分的散点图。R 程序如下:

```
> u<-as.matrix(x)%*%CCAc12.2$xcoef      # 计算得分
> v<-as.matrix(y)%*%CCAc12.2$ycoef      # 计算得分
> plot(u[,1],v[,1],xlab="u1",ylab="v1") # 绘制第一对典型相关变量得分的散点图, x 轴
                                          名称为 u1, y 轴名称为 v1, 见图 12-2
> abline(0,1)   # 在得分的散点图上添加一条 y 等于 x 的直线, 以查看散点分布情况
```

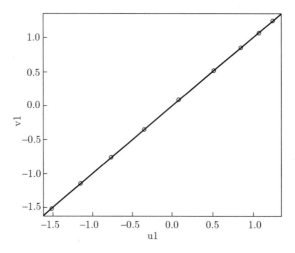

图 12-2　科技活动和经济发展数据第一对典型相关变量得分的散点图

由得分的散点图图 12-2 可以看出, 第一对典型相关变量得分的散点在一条直线上分布, 两者之间呈高度线性相关关系, 散点图上没有离群点。这说明我国科技活动与经济发展之间的关系很稳定, 整体波动平稳。

习　题

12.1　试述典型相关分析的基本思想。

12.2　指出根据协方差矩阵和相关系数矩阵所进行的典型相关分析的区别和联系。

12.3　分析一组原始变量的典型相关变量与其主成分的异同。

12.4　(数据文件为 exe12.4) 基于 2005—2017 年我国国民经济数据 (见表 12-5), 利用 R 来进行邮电业和国民经济之间的典型相关分析。我们采用如下指标来衡量我国各

表 12-5　邮电业与第一、第二、第三产业产值情况

年份	x_1	x_2	x_3	x_4	y_1	y_2	y_3	y_4
2005	73.5	9 532	39 341	35 045	21 807	77 961	10 401	77 428
2006	71.3	9 318	46 106	36 779	23 317	92 238	12 450	91 760
2007	69.5	9 103	54 731	36 564	27 674	111 694	15 348	115 785
2008	73.6	7 937	64 125	34 036	32 464	131 728	18 808	136 824
2009	75.3	7 230	74 721	31 373	33 584	138 096	22 682	154 762
2010	74.0	6 643	85 900	29 434	38 431	165 126	27 259	182 059
2011	73.8	6 883	98 625	28 510	44 781	195 143	32 927	216 120
2012	70.7	6 876	111 216	27 815	49 085	208 906	36 896	244 852
2013	63.4	6 925	122 911	26 699	53 028	222 338	40 897	277 979
2014	56.1	6 024	128 609	24 943	55 626	233 856	44 881	308 083
2015	45.8	4 243	127 140	23 100	57 775	236 506	46 627	346 178
2016	36.2	2 794	132 193	20 662	60 139	247 878	49 703	383 374
2017	31.5	2 657	141 749	19 376	62 100	278 328	55 314	425 912

资料来源: 国家统计局年度数据, http://data.stats.gov.cn/easyquery.htm?cn=C01.

年份的邮电业: 函件 x_1 (单位: 亿件); 包裹 x_2 (单位: 万件); 移动电话年末用户 x_3 (单位: 万户); 固定电话年末用户 x_4 (单位: 万户)。同时采用下面的指标来衡量我国各年份的经济状况 (单位: 亿元): 第一产业产值 y_1; 工业产值 y_2; 建筑业产值 y_3; 第三产业产值 y_4。

12.5 (数据文件为 exe12.5) 表 12-6 给出了全国 31 个省、自治区、直辖市 (不含港澳台) 的城镇居民年人均家庭收入来源及现金消费支出情况。其中, 收入来源指标有: 工资性收入 (x_1), 经营净收入 (x_2), 财产性收入 (x_3), 转移性收入 (x_4)。现金消费支出指

表 12-6 全国各省份 (不含港澳台) 城镇居民年人均家庭收入来源及现金消费支出

单位: 元

地区	x_1	x_2	x_3	x_4	y_1	y_2	y_3	y_4
北京	27 961.8	1 430.2	717.6	10 993.5	7 535.3	2 638.9	1 970.9	3 781.5
天津	21 523.8	1 200.1	515.5	9 704.6	7 343.6	1 881.4	1 854.2	3 083.4
河北	13 154.5	2 257.5	338.5	6 149.0	4 211.2	1 542.0	1 502.4	1 723.8
山西	14 973.6	1 041.4	301.8	5 783.4	3 855.6	1 529.5	1 438.9	1 672.3
内蒙古	16 872.6	2 698.7	564.0	4 655.5	5 463.2	2 730.2	1 583.6	2 572.9
辽宁	14 846.1	2 710.3	493.0	7 866.4	5 809.4	2 042.4	1 433.3	2 323.3
吉林	13 535.3	2 168.8	324.0	5 631.5	4 635.3	2 044.8	1 594.1	1 780.7
黑龙江	11 700.5	1 729.3	186.1	5 752.0	4 687.2	1 806.9	1 336.9	1 462.6
上海	31 109.3	2 267.2	575.8	10 802.2	9 655.6	2 111.2	1 790.5	4 563.8
江苏	20 102.1	3 421.9	690.0	8 305.2	6 658.4	1 916.0	1 437.1	2 689.5
浙江	22 385.1	4 694.4	1 465.3	9 450.0	7 552.0	2 109.6	1 551.7	4 133.5
安徽	14 812.5	2 155.3	549.6	6 007.1	5 814.9	1 540.7	1 397.0	1 809.7
福建	19 976.0	3 337.0	1 795.2	5 769.7	7 317.4	1 634.2	1 753.9	2 961.8
江西	13 348.1	1 946.8	527.6	5 327.7	5 071.6	1 476.6	1 173.9	1 501.3
山东	19 856.1	2 621.4	704.9	4 823.2	5 201.3	2 197.0	1 572.4	2 370.2
河南	13 666.5	2 545.1	333.8	5 351.8	4 607.5	1 886.0	1 190.8	1 730.4
湖北	14 191.0	2 158.3	476.2	6 078.3	5 837.9	1 783.4	1 371.2	1 477.0
湖南	13 237.1	3 008.3	867.8	5 691.4	5 441.6	1 624.6	1 301.6	2 084.2
广东	23 632.2	3 603.9	1 468.7	5 339.6	8 258.4	1 520.6	2 099.8	4 176.7
广西	14 693.5	2 131.8	883.7	5 500.4	5 552.6	1 146.5	1 377.3	2 088.6
海南	14 672.3	2 397.4	717.6	5 022.5	6 556.1	865.0	1 521.0	2 004.3
重庆	15 415.4	2 183.5	538.4	6 673.6	6 870.2	2 228.8	1 177.0	1 903.2
四川	14 249.3	2 017.8	633.8	5 427.3	6 073.9	1 651.1	1 284.1	1 946.7
贵州	12 309.2	1 982.5	355.7	5 395.6	4 992.9	1 399.0	1 013.5	1 891.0
云南	14 408.3	2 425.0	1 000.0	5 167.1	5 468.2	1 759.9	973.8	2 264.2
西藏	17 672.1	570.9	417.9	1 563.3	5 517.7	1 361.6	845.2	1 387.5
陕西	15 547.3	882.0	269.6	5 907.1	5 550.7	1 789.1	1 322.2	1 788.4
甘肃	12 514.9	1 125.7	259.6	4 598.2	4 602.3	1 631.4	1 287.9	1 575.2
青海	12 614.4	1 191.4	93.0	5 847.8	4 667.3	1 512.2	1 232.4	1 549.8
宁夏	13 965.6	2 522.8	160.9	5 252.9	4 768.9	1 875.7	1 193.4	2 110.4
新疆	14 432.1	1 633.2	145.5	3 983.7	5 238.9	2 031.1	1 166.6	1 660.3

资料来源: 国家统计局. 中国统计年鉴 (2013). 北京: 中国统计出版社, 2013.

标有: 食品 (y_1), 衣着 (y_2), 居住 (y_3), 交通和通信 (y_4)。就这些指标数据进行典型相关分析。

12.6 (数据文件为 exe12.6) 通过国家统计局网站收集到 2017 年我国 31 个省、自治区、直辖市 (不含港澳台) 全社会固定资产投资资金情况如表 12-7 所示。其中, x_1 为国家预算资金, x_2 为国内贷款, x_3 为利用外资, x_4 为自筹资金, x_5 为其他资金。也收集了 2017 年我国三大产业产值: y_1 为第一产业产值, y_2 为第二产业产值, y_3 为第三产业产值。试利用典型相关分析找到各类投资资金与三大产业产值之间的关系。

表 12-7 2017 年全社会固定资产投资资金与三大产业产值情况   单位: 亿元

地区	x_1	x_2	x_3	x_4	x_5	y_1	y_2	y_3
北京	1 092.1	2 595.4	21.5	3 600.9	3 608.5	120.4	5 326.8	22 567.8
天津	187.5	2 016.7	32.0	7 803.2	2 786.7	169.0	7 593.6	10 786.6
河北	1 185.1	1 951.8	74.7	25 815.2	2 920.5	3 130.0	15 846.2	15 040.1
山西	337.8	536.9	9.2	3 516.1	1 108.0	719.2	6 778.9	8 030.4
内蒙古	1 176.9	1 399.0	3.5	9 830.3	477.8	1 649.8	6 399.7	8 046.8
辽宁	305.6	845.7	191.9	3 925.0	1 885.9	1 902.3	9 199.8	12 307.2
吉林	432.5	651.2	21.2	11 037.9	847.0	1 095.4	6 998.5	6 850.7
黑龙江	533.6	434.1	28.4	9 350.6	1 052.8	2 965.3	4 060.6	8 876.8
上海	811.6	2 013.0	18.8	2 834.9	2 504.1	110.8	9 330.7	21 191.5
江苏	1 044.6	6 397.8	376.1	37 932.4	11 532.0	4 045.2	38 654.9	43 169.7
浙江	2 736.3	4 173.7	73.8	19 180.4	8 573.4	1 933.9	22 232.1	27 602.3
安徽	1 783.9	2 122.7	92.8	19 693.0	5 154.7	2 582.3	12 838.3	11 597.5
福建	1 819.0	2 370.1	71.5	17 013.7	4 516.3	2 215.1	15 354.3	14 612.7
江西	1 151.3	1 641.9	62.2	15 816.7	2 838.9	1 835.3	9 628.0	8 543.1
山东	1 316.9	5 658.6	274.3	40 696.3	6 998.6	4 832.7	32 942.8	34 858.6
河南	1 616.7	4 095.4	83.6	34 422.5	2 990.8	4 139.3	21 105.5	19 308.0
湖北	2 260.2	2 998.5	63.7	21 198.6	4 855.0	3 529.0	15 441.8	16 507.4
湖南	1 611.7	2 863.2	118.6	22 899.9	4 343.3	2 998.4	14 145.5	16 759.1
广东	2 482.0	6 832.7	259.7	22 038.1	11 224.4	3 611.4	38 008.1	48 085.7
广西	1 954.5	2 675.6	17.5	12 484.2	3 183.3	2 878.3	7 450.9	8 194.1
海南	359.8	745.3	3.5	1 828.9	1 977.5	962.8	996.4	2 503.4
重庆	1 011.8	2 563.3	68.7	10 610.0	4 072.4	1 276.1	8 584.6	9 564.0
四川	2 250.0	2 739.2	22.7	20 550.7	6 544.2	4 262.4	14 328.1	18 389.7
贵州	1 085.2	2 324.7	29.5	7 607.8	2 408.0	2 032.3	5 428.1	6 080.4
云南	1 782.2	2 185.3	8.7	7 025.8	2 938.5	2 338.4	6 205.0	7 833.0
西藏	1 037.3	80.6	3.5	371.0	106.7	122.7	513.7	674.6
陕西	1 614.5	2 201.5	61.9	16 137.5	2 278.6	1 741.5	10 882.9	9 274.5
甘肃	791.3	770.5	4.8	2 777.8	901.2	859.8	2 561.8	4 038.4
青海	639.7	903.5	4.0	1 597.4	265.6	238.4	1 162.4	1 224.0
宁夏	254.8	601.2	4.6	1 514.5	539.8	250.6	1 580.6	1 612.4
新疆	1 831.9	1 769.7	21.7	5 455.7	1 527.6	1 551.8	4 330.9	4 999.2

资料来源: 国家统计局年度数据, http://data.stats.gov.cn/easyquery.htm?cn=E0103.

12.7　(数据文件为 exe12.7) 表 12-8 给出了 2016 年我国 31 个省、自治区、直辖市 (不含港澳台) 农用化肥施用量, 其中包括氮肥 (x_1)、磷肥 (x_2)、钾肥 (x_3) 和复合肥 (x_4); 同时也给出了主要农产品的产量, 其中包括粮食产量 (y_1)、棉花产量 (y_2)、油料产量 (y_3) 和水果产量 (y_4)。就所给数据进行典型相关分析。

表 12-8　2016 年农用化肥施用量及主要农产品产量　　　单位: 万吨

地区	x_1	x_2	x_3	x_4	y_1	y_2	y_3	y_4
北京	4.39	0.54	0.51	4.22	53.69	0.01	0.56	78.97
天津	8.99	2.90	1.55	8.34	196.37	2.33	1.60	61.50
河北	144.95	45.17	27.73	113.93	3 460.24	29.95	156.50	2 138.51
山西	31.60	14.80	10.35	60.33	1 318.51	1.03	15.43	840.77
内蒙古	98.43	42.90	19.15	74.17	2 780.25	0.02	220.02	316.28
辽宁	60.49	10.75	11.63	65.19	2 100.63	0.01	81.33	802.26
吉林	66.87	6.95	15.21	144.58	3 717.21	0.00	82.54	241.10
黑龙江	87.10	50.70	36.37	78.58	6 058.50	0.00	21.75	259.88
上海	4.62	0.64	0.41	3.46	99.16	0.03	0.90	50.64
江苏	158.17	40.88	18.88	94.59	3 466.01	7.38	131.93	893.00
浙江	44.19	9.71	6.58	24.00	752.20	1.65	29.09	724.32
安徽	104.86	32.08	30.73	159.33	3 417.40	18.46	214.83	1 043.49
福建	47.53	17.70	24.83	33.79	650.87	0.01	31.03	853.81
江西	41.24	22.10	21.24	57.39	2 138.11	7.33	122.02	617.40
山东	146.04	47.06	39.64	223.72	4 700.71	54.83	326.78	3 255.43
河南	228.30	113.80	63.50	309.60	5 946.60	9.75	619.09	2 871.26
湖北	133.97	59.06	30.65	104.28	2 554.12	18.85	329.75	1 010.40
湖南	100.45	26.62	43.08	76.30	2 953.20	12.27	242.87	1 048.18
广东	104.85	25.03	51.09	80.05	1 360.22	0.00	113.29	1 717.01
广西	74.89	31.13	58.96	97.16	1 521.30	0.25	68.95	1 882.50
海南	15.49	3.31	8.82	23.00	177.86	0.00	11.18	395.39
重庆	48.38	17.36	5.44	24.97	1 166.00	0.00	62.72	408.69
四川	121.94	48.93	17.93	60.19	3 483.50	0.88	311.29	979.32
贵州	50.89	12.29	10.12	30.38	1 192.38	0.12	103.43	243.88
云南	115.50	34.97	26.16	58.95	1 902.89	0.01	68.50	759.11
西藏	1.95	1.20	0.49	2.28	101.91	0.00	6.21	1.53
陕西	92.20	19.08	24.69	97.09	1 228.29	3.38	63.80	2 017.84
甘肃	38.55	18.25	8.44	28.18	1 140.59	1.99	76.02	737.96
青海	3.62	1.50	0.18	3.46	103.45	0.00	30.04	4.02
宁夏	17.41	4.44	2.66	16.21	370.60	0.00	14.65	305.77
新疆	112.63	68.19	20.08	49.31	1 512.28	359.38	71.39	1 790.88

资料来源: 国家统计局年度数据, http://data.stats.gov.cn/easyquery.htm?cn=E0103.

12.8　(数据文件为 exe12.8) 为研究运动员体力与运动能力的关系, 对某高中一年级 38 名男生进行体力 (共 7 项指标) 及运动能力 (共 5 项指标) 测试。体力测试指标:

x_1 为反复横向跳 (次), x_2 为纵跳距离 (cm), x_3 为背力 (kg), x_4 为握力 (kg), x_5 为台阶试验 (指数), x_6 为立定体前屈 (cm), x_7 为俯卧上体后仰 (cm); 运动能力测试指标: y_1 为 50 米跑时间 (秒), y_2 为跳远距离 (cm), y_3 为投球距离 (m), y_4 为引体向上次数 (次), y_5 为耐力跑时间 (s)。具体数据如表 12-9 所示。就所给数据进行典型相关分析。

表 12-9 高中一年级男生体力及运动能力测试数据

编号	x_1	x_2	x_3	x_4	x_5	x_6	x_7	y_1	y_2	y_3	y_4	y_5
1	46	55	126	51	75	25	72	6.8	489	27	8	360
2	52	55	95	42	81	18	50	7.2	464	30	5	348
3	46	69	107	38	98	18	74	6.8	430	32	9	386
4	49	50	105	48	98	16	60	6.8	362	26	6	331
5	42	55	90	46	67	2	68	7.2	453	23	11	391
6	48	61	106	43	78	25	58	7.0	405	29	7	389
7	49	60	100	49	91	15	60	7.0	420	21	10	379
8	48	63	122	52	56	17	68	7.1	466	28	2	362
9	45	55	105	48	76	15	61	6.8	415	24	6	386
10	48	64	120	38	60	20	62	7.1	413	28	7	398
11	49	52	200	42	53	6	42	7.4	404	23	6	400
12	47	62	100	34	61	10	62	7.2	427	25	7	407
13	41	51	101	53	62	5	60	8.0	372	25	3	409
14	52	55	125	43	86	5	62	6.8	496	30	10	350
15	45	52	94	50	51	20	65	7.6	394	24	3	399
16	49	57	110	47	72	19	45	7.0	446	30	11	337
17	53	65	112	47	90	15	75	6.6	446	30	12	357
18	47	77	95	47	72	9	64	6.6	420	25	4	447
19	48	60	120	47	86	12	62	6.8	447	28	11	381
20	49	55	113	41	84	15	70	7.0	398	27	4	387
21	48	69	128	42	48	20	63	7.1	485	30	7	350
22	42	57	122	46	54	15	63	7.2	400	28	6	388
23	54	64	155	51	71	19	61	6.9	511	33	12	298
24	54	63	120	42	57	8	53	7.5	430	29	4	353
25	42	71	138	44	65	17	55	7.0	487	29	9	370
26	46	66	120	45	62	22	68	7.4	470	28	7	360
27	45	56	91	29	66	18	51	7.9	380	26	5	358
28	50	60	120	42	57	8	57	6.8	460	32	5	348
29	42	51	126	50	50	13	57	7.7	398	27	2	383
30	48	50	115	41	53	6	39	7.4	415	28	6	314
31	42	52	140	48	56	15	60	6.9	470	27	11	348

续表

编号	x_1	x_2	x_3	x_4	x_5	x_6	x_7	y_1	y_2	y_3	y_4	y_5
32	48	67	105	39	69	23	60	7.6	450	28	10	326
33	49	74	151	49	54	20	58	7.0	500	30	12	330
34	47	55	113	40	71	19	64	7.6	410	29	7	331
35	49	74	120	53	55	22	59	6.9	500	33	21	342
36	44	52	110	37	55	14	57	7.5	400	29	2	421
37	52	66	130	47	46	14	45	6.8	505	28	11	355
38	48	68	100	45	54	23	70	7.2	522	28	9	352

资料来源: 张文彤, 董伟. SPSS 统计分析高级教程. 2 版. 北京: 高等教育出版社, 2013.

12.9 (数据文件为 exe12.9) 为研究我国科学研究与开发机构科技投入和产出的关系, 选取了我国科学研究与开发机构科技投入指标: x_1 为 R&D 折合全时人员 (单位: 万人年), x_2 为 R&D 经费支出 (单位: 亿元), x_3 为 R&D 政府资金 (单位: 亿元), x_4 为 R&D 企业资金 (单位: 亿元)。还选取了科技产出指标: y_1 为发表科技论文数量 (单位: 篇), y_2 为专利申请受理数 (单位: 件), y_3 为发明专利申请授权数 (单位: 件)。数据详见表 12-10。就所给数据进行典型相关分析。

表 12-10　我国科学研究与开发机构科技活动情况数据

年份	x_1	x_2	x_3	x_4	y_1	y_2	y_3
2008	26.00	811.30	699.70	28.20	132 072	12 536	3 102
2009	27.70	996.00	849.50	29.80	138 119	15 773	4 077
2010	29.30	1 186.40	1 036.50	34.20	140 818	19 192	5 249
2011	31.57	1 306.74	1 106.12	39.88	148 039	24 059	7 862
2012	34.40	1 548.93	1 292.71	47.41	158 647	30 418	10 935
2013	36.37	1 781.40	1 481.23	60.95	164 440	37 040	12 542
2014	37.40	1 926.20	1 581.00	62.90	171 928	41 966	15 786
2015	38.36	2 136.49	1 802.69	65.36	169 989	46 559	19 720
2016	39.01	2 260.18	1 851.60	90.44	175 169	52 331	21 816
2017	40.57	2 435.70	2 025.91	91.85	177 572	56 267	24 283

资料来源: 国家统计局年度数据, http://data.stats.gov.cn/easyquery.htm?cn=C01.

附　录

(1) 由于 $\boldsymbol{\Sigma}_{11} > 0$, $\boldsymbol{\Sigma}_{22} > 0$, 故 $\boldsymbol{\Sigma}_{11}^{-1} > 0$, $\boldsymbol{\Sigma}_{22}^{-1} > 0$, 所以有

$$\boldsymbol{M}_1 = \boldsymbol{\Sigma}_{11}^{-1} \boldsymbol{\Sigma}_{12} \boldsymbol{\Sigma}_{22}^{-1} \boldsymbol{\Sigma}_{21}$$
$$= \boldsymbol{\Sigma}_{11}^{-1/2} (\boldsymbol{\Sigma}_{11}^{-1/2} \boldsymbol{\Sigma}_{12} \boldsymbol{\Sigma}_{22}^{-1} \boldsymbol{\Sigma}_{21}) \stackrel{\text{def}}{=} \boldsymbol{AB}$$

其中, $\boldsymbol{A} = \boldsymbol{\Sigma}_{11}^{-1/2}$, $\boldsymbol{B} = \boldsymbol{\Sigma}_{11}^{-1/2} \boldsymbol{\Sigma}_{12} \boldsymbol{\Sigma}_{22}^{-1} \boldsymbol{\Sigma}_{21}$。

但 $\boldsymbol{AB}$ 与 $\boldsymbol{BA} = (\boldsymbol{\Sigma}_{11}^{-1/2}\boldsymbol{\Sigma}_{12}\boldsymbol{\Sigma}_{22}^{-1}\boldsymbol{\Sigma}_{21})\boldsymbol{\Sigma}_{11}^{-1/2}$ 有相同的非零特征值，即

$$(\boldsymbol{\Sigma}_{11}^{-1/2}\boldsymbol{\Sigma}_{12}\boldsymbol{\Sigma}_{22}^{-1/2}\boldsymbol{\Sigma}_{22}^{-1/2}\boldsymbol{\Sigma}_{21})\boldsymbol{\Sigma}_{11}^{-1/2} = \boldsymbol{\Sigma}_{11}^{-1/2}\boldsymbol{\Sigma}_{12}\boldsymbol{\Sigma}_{22}^{-1}\boldsymbol{\Sigma}_{21}\boldsymbol{\Sigma}_{11}^{-1/2}$$

与 $\boldsymbol{M}_1$ 有相同的特征值。

同理可证 $\boldsymbol{\Sigma}_{22}^{-1/2}\boldsymbol{\Sigma}_{21}\boldsymbol{\Sigma}_{11}^{-1}\boldsymbol{\Sigma}_{12}\boldsymbol{\Sigma}_{22}^{-1/2}$ 与 $\boldsymbol{M}_2$ 有相同的特征值，所以得出：

$\boldsymbol{\Sigma}_{11}^{-1}\boldsymbol{\Sigma}_{12}\boldsymbol{\Sigma}_{22}^{-1}\boldsymbol{\Sigma}_{21}$, $\boldsymbol{\Sigma}_{22}^{-1}\boldsymbol{\Sigma}_{21}\boldsymbol{\Sigma}_{11}^{-1}\boldsymbol{\Sigma}_{12}$, $\boldsymbol{\Sigma}_{11}^{-1/2}\boldsymbol{\Sigma}_{12}\boldsymbol{\Sigma}_{22}^{-1}\boldsymbol{\Sigma}_{21}\boldsymbol{\Sigma}_{11}^{-1/2}$, $\boldsymbol{\Sigma}_{22}^{-1/2}\boldsymbol{\Sigma}_{21}\boldsymbol{\Sigma}_{11}^{-1}\boldsymbol{\Sigma}_{12}\boldsymbol{\Sigma}_{22}^{-1/2}$
有相同的特征向量。

设 $\boldsymbol{\Sigma}_{22}^{-1/2}\boldsymbol{\Sigma}_{21}\boldsymbol{\Sigma}_{11}^{-1}\boldsymbol{\Sigma}_{12}\boldsymbol{\Sigma}_{22}^{-1/2}$ 的对应于 $\rho_1^2, \rho_2^2, \cdots, \rho_m^2$ 的正交单位特征向量为 $\boldsymbol{\beta}_1, \boldsymbol{\beta}_2, \cdots,$ $\boldsymbol{\beta}_m$，令

$$\boldsymbol{\alpha}_i = \frac{1}{\rho_i}\boldsymbol{\Sigma}_{11}^{-1/2}\boldsymbol{\Sigma}_{12}\boldsymbol{\Sigma}_{22}^{-1/2}\boldsymbol{\beta}_i, \quad \boldsymbol{a}_i = \boldsymbol{\Sigma}_{11}^{-1/2}\boldsymbol{\alpha}_i$$

$$\boldsymbol{b}_i = \boldsymbol{\Sigma}_{22}^{-1/2}\boldsymbol{\beta}_i, \quad i = 1, 2, \cdots, m \tag{12.35}$$

则 $\boldsymbol{\alpha}_1, \boldsymbol{\alpha}_2, \cdots, \boldsymbol{\alpha}_m$ 为 $\boldsymbol{\Sigma}_{11}^{-1/2}\boldsymbol{\Sigma}_{12}\boldsymbol{\Sigma}_{22}^{-1}\boldsymbol{\Sigma}_{21}\boldsymbol{\Sigma}_{11}^{-1/2}$ 的对应于 $\rho_1^2, \rho_2^2, \cdots, \rho_m^2$ 的正交单位特征向量，$\boldsymbol{a}_1, \boldsymbol{a}_2, \cdots, \boldsymbol{a}_m$ 为 $\boldsymbol{\Sigma}_{11}^{-1}\boldsymbol{\Sigma}_{12}\boldsymbol{\Sigma}_{22}^{-1}\boldsymbol{\Sigma}_{21}$ 的对应于 $\rho_1^2, \rho_2^2, \cdots, \rho_m^2$ 的特征向量，$\boldsymbol{b}_1, \boldsymbol{b}_2, \cdots, \boldsymbol{b}_m$ 为 $\boldsymbol{\Sigma}_{22}^{-1}\boldsymbol{\Sigma}_{21}\boldsymbol{\Sigma}_{11}^{-1}\boldsymbol{\Sigma}_{12}$ 的对应于 $\rho_1^2, \rho_2^2, \cdots, \rho_m^2$ 的特征向量，证明如下。

由于

$$\boldsymbol{\Sigma}_{22}^{-1/2}\boldsymbol{\Sigma}_{21}\boldsymbol{\Sigma}_{11}^{-1}\boldsymbol{\Sigma}_{12}\boldsymbol{\Sigma}_{22}^{-1/2}\boldsymbol{\beta}_i = \rho_i^2\boldsymbol{\beta}_i, \quad i = 1, 2, \cdots, m$$

$$\boldsymbol{\beta}_i^{\mathrm{T}}\boldsymbol{\beta}_j = \begin{cases} 1, & i = j \\ 0, & i \neq j \end{cases}, \quad 1 \leqslant i, j \leqslant m$$

故

$$\begin{aligned}
& \boldsymbol{\Sigma}_{11}^{-1/2}\boldsymbol{\Sigma}_{12}\boldsymbol{\Sigma}_{22}^{-1}\boldsymbol{\Sigma}_{21}\boldsymbol{\Sigma}_{11}^{-1/2}\boldsymbol{\alpha}_i \\
=& \frac{1}{\rho_i}\boldsymbol{\Sigma}_{11}^{-1/2}\boldsymbol{\Sigma}_{12}\boldsymbol{\Sigma}_{22}^{-1}\boldsymbol{\Sigma}_{21}\boldsymbol{\Sigma}_{11}^{-1}\boldsymbol{\Sigma}_{12}\boldsymbol{\Sigma}_{22}^{-1/2}\boldsymbol{\beta}_i \\
=& \frac{1}{\rho_i}\boldsymbol{\Sigma}_{11}^{-1/2}\boldsymbol{\Sigma}_{12}\boldsymbol{\Sigma}_{22}^{-1/2}(\boldsymbol{\Sigma}_{22}^{-1/2}\boldsymbol{\Sigma}_{21}\boldsymbol{\Sigma}_{11}^{-1}\boldsymbol{\Sigma}_{12}\boldsymbol{\Sigma}_{22}^{-1/2}\boldsymbol{\beta}_i) \\
=& \frac{1}{\rho_i}\boldsymbol{\Sigma}_{11}^{-1/2}\boldsymbol{\Sigma}_{12}\boldsymbol{\Sigma}_{22}^{-1/2}(\rho_i^2\boldsymbol{\beta}_i) \\
=& \rho_i^2\boldsymbol{\alpha}_i, \quad i = 1, 2, \cdots, m
\end{aligned}$$

$$\begin{aligned}
\boldsymbol{\alpha}_i^{\mathrm{T}}\boldsymbol{\alpha}_j &= \frac{1}{\rho_i\rho_j}\boldsymbol{\beta}_i^{\mathrm{T}}\boldsymbol{\Sigma}_{22}^{-1/2}\boldsymbol{\Sigma}_{21}\boldsymbol{\Sigma}_{11}^{-1}\boldsymbol{\Sigma}_{12}\boldsymbol{\Sigma}_{22}^{-1/2}\boldsymbol{\beta}_j = \frac{1}{\rho_i\rho_j}\boldsymbol{\beta}_i^{\mathrm{T}}(\rho_j^2\boldsymbol{\beta}_j) \\
&= \frac{\rho_j}{\rho_i}\boldsymbol{\beta}_i^{\mathrm{T}}\boldsymbol{\beta}_j = \begin{cases} 1, & i = j \\ 0, & i \neq j \end{cases}, \quad 1 \leqslant i, j \leqslant m
\end{aligned}$$

$$\begin{aligned}
\boldsymbol{\Sigma}_{11}^{-1}\boldsymbol{\Sigma}_{12}\boldsymbol{\Sigma}_{22}^{-1}\boldsymbol{\Sigma}_{21}\boldsymbol{a}_i &= \boldsymbol{\Sigma}_{11}^{-1/2}(\boldsymbol{\Sigma}_{11}^{-1/2}\boldsymbol{\Sigma}_{12}\boldsymbol{\Sigma}_{22}^{-1}\boldsymbol{\Sigma}_{21}\boldsymbol{\Sigma}_{11}^{-1/2}\boldsymbol{\alpha}_i) \\
&= \boldsymbol{\Sigma}_{11}^{-1/2}(\rho_i^2\boldsymbol{\alpha}_i) \\
&= \rho_i^2\boldsymbol{a}_i, \quad i = 1, 2, \cdots, m
\end{aligned}$$

$$\boldsymbol{\Sigma}_{22}^{-1}\boldsymbol{\Sigma}_{21}\boldsymbol{\Sigma}_{11}^{-1}\boldsymbol{\Sigma}_{12}\boldsymbol{b}_i = \boldsymbol{\Sigma}_{22}^{-1/2}(\boldsymbol{\Sigma}_{22}^{-1/2}\boldsymbol{\Sigma}_{21}\boldsymbol{\Sigma}_{11}^{-1}\boldsymbol{\Sigma}_{12}\boldsymbol{\Sigma}_{22}^{-1/2}\boldsymbol{\beta}_i)$$
$$= \boldsymbol{\Sigma}_{22}^{-1/2}(\rho_i^2\boldsymbol{\beta}_i)$$
$$= \rho_i^2\boldsymbol{b}_i, \quad i = 1,2,\cdots,m$$

(2) 当取 $\boldsymbol{a} = \boldsymbol{a}_1$, $\boldsymbol{b} = \boldsymbol{b}_1$ 时, 满足定义 12.1 的第二个约束条件, 且 $\mathrm{Corr}(u,v) = \boldsymbol{a}^{\mathrm{T}}\boldsymbol{\Sigma}_{12}\boldsymbol{b}$ 达到最大值 ρ_1, 证明如下。

第一对典型相关变量及其相关系数的推导如下:

令 $\boldsymbol{\alpha} = \boldsymbol{\Sigma}_{11}^{1/2}\boldsymbol{a}$, $\boldsymbol{\beta} = \boldsymbol{\Sigma}_{22}^{1/2}\boldsymbol{b}$, 于是约束条件化为

$$\boldsymbol{a}^{\mathrm{T}}\boldsymbol{\Sigma}_{11}\boldsymbol{a} = \boldsymbol{\alpha}^{\mathrm{T}}\boldsymbol{\Sigma}_{11}^{1/2}\boldsymbol{\Sigma}_{11}\boldsymbol{\Sigma}_{11}^{-1/2}\boldsymbol{\alpha} = \boldsymbol{\alpha}^{\mathrm{T}}\boldsymbol{\alpha} = 1$$
$$\boldsymbol{b}^{\mathrm{T}}\boldsymbol{\Sigma}_{22}\boldsymbol{b} = \boldsymbol{\beta}^{\mathrm{T}}\boldsymbol{\Sigma}_{22}^{-1/2}\boldsymbol{\Sigma}_{22}\boldsymbol{\Sigma}_{22}^{-1/2}\boldsymbol{\beta} = \boldsymbol{\beta}^{\mathrm{T}}\boldsymbol{\beta} = 1$$

(12.36)

利用柯西不等式, 有

$$(\boldsymbol{a}^{\mathrm{T}}\boldsymbol{\Sigma}_{12}\boldsymbol{b})^2 = (\boldsymbol{\alpha}^{\mathrm{T}}\boldsymbol{\Sigma}_{11}^{-1/2}\boldsymbol{\Sigma}_{12}\boldsymbol{\Sigma}_{22}^{-1/2}\boldsymbol{\beta})^2$$
$$\leqslant (\boldsymbol{\alpha}^{\boldsymbol{\alpha}})[(\boldsymbol{\Sigma}_{11}^{-1/2}\boldsymbol{\Sigma}_{12}\boldsymbol{\Sigma}_{22}^{-1/2}\boldsymbol{\beta})^{\mathrm{T}}(\boldsymbol{\Sigma}_{11}^{-1/2}\boldsymbol{\Sigma}_{12}\boldsymbol{\Sigma}_{22}^{-1/2}\boldsymbol{\beta})]$$
$$= \boldsymbol{\beta}^{\mathrm{T}}\boldsymbol{\Sigma}_{22}^{-1/2}\boldsymbol{\Sigma}_{21}\boldsymbol{\Sigma}_{11}^{-1}\boldsymbol{\Sigma}_{12}\boldsymbol{\Sigma}_{22}^{-1/2}\boldsymbol{\beta}$$

(12.37)

由矩阵代数知识知, 当 $\boldsymbol{\beta} = \boldsymbol{\beta}_1$ 时, $\boldsymbol{\beta}^{\mathrm{T}}\boldsymbol{\Sigma}_{22}^{-1/2}\boldsymbol{\Sigma}_{21}\boldsymbol{\Sigma}_{11}^{-1}\boldsymbol{\Sigma}_{12}\boldsymbol{\Sigma}_{22}^{-1/2}\boldsymbol{\beta}$ 达到的最大值即为 $\boldsymbol{\Sigma}_{22}^{-1/2}\boldsymbol{\Sigma}_{21}\boldsymbol{\Sigma}_{11}^{-1}\boldsymbol{\Sigma}_{12}\boldsymbol{\Sigma}_{22}^{-1/2}$ 的最大特征值 ρ_1^2。

若取 $\boldsymbol{\alpha} = \boldsymbol{\alpha}_1 = \dfrac{1}{\rho_1}\boldsymbol{\Sigma}_{11}^{-1/2}\boldsymbol{\Sigma}_{12}\boldsymbol{\Sigma}_{22}^{-1/2}\boldsymbol{\beta}_1$ 和 $\boldsymbol{\beta} = \boldsymbol{\beta}_1$, 则满足式 (12.36), 式 (12.37) 中不等号处的等号成立。因而, 当取 $\boldsymbol{a} = \boldsymbol{a}_1 (= \boldsymbol{\Sigma}_{11}^{-1/2}\boldsymbol{\alpha}_1)$, $\boldsymbol{b} = \boldsymbol{b}_1 (= \boldsymbol{\Sigma}_{22}^{-1/2}\boldsymbol{\beta}_1)$ 时, $\mathrm{Corr}(u,v) = \boldsymbol{a}^{\mathrm{T}}\boldsymbol{\Sigma}_{12}\boldsymbol{b}$ 达到最大值 ρ_1。

显然 $\rho_1 \leqslant 1$, 我们称

$$u_1 = \boldsymbol{a}_1^{\mathrm{T}}\boldsymbol{x}, \quad v_1 = \boldsymbol{b}_1^{\mathrm{T}}\boldsymbol{y}$$

为**第一对典型相关变量**, 称 $\boldsymbol{a}_1$, $\boldsymbol{b}_1$ 为**第一对典型系数向量**, 称 ρ_1 为**第一个典型相关系数**。

(3) 第一对典型相关变量 u_1, v_1 提取了原始变量 $\boldsymbol{x}$ 与 $\boldsymbol{y}$ 之间相关的最主要部分, 如果这一部分还显得不够, 可以在剩余相关中再求出第二对典型相关变量 $u_2 = \boldsymbol{a}^{\mathrm{T}}\boldsymbol{x}$, $v_2 = \boldsymbol{b}^{\mathrm{T}}\boldsymbol{y}$, 也就是 $\boldsymbol{a}$, $\boldsymbol{b}$ 应满足定义 12.1 的第二个约束条件, 且使得第二对典型相关变量不包括第一对典型相关变量所含的信息, 即

$$\mathrm{Corr}(u_2,u_1) = \mathrm{Corr}(\boldsymbol{a}^{\mathrm{T}}\boldsymbol{x},\boldsymbol{a}_1^{\mathrm{T}}\boldsymbol{x}) = \boldsymbol{a}^{\mathrm{T}}\boldsymbol{\Sigma}_{11}\boldsymbol{a}_1 = 0$$
$$\mathrm{Corr}(v_2,v_1) = \mathrm{Corr}(\boldsymbol{b}^{\mathrm{T}}\boldsymbol{y},\boldsymbol{b}_1^{\mathrm{T}}\boldsymbol{y}) = \boldsymbol{b}^{\mathrm{T}}\boldsymbol{\Sigma}_{22}\boldsymbol{b}_1 = 0$$

在这些约束条件下使得

$$\mathrm{Corr}(u_2,v_2) = \mathrm{Corr}(\boldsymbol{a}^{\mathrm{T}}\boldsymbol{x},\boldsymbol{b}^{\mathrm{T}}\boldsymbol{y}) = \boldsymbol{a}^{\mathrm{T}}\boldsymbol{\Sigma}_{12}\boldsymbol{b}$$

达到最大。一般地, 第 i $(1 < i \leqslant m)$ 对典型相关变量 $u_i = \boldsymbol{a}^{\mathrm{T}}\boldsymbol{x}$, $v_i = \boldsymbol{b}^{\mathrm{T}}\boldsymbol{y}$ 是指, 找出 $\boldsymbol{a} \in \mathbf{R}^p$, $\boldsymbol{b} \in \mathbf{R}^q$, 在约束条件

$$\boldsymbol{a}^{\mathrm{T}}\boldsymbol{\Sigma}_{11}\boldsymbol{a} = 1, \ \boldsymbol{b}^{\mathrm{T}}\boldsymbol{\Sigma}_{22}\boldsymbol{b} = 1$$
$$\boldsymbol{a}^{\mathrm{T}}\boldsymbol{\Sigma}_{11}\boldsymbol{a}_k = 0, \ \boldsymbol{b}^{\mathrm{T}}\boldsymbol{\Sigma}_{22}\boldsymbol{b}_k = 0, \quad k = 1,2,\cdots,i-1$$

(12.38)

下, 使得

$$\mathrm{Corr}(u_i, v_i) = \mathrm{Corr}(\boldsymbol{a}^{\mathrm{T}}\boldsymbol{x}, \boldsymbol{b}^{\mathrm{T}}\boldsymbol{y}) = \boldsymbol{a}^{\mathrm{T}}\boldsymbol{\Sigma}_{12}\boldsymbol{b}$$

达到最大。

当取 $\boldsymbol{a} = \boldsymbol{a}_i$, $\boldsymbol{b} = \boldsymbol{b}_i$ 时, 能满足定义 12.1 的第二个约束条件, 并使 $\mathrm{Corr}(u_i, v_i)$ 达到最大值 ρ_i, 称它为**第 i 个典型相关系数**, 称 $\boldsymbol{a}_i$, $\boldsymbol{b}_i$ 为**第 i 对典型系数向量**。证明如下。

当 $\boldsymbol{\beta} = \boldsymbol{\beta}_i$ 时, $\boldsymbol{\beta}^{\mathrm{T}}\boldsymbol{\Sigma}_{22}^{-1/2}\boldsymbol{\Sigma}_{21}\boldsymbol{\Sigma}_{11}^{-1}\boldsymbol{\Sigma}_{12}\boldsymbol{\Sigma}_{22}^{-1/2}\boldsymbol{\beta}$ 达到最大值 ρ_i^2。若取 $\boldsymbol{\alpha} = \boldsymbol{\alpha}_i$ $(= \dfrac{1}{\rho_i}\boldsymbol{\Sigma}_{11}^{-1/2}\boldsymbol{\Sigma}_{12}\boldsymbol{\Sigma}_{22}^{-1/2}\boldsymbol{\beta}_i)$, $\boldsymbol{\beta} = \boldsymbol{\beta}_i$, 则依矩阵代数知识, 式 (12.37) 中不等号处的等号成立。所以, 当取 $\boldsymbol{a} = \boldsymbol{a}_i$ $(= \boldsymbol{\Sigma}_{11}^{-1/2}\boldsymbol{\alpha}_i)$, $\boldsymbol{b} = \boldsymbol{b}_i$ $(= \boldsymbol{\Sigma}_{22}^{-1/2}\boldsymbol{\beta}_i)$ 时, 显然满足约束条件式 (12.37), 且 $\mathrm{Corr}(u_i, v_i) = \boldsymbol{a}^{\mathrm{T}}\boldsymbol{\Sigma}_{12}\boldsymbol{b}$ 达到最大值 ρ_i。

(4) 设 $\boldsymbol{x}$, $\boldsymbol{y}$ 的第 i 对典型相关变量为

$$u_i = \boldsymbol{a}_i^{\mathrm{T}}\boldsymbol{x}, \ v_i = \boldsymbol{b}_i^{\mathrm{T}}\boldsymbol{y}, \quad i = 1, 2, \cdots, m$$

则有

$$\mathrm{Var}(u_i) = \boldsymbol{a}_i^{\mathrm{T}}\boldsymbol{\Sigma}_{11}\boldsymbol{a}_i = 1, \ \mathrm{Var}(v_i) = \boldsymbol{b}_i^{\mathrm{T}}\boldsymbol{\Sigma}_{22}\boldsymbol{b}_i = 1, \quad i = 1, 2, \cdots, m$$

$$\mathrm{Corr}(u_i, u_j) = \mathrm{Cov}(u_i, u_j) = \boldsymbol{a}_i^{\mathrm{T}}\boldsymbol{\Sigma}_{11}\boldsymbol{a}_j = 0, \quad 1 \leqslant i \neq j \leqslant m \qquad (12.39)$$

$$\mathrm{Corr}(v_i, v_j) = \mathrm{Cov}(v_i, v_j) = \boldsymbol{b}_i^{\mathrm{T}}\boldsymbol{\Sigma}_{22}\boldsymbol{b}_j = 0, \quad 1 \leqslant i \neq j \leqslant m$$

这表明由 $\boldsymbol{x}$ 组成的第一组典型相关变量 $u_1, u_2, \cdots, u_m$ 互不相关, 且均有单位方差; 同样, 由 $\boldsymbol{y}$ 组成的第二组典型相关变量 $v_1, v_2, \cdots, v_m$ 也互不相关, 且也均有单位方差。

由上面的推导知, 显然有 $\mathrm{Corr}(u_i, v_i) = \rho_i$ $(i = 1, 2, \cdots, m)$。

$$\mathrm{Corr}(u_i, v_j) = \mathrm{Cov}(u_i, v_j) = \mathrm{Cov}(\boldsymbol{a}_i^{\mathrm{T}}\boldsymbol{x}, \boldsymbol{b}_j^{\mathrm{T}}\boldsymbol{y}) = \boldsymbol{a}_i^{\mathrm{T}}\mathrm{Cov}(\boldsymbol{x}, \boldsymbol{y})\boldsymbol{b}_j$$
$$= \boldsymbol{\alpha}_i^{\mathrm{T}}\boldsymbol{\Sigma}_{11}^{-1/2}\boldsymbol{\Sigma}_{12}\boldsymbol{\Sigma}_{22}^{-1/2}\boldsymbol{\beta}_j = \rho_j\boldsymbol{\alpha}_i^{\mathrm{T}}\boldsymbol{\alpha}_j = 0, \quad 1 \leqslant i \neq j \leqslant m$$

表明不同组的任意两个典型相关变量, 当 $i = j$ 时, 相关系数为 ρ_i; 当 $i \neq j$ 时, 是彼此不相关的。

参考文献

[1] 高惠璇. 应用多元统计分析. 北京: 北京大学出版社, 2005.

[2] 王学民. 应用多元统计分析. 5 版. 上海: 上海财经大学出版社, 2017.

[3] 王斌会. 多元统计分析及 R 语言建模. 4 版. 广州: 暨南大学出版社, 2016.

[4] 理查德·A. 约翰逊, 迪安·W. 威克恩. 实用多元统计分析: 第 6 版. 陆璇, 叶俊, 译. 北京: 清华大学出版社, 2008.

[5] 何晓群. 应用多元统计分析. 北京: 中国统计出版社, 2010.

[6] 薛毅, 陈立萍. 统计建模与 R 软件. 北京: 清华大学出版社, 2007.

C 第 13 章

多维标度分析

Chapter 13

本章主要介绍多维标度法的基本思想以及古典多维标度解的概念、性质、计算等, 并通过具体案例来展示其在 R 中的实现。

13.1 多维标度法的基本思想

当维数 $p > 3$ 时, 即使给出了 p 维空间 $\mathbf{R}^p$ 中 n 个样本点的坐标, 我们也难以想象这 n 个点的相互位置关系, 因此自然希望在我们熟悉的低维空间 $\mathbf{R}^k$ ($k < p$, 如 $k = 1, 2, 3$) 中以较高的相似程度重新展示这 n 个点的数据结构, 并由此对原始样本数据进行统计分析。另外, 即使维数 $p \leqslant 3$, 有时问题也不容易解决。比如地图上任意两个城市之间的直线距离和实际道路距离不一样, 这是因为城市间的道路弯弯曲曲, 高高低低, 各城市海拔也不相同, 故实际道路距离可以视为这些城市在三维空间中的距离。能否根据一组城市相互间的实际道路距离将它们在二维平面上尽量准确地进行展示, 并标出这些城市之间的相对位置呢? 又假定只知道哪两个城市最近, 哪两个城市次近, 等等, 你还能确定它们之间的相对位置吗? 重新标度的位置与实际位置的相似程度达到多大? 把上面的不同 “城市” 换作不同的 “产品”“品牌”“指标” 等, 也会遇到类似问题。**多维标度法** (multidimensional scaling, MDS) 就是一类将高维空间中的研究对象 (样本或变量) 简化到低维空间中进行定位、归类和分析, 同时又能有效地保留研究对象间原始结构关系的多元数据分析技术的总称, 是一种维数缩减方法。换言之, 多维标度法就是在低维空间中展示和分析对应的多维数据结构的一种数据分析技术, 目的是使降维后重新标度的数据结构发生的 “形变” 尽量小, 尽量保持原始多维数据之间的相似性。

多维标度法于 20 世纪 40 年代起源于心理测度学, 用于大致测定人们判断的相似性, 1958 年 Torgerson 在其博士论文中首先正式提出了这一方法。它现在已经广泛应用于心理学、市场营销、经济管理、交通、生态学及地质学等领域。根据研究对象的相似指标是用实际距离值、间隔尺度和比率尺度等度量化数据给出还是用顺序、秩等非度量化数据给出, 相应的分析方法分为度量分析法和非度量分析法两类。度量分析法中最常用的是古典多维标度法。

多维标度法内容丰富、方法较多。其理论分析手段与主成分分析有相通之处, 但也有自己的特点。共同之处是都是降维简化数据, 同时要求数据的信息损失尽量小, 而且降维后的维数都是用特征值的累计方差贡献率的大小确定的。不同之处是主成分分析是将原始高维数据综合成少数几个彼此不相关的主成分, 再用这少数几个主成分来代替原来较多的变量进行统计分析。而多维标度分析是将维数为 p 的 n 个样品简化为维数为 $k\ (k < p)$ 的 n 个样品, 样品的个数不变, 仍为 n, 但每个样品的维数都降低为 k, 然后用低维空间中的这 n 个 k 维点来近似展示和分析原来高维空间中的 n 个 p 维样品的位置结构和彼此之间的关系, 从而进行定位、归类和分析。另外, 主成分分析中对应的特征值全部非负, 而多维标度法对应的特征值可能为正, 也可能为负, 依下面式 (13.3) 中 $\boldsymbol{B} \geqslant 0$ 是否成立而定。

13.2　古典多维标度法

按相似性 (距离) 矩阵的个数和相应模型性质的不同, 多维标度法 (MDS) 可分为: 古典多维标度法 (CDMS, 一个矩阵, 无权重模型)、重复多维标度法 (RDMS, 几个矩阵, 无权重模型) 和权重多维标度法 (WDMS, 几个矩阵, 权重模型)。这里只介绍古典多维标度法。下面先来介绍几个与多维标度法相关的基本概念。

13.2.1　多维标度法的几个基本概念

定义 13.1　如果一个 $n \times n$ 阶矩阵 $\boldsymbol{D} = (d_{ij})_{n \times n}$ 满足条件

(1) $\boldsymbol{D} = \boldsymbol{D}^{\mathrm{T}}$,

(2) $d_{ij} \leqslant 0,\ d_{ii} = 0\ (i, j = 1, \cdots, n)$,

则称矩阵 $\boldsymbol{D}$ 为广义距离矩阵, d_{ij} 称为第 i 个点与第 j 个点间的距离。

注意: 这样定义的广义距离不是通常意义下的距离, 而是通常距离的拓广, 比如以前人们熟悉的距离三角不等式在这里就未必成立。

对于广义距离矩阵 $\boldsymbol{D} = (d_{ij})_{n \times n}$, 多维标度法的目的是寻找较小的正整数 k (如 $k = 1, 2, 3$) 和相应低维空间 $\mathbf{R}^k$ 中的 n 个点 $\boldsymbol{x}_1, \boldsymbol{x}_2, \cdots, \boldsymbol{x}_n$, 记 $\hat{\boldsymbol{D}} = (\hat{d}_{ij})_{n \times n}$, $\hat{d}_{ij}$ 表示 $\boldsymbol{x}_i$ 与 $\boldsymbol{x}_j$ 在 $\mathbf{R}^k$ 中的距离, 使得 $\boldsymbol{D}$ 与 $\hat{\boldsymbol{D}}$ 在某种意义下尽量接近。将找到的这 n 个点写成矩阵形式

$$\boldsymbol{X} = (\boldsymbol{x}_1, \boldsymbol{x}_2, \cdots, \boldsymbol{x}_n)^{\mathrm{T}}$$

称 $\boldsymbol{X}$ 为 $\boldsymbol{D}$ 的一个 **古典多维标度 (CDMS) 解**。在多维标度分析中, 形象地称 $\boldsymbol{x}_i$ 为 $\boldsymbol{D}$ 的一个拟合构造点, 称 $\boldsymbol{X}$ 为 $\boldsymbol{D}$ 的**拟合构图**, 称 $\hat{\boldsymbol{D}}$ 为 $\boldsymbol{D}$ 的**拟合距离矩阵**。特别地, 当 $\hat{\boldsymbol{D}} = \boldsymbol{D}$ 时, 称 $\boldsymbol{x}_i$ 为 $\boldsymbol{D}$ 的**构造点**, 且称 $\boldsymbol{X}$ 为 $\boldsymbol{D}$ 的**构图**。又若 $\boldsymbol{X}$ 为 $\boldsymbol{D}$ 的构图, 令

$$\boldsymbol{y}_i = \boldsymbol{P}\boldsymbol{x}_i + \boldsymbol{a}$$

式中, $\boldsymbol{P}$ 为正交矩阵, $\boldsymbol{a}$ 为常数向量, 则 $\boldsymbol{Y} = (\boldsymbol{y}_1, \boldsymbol{y}_2, \cdots, \boldsymbol{y}_n)$ 也为 $\boldsymbol{D}$ 的构图, 这是因为平移和正交变换不改变两点间的欧氏距离。由此可知, 若 $\boldsymbol{D}$ 的构图存在, 那么它是不唯一的。

定义 13.2　对于一个广义距离矩阵 $\boldsymbol{D} = (d_{ij})_{n \times n}$, 如果存在某个正整数 k 和 $\mathbf{R}^k$ 中的 n 个点 $\boldsymbol{x}_1, \boldsymbol{x}_2, \cdots, \boldsymbol{x}_n$, 使得

$$d_{ij}^2 = (\boldsymbol{x}_i - \boldsymbol{x}_j)^{\mathrm{T}}(\boldsymbol{x}_i - \boldsymbol{x}_j), \quad i, j = 1, \cdots, n \tag{13.1}$$

则称 $\boldsymbol{D}$ 为欧氏 (Euclid) 距离矩阵。

下面讨论如何判断一个广义距离矩阵 $\boldsymbol{D}$ 是否为欧氏距离矩阵。在已知 $\boldsymbol{D}$ 为欧氏距离矩阵的条件下, 如何确定定义 13.2 中相应的 k 和 $\mathbf{R}^k$ 中的 n 个点 $\boldsymbol{x}_1, \boldsymbol{x}_2, \cdots, \boldsymbol{x}_n$? 令

$$\boldsymbol{A} = (a_{ij}), \quad a_{ij} = -\frac{1}{2}d_{ij}^2 \tag{13.2}$$

$$\boldsymbol{B} = \boldsymbol{HAH}, \quad \boldsymbol{H} = \boldsymbol{I}_n - \frac{1}{n}\mathbf{1}_n\mathbf{1}_n^{\mathrm{T}} \tag{13.3}$$

式中, $\boldsymbol{I}_n$ 为 $n \times n$ 阶单位矩阵, $\mathbf{1}_n$ 为分量全为 1 的 n 维列向量。借助这些定义, 下面给出判断一个广义距离矩阵 $\boldsymbol{D}$ 为欧氏距离矩阵的充要条件。

定理 13.1　设 $\boldsymbol{D}$ 为一个 $n \times n$ 阶广义距离矩阵, $\boldsymbol{B}$ 由式 (13.3) 知, 则 $\boldsymbol{D}$ 是欧氏距离矩阵的充要条件为 $\boldsymbol{B} \geqslant 0$。

证明: 见本章参考文献 [1]。

下面给出从欧氏距离矩阵 $\boldsymbol{D}$ 出发得到构图 $\boldsymbol{X}$ 的方法, 即

$$\boldsymbol{D} \rightarrow \boldsymbol{A} \rightarrow \boldsymbol{B} \rightarrow \boldsymbol{X}$$

具体步骤如下:

(1) 由 $\boldsymbol{D}$ 知 d_{ij}, 由 $a_{ij} = -\frac{1}{2}d_{ij}^2$ 确定 $\boldsymbol{A}$;

(2) 由关系式 $b_{ij} = a_{ij} - \bar{a}_{i.} - \bar{a}_{.j} + \bar{a}_{..}$ 得到 $\boldsymbol{B}$, 其中, $\bar{a}_{i.} = \dfrac{1}{n}\sum\limits_{j=1}^{n}a_{ij}$, $\bar{a}_{.j} = \dfrac{1}{n}\sum\limits_{i=1}^{n}a_{ij}$ 和 $\bar{a}_{..} = \dfrac{1}{n^2}\sum\limits_{i=1}^{n}\sum\limits_{j=1}^{n}a_{ij}$ 分别为 $\boldsymbol{A}$ 的行均值、列均值和总均值;

(3) 最后求 $\boldsymbol{B}$ 的特征值 $\lambda_1, \lambda_2, \cdots, \lambda_n$ (k 的确定见下一段的说明) 和相应的 k 个 n 维特征向量 $\boldsymbol{x}_{(1)}, \boldsymbol{x}_{(2)}, \cdots, \boldsymbol{x}_{(k)}$。将 $n \times k$ 阶矩阵 $\boldsymbol{X} = (\boldsymbol{x}_{(1)}, \boldsymbol{x}_{(2)}, \cdots, \boldsymbol{x}_{(k)})$ 的 n 个 k 维行向量转置后得到 n 个 k 维列向量 $\boldsymbol{X} = (\boldsymbol{x}_1, \boldsymbol{x}_2, \cdots, \boldsymbol{x}_n)^{\mathrm{T}}$, 它们即为 $\boldsymbol{D}$ 的 n 个构造点, 而矩阵 $\boldsymbol{X} = (\boldsymbol{x}_1, \boldsymbol{x}_2, \cdots, \boldsymbol{x}_n)^{\mathrm{T}}$ 即为 $\boldsymbol{D}$ 的构图。

由定理 13.1 知, $\boldsymbol{D}$ 是欧氏距离矩阵的充要条件是 $\boldsymbol{B} \geqslant 0$。因此若 $\boldsymbol{B}$ 有负特征值, 那么 $\boldsymbol{D}$ 一定不是欧氏距离矩阵, 此时不存在 $\boldsymbol{D}$ 的构图, 只能求 $\boldsymbol{D}$ 的拟合构图, 记作 $\hat{\boldsymbol{X}}$, 以区分真正的构图 $\boldsymbol{X}$。在实际中, 即使 $\boldsymbol{D}$ 为欧氏距离矩阵, 记它的构图为 $n \times k$ 阶矩阵 $\boldsymbol{X}$, 当 k 较大时也失去了实用价值, 这时宁可不用 $\boldsymbol{X}$, 而是去寻找低维的拟合构图 $\hat{\boldsymbol{X}}$。也就是说, 在 $\boldsymbol{D}$ 的构图不存在和构图存在但 k 较大两种情形下, 都需要寻找 $\boldsymbol{D}$ 的低维拟合构图 $\hat{\boldsymbol{X}}$。令

$$a_{1.k} = \sum_{i=1}^{k}|\lambda_i| \Big/ \sum_{i=1}^{n}|\lambda_i|, \quad a_{2.k} = \sum_{i=1}^{k}\lambda_i^2 \Big/ \sum_{i=1}^{n}\lambda_i^2$$

这两个量类似于主成分分析中的累计方差贡献率, 我们希望 k 不要取太大, 就可以使 $a_{1.k}$ 和 $a_{2.k}$ 比较大, 比如说, 大于 80% 就比较合适。当 k 取定后, 用 $\hat{\boldsymbol{x}}_{(1)}, \hat{\boldsymbol{x}}_{(2)}, \cdots, \hat{\boldsymbol{x}}_{(k)}$ 表示 $\boldsymbol{B}$ 的对应于特征值 $\lambda_1, \lambda_2, \cdots, \lambda_k$ 的正交特征向量, 使得 $\hat{\boldsymbol{x}}_{(i)}^{\mathrm{T}}\hat{\boldsymbol{x}}_{(i)} = \lambda_i$ $(i = 1, \cdots, k)$。通常还要求 $\lambda_k \geqslant 0$。若 $\lambda_k < 0$, 要缩小 k 的值。最后, 令

$$\hat{\boldsymbol{X}} = (\hat{\boldsymbol{x}}_{(1)}, \hat{\boldsymbol{x}}_{(2)}, \cdots, \hat{\boldsymbol{x}}_{(k)}) = (\hat{\boldsymbol{x}}_1, \hat{\boldsymbol{x}}_2, \cdots, \hat{\boldsymbol{x}}_n)^{\mathrm{T}}$$

则 $\hat{\boldsymbol{X}}$ 即为 $\boldsymbol{D}$ 的拟合构图, 或者说 $\hat{\boldsymbol{X}}$ 为 $\boldsymbol{D}$ 的古典多维标度解, $\hat{\boldsymbol{x}}_1, \hat{\boldsymbol{x}}_2, \cdots, \hat{\boldsymbol{x}}_n$ (均为 k 维列向量) 即为 $\boldsymbol{D}$ 的 n 个拟合构造点。有的文献也把 $\hat{\boldsymbol{x}}_1, \hat{\boldsymbol{x}}_2, \cdots, \hat{\boldsymbol{x}}_n$ 称为 $\hat{\boldsymbol{X}}$ 的主坐标, 把多维标度分析称为主坐标分析。

例 13.1 (数据文件为 exam13.1) 给定距离矩阵

$$\boldsymbol{D} = \begin{pmatrix} 0 & 9.67 & 2.02 & 2.85 \\ 9.67 & 0 & 10.71 & 8.54 \\ 2.02 & 10.71 & 0 & 4.32 \\ 2.85 & 8.54 & 4.32 & 0 \end{pmatrix}$$

问它是不是欧氏距离矩阵? 并求它的拟合构造点。

解: 在 Excel 中由矩阵 $\boldsymbol{D}$ 计算出 $\boldsymbol{B}$ 很方便: 将 $\boldsymbol{D}$ 的上三角部分补齐输入单元格区域 A1:D4; 根据式 $a_{ij} = -\frac{1}{2}d_{ij}^2$, 在 A6 单元格内输入 "= -(A1^2)/2" 后拖放填充至 D9 得到矩阵 $\boldsymbol{A}$; 接着如图 13-1 所示, 在矩阵 $\boldsymbol{A}$ (即区域 A6:D9) 的右方、下方按批注输入公式并拖放填充计算出矩阵 $\boldsymbol{A}$ 的行均值、列均值和总均值, 然后根据公式 $b_{ij} = a_{ij} - \bar{a}_{i.} - \bar{a}_{.j} + \bar{a}_{..}$, 在单元格 A12 内输入公式 "= A6 - \$E6 - A\$10 + \$E\$10"

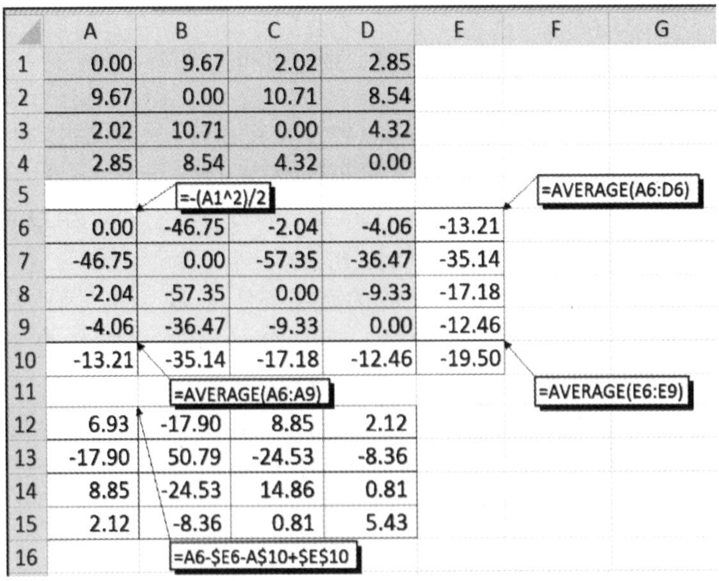

图 13-1 在 Excel 中由矩阵 $\boldsymbol{D}$ 算出矩阵 $\boldsymbol{B}$ 的简单过程

后拖放填充至 D15 得到矩阵 $\boldsymbol{B}$(即区域 A12:D15)。

最后通过在 R 中计算 $\boldsymbol{B}$ 的所有特征值来判断 $\boldsymbol{D}$ 是不是欧氏距离矩阵。先复制 $\boldsymbol{B}$, 即单元格区域 A12:D15 中的数据, 然后在 R 中输入命令:

```
> B=read.table("clipboard",header=F)    # 读入矩阵 B(需先复制单元格区域 A12:D15)
> eig<-eigen(B); eig                     # 求 B 的特征值与特征向量并显示
eigen() decomposition
$values
[1] 70.601313863 6.615242518 0.795952899 -0.002509279
```

$\boldsymbol{B}$ 的四个特征值均大于等于零 (第四个特征值很小, 可视为零), 由定理 13.1 知 $\boldsymbol{D}$ 为欧氏距离矩阵。为求 $\boldsymbol{D}$ 的拟合构造点 (实际上可近似看作构造点), 先复制 $\boldsymbol{D}$, 即单元格区域 A1:D4 中的数据, 然后在 R 中输入如下命令:

```
> D=read.table("clipboard",header=F)  # 读入矩阵 D(需先复制单元格区域 A1:D4)
> D13.1=cmdscale(D,k=2,eig=T); D13.1  # k 取为 2, 使用基本包 stats 中的 cmdscale 函数
$points
            [,1]         [,2]
 [1,]    2.526493   -0.1531671
 [2,]   -7.110732   -0.4721962
 [3,]    3.545859   -1.4437017
 [4,]    1.038381    2.0690650
$eig
[1] 7.059702e+01 6.611734e+00 7.937158e-01 2.428205e-15
> sum(abs(D13.1$eig[1:2]))/sum(abs(D13.1$eig))      # 计算 a1.2
[1] 0.9898245
> sum((D13.1$eig[1:2])^2)/sum((D13.1$eig)^2)        # 计算 a2.2
[1] 0.9998747
```

前两个特征值的累计绝对方差贡献率和累计平方方差贡献率均超过 98%, 说明 k 取 2 是适当的。四个构造点的坐标分别为 $(2.526, -0.153)$, $(-7.111, -0.472)$, $(3.546, -1.444)$, $(1.038, 2.069)$。最后绘制拟合构图 (见图 13-2), 计算拟合距离矩阵, R 程序如下:

```
> plot(D13.1$points[,1:2])
> text(D13.1$points[,1:2],labels=1:4,adj=c(-0.5,0.5))
> D1<-dist(D13.1$points[,1:2],method="euclidean",diag=T,p=2); D1
            1          2          3          4
 1   0.000000
 2   9.642504   0.000000
 3   1.644563  10.700783   0.000000
 4   2.674471   8.536161   4.315898   0.000000
```

可见, 距离矩阵 $\boldsymbol{D}$1 与本例中的原始距离矩阵 $\boldsymbol{D}$ 几乎相等, 说明二者相似程度非常高。

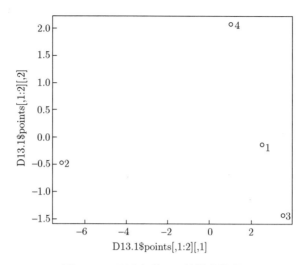

图 13-2　距离矩阵 D 的拟合构图

13.2.2　已知距离矩阵时 CMDS 解的计算

上面计算 CMDS 解的过程在 R 中可使用 stats 包中的 cmdscale 函数来实现, 也可以使用 MASS 包中处理非度量 MDS 问题的 isoMDS 函数来实现, 但使用 cmdscale 函数的好处是可以同时计算出 B 的特征值和特征向量以及两个累计方差贡献率 $a_{1.k}$ 和 $a_{2.k}$ 的值。

例 13.2 (数据文件为 exam13.2)　根据表 13-1 给出的我国 6 个城市间的距离矩阵 D, 利用 R 的 stats 包中的 cmdscale 函数求 D 的 CMDS 解, 并给出拟合构图 $\hat{X}$ 及拟合构造点。

表 13-1　我国 6 个城市间的距离　　　　　　　　单位: 千米

	北京	济南	青岛	郑州	上海	南京
北京	0					
济南	439	0				
青岛	668	362	0			
郑州	714	443	772	0		
上海	1 259	886	776	984	0	
南京	1 065	626	617	710	322	0

解: R 程序如下:

```
> setwd("C:/data")        # 设定工作路径
> exam13.2<-read.csv("exam13.2.csv",header=T) # 将 exam13.2.csv 数据读入 exam13.2
> d13.2=exam13.2[,-1]     # 先去掉 exam13.2 第一列的样本名称
```

```
> rownames(d13.2)=exam13.2[,1]        # 用 exam13.2 的第一列为 d13.2 的行重新命名
> D13.2=cmdscale(d13.2,k=2,eig=T)      # 使用基本包 stats 中的 cmdscale 函数, k 取 2
```

输出结果如下:

```
> D13.2
$points
              [,1]          [,2]
北京    -612.22522    -119.44859
济南    -218.17836     -11.78778
青岛     -38.02447    -319.78130
郑州    -193.69136     430.18008
上海     646.08392     -57.41317
南京     416.03550      78.25076
$eig
[1] 1.051894e+06 3.111414e+05 5.985878e+04 1.028876e+04 5.820766e-11
[6] -1.199908e+04
......
> sum(abs(D13.2$eig[1:2]))/sum(abs(D13.2$eig))      # 计算 a1.2
[1] 0.9431583
> sum((D13.2$eig[1:2])^2)/sum((D13.2$eig)^2)        # 计算 a2.2
[1] 0.9968248
```

由 R 计算结果可见, 矩阵 B 的 6 个特征值分别为:

$$1\,051\,894,\ 311\,141,\ 59\,859,\ 10\,289,\ 0,\ -11\,999$$

最后一个特征值为负, 表明距离矩阵 D 不是欧氏距离矩阵。$a_{1.2} = 94.3\%$, $a_{2.2} = 99.7\%$, 故 $k = 2$ 就可以了。由前两个特征向量可得 6 个拟合构造点分别为:

$$(-612.2,\ -119.4),\ (-218.2,\ -11.8),\ (-38.0,\ -319.8)$$
$$(-193.7,\ 430.2),\ (646.1,\ -57.4),\ (416.0,\ 78.3)$$

再绘制 6 个城市间距离矩阵的拟合构图 (见图 13-3), 并用中文标明 (注意拟合构图主要表示 6 个城市间的相对距离, 和各城市在地图上的实际位置可能不一致), R 程序如下:

```
> x=D13.2$points[,1]; y=D13.2$points[,2]
> plot(x,y,xlim=c(-700,800),ylim=c(-300,600))  # 根据两个特征向量分量的大小绘制拟合
                                                  构图
> text(x,y,labels=row.names(d13.2),adj=c(0,-0.5),cex=0.8)  # 将拟合构造点用行名标出
```

易计算出 6 个拟合构造点在 $\mathbf{R}^2$ 中的欧氏距离矩阵 (见下面 R 程序的输出结果), 将它们与表 13-1 中城市间的原始距离进行对比, 可见大多数距离数据拟合得较好, 有 6 个城市的距离只相差几千米。只有 2 个城市的距离相差 50~60 千米。

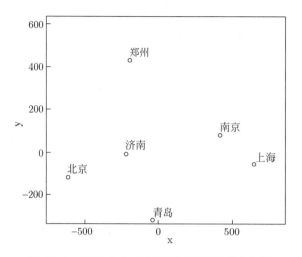

图 13-3　我国 6 个城市间距离矩阵的拟合构图

```
> D1<-dist(D13.2$points[,1:2],method="euclidean",diag=T,p=2)
> D1
              北京          济南          青岛          郑州          上海          南京
北京      0.0000
济南    408.4896      0.0000
青岛    608.1445    356.8129      0.0000
郑州    690.8417    442.6457    765.9466      0.0000
上海   1259.8374    865.4658    732.6946    971.0663      0.0000
南京   1047.0937    640.5733    603.8211    704.0036    267.0711      0.0000
```

13.2.3　已知相似系数矩阵时 CMDS 解的计算

定义 13.3　如果一个 $n \times n$ 阶矩阵 $C = (c_{ij})_{n \times n}$ 满足条件

(1) $C = C^{\mathrm{T}}$,

(2) $c_{ij} \leqslant c_{ii}, \quad i, j = 1, \cdots, n$,

则称矩阵 C 为相似系数矩阵, c_{ij} 称为第 i 点与第 j 点间的相似系数。

在进行多维标度分析时, 如果已知的数据不是 n 个对象之间的广义距离, 而是 n 个对象之间的相似系数, 则只需将相似系数矩阵 C 按式 (13.4) 转换为广义距离矩阵 D, 其他计算与上述方法相同。令

$$d_{ij} = (c_{ii} + c_{jj} - 2c_{ij})^{1/2} \tag{13.4}$$

由定义 13.3 可知, $c_{ii} + c_{jj} - 2c_{ij} \geqslant 0$, 显见 $d_{ii} = 0$, $d_{ij} = d_{ji}$, 故 D 为广义距离矩阵。可以证明, 当 $C \geqslant 0$ 时, 式 (13.4) 定义的广义距离矩阵 $D = (d_{ij})$ 为欧氏距离矩阵 (见习题 13.1)。

例 13.3 (数据文件为 exam13.3) 表 13-2 给出了 55 个国家和地区的男子径赛记录, 每位运动员记录 8 项指标: 100 米、200 米、400 米、800 米、1 500 米、5 000 米、10 000 米和马拉松。这 8 项指标的相关系数矩阵 C 如表 13-2 所示。求 C 的 CMDS 解, 并给出拟合构图 $\hat{X}$ 及拟合构造点。

表 13-2 55 个国家和地区的男子径赛 8 项指标的相关系数矩阵

	100 米	200 米	400 米	800 米	1 500 米	5 000 米	10 000 米	马拉松
100 米	1	0.923	0.841	0.756	0.700	0.619	0.633	0.520
200 米	0.923	1	0.851	0.807	0.775	0.695	0.697	0.596
400 米	0.841	0.851	1	0.870	0.835	0.779	0.787	0.705
800 米	0.756	0.807	0.870	1	0.918	0.864	0.869	0.806
1 500 米	0.700	0.775	0.835	0.918	1	0.928	0.935	0.866
5 000 米	0.619	0.695	0.779	0.864	0.928	1	0.975	0.932
10 000 米	0.633	0.697	0.787	0.869	0.935	0.975	1	0.943
马拉松	0.520	0.596	0.705	0.806	0.866	0.932	0.943	1

解: 先读入表 13-2 给出的 8 项指标的相关系数矩阵, 这里 $c_{ii} = c_{jj} = 1$ $(i, j = 1, \cdots, 8)$。于是由变换式 (13.4) 知

$$d_{ij} = (c_{ii} + c_{jj} - 2c_{ij})^{1/2} = \sqrt{2 - 2c_{ij}}, \quad i, j = 1, \cdots, 8 \tag{13.5}$$

再由式 (13.5) 可得 8 项指标的广义距离矩阵 D(见下面程序输出的 d13.3)。

相应的 R 程序及输出结果如下:

```
> setwd("C:/mdata")                    # 设定工作路径
> exam13.3<-read.csv("exam13.3.csv",header=T)   # 将 exam13.3.csv 数据读入 exam13.3
> c13.3=exam13.3[,-1]      # exam13.3 的第一列为样本名称, 不是数值, 先去掉
> d13.3=round(sqrt(2-2*c13.3),3)       # 相关系数矩阵转换成广义距离矩阵, 取三位小数
> rownames(d13.3)=exam13.3[,1]         # 用 exam13.3 的第一列为 d13.3 的行重新命名
> d13.3
          X100 米  X200 米  X400 米  X800 米  X1500 米  X5000 米  X10000 米  马拉松
100 米         0    0.392    0.564    0.699     0.775     0.873      0.857     0.98
200 米     0.392        0    0.546    0.621     0.671     0.781      0.778    0.899
400 米     0.564    0.546        0     0.51     0.574     0.665      0.653    0.768
800 米     0.699    0.621     0.51        0     0.405     0.522      0.512    0.623
1500 米    0.775    0.671    0.574    0.405         0     0.379      0.361    0.518
5000 米    0.873    0.781    0.665    0.522     0.379         0      0.224    0.369
10000 米   0.857    0.778    0.653    0.512     0.361     0.224          0    0.338
马拉松       0.98    0.899    0.768    0.623     0.518     0.369      0.338        0
```

余下的工作可以仿照例 13.2 进行，R 程序及输出结果如下：

```
> D13.3=cmdscale(d13.3,k=2,eig=T)        # k 取 2，给出特征向量和特征值
> D13.3
$points
                    [,1]            [,2]
   100 米    -0.527307905     0.13941483
   200 米    -0.424174630     0.12620103
   400 米    -0.219741318    -0.21411107
   800 米     0.003249949    -0.22748580
  1500 米     0.146859676    -0.08459140
  5000 米     0.304691365     0.06678156
 10000 米     0.299495563     0.06799955
   马拉松     0.416927299     0.12579130
$eig
[1] 8.842051e-01 1.650194e-01 1.258240e-01 8.178272e-02 6.736816e-02
[6] 4.726735e-02 2.266967e-02 3.045637e-18
......
> sum(abs(D13.3$eig[1:2]))/sum(abs(D13.3$eig))      # 计算 a1.2
[1] 0.7525982
> sum((D13.3$eig[1:2])^2)/sum((D13.3$eig)^2)        # 计算 a2.2
[1] 0.9644675
```

由上面 R 输出的计算结果可知，B 的 8 个特征值从大到小依次为：

$$\lambda_1 = 0.884\,2,\ \lambda_2 = 0.165\,0,\ \lambda_3 = 0.125\,8,\ \lambda_4 = 0.081\,8$$
$$\lambda_5 = 0.067\,4,\ \lambda_6 = 0.047\,3,\ \lambda_7 = 0.022\,7,\ \lambda_8 = 0.000\,0$$

两个累计方差贡献率分别为 $a_{1.2} = 75.26\%$, $a_{2.2} = 96.45\%$，权衡后认为取 $k = 2$ 较为适当。由前两个特征向量可得 8 个拟合构造点分别为：

$$(-0.527\,3, 0.139\,4),\ (-0.424\,2, 0.126\,2),\ (-0.219\,7, -0.214\,1),\ (0.003\,2, -0.227\,5)$$
$$(0.146\,9, -0.084\,6),\ (0.304\,7, 0.066\,8),\ (0.299\,5, 0.068\,0),\ (0.416\,9, 0.125\,8)$$

将这 8 个拟合构造点画出并用中文命名，得到 8 项指标相似系数矩阵的古典拟合构图（见图 13-4），R 程序如下：

```
> x=D13.3$points[,1]; y=D13.3$points[,2]
> plot(x,y,xlim=c(-0.6,0.7),ylim=c(-0.25,0.2))      # 根据特征向量分量的大小绘制拟合构图
> text(x,y,labels=row.names(d13.2),adj=c(0,-0.5),cex=0.8)      # 将拟合构造点用行名标出
> abline(h=0,v=0,lty=3)                             # 用虚线划分四个象限
```

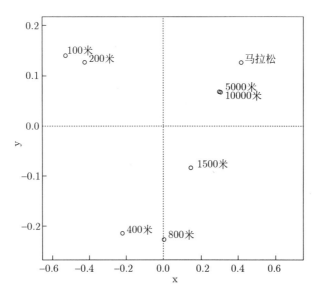

图 13-4　男子径赛 8 项指标相似系数矩阵的古典拟合构图

从图 13-4 可以直观地看出, "100 米" 和 "200 米" 两项指标靠得很近, "5 000 米" 和 "10 000 米" 两项指标几乎重叠在一起, 说明这两对指标各自相似性都很强, 这与表 13-2 给出的相关系数的大小是一致的, 说明它们重新降维标度后仍保持强相似性。可以把前一对指标理解为爆发力, 后一对指标理解为耐力。指标 "马拉松" 独居右上, 也接近后一对指标, 是耐力指标的极限。而余下三项指标 "400 米" "800 米" "1 500 米" 介于中间, 彼此相对接近, 可把它们理解为爆发力和耐力两方面的综合。

在实际问题中, 可能涉及很多不易量化的相似性测度, 如两种颜色的相似性, 虽然可以用较小的数字表示颜色非常相似, 用较大的数字表示颜色非常不相似, 但是这里的数字只表示颜色之间相似或不相似的程度, 并不表示色彩实际的数值大小, 因而这是一种非度量的定序尺度, 能够利用的唯一信息就是这种顺序 (秩)。对于这种情形, 古典多维标度法基于主成分分析的思想, 先在低维空间上利用主坐标重新标度距离, 再进行多维标度分析, 但具体情况较为复杂, 读者可参见本章参考文献 [1] 和 [2]。

13.3　案例分析与 R 实现

案例 13.1 (数据文件为 case13.1)　表 13-3 给出了 2020 年全国第七次人口普查数据集中我国 31 个省份（不含港澳台）城市 3 岁及以上人口中接受过各类教育的人群的分布数据。试用多维标度法对其进行统计分析, 并对分析结果的实际意义进行解释。

解: 本案例采用 R 的 MASS 包中的 isoMDS 函数来进行分析计算 (当然也可以用前面使用的 cmdscale 函数)。R 程序及输出结果如下:

表 13-3　2020 年我国 31 个省份城市 3 岁及以上人口受教育程度普查数据　　单位：人

地区	未上过学	学前教育	小学	初中	高中	大专	本科	硕士	博士
北京	199 060	496 110	1 660 716	3 485 800	3 135 889	2 492 465	4 416 745	1 206 254	219 589
天津	155 431	311 783	1 455 412	3 140 894	2 154 417	1 384 464	1 822 097	223 678	29 222
河北	257 062	864 406	3 475 010	6 640 647	4 631 479	3 019 961	2 365 823	189 726	17 925
山西	131 620	464 386	1 795 519	3 992 970	2 741 921	1 799 176	1 707 972	153 743	16 737
内蒙古	173 408	284 087	1 417 561	2 787 736	1 813 584	1 376 713	1 222 927	106 703	8 628
辽宁	275 313	593 376	3 120 335	9 552 557	4 867 158	3 075 020	3 234 402	299 795	32 491
吉林	116 258	231 371	1 313 922	3 457 142	2 528 875	1 097 458	1 228 873	104 160	15 901
黑龙江	186 782	268 060	1 958 197	5 465 155	3 020 221	1 553 571	1 613 887	129 934	22 371
上海	290 031	496 426	2 007 803	5 142 461	4 005 526	2 679 750	3 882 199	876 506	125 719
江苏	835 451	1 426 684	6 626 887	11 492 455	7 561 970	5 457 423	5 178 259	610 164	82 969
浙江	843 651	1 070 815	6 863 089	10 113 514	5 334 120	3 681 568	3 839 704	429 992	55 711
安徽	491 682	614 692	2 921 905	4 761 119	2 931 797	2 078 602	1 808 386	188 784	24 797
福建	364 974	748 588	3 437 469	5 016 358	3 077 986	1 816 636	1 929 239	156 740	20 148
江西	190 549	534 011	2 528 303	4 065 527	2 832 718	1 557 550	1 331 140	107 558	11 817
山东	799 099	1 754 733	6 234 929	11 518 959	7 829 789	5 048 861	4 377 274	467 039	56 140
河南	342 481	1 106 031	3 912 318	7 234 281	5 921 384	3 676 418	2 713 194	234 557	26 023
湖北	367 492	801 314	3 622 705	6 885 199	5 664 188	3 245 299	2 984 618	369 933	60 142
湖南	194 037	717 574	2 941 164	5 191 264	4 549 768	2 493 822	2 079 840	187 245	27 955
广东	1 025 723	2 900 892	12 064 444	24 947 323	16 555 876	8 692 979	6 987 644	753 799	89 726
广西	176 503	698 085	2 500 416	4 406 791	3 067 144	1 807 571	1 482 005	108 988	11 215
海南	53 637	160 028	552 216	1 148 895	822 663	437 934	421 547	29 910	3 673
重庆	204 596	577 264	3 188 403	4 591 718	3 324 611	2 044 702	1 776 218	169 446	21 382
四川	537 578	1 030 318	5 910 422	8 465 668	5 815 814	3 989 278	3 455 854	373 731	49 931
贵州	268 273	444 466	2 035 430	2 964 729	1 666 983	1 108 359	1 136 731	70 609	7 548
云南	304 676	464 892	2 467 562	3 408 361	2 162 451	1 499 858	1 497 989	124 647	15 467
西藏	89 280	27 432	213 755	166 471	139 664	81 925	91 138	5 409	504
陕西	214 246	587 725	2 074 180	4 017 311	3 195 177	2 450 714	2 283 502	291 963	49 743
甘肃	172 606	256 636	1 145 424	1 839 813	1 453 565	992 444	903 709	84 750	11 981
青海	84 492	71 159	423 099	560 095	345 708	281 655	275 581	16 378	1 717
宁夏	89 249	109 750	497 759	841 008	525 966	395 997	390 576	29 245	2 676
新疆	147 411	373 878	1 711 463	2 494 243	1 700 277	1 453 108	1 097 813	66 052	5 816

资料来源：国务院第七次全国人口普查领导小组办公室. 中国人口普查年鉴 (2020). 北京: 中国统计出版社, 2022.

```
# 案例 13.1 2020 年我国 31 个省份城市 3 岁及以上人口受教育程度的多维标度分析
> setwd("C:/data")                        # 设定工作路径
> case13.1<-read.csv("case13.1.csv",header=T) # 将 case13.1.csv 数据读入 case13.1
> c13.1=case13.1[,-1]     # case13.1 的第一列不是数值，先去掉，命名为 c13.1
> rownames(c13.1)=case13.1[,1]            # 用 case13.1 的第一列为 c13.1 的行重新命名
> D1=as.matrix(c13.1); D=dist(D1)    # 将数据转换成矩阵形式
```

```
> library(MASS)    # 载入 MASS 包, 这样才能使用 isoMDS 函数
> fit=isoMDS(D,k=2); fit
......
converged
$points
                   [,1]         [,2]
      北京    -1667767.58   2949476.64
      天津    -3355783.11    288505.82
      河北     1668909.41   -100910.94
      山西    -2246140.76     19548.16
    内蒙古    -3921816.31   -144286.18
      辽宁     3930883.43   -170901.54
      吉林    -3220543.86   -335187.68
    黑龙江    -1097583.17   -619453.34
      上海      -11549.31   1971850.64
      江苏     9030218.54   1054282.74
      浙江     6275846.04   -512817.74
    ......
      甘肃    -5047577.19   -199840.63
      青海    -7100268.44   -488766.42
      宁夏    -6726716.11   -444238.77
      新疆    -4080467.85   -224214.27
$stress [1] 2.226126
> x=fit$points[,1]; y=fit$points[,2]
> plot(x,y)                    # 绘制古典拟合构图 (见图 13-5)
> text(x,y,labels=row.names(c13.1),adj=c(0.5,1.5),cex=0.7)
> abline(h=0,v=0,lty=3)    # 这两行命令用于设置标签位置大小、用虚线划分四个象限
```

从图 13-5 可直观地看出以下特征:

(1) 很多省份集中在第三象限, 且多数是教育落后地区, 如西藏、青海、海南、甘肃、新疆、云南、贵州、内蒙古等。

(2) 北京高居上方, 结合原始数据易看出, 北京在本科特别是硕士、博士研究生人数上远远领先于其他省份, 在高学历人数上独占鳌头, 这可以解释北京在教育、科学技术上的突出地位。上海仅次于北京, 在上述指标上也领先于其他省份, 在受高层次教育方面占据优势。

(3) 广东独占右下角, 在本科、大专、高中、初中, 甚至小学及学前教育人数上远远高于其他省份, 在义务教育、职业教育普及程度和教育劳动者素质上独领风骚, 这是珠三角地区具有强大的产品制造能力和经济优势的重要原因。

(4) 江苏、山东、浙江、湖北、四川、河南、河北、辽宁、湖南等省份介于北京和广东之间, 可归为一类。其特点是高素质人才队伍和受过各类中高水平教育的人数规模均较大且二者相对平衡。

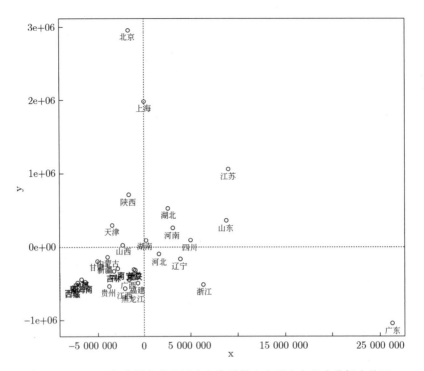

图 13-5　2020 年我国各省份城市各类受教育人群分布的古典拟合构图

从总体来看，上述多维标度分析结果较为准确地反映了 2020 年我国 31 个省份城市 3 岁及以上人口中接受过各类教育的人群的分布情况，这种分布结构显然不均衡、不合理，不同省份间存在着明显的差异，有的差异还非常大。若把本案例中的城市人口换为农村人口，分析结果会有较大的不同 (见习题 13.3)，读者可以利用相应数据进行实际操作分析。

习　题

13.1　证明当 $C \geqslant 0$ 时，式 (13.4) 定义的广义距离矩阵 $\boldsymbol{D} = (d_{ij})$ 为欧氏距离矩阵。

13.2　给定距离矩阵如下 (为简洁起见，对称阵都只写出了下三角部分)：

$$\boldsymbol{D} = \begin{pmatrix} 0 & & & & & & \\ 1 & 0 & & & & & \\ \sqrt{3} & 1 & 0 & & & & \\ 2 & \sqrt{3} & 1 & 0 & & & \\ \sqrt{3} & 2 & \sqrt{3} & 1 & 0 & & \\ 1 & \sqrt{3} & 2 & \sqrt{3} & 1 & 0 & \\ 1 & 1 & 1 & 1 & 1 & 1 & 0 \end{pmatrix}$$

问它是不是欧氏距离矩阵？并求它的拟合构造点。

13.3 (数据文件为 exe13.3) 表 13-4 给出了 2020 年全国第七次人口普查数据集中我国 31 个省份 (不含港澳台) 农村 3 岁及以上人口中接受过各类教育的人群的分布数据。一共普查了 9 个指标: x_1 为未上过学; x_2 为学前教育; x_3 为小学; x_4 为初中; x_5 为高中; x_6 为大专; x_7 为本科; x_8 为硕士; x_9 为博士。试用多维标度法对其进行统计分析,并对分析结果的实际意义进行解释。

表 13-4 2020 年我国 31 个省份农村 3 岁及以上人口受教育程度普查数据   单位: 人

地区	x_1	x_2	x_3	x_4	x_5	x_6	x_7	x_8	x_9
北京	77 062	68 540	460 872	1 150 281	463 975	253 462	161 969	15 991	2 132
天津	70 696	60 564	606 614	1 001 016	195 021	82 528	55 932	1 966	268
河北	912 559	1 195 611	9 622 665	14 129 415	2 157 753	649 425	294 617	21 278	2 487
山西	326 656	354 282	3 485 429	6 259 768	1 416 135	597 072	286 135	26 502	2 399
内蒙古	527 427	156 521	2 834 375	3 039 062	640 221	300 728	179 002	8 415	966
辽宁	291 029	187 371	3 961 851	6 109 418	659 459	329 807	154 028	10 821	1 799
吉林	261 669	142 958	3 274 743	3 992 612	687 316	254 521	253 766	14 166	1 647
黑龙江	307 463	162 498	3 760 049	5 216 199	859 528	311 261	202 788	8 546	884
上海	139 612	37 224	608 539	1 240 252	341 937	141 024	106 827	10 208	1 188
江苏	1 289 538	665 912	7 453 824	8 762 409	2 504 512	952 499	394 358	24 026	3 089
浙江	1 156 069	483 063	6 585 579	6 226 723	1 923 944	790 654	373 693	19 090	2 708
安徽	2 147 127	1 021 971	8 797 085	9 294 816	2 149 597	773 338	401 413	33 597	3 975
福建	795 845	559 452	4 898 298	4 455 848	1 190 727	414 075	245 532	12 467	2 749
江西	712 088	740 994	6 434 528	7 002 094	1 633 777	497 483	223 514	14 170	1 714
山东	2 572 418	1 446 745	12 118 842	15 866 245	3 056 004	936 496	420 808	40 576	6 291
河南	2 093 596	2 138 465	14 197 149	19 187 848	3 620 810	1 059 828	436 130	23 433	3 388
湖北	1 078 369	743 895	7 189 194	8 618 210	2 213 653	657 376	292 432	19 918	2 799
湖南	1 007 968	1 019 601	9 082 079	11 208 821	3 162 346	757 056	303 206	15 626	2 327
广东	1 383 282	1 505 724	9 716 918	13 387 895	3 646 184	1 084 984	465 924	15 909	2 132
广西	1 073 842	1 185 753	8 271 828	9 189 509	1 537 274	507 242	267 861	8 171	975
海南	175 255	156 291	969 918	1 919 629	394 440	154 399	92 001	3 513	415
重庆	380 089	270 806	4 470 885	3 200 205	845 381	257 431	136 608	6 635	873
四川	2 671 313	1 228 057	15 155 574	12 097 976	2 685 875	962 264	448 510	24 664	2 885
贵州	2 080 513	804 048	7 216 966	5 544 225	929 770	405 437	253 896	4 306	456
云南	1 840 775	889 724	10 832 008	7 027 769	1 216 118	565 429	320 617	6 304	915
西藏	721 134	121 353	828 065	331 137	83 474	64 826	61 515	1 187	66
陕西	861 750	526 848	4 378 935	6 191 504	1 439 060	589 189	303 202	13 927	2 458
甘肃	1 464 699	464 530	4 726 417	3 374 333	872 704	404 197	209 566	8 873	951
青海	355 169	105 790	1 037 478	552 400	104 937	66 999	36 042	782	119
宁夏	255 913	87 618	969 574	765 002	184 203	99 083	58 673	2 626	223
新疆	357 232	774 580	4 290 568	4 009 816	875 459	455 648	226 226	5 489	586

资料来源: 国务院第七次全国人口普查领导小组办公室. 中国人口普查年鉴 (2020). 北京: 中国统计出版社, 2022.

13.4 (数据文件为 exe13.4) 在 R 中对表 13-5 给出的云南省 2018 年各州市私人车辆拥有量数据进行多维标度分析。其中, x_1 为私人车辆拥有量, x_2 为载客汽车拥有量, x_3 为载货汽车拥有量, x_4 为拖拉机拥有量, x_5 为摩托车拥有量。

表 13-5   云南省 2018 年各州市私人车辆拥有量数据   单位: 万辆

州市	x_1	x_2	x_3	x_4	x_5
昆明	244.87	197.33	12.3	1.05	33.72
曲靖	109.69	57.25	7.36	0.92	43.81
玉溪	89.93	33.58	6.75	3.35	45.9
保山	85.54	18.93	4.95	0.57	60.87
昭通	92.40	24.99	6.23	0.60	60.25
丽江	32.44	14.37	2.62	1.23	13.95
普洱	109.14	19.25	3.66	1.16	83.12
临沧	89.55	13.75	4.60	1.36	69.73
楚雄	72.22	22.30	3.52	3.14	43.07
红河	110.34	38.78	5.79	1.43	64.20
文山	87.18	26.93	3.66	0.62	55.75
西双版纳	49.03	14.26	3.50	0.93	30.31
大理	103.84	35.17	7.19	0.15	60.87
德宏	62.49	14.24	4.00	3.43	40.74
怒江	11.39	2.95	0.87	0.63	7.50
迪庆	10.67	5.01	1.59	0.07	3.92

资料来源: 云南省统计局. 云南统计年鉴 (2019). 北京: 中国统计出版社, 2019.

13.5 (数据文件为 exe13.5) 表 13-6 给出了 2013—2019 年我国 31 个省份 (不含港澳台) 居民人均可支配收入数据, 根据这些数据, 采用多维标度法进行分析评价。

表 13-6   2013—2019 年我国 31 个省份居民人均可支配收入数据   单位: 元

地区	2013 年	2014 年	2015 年	2016 年	2017 年	2018 年	2019 年
北京	40 830.0	44 488.6	48 458.0	52 530.4	57 229.8	62 361.2	67 755.9
天津	26 359.2	28 832.3	31 291.4	34 074.5	37 022.3	39 506.1	42 404.1
河北	15 189.6	16 647.4	18 118.1	19 725.4	21 484.1	23 445.7	25 664.7
山西	15 119.7	16 538.3	17 853.7	19 048.9	20 420.0	21 990.1	23 828.5
内蒙古	18 692.9	20 559.3	22 310.1	24 126.6	26 212.2	28 375.7	30 555.0
辽宁	20 817.8	22 820.2	24 575.6	26 039.7	27 835.4	29 701.4	31 819.7
吉林	15 998.1	17 520.4	18 683.7	19 967.0	21 368.3	22 798.4	24 562.9
黑龙江	15 903.4	17 404.4	18 592.7	19 838.5	21 205.8	22 725.8	24 253.6
上海	42 173.6	45 965.8	49 867.2	54 305.3	58 988.0	64 182.6	69 441.6
江苏	24 775.5	27 172.8	29 538.9	32 070.1	35 024.1	38 095.8	41 399.7
浙江	29 775.0	32 657.6	35 537.1	38 529.0	42 045.7	45 839.8	49 898.8

续表

地区	2013 年	2014 年	2015 年	2016 年	2017 年	2018 年	2019 年
安徽	15 154.3	16 795.5	18 362.6	19 998.1	21 863.3	23 983.6	26 415.1
福建	21 217.9	23 330.9	25 404.4	27 607.9	30 047.7	32 643.9	35 616.1
江西	15 099.7	16 734.2	18 437.1	20 109.6	22 031.4	24 079.7	26 262.4
山东	19 008.3	20 864.2	22 703.2	24 685.3	26 929.9	29 204.6	31 597.0
河南	14 203.7	15 695.2	17 124.8	18 443.1	20 170.0	21 963.5	23 902.7
湖北	16 472.5	18 283.2	20 025.6	21 786.6	23 757.2	25 814.5	28 319.5
湖南	16 004.9	17 621.7	19 317.5	21 114.8	23 102.7	25 240.7	27 679.7
广东	23 420.7	25 685.0	27 858.9	30 295.8	33 003.3	35 809.9	39 014.3
广西	14 082.3	15 557.1	16 873.4	18 305.1	19 904.8	21 485.0	23 328.2
海南	15 733.3	17 476.5	18 979.0	20 653.4	22 553.2	24 579.0	26 679.5
重庆	16 568.7	18 351.9	20 110.1	22 034.1	24 153.0	26 385.8	28 920.4
四川	14 231.0	15 749.0	17 221.0	18 808.3	20 579.8	22 460.6	24 703.1
贵州	11 083.1	12 371.1	13 696.6	15 121.1	16 703.6	18 430.2	20 397.4
云南	12 577.9	13 772.2	15 222.6	16 719.9	18 348.3	20 084.2	22 082.4
西藏	9 740.4	10 730.2	12 254.3	13 639.2	15 457.3	17 286.1	19 501.3
陕西	14 371.5	15 836.7	17 395.0	18 873.7	20 635.2	22 528.3	24 666.3
甘肃	10 954.4	12 184.7	13 466.6	14 670.3	16 011.0	17 488.4	19 139.0
青海	12 947.8	14 374.0	15 812.7	17 301.8	19 001.0	20 757.3	22 617.7
宁夏	14 565.8	15 906.8	17 329.1	18 832.3	20 561.7	22 400.4	24 411.9
新疆	13 669.6	15 096.6	16 859.1	18 354.7	19 975.1	21 500.2	23 103.4

资料来源: 国家统计局. 中国统计年鉴 (2020). 北京: 中国统计出版社, 2020.

参考文献

[1]　方开泰. 实用多元统计分析. 上海: 华东师范大学出版社, 1989.

[2]　王斌会. 多元统计分析及 R 语言建模. 5 版. 北京: 高等教育出版社, 2020.

图书在版编目（CIP）数据

多元统计分析：基于 R / 费宇，鲁筼主编. -- 3 版
. -- 北京：中国人民大学出版社，2024.7
（基于 R 应用的统计学丛书）

ISBN 978-7-300-32894-2

Ⅰ. ①多… Ⅱ. ①费… ②鲁… Ⅲ. ①多元分析－统
计分析 Ⅳ. ①O212.4

中国国家版本馆 CIP 数据核字(2024)第 107695 号

基于 R 应用的统计学丛书

多元统计分析——基于 R（第 3 版）

费 宇 鲁 筼 主编
Duoyuan Tongji Fenxi——Jiyu R

出版发行	中国人民大学出版社	
社　　址	北京中关村大街 31 号	**邮政编码**　100080
电　　话	010-62511242（总编室）	010-62511770（质管部）
	010-82501766（邮购部）	010-62514148（门市部）
	010-62515195（发行公司）	010-62515275（盗版举报）
网　　址	http://www.crup.com.cn	
经　　销	新华书店	
印　　刷	北京昌联印刷有限公司	**版　　次**　2014 年 10 月第 1 版
开　　本	787mm×1092mm　1/16	2024 年 7 月第 3 版
印　　张	17.75 插页1	**印　　次**　2024 年 7 月第 1 次印刷
字　　数	415 000	**定　　价**　49.00 元

中国人民大学出版社　理工出版分社

教师教学服务说明

　　中国人民大学出版社理工出版分社以出版经典、高品质的统计学、数学、心理学、物理学、化学、计算机、电子信息、人工智能、环境科学与工程、生物工程、智能制造等领域的各层次教材为宗旨。

　　为了更好地为一线教师服务，理工出版分社着力建设了一批数字化、立体化的网络教学资源。教师可以通过以下方式获得免费下载教学资源的权限：

★　在中国人民大学出版社网站 www.crup.com.cn 进行注册，注册后进入"会员中心"，在左侧点击"我的教师认证"，填写相关信息，提交后等待审核。我们将在一个工作日内为您开通相关资源的下载权限。

★　如您急需教学资源或需要其他帮助，请加入教师 QQ 群或在工作时间与我们联络。

中国人民大学出版社　理工出版分社

🔔　**教师 QQ 群:** 229223561(统计2组) 982483700(数据科学) 361267775(统计1组)
　　　教师群仅限教师加入，入群请备注(学校＋姓名)

☎　**联系电话:** 010-62511967，62511076

✉　**电子邮箱:** lgcbfs@crup.com.cn

📍　**通讯地址:** 北京市海淀区中关村大街 31 号中国人民大学出版社 802 室（100080）